普通高等教育机械类专业基础课系列教材

机械原理

主　编　王瑞红　李炎粉
副主编　孙瑞霞　赵玉凤　姚会君
参　编　张　璐　马利华　武守辉

北京理工大学出版社
BEIJING INSTITUTE OF TECHNOLOGY PRESS

内容简介

本教材以研究有关机械的基本理论为主线，内容涵盖机构的结构分析、平面机构的运动分析、常用机构的分析与设计，以及机械系统的方案设计所涉及的机械理论知识。本教材能够帮助学生了解常用机构的组成及其结构分析、运动分析、力分析；进行运动方案的设计及常用机构的设计；掌握机械的效率及自锁，了解机械的平衡；了解国内外先进制造技术现状和发展动态；运用所学知识分析问题、解决问题，培养创新精神。

本教材本着“实用为主、够用为度”的原则，围绕机械的理论基础，结合生产实际进行详细介绍。本教材主要面向应用型本科高校，旨在培养学生的工程实践能力和现代工程工具使用能力，使其能在机械、车辆工程及相关领域从事零部件设计制造、产品开发、工程应用、生产组织和管理等工作，帮助学生成为有理想、有信念、有社会责任感，勇于创新创业，德智体美劳全面发展的高素质应用型人才。

图书在版编目（CIP）数据

机械原理 / 王瑞红，李炎粉主编. --北京：北京理工大学出版社，2024. 3（2024. 12 重印）
ISBN 978-7-5763-3761-7

Ⅰ. ①机…　Ⅱ. ①王… ②李…　Ⅲ. ①机械原理-高等学校-教材　Ⅳ. ①TH111

中国国家版本馆 CIP 数据核字（2024）第 068179 号

责任编辑：陆世立　　**文案编辑**：李　硕
责任校对：刘亚男　　**责任印制**：李志强

出版发行 / 北京理工大学出版社有限责任公司
社　　址 / 北京市丰台区四合庄路 6 号
邮　　编 / 100070
电　　话 /（010）68914026（教材售后服务热线）
（010）63726648（课件资源服务热线）
网　　址 / http：//www. bitpress. com. cn

版 印 次 / 2024 年 12 月第 1 版第 2 次印刷
印　　刷 / 三河市天利华印刷装订有限公司
开　　本 / 787mm×1092mm　1/16
印　　张 / 17. 5
字　　数 / 407 千字
定　　价 / 48. 00 元

图书出现印装质量问题，请拨打售后服务热线，负责调换

前　言

“机械原理”是机械类各专业中研究机械共性问题的一门主干技术基础课程，其主要任务是通过对大纲所规定的全部教学内容的学习，使学生掌握机构学和机械动力学的基本理论、基本知识和基本技能；掌握典型机构（如平面连杆机构、凸轮机构、齿轮机构及其他常见机构）的运动和工作特性，具有对典型机构进行分析和设计的能力；通过本课程的理论教学和试验训练，初步具有确定机械运动方案、分析和设计机构的能力。

通过本课程的学习，学生应达到下列基本要求：比较全面地理解平面机构分析的基本方法与设计原理，在掌握平面机构静力学与动力学分析方法基础上，具有进行机械系统运动方案设计的初步能力。

本教材每一章章末均设置了知识拓展，便于学生了解我国的机械发展史、机构在日常生活中的应用、齿轮的发展史等。同时，在正文适当位置采用二维码形式增加一些动画、微课视频，丰富配套资源。

本教材具有以下特色：突出“机械大系统”整体观念交叉融合的课程体系，培养学生的全局观念和大局意识；突出“立德树人”素质目标，帮助学生树立正确的人生观和价值观；突出“数字化智能化设计制造”特色，培养学生的创新精神、民族自豪感，文化自信、工匠精神；突出“以学生为中心”理念，培养学生的自主学习能力与团队协作精神；引入“国防军工”“大国重器”等成就的案例，培养学生的爱国主义精神。

本教材共十二章：第一章绪论，第二章机构的结构分析，第三章平面机构的运动分析，第四章平面连杆机构及其设计，第五章凸轮机构及其设计，第六章齿轮机构及其设计，第七章轮系，第八章其他常用机构，第九章机械中的摩擦与自锁，第十章机械的运转及其速度波动的调节，第十一章机械平衡，第十二章机械系统的方案设计。其中，第一章、第二章由黄河交通学院李炎粉编写，第三章、第五章由黄河交通学院王瑞红编写，第四章、第十二章由南通理工学院赵玉凤编写，第六章由黄河交通学院姚会君编写，第七章由焦作大学张璐编写，第八章由黄河交通学院马利华编写，第九章、第十一章由黄河交通学院孙瑞霞编写，第十章由黄河交通学院武守辉编写。

本教材中部分例题和习题参考、借鉴了其他教材，在此向有关作者一并表示感谢。由于编者水平有限，教材中不妥与疏漏之处在所难免，恳请专家、读者给予批评指正。

编　者

2024 年 3 月

目录

第一章 绪 论

1.1 机械原理研究对象

随着科学技术和工业生产的飞速发展，机械产品的种类日益增多，包括各种金属切削机床、仪器仪表、重型机械、轻工机械、石油化工机械、交通运输机械、矿山作业机械、钢铁成套设备，以及家用电器、儿童玩具、办公自动化设备，等等。各种现代化机械设备实现生产和操作过程的自动化程度也越来越高。机械产品设计的首要任务是进行机械运动方案的设计和构思、各种传动机构和执行机构的选用和创新设计。这就要求设计者除了要综合应用各类典型机构的结构组成、运动原理、工作特点、设计方法及其在系统中的作用等知识，还要根据使用要求和功能分析，巧妙地选择工艺动作过程，选用或创新机构形式，组合成机械系统运动方案，从而设计出结构简单、制造方便、性能优良、工作可靠、适用性强的机械系统。

21 世纪将是全球化的知识经济时代，产品的竞争将越来越激烈。人类将更多地依靠知识创新和技术创新，没有创新能力的国家不仅将失去在国际市场上的竞争力，也将失去知识经济带来的机遇。产品的生命是创新，创新来自设计，设计中的创新需要高度和丰富的创造性思维。产品的设计包括机械设备的功能分析、工作原理方案设计和机械运动方案设计等，而机械产品创新设计成功的关键是机械系统的运动方案设计。

机械原理的研究对象是机械，研究的内容则是有关机械的基本理论问题。机械(Machinery)是机构(Mechanism)和机器(Machine)的总称。我们对机构并不陌生，在“理论力学”等课程中已对一些机构(如连杆机构、齿轮机构等)的运动学及动力学问题进行过研究。在工程实际中，常见的机构还有带传动机构、链传动机构、凸轮机构、螺旋机构等。各种机构都是用来传递与变换运动和力的可动装置。至于机器，则都是根据某种使用要求而设计的用来变换或传递能量、物料和信息的执行机械运动的装置，如电动机或发电机用来变换能量、加工机械用来变换物料的状态、起重运输机械用来传递物料、计算机用来变换信息等。

在日常生产和生活中，我们都接触过许多机器。不同的机器具有不同的形式、构造和用途，通过分析可以看到，这些不同的机器就其组成来说，都是由各种机构组合而成的。例如，图 1-1 所示的内燃机就包含着由气缸 1、活塞 2、连杆 3 和曲轴 4 所组成的连杆机构，由齿轮 5、6 所组成的齿轮机构，以及由凸轮轴 7 和阀门推杆 8 组成的凸轮机构等。又如，图 1-2(a)所示为一工件自动装卸装置，其中就包含着带传动机构 1、蜗杆传动机构 2、凸轮机构 3 和连杆机构 4 等。此装置的工作原理如下：电动机 12 通过各机构的传动而使滑杆 8 向左移动时，滑杆上的动爪 6 和定爪 5 将工件 11 夹住；当滑杆带着工件向右移动到一定位置时[见图 1-2(b)]，动爪受挡块的压迫将工件松开，于是工件落于工件载送器 9 上，被传送到下一道工序。

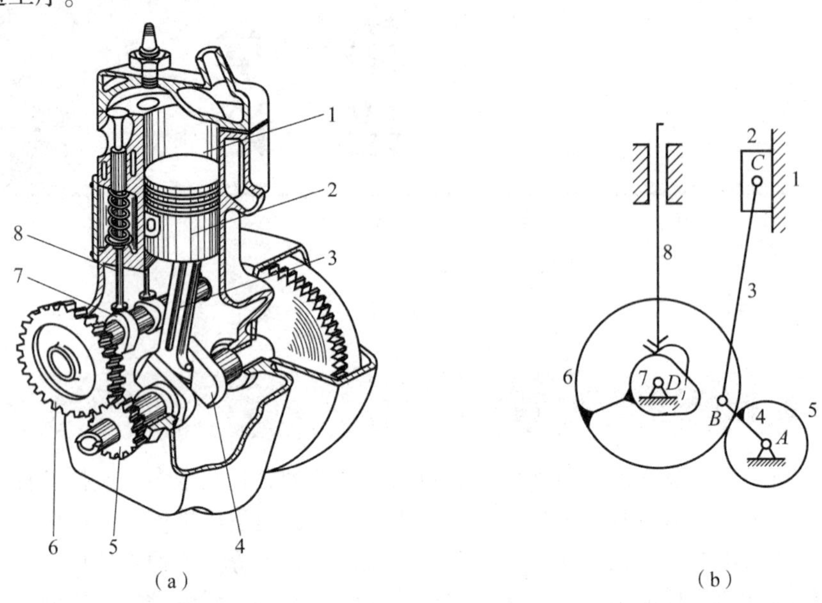

1—气缸；2—活塞；3—连杆；4—曲轴；5、6—齿轮；7—凸轮轴；8—阀门推杆。

图 1-1　内燃机

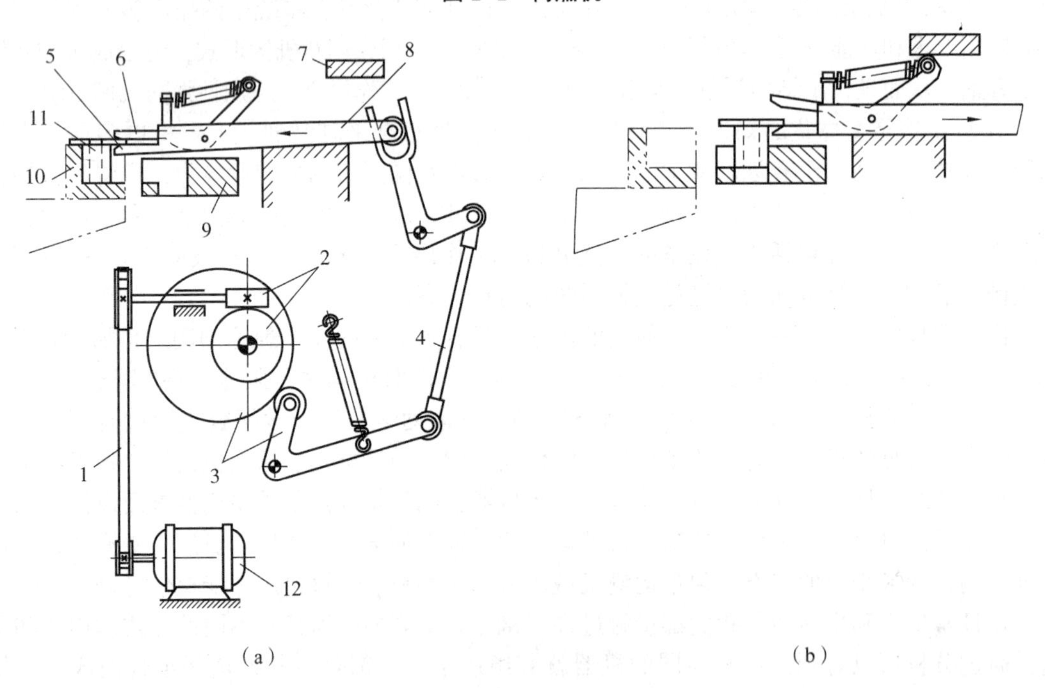

1—带传动机构；2—蜗杆传动机构；3—凸轮机构；4—连杆机构；5—定爪；6—动爪；7—挡块；
8—滑杆；9—工件载送器；10—装配夹具；11—工件；12—电动机。

图 1-2　工件自动装卸装置

因此可以说机器是一种可用来变换或传递能量、物料与信息的机构的组合。

1.2 研究内容和方法

本教材研究的内容主要包括以下几个方面。

1. 机构的结构分析

首先研究机构是怎样组成的以及机构具有确定运动的条件；其次研究机构的组成原理，以及机构的结构分类；最后研究如何用简单的图形把机构的结构状况表示出来，即如何绘制机构运动简图。

2. 常见机构的结构分析与设计

对平面连杆机构、凸轮机构、齿轮机构、其他机构等进行运动分析，是了解现有机械运动性能的必要手段，也是设计新机械的重要步骤。本教材将对常用机构的工作特性进行分析，并探索其设计方法。

3. 机器动力学基础

机器动力学研究的内容主要包括两类基本问题：一类是分析机器在运转过程中其各构件的受力情况及这些力的做功情况；另一类是研究机器在已知外力作用下的运动、机器速度波动的调节和不平衡惯性力的平衡问题。

4. 机械系统的方案设计

本教材将讨论在进行具体机械设计时机构的选型、组合、变异及机械系统的方案设计等问题，以便读者对这方面的问题有一个粗略的了解，并初步具有拟订机械系统方案的能力。

作为机械类各专业的学生，在今后的学习和工作中总会遇到许多关于机械的设计和使用方面的问题。因此，“机械原理”课程是机械类各专业必修的一门重要的技术基础课程，而本课程所学的内容则是有关机械的基础知识。

当今世界，各国间的竞争主要表现为综合国力的竞争。要提高我国的综合国力，就要在一切生产部门实现生产的机械化和自动化，这就需要创造出大量的、种类繁多的、新颖优良的机械来装备各行各业，为各行各业的高速发展创造有利条件，而任何新技术、新成果的获得，莫不依赖机械工业的支持。因此，机械工业是一个国家发展综合国力的基石。

为了满足各行各业和广大人民群众日益增长的新需求，就需要创造出越来越多的新产品，因此现代机械工业对创造型人才的需求与日俱增。“机械原理”课程在培养机械方面的创造型人才中将起到不可或缺的重要作用。

1.3 学习方法

在进行“机械原理”课程的学习时，首先应当注意，该课程是一门技术基础课程。一方面，它与“物理”“理论力学”等理论课程相比更加结合工程实际；另一方面，它又与讲授专业机械的课程有所不同，它不具体研究某种机械，而只是对各种机械中的一些共性问题和常用的机构进行较为深入的探讨。为了学好本课程，在学习过程中，我们就要着重注意理解基本概念、基本原理，掌握机构分析和综合的基本方法。

其次，“机械原理”课程中对于机械的研究是通过以下两个内容来进行的。

(1)研究各种机构和机器所具有的一般共性问题，如机构的组成理论、机构运动学、机器动力学等。

(2)研究各种机器中常用的一些机构的性能及其设计方法，以及机械系统方案设计的问题。

再次，要注意培养自己运用所学的基本理论和方法去发现、分析和解决工程实际问题的能力。解决工程实际问题往往可以采用多种方法，所得结果一般也不是唯一的，这就涉及分析、对比、判断和决策的问题。对事物的分析、判断、决策的能力是一个工程技术人员必须具备的基础能力，在学习中必须刻意加以培养。

然后，我们在应用“机械原理”课程所学的知识时，要注意融会贯通，不要墨守成规，尤其是在独创性已成为决定产品设计成败关键的今天，更应着重培养自己的创新精神和能力。本教材中一些带“＊”号的内容，多属正文内容的拓展和延伸，或为一些创新性应用较成功的工程实例，同学们应争取多阅读，以开拓自己的眼界。

最后，工程问题都是涉及多方面因素的综合性问题，因此我们要养成综合分析、全面考虑问题的习惯。另外，工程问题都要经过实践的严格考验，不允许有半点疏忽大意，因此我们在学习中要坚持科学严谨的工作作风和认真负责的工作态度。

1.4 学科发展现状

当今世界正经历着一场新的技术革命，新概念、新理论、新方法、新材料和新工艺不断出现，现代机械既日益向高速、重载、巨型、高效率、低能耗、高精度、低噪声等方向发展，又向微细、灵巧、柔性、智能、自适应等方向发展。对机械提出的要求也越来越苛刻：有的需用于宇宙空间，有的要在深海作业，有的小到能沿人体血管爬行，有的又是庞然大物，有的速度数倍于声速，有的又要做亚微米级甚至纳米级的微位移，等等。处于机械工业发展前沿的机械原理学科，为了适应这种情况，新的研究课题与日俱增，研究方法也日新月异。

为适应生产发展的需要，本学科当前在自控机构、机器人机构、仿生机构、柔性及弹性机构和机电光液广义机构等的研制上有很大进展。例如，在机械的分析与综合中，从只考虑其运动性能过渡到同时考虑其动力性能；考虑机械在运转时构件的振动和弹性变形，运动副中的间隙和构件的误差对机械运动及动力性能的影响；如何对构件和机械进一步做好动力平衡等问题。

本学科在连杆机构方面，重视对空间连杆机构、多杆多自由度机构、连杆机构的弹性动力学和连杆机构的动力平衡的研究；在齿轮机构方面，发展了齿轮啮合原理，提出了许多性能优异的新型齿廓曲线和新型传动，加快了对高速齿轮、精密齿轮、微型齿轮的研制；在凸轮机构方面，十分重视对高速凸轮机构的研究，为了获得动力性能好的凸轮机构，在凸轮机构推杆运动规律的开发、选择和组合上做了很多工作。此外，为了适应现代机械高速度、快节拍、优性能的需要，还发展了高速高定位精度的分度机构、具有优良综合性能的组合机构，以及各种机构的变异和组合等。

在机械的分析和综合中，本学科还推广了计算辅助设计、优化设计、考虑误差的概率设计，提出了多种便于对机械进行分析和综合的教学工具，编制了通用或专用的计算程序。此外，随着新技术的发展，测试手段的日臻完善，机械试验研究得到加强。作为机械原理学科，其研究领域十分广阔，内涵非常丰富。在机械原理的各个领域，每年都有大量内容新颖的文献资料涌现。本教材作为一门技术基础课程用书，将只研究有关机械的一些最基本的原理和方法。

我国的机械发展史

我国是世界上机械发展最早的国家之一。我国的机械工程技术不但历史悠久，而且成就辉煌，不仅对我国的物质文化和社会经济的发展起到了重要的促进作用，而且对世界技术文明的进步做出了重大贡献。

我国机械发展主要分为 3 个阶段：一是传统机械发展时期，二是近代机械发展时期，三是现代机械发展时期。

1. 传统机械发展时期

这一时期是我国机械发展的第一个时期，石器的使用标志着这一时期的开始。这是一个漫长的时期，经历了 3 个发展阶段。

第一个阶段相当于旧石器时代。这一阶段的工具主要用石料和木料制作，同时也有一些骨制工具。这一阶段后期出现了磨制的石器，使工具的形状趋于合理。弓箭的出现表明这时的机械技术已有了一定的水平。

第二个阶段相当于新石器时代。这一阶段对石器的选择、切割、磨制和钻孔等都有了一定的要求。这时还出现了原始纺织机、制陶转轮等较复杂的机械，反映了这一阶段机械的发展水平有了显著的提高。

第三个阶段大约从新石器时代末期到西周时期。从动力方面看，这一阶段已经开始使用畜力和风力作为原动力。农业机械的种类更多，还出现了桔槔、辘轳等复合机械工具。青铜工具和器械在商代开始得到较广泛的应用。到西周时期，青铜冶铸技术已经达到了很高的水平。青铜器的出现标志着一种新的机械技术和制造工艺的诞生。青铜冶铸工艺在这一阶段经历了由低级到高级逐渐成熟的过程，商中期已广泛使用分铸法等先进工艺。这一阶段后期，陶范熔铸技术得到了进一步的发展。

总的来看，这一时期在动力方面从只利用人力发展为人力、畜力等并用；在材料方面从以石质材料为主发展为以木、铜质材料为主；在结构方面从简单工具发展为复合工具和较为复杂的机械；在原理方面从对杠杆、尖劈等原理的利用发展为对惯性、摩擦、弹性和重力等原理的利用；在制造工艺方面经历了从石器制造工艺向铜器和其他机械工艺的转变。这些情况说明，在这一时期，我国传统机械技术已经形成并有了一定的发展。

在传统机械方面，我国在很长一段时期内都领先于世界，以上只是其中的一部分机械发展成就。

2. 近代机械发展时期

到了近代，特别是18世纪初到19世纪40年代，由于经济、社会等诸多问题，我国的机械行业发展停滞不前。这100多年的时间正是西方资产阶级政治革命和产业革命时期，其机械科学技术飞速发展，远远超过了我国。

我国近代机械发展时期的主要开始标志是洋务运动。洋务运动开展后，我国开始开设机械制造学校及机械制造工厂。到民国时期，我国的机械发展又有了新的进展。1931年，南京国民政府开始筹备中央机械厂。另外，当时我国也能仿制一些较先进的机器，如自动缫丝机、钨丝拉丝机等。这一时期，民营机械厂也迅速发展，涌现出如新中工程公司、永利化学公司机器厂、大隆机械厂、顺昌机械产等一大批民营机械厂。以上都体现了我国机械工程的发展进入了一个新的时期，但由于战争的关系，这一时期的机械工程发展受到了种种阻碍。

3. 现代机械发展时期

现代机械发展时期开始于1949年，主要发展是在近40年。近40年来，我国的机械科学技术发展速度很快。现代机械向机械产品大型化、精密化、自动化和成套化的趋势发展，在有些方面已经赶上甚至超过世界先进水平。就目前而言，我国机械科学技术的成就是巨大的，发展速度之快、水平之高也是前所未有的。这一时期还没有结束，我国的机械科学技术还将向更高的水平发展。只要我们能够采取正确的方针、政策，运用好科技发展规律并勇于创新，我国的机械工业和机械科技一定能够振兴，重新引领世界机械工业发展潮流。

第二章 机构的结构分析

2.1 引　言

机构是具有确定运动的实物组合体。在进行新机构设计时，先要判断机构能否运动，如果机构能够运动，则还要判断运动是否具有确定性，以及具有确定运动的条件。

如今运用的机构类型很多，其形式和具体结构也多种多样。组成机构的构件，其外表和构造也千奇百怪，种类繁多，因此要理解各种机械的工作原理，以便对其进行改造。而且要创造新的机械，就必须对机构结构进行研究。

2.2 机构组成

2.2.1 构件

任何机器都是由若干单独加工制造的单元体(又称零件)组装而成的。

零件刚性地连接在一起，组成一个独立的运动单元体，称为一个构件。构件是机构中最基本的运动元件。零件是制造的单元。构件可以是一个零件，如内燃机中的曲轴；也可以由若干个无相对运动的零件组成。例如，内燃机中的连杆(见图2-1)就是由连杆体1、连杆盖2、螺栓6、螺母7等零件刚性地连接在一起，作为一个整体而运动的。

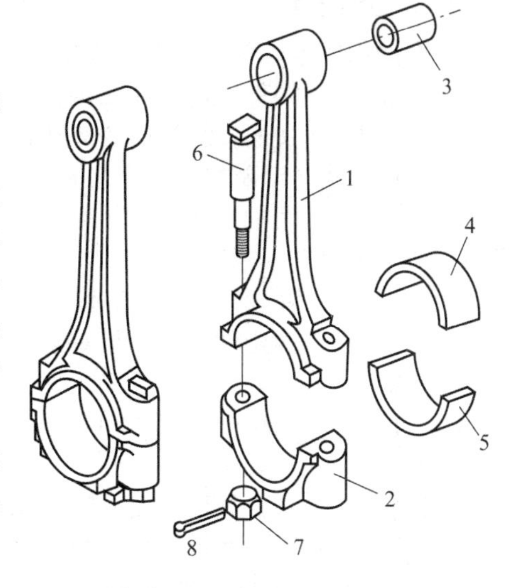

1—连杆体；2—连杆盖；3、4、5—轴瓦；6—螺栓；7—螺母；8—开口销。

图2-1　内燃机中的连杆

2.2.2 运动副

1. 运动副与约束

在机构中，任意两个构件都以一定的方式相互连接。两个构件直接接触形成的可动连接称为运动副。例如，轴与轴承的配合、滑块与导轨的接触、两齿轮轮齿的啮合等都构成了运动副。两个构件上直接接触的点、线、面称为运动副元素。例如，轴 1 与轴承 2 为圆柱面和圆孔面的面接触(见图 2-2)；滑块 1 与导轨 2 为棱形柱面和棱孔面的面接触(见图 2-3)；两齿轮轮齿的啮合为线接触(见图 2-4)。

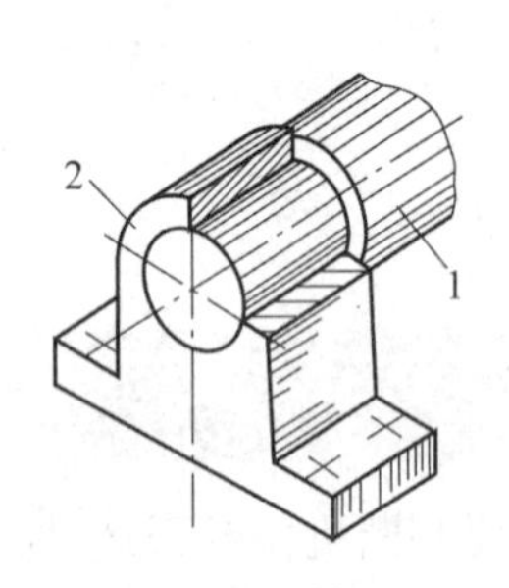

1—轴；2—轴承。

图 2-2 轴与轴承的配合

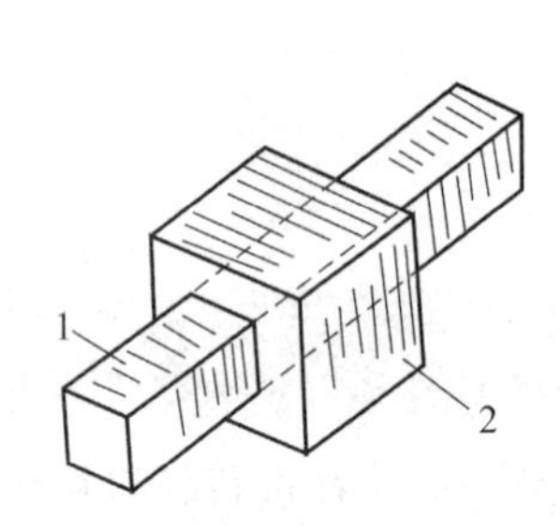

1—滑块；2—导轨。

图 2-3 滑块与导轨的接触

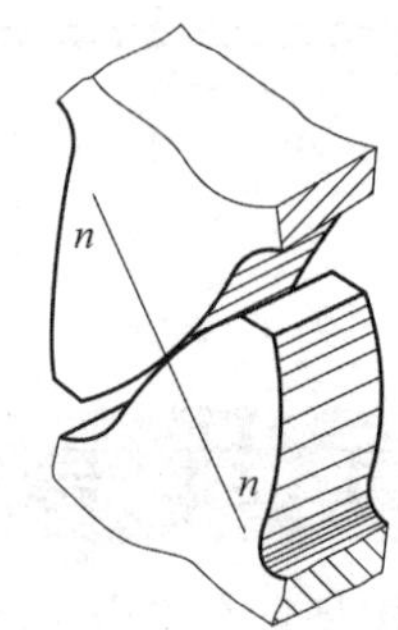

图 2-4 两齿轮轮齿的啮合

图 2-2 动画

图 2-3 动画

图 2-4 动画

两个构件通过运动副元素的接触来传递运动和力。运动副元素的连续接触，限制了两构件之间某些相对运动自由度。运动副对构件间的相对运动自由度所施加的限制称为约束。

2. 运动副分类

1) 根据构成运动副的两构件的接触情况分类

(1) 高副。两构件通过点或线接触而构成的运动副称为高副，图 2-4 所示就是高副。

(2) 低副。通过面接触构成的运动副称为低副，图 2-2、图 2-3 所示就是低副。

2) 根据构成运动副的两构件之间的相对运动形式分类

(1) 转动副。两构件之间的相对运动为转动的运动副称为转动副或回转副，也称铰链，图 2-2 所示就是转动副。

(2) 移动副。两构件之间的相对运动为移动的运动副称为移动副，图 2-3 所示就是移动副。

(3) 螺旋副。两构件之间的相对运动为螺旋运动的运动副称为螺旋副，图 2-5(a) 所示就是螺旋副。

(4) 球面副。两构件之间的相对运动为球面运动的运动副称为球面副，图 2-5(b) 所示就是球面副。

3) 根据组成运动副两构件的相对运动是平面运动还是空间运动分类

(1) 平面运动副。两构件之间的相对运动为平面运动的运动副称为平面运动副，图 2-2、图 2-3 所示就是平面运动副。

(2) 空间运动副。两构件之间的相对运动为空间运动的运动副称为空间运动副，图 2-5 所示就是空间运动副。

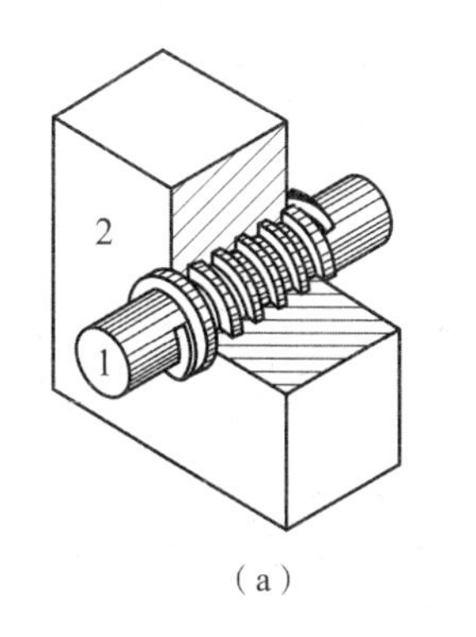

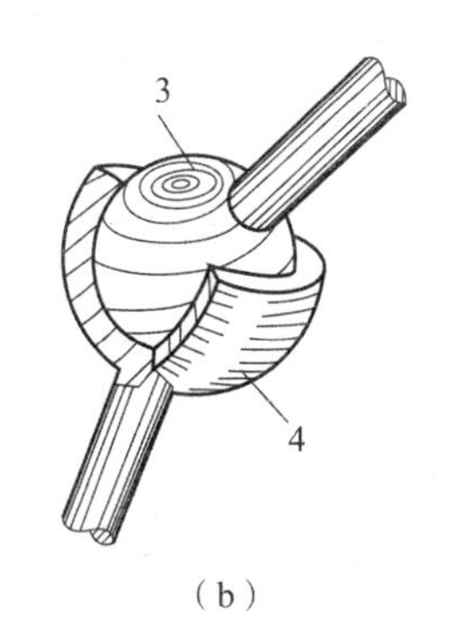

（a）　　（b）

1—螺杆；2—螺母；3—球头；4—球碗。

图 2-5　空间运动副

（a）螺旋副；（b）球面副

图 2-5　动画

2.2.3　运动链

若干构件通过运动副连接构成的相对可动的构件系统称为运动链。运动链分为闭式运动链和开式运动链两种。如果运动链的构件构成了首末封闭的环链，则称为闭式运动链，简称闭链。只有一个封闭回路的称为单闭链，如图 2-6（a）所示；具有一个以上回路的运动链称为多封闭回路运动链，如图 2-6（c）所示。如果构件未构成首末封闭的环链，则称为开式运动链，简称开链，开链包括单开链和多开链，单开链如图 2-6（b）所示。在各种机械中，一般采用闭式运动链，而开式运动链多用在机械手、挖掘机等多自由度机械中。

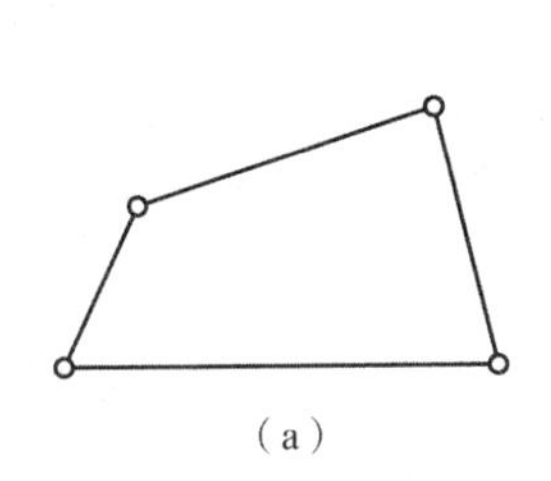
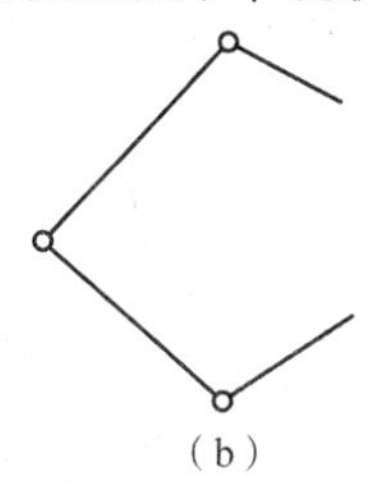
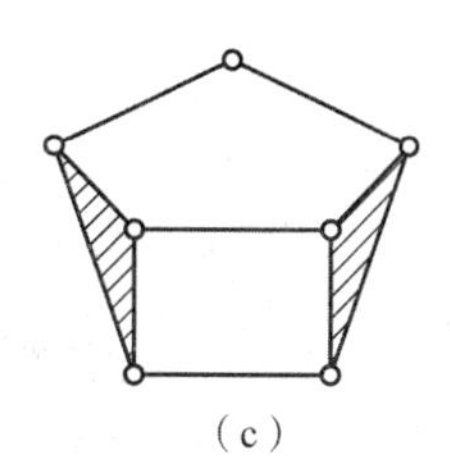

（a）　　（b）　　（c）

图 2-6　运动链

（a）单闭链；（b）单开链；（c）多封闭回路运动链

2.2.4　机构

在运动链中，将某一构件加以固定则成为机架，而另一个或少数几个构件按照给定的规律独立运动时，其余构件均随之做确定的相对运动，则该运动链便成为机构，如图 2-7 所示。

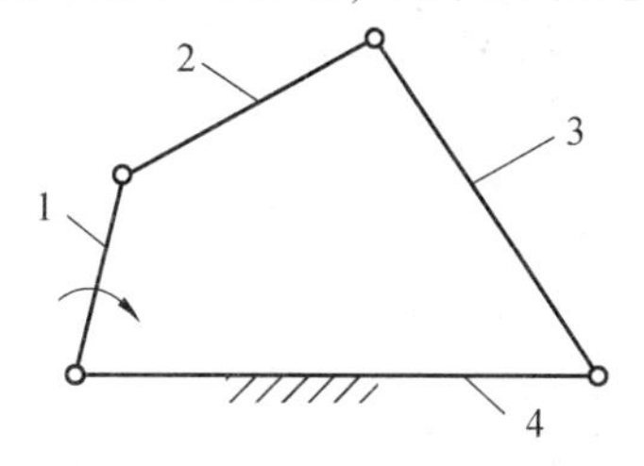

1—原动件；2、3—从动件；4—机架。

图 2-7　机构

图 2-7　动画

根据构件在机构中所起的作用不同，可将机构分为以下几类。

(1)原动件(也称主动件)。机构中按照给定的运动规律做独立运动的构件称为原动件，常在其上画转向或直线箭头表示，图 2-7 中的构件 1 就是原动件。在一个机构中可以有一个或者多个原动件。

(2)从动件。机构中随原动件做确定的相对运动的构件称为从动件，图 2-7 中的构件 2 和构件 3 就是从动件。在机构中除了机架和原动件，其他构件都是从动件。

(3)机架。机构中固定不动的构件称为机架(也称固定件)，图 2-7 中的构件 4 就是机架。在一个机构中只有一个机架，它用于支撑和作为其他构件运动的参考坐标。

2.3 机构运动简图

2.3.1 机构运动简图常用的规定符号

研究机构运动时，为使问题简单化，可不考虑那些与运动无关的因素(如构件形状、组成构件的零件数目、运动副的具体构造等)，仅用一些简单的线条和符号表示构件和运动副，并按一定比例定出各运动副的位置，以说明机构中各构件的相对运动关系。这样绘制出的图形称为机构运动简图。不按尺寸比例绘制的机构图形称为机构运动示意图。

机构运动简图简明地表达了机构的传动原理。在研究已有机械和设计新机械时，都要画出相应的机构运动简图，以便进行运动分析和受力分析。表 2-1～表 2-3 列出了机构运动简图常用的规定符号。

表 2-1　机构运动简图常用的运动副规定符号

运动副名称		规定符号	
		两运动构件形成的运动副	两构件之一为机架时所形成的运动副
平面运动副	转动副	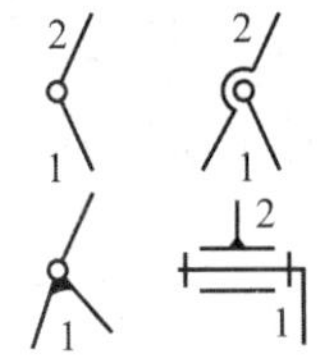	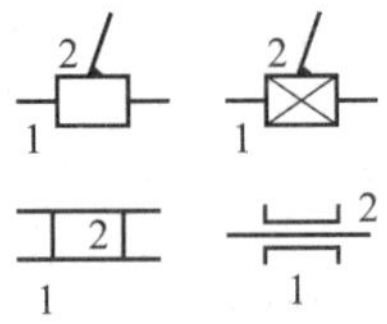
	移动副	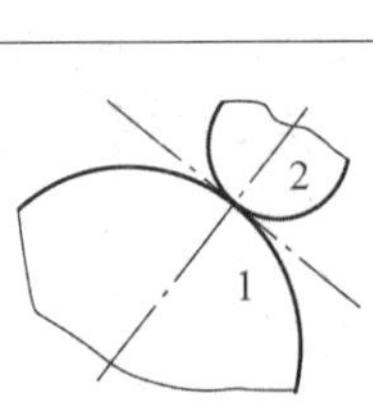	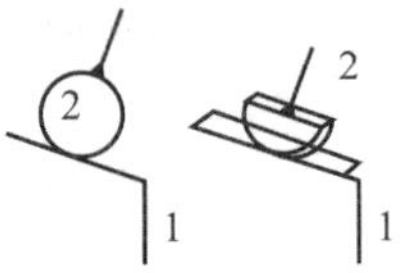
	平面高副	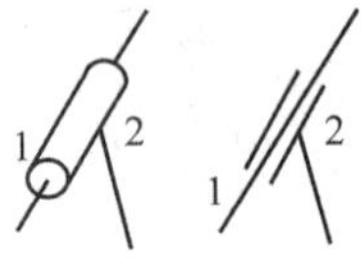	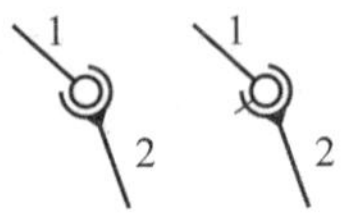

续表

运动副名称		规定符号	
		两运动构件形成的运动副	两构件之一为机架时所形成的运动副
空间运动副	点接触高副与线接触高副	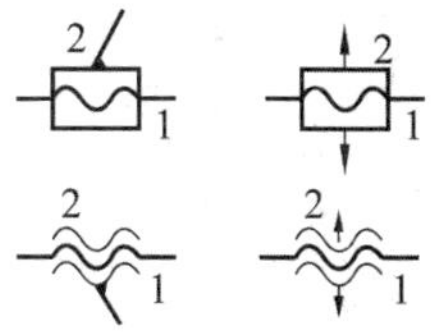	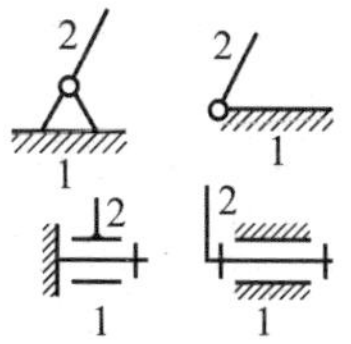
	圆柱副	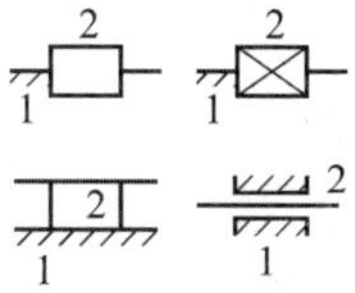	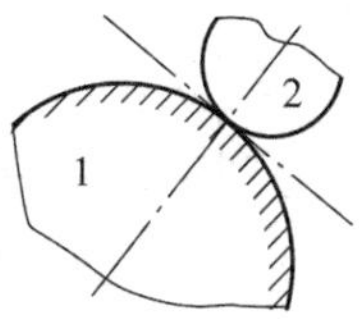
	球面副及球销副	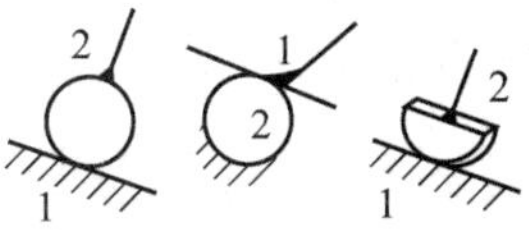	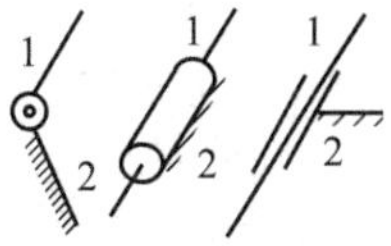
	螺旋副	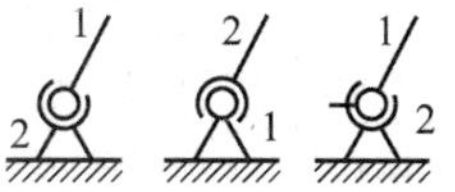	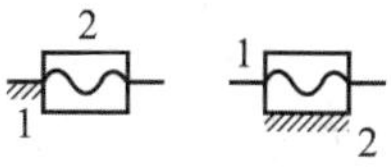

表 2-2　机构运动简图常用的一般构件规定符号

构件	规定符号
杆、轴类构件	
固定构件	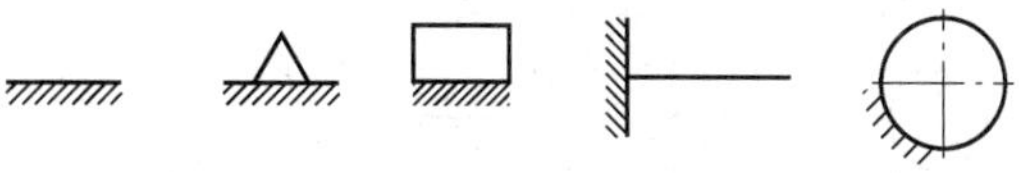
同一构件	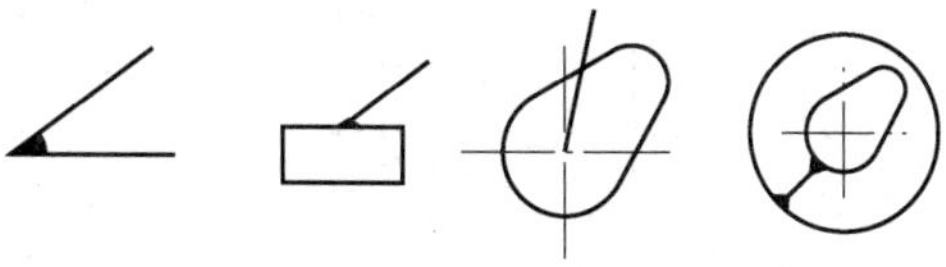
两副元素构件	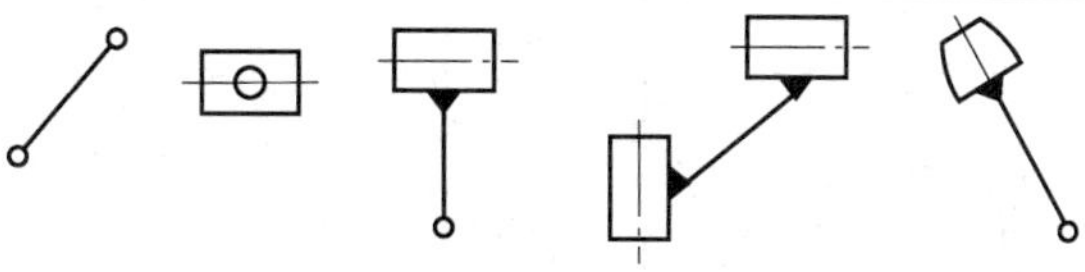

续表

构件	规定符号
三副元素构件	

表 2-3　机构运动简图常用机构规定符号

机构名称	规定符号	机构名称	规定符号
在支架上的电动机		齿轮齿条传动	
带传动		圆柱蜗杆传动	
链传动		凸轮传动	
摩擦轮传动		槽轮机构	外啮合　内啮合
外啮合圆柱齿轮传动		棘轮机构	外啮合　内啮合
内啮合圆柱齿轮传动		圆锥齿轮传动	

2.3.2　绘制机构运动简图的要求

绘制机构运动简图的要求如下。

(1)简图上应按照规定符号画出全部构件，并标明原动件，必要时应对各构件进行编号。

(2)简图上应按照规定符号画出全部运动副。

(3)简图上应按照比例表示出机构的各运动尺寸，如转动副间的中心距、移动副(即导路)的方向和位置、转动副到导路的距离等。

2.3.3　绘制机构运动简图的步骤

机构运动简图是设计与分析机构的常用基本图形，必须掌握其绘制方法。绘制机构运动简图的步骤如下。

(1)分析清楚机构的运动情况，认清固定构件、原动件和从动件，从而判定该机构含有多少个活动构件。

(2)分析清楚机构中运动副的数目，并按照各构件之间的接触情况及相对运动的性质确定各个运动副的类型。

(3)选择与机构中多数构件的运动平面平行的平面作为绘制机构运动简图的投影面。

(4)选择适当的长度比例尺μ_l(m/mm)，定出各运动副之间的相对位置，用规定的符号将各运动副表示出来，用直线和曲线将同一构件上各运动副元素连接起来。

(5)从原动件开始，按运动传递顺序标出各构件的编号和运动副代号。在原动件上标出箭头以表示其运动的方向。

例 2-1　冲床机构如图 2-8(a)所示，绘制其运动简图。

解：(1)当偏心轮 2 在驱动电动机的带动下顺时针等速转动时，通过构件 3、4 和冲头 6 做上下往复移动，从而完成冲压工艺。运动规律已知的偏心轮 2 是原动件，机床床身 1 是相对地面静止不动的机架，其余构件 3、4、5 和冲头 6 是从动件。

(2)构件 3 和原动件、构件 4、构件 5 之间构成转动副，其回转中心分别为 A、B、C，并且它们分别与机架和构件 6 组成转动副，构件 6 与机架以移动副的形式连接。可见，冲床共有 6 个转动副和 1 个移动副。

(3)选择与机构运动平面平行的平面作为其投影面。

(4)选择适当的尺寸比例，按规定的运动副和构件符号，绘制出机构运动简图，如图 2-8(b)所示，最后标出原动件的转动方向。

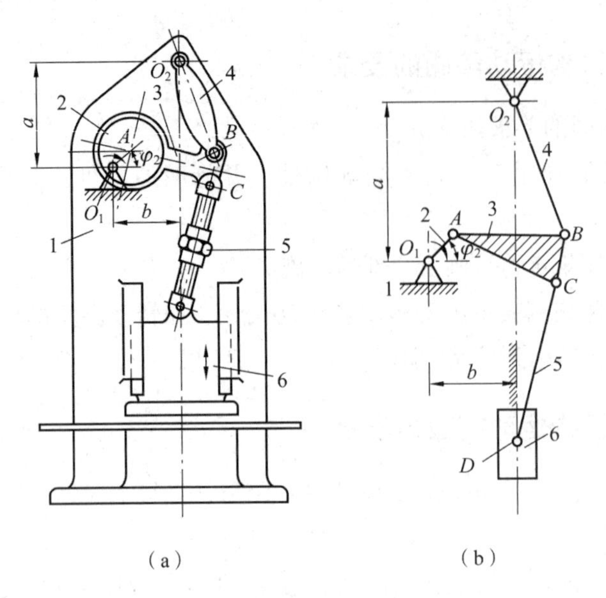

1—机床床身；2—偏心轮；3、4、5—构件；6—冲头。

图 2-8　冲床机构及其运动简图

例 2-2　颚式破碎机如图 2-9(a)所示，绘制其运动简图。

解：(1)当偏心轴 1 绕其轴心连续转动时，动颚板 4 做往复摆动，从而将处于动颚板 4 和固定颚板 6 之间的矿石轧碎。根据机构工作原理，偏心轴 1 为原动件，构件 6 是机架，构件 2、3、4、5 为从动件。

(2)偏心轴 1 分别与机架 6 和构件 2 组成转动副，其回转中心分别为 A 和 B。构件 2 是一个三副构件，它分别与构件 3 和构件 5 组成转动副，构件 5 与机架 6、构件 3 与动颚板 4、动颚板 4 与机架 6 也分别组成转动副，它们的回转中心分别为 C、F、G、D 和 E。

(3)图 2-9(a)已能清楚表达各构件之间的运动关系，故选此平面为简图的投影面。

(4)选取合适的比例尺，定出各转动副的回转中心 A、B、C、D、E、F、G 的位置，即可绘制出机构运动简图，如图 2-9(b)所示，最后标出原动件的转动方向。

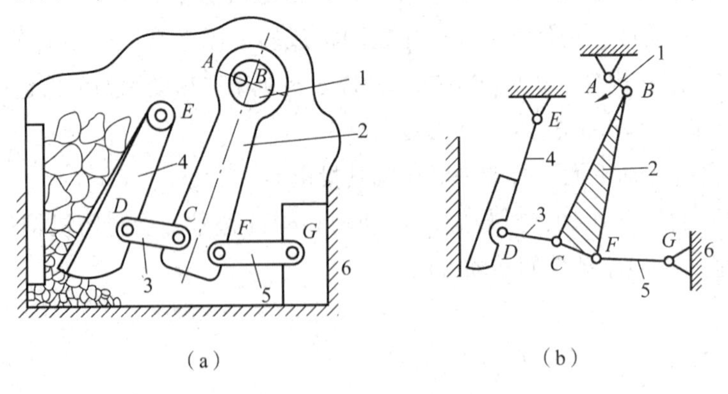

1—偏心轴；2、3、5—构件；4—动颚板；6—机架。

图 2-9　颚式破碎机及其运动简图

2.4　机构自由度

2.4.1　机构自由度的概念

机构自由度是指机构中的各构件相对于机架所具有的独立运动数目。两构件在未组成运动副之前，在空间中，每个构件有 6 个自由度。当两个构件组成运动副之后，它们之间的相对运动便受到约束，相应的自由度数目随之减少。例如，图 2-5(b)所示的球面副，构件受到 3 个约束，失去 3 个自由度，剩下 3 个自由度。

对于一个平面机构，各构件只做平面运动，因此每个构件具有 3 个自由度，即沿 x 轴的移动、沿 y 轴的移动和绕垂直于 xOy 平面的转动，如图 2-10 所示。

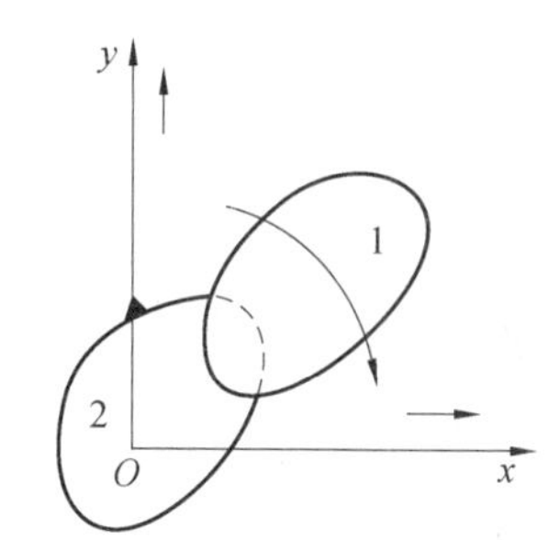

图 2-10　构件做平面运动时的自由度

如果一个平面机构包含 n 个活动构件(机架除外)，有 P_L 个低副和 P_H 个高副，则这 n 个活动构件在未用运动副连接前共有 $3n$ 个自由度，能产生 $3n$ 个独立的运动。当用 P_L 个低副和 P_H 个高副连接成机构后，受到 $2P_L+P_H$ 个约束，整个机构相对于机架独立运动的自由度 F 等于活动构件自由度的总数 $3n$ 减去运动副引入约束的总数($2P_L+P_H$)，即

$$F=3n-2P_L-P_H \tag{2-1}$$

由式(2-1)可知，为保证平面机构能够运动，其机构自由度 F 必须大于零。

2.4.2　机构具有确定运动的条件

为了让机构按照一定的要求进行运动和动力的传递和变换，当原动件按照给定的运动规律运动时，其余从动件也应随之运动且其运动规律也是确定的，此时机构的运动就确定了，否则机构就不能产生运动或做规律运动。

图 2-11(a)所示的平面连杆机构中只有 3 个构件，其自由度为 $F=3×2-2×3-0=0$，表明该机构中各构件间没有相对运动，只构成了 1 个刚性桁架。

图 2-11(b)所示的平面四杆机构，其自由度为 $F=3×3-2×5-0=-1$，表明该机构约束过多，这种机构称为超静定桁架。

图 2-11(c)所示的平面四杆机构，其自由度为 $F=3×3-2×4-0=1$。如果取构件 1 为原动件，则构件 1 每转过一个角度，构件 2 和构件 3 便有一个确定的相对运动；如果同时取构件 1 和构件 3 为原动件，则可以看出各构件的运动关系将发生矛盾，最薄弱的构件将损坏。

图 2-11(d)所示的平面五杆机构，其自由度为 $F=3×4-2×5-0=2$。如果取构件 1 为原动件，则从动件 2、3、4 既可以处在实线位置，也可以处在虚线或其他位置，因此其从动件运动是不确定的。如果同时取构件 1 和构件 4 为原动件，则从动件的位置就都确定了，此机构有确定的运动。

综上所述，机构具有确定运动的条件为机构的原动件的数目大于 0，且等于机构的自由度。当机构的原动件的数目小于机构的自由度时，机构的运动将不确定；当机构的原动件的数目大于机构的自由度时，将导致机构中最薄弱的环节损坏。

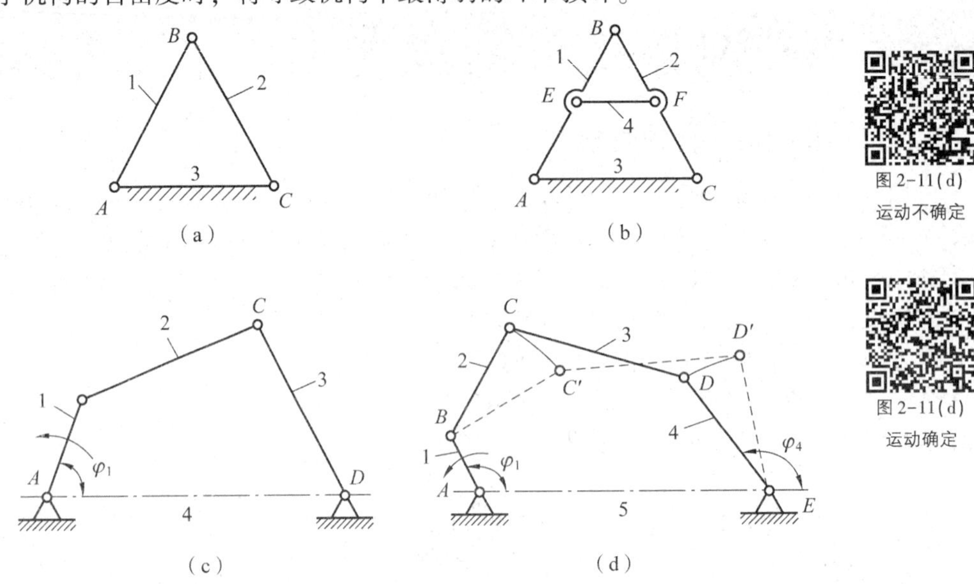

图 2-11　平面连杆机构

2.4.3　自由度计算及注意事项

利用式(2-1)进行平面机构自由度的计算。

例 2-3　计算图 2-8 所示冲床机构的自由度。

解：由其机构运动简图可以看出，此机构共有 5 个活动构件(2、3、4、5、6)，形成 7 个低副(转动副 O_1、O_2、A、B、C、D 和 1 个移动副)，没有高副，故按式(2-1)可计算其自由度为

$$F=3n-2P_L-P_H=3\times5-2\times7-0=1$$

例 2-4　计算图 2-9 所示颚式破碎机的自由度。

解：由其机构运动简图可以看出，此机构共有 5 个活动构件，即 $n=5$；有 7 个低副(转动副)，即 $P_L=7$；没有高副，即 $P_H=0$，则按式(2-1)可计算其自由度为

$$F=3n-2P_L-P_H=3\times5-2\times7-0=1$$

在计算平面机构的自由度时，有时会遇到计算的机构的自由度与实际机构的自由度不一致的情况，这是因为有些特殊情况未得到正确处理。在计算机构的自由度时，需要注意以下几点。

1. 复合铰链

两个以上构件在同一处以转动副相互连接，构成的运动副称为复合铰链。如图 2-12(a)所示，3 个构件构成 1 个复合铰链；如图 2-12(b)所示，3 个构件构成 2 个运动副。同理，由 m 个构件(包括固定构件)组成的复合铰链应包含$(m-1)$个转动副。在计算机构的自由度时，应注意机构中是否存在复合铰链，以免计算时出现错误。

例 2-5　摇筛机构如图 2-13 所示，求其自由度。

解：构件 2、3、4 在点 C 组成了复合铰链，故转动副应为 2 个。该机构的活动构件数 $n=5$，低副数 $P_L=7$，高副数 $P_H=0$，该机构自由度为

$$F=3n-2P_{\mathrm{L}}-P_{\mathrm{H}}=3\times5-2\times7-0=1$$

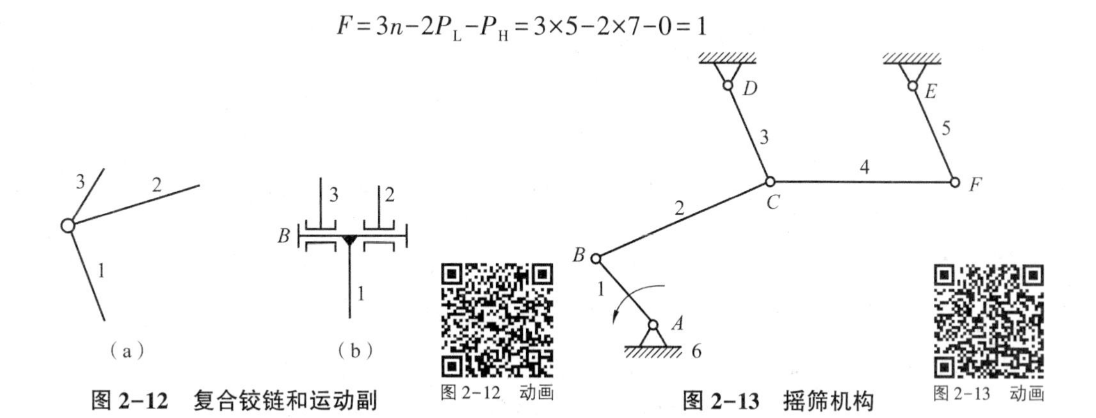

图 2-12　复合铰链和运动副　　图 2-12　动画

图 2-13　摇筛机构　　图 2-13　动画

2. 局部自由度

在一些机构中，某些构件所产生的局部运动并不影响其他构件的运动，则称这种局部运动的自由度为局部自由度。例如，在图 2-14(a)所示的凸轮机构中，滚子 2 绕自身轴线的转动不影响其他构件的运动，该转动的自由度即为局部自由度。计算时，应先把滚子与推杆 3 固连在一起成为一个构件，消除局部自由度[见图 2-14(b)]，再计算该机构的自由度。该凸轮机构的自由度为

$$F=3n-2P_{\mathrm{L}}-P_{\mathrm{H}}=3\times2-2\times2-1=1$$

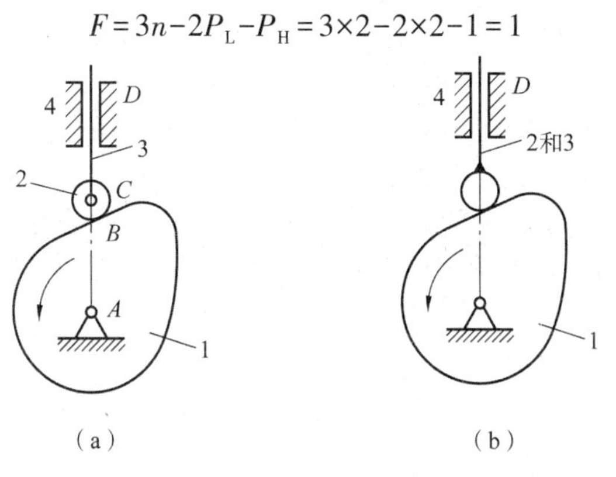

图 2-14　凸轮机构　　图 2-14　动画

3. 虚约束

在特定几何条件或结构下，某些运动副所引入的约束可能与其他运动副所起的限制作用一致，这种不起独立限制作用的重复约束称为虚约束。在计算自由度时，应将虚约束除去不计。

例 2-6　计算图 2-15(a)所示平行四边形机构的自由度。

解：已知 AB、CD、EF 互相平行，机构有 4 个活动构件，6 个低副，没有高副，则机构自由度为

$$F=3n-2P_{\mathrm{L}}-P_{\mathrm{H}}=3\times4-2\times6-0=0$$

但该机构实际上是可动的，故计算结果肯定不正确。因为 $FE=AB=CD$，所以增加杆件 5 之后，杆件 5 上的点 E 和杆件 3 上的点 E 的运动轨迹重合，此时杆件 5 对杆件 3 的运动情况并无影响，只是改善了机构的受力状况，增强了机构工作的稳定性。但该机构增加了一个杆和两个转动副，相当于引入了 3 个自由度和 4 个约束，即增加了一个虚约束，在计算时应去掉杆件 5，如图 2-15(b)所示。

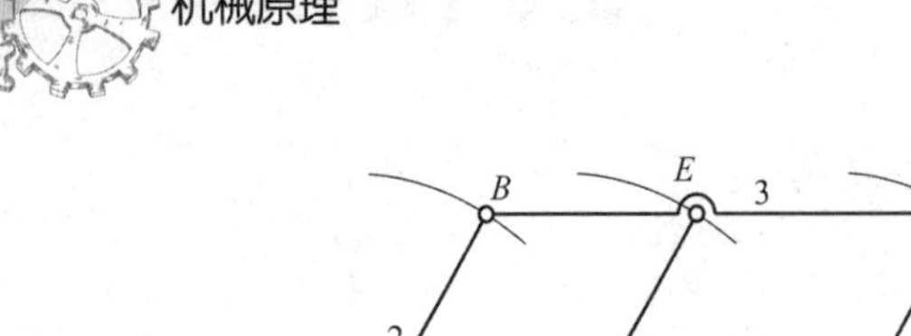

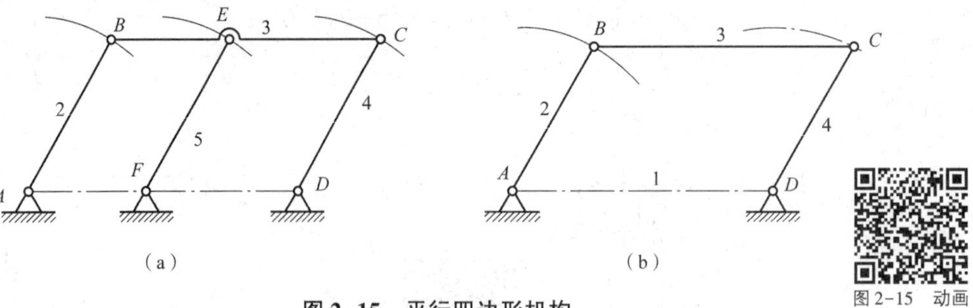

图 2-15 平行四边形机构

因此，$n=3$，$P_L=4$，$P_H=0$，机构自由度为

$$F=3n-2P_L-P_H=3\times3-2\times4-0=1$$

自由度等于原动件数，此平行四边形机构具有确定的运动。

出现虚约束的场合有以下几种。

(1)两构件连接前后，连接点的轨迹重合，如图 2-15 所示。

(2)当两构件上某两点间的距离在运动过程中始终保持不变，将此两点用构件和运动副连接，则也会引入虚约束，如图 2-16(a)所示。

(3)当两构件组成多个移动副，且其导路互相平行或重合时，则只有一个移动副起约束作用，其余都是虚约束，如图 2-16(b)所示。

(4)当两构件构成多个转动副，且轴线互相重合时，则只有一个转动副起作用，其余转动副都是虚约束，如图 2-16(c)所示。

(5)机构中某些不影响机构运动的对称部分所带入的约束均为虚约束，计算自由度时，只考虑对称中的一部分，如图 2-16(d)所示。

(6)两个构件在多处接触构成平面高副，且各接触点处的公法线彼此重合，只能算一个平面高副，如图 2-16(e)所示的等宽凸轮机构。当法线不重合时，虚约束则变成实际约束。

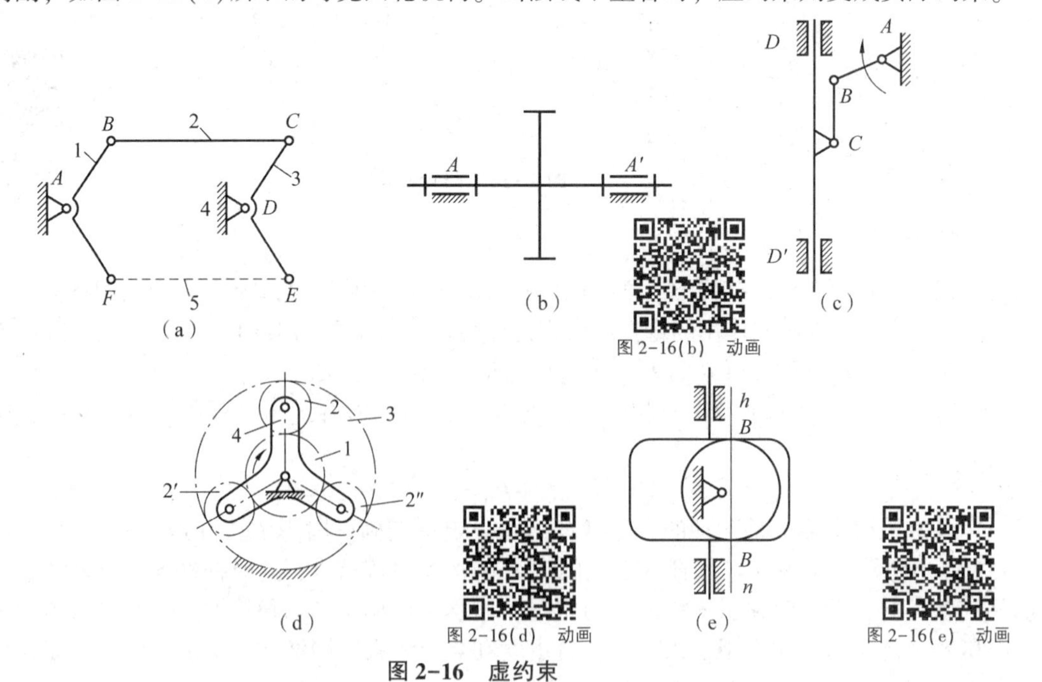

图 2-16 虚约束

注意：机构中的虚约束是实际存在的，计算中所谓“除去不计”是从运动观点分析上做的假设处理，并非实际拆除。各种出现虚约束的场合都必须满足一定的几何条件，包括转动副间的距离、移动副的方位、高副元素曲率中心位置和接触点(线)的法线方位等。

在机构中引入虚约束的目的如下：

(1)改善机构的受力情况，如多个行星轮；

(2)增强机构的刚度，如轴与轴承、机床导轨；

(3)使机构运动顺利，避免运动不确定，如车轮。

例 2-7 计算图 2-17 所示筛料机构的自由度，并判断该机构是否具有确定的相对运动。

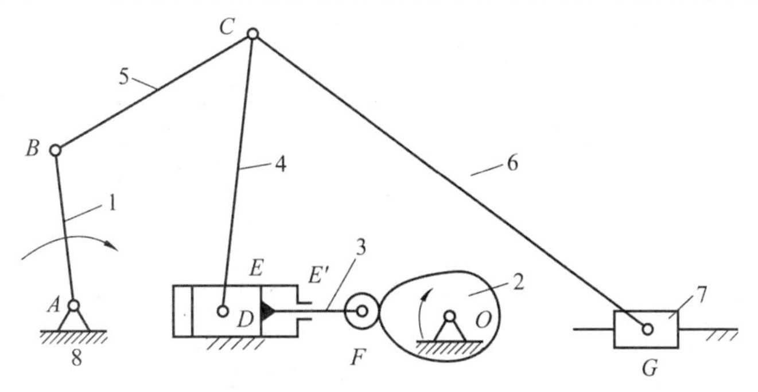

图 2-17 筛料机构

解：在此机构中，点 C 处为由 3 个杆件组成复合铰链，有 2 个转动副。构件 3 与机架 8 构成导路平行的两个移动副 E 和 E'，其中一个为虚约束。构件 3 的右端 F 处滚子与构件 3 之间的独立运动是局部自由度，在计算该构件自由度时不计滚子及其转动副，即将滚子与构件 3 视为固定连接。

该机构中有 7 个活动构件，7 个转动副、2 个移动副、1 个高副，则 $n=7$、$P_L=9$、$P_H=1$，代入式(2-1)得机构自由度为

$$F=3n-2P_L-P_H=3\times7-2\times9-1=2$$

此机构的自由度等于 2，因为有 2 个原动件，所以机构具有确定的相对运动。

2.5 平面机构的组成原理及结构分析

2.5.1 平面机构的组成原理

任何机构都是由原动件、从动件和机架组成的，机构具有确定运动的条件是原动件的数目等于机构的自由度。因此，如果将机构的机架和与机架相连的原动件从机构中拆分开来，则由其余构件构成的构件组必然是一个自由度为零的构件组。而这个自由度为零的构件组，有时还可以再拆分成更简单的自由度为零的构件组。把最后不能进一步再拆分的最简单的自由度为零的构件组称为基本杆组，简称杆组。由此可知，任何机构都可以看作是由若干个基本杆组彼此连接于原动件和机架上而构成的，这就是机构的组成原理，即

自由度为 F 的机构 = F 个原动件+1 个机架+若干个基本杆组

对于图 2-18 所示的平面六杆机构，其自由度 $F=1$，如将原动件 1 及机架与其余构件拆

开，则由构件2、3、4、5、6所构成的从动件系统的自由度为零，并可以再拆分为分别由构件2和3、构件5和6组成的两个基本杆组。

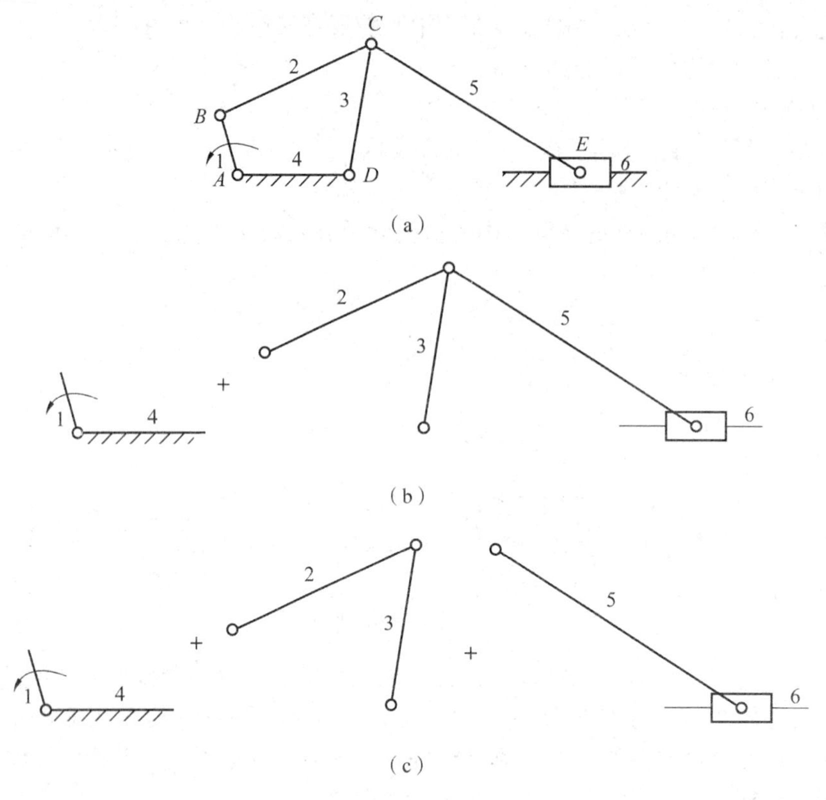

图 2-18　平面六杆机构

设基本杆组由 n 个构件和 P_L 个低副组成，则其自由度为

$$F=3n-2P_L=0 \tag{2-2}$$

即

$$P_L=3n/2 \tag{2-3}$$

因为构件数和运动副必为整数，所以 n 应是2的倍数，P_L 是3的倍数，则它们的组合为 $n=2$，$P_L=3$；$n=4$，$P_L=6$；$n=6$，$P_L=9$；…。显然，最简单的基本杆组是由2个构件和3个低副构成的。我们把这种基本杆组称为Ⅱ级杆组，Ⅱ级杆组有4种类型，如图2-19所示。若基本杆组由4个构件和6个低副所组成，而且都是包含有3个低副的构件，这种基本杆件组成Ⅲ级杆组，如图2-20所示。绝大多数的机构是由Ⅱ级杆组构成的。

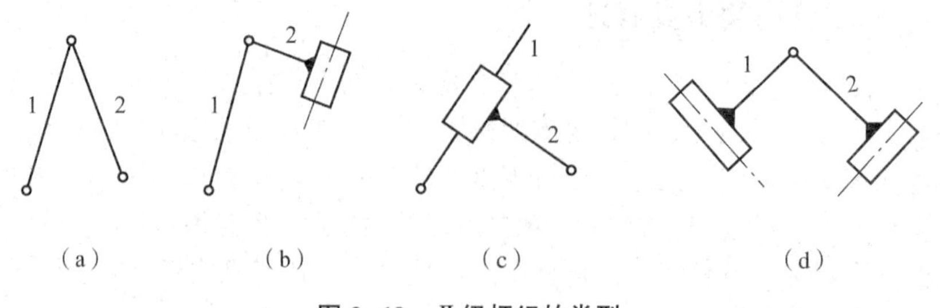

图 2-19　Ⅱ级杆组的类型

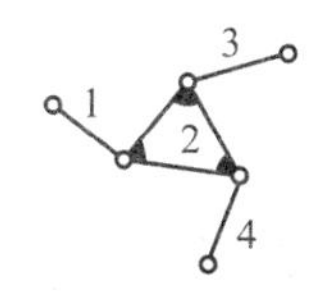

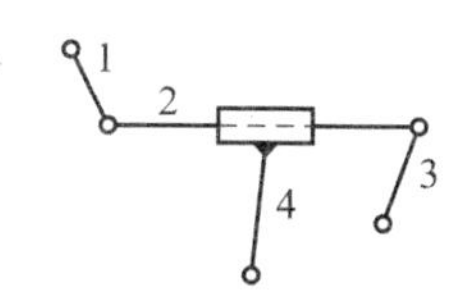

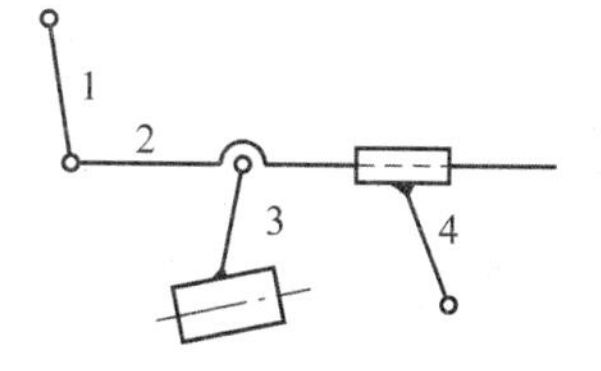

图 2-20　Ⅲ级杆组

2.5.2　平面机构的结构分析

在同一机构中，可包含不同级别的杆组。平面机构的级别是由所含杆组的最高级别决定的。我们把所含杆组的最高级别为Ⅱ级的机构称为Ⅱ级机构，把所含杆组的最高级别为Ⅲ级的机构称为Ⅲ级机构。机构的结构分析就是将已知机构分解为原动件、机架和若干基本杆组，并确定机构的级别。通过结构分析，可以了解机构的组成，对机构创新具有启发作用，也便于对已有机构进行运动分析和受力分析。机构结构分析的内容和步骤如下。

(1)检查并去除机构中的局部自由度和虚约束。

(2)计算自由度，并确定原动件。对同一机构，若选不同构件为原动件，可能会得到不同级别的机构。

(3)将机构中的高副全部用低副代替。

(4)从远离原动件的构件开始，先试拆Ⅱ级杆组，若拆不出，再试拆Ⅲ级杆组。每次拆除基本杆组后，剩下的构件系统仍为机构，其自由度于原机构相同。对于原动件与机架相连接的机构，应一直拆到剩下机架和原动件为止。

(5)最后确定出机构的级别。

例 2-8　图 2-21(a)所示为联合收割机清除机构，分析此机构的结构并确定其级别。

解：(1)计算机构的自由度。该机构的 $n=7$，$P_L=10$，$P_H=0$，$F=3n-2P_L-P_H=3\times7-2\times10-0=1$。构件 1 为原动件。

(2)进行结构分析。从远离原动件的一端拆下构件 7 与 8 这个杆组，剩余部分 1、2、3、4、5、6 仍为一个自由度等于 1 的机构。在这个剩下的新机构中，继续从远离原动件的地方先试拆Ⅱ级杆组，因为不能再拆出Ⅱ级杆组，所以试拆Ⅲ级杆组。例如，拆下由构件 2、3、4、5($n=4$，$P_L=6$，构件 3 上有 3 个低副)组成的Ⅲ级杆组，这时只剩下原动件 1 及机架 6，如图 2-21(b)所示。

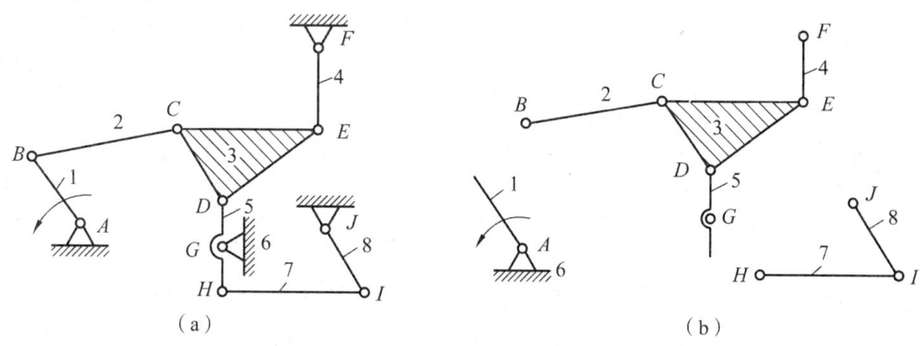

图 2-21　联合收割机清除机构结构分析

(3)确定机构的级别。因为该机构由 1 个Ⅱ级杆组、1 个Ⅲ级杆组和原动件 1 与机架 6

组成，基本杆组的最高级别为Ⅲ级杆组，所以该机构为Ⅲ级机构。

2.5.3 平面机构的高副低代

如果机构中含有高副，则为了便于平面机构的结构分析，可根据一定的条件将机构中的高副虚拟地以低副来代替。这种将高副以低副来代替的方法称为高副低代。

高副低代必须满足以下两个条件：

(1)代替前后机构的自由度完全相同；

(2)代替前后机构的瞬时速度和瞬时加速度完全相同。

从自由度不同的角度看，一个高副不可能仅用一个低副替代，一般需要虚拟地引入一个构件和两个低副，这样替代前后约束数仍为1。从瞬时速度和瞬时加速度角度看，由于高副元素在不同的位置接触时，其曲率半径和曲率中心位置不同，因此就有不同的瞬时替代机构。例如，若两高副元素同为曲线，则在两高副元素的接触点处分别对应各自的曲率中心，可用一虚拟构件，并用两个转动副(位置分别对应两曲率中心)共同替代高副；若两高副元素之一为直线，则因直线的曲率中心趋于无穷远，故该点运动副替代为移动副；若两高副元素之一为点，因该点的曲率半径为零，故该接触点即为曲率中心，该点运动副替代为转动副。不同类型的高副低代方法如表2-4所示。

表2-4 不同类型的高副低代方法

高副元素	曲线和曲线	曲线和直线	曲线和点	直线和点
原含高副的机构	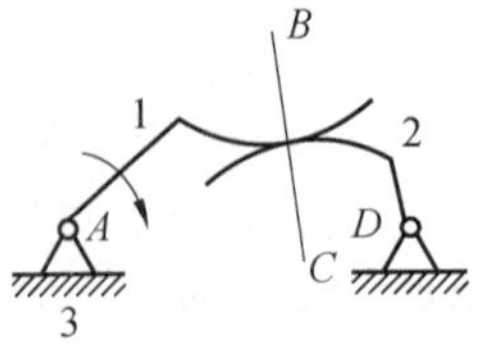	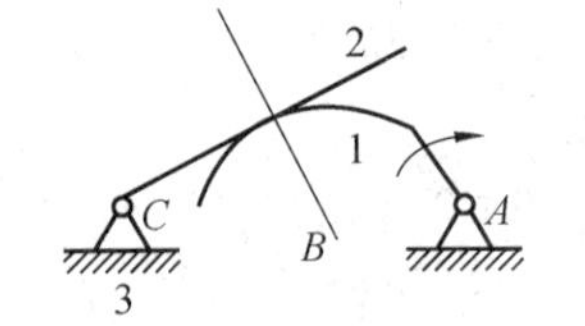	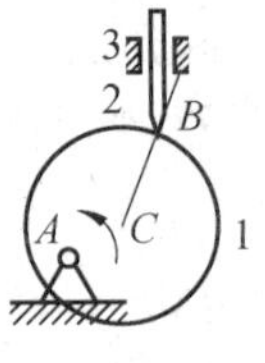	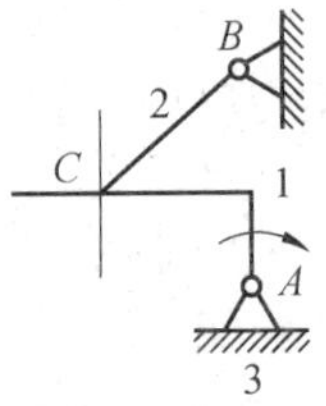
瞬时替代机构	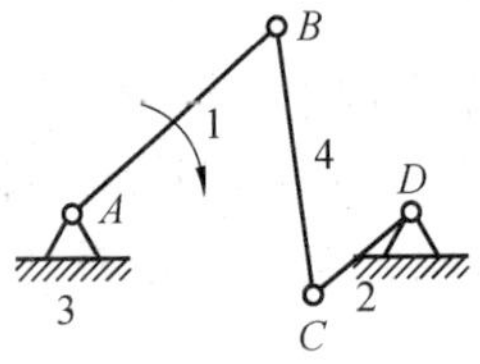	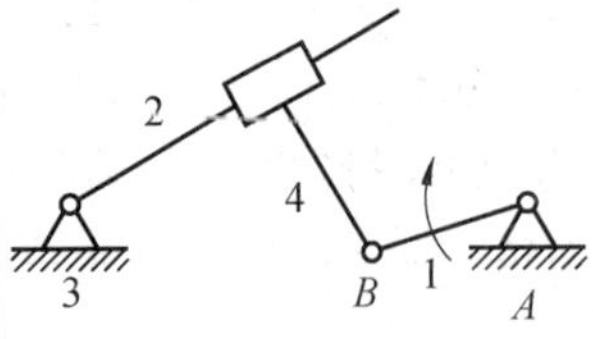	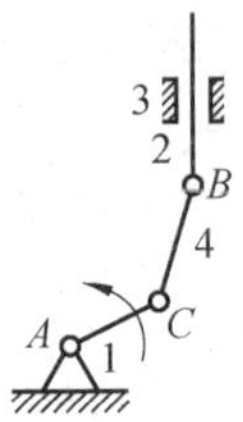	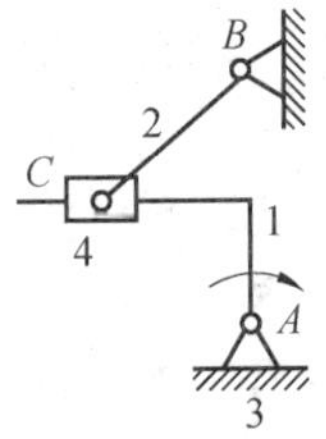

知识拓展

多自由度机器人

随着工业自动化的不断推进，机器人已经成为生产线上不可缺少的一部分。在码垛领域，机器人更是发挥了巨大的作用。为了能够更好地控制机器人的动作，实现自由度控制，多自由度设计成为目前的主流选择。多自由度机器人比传统的工业机器人拥有更多的自由度，也就更加灵活。在码垛领域，多自由度机器人可以实现多种不同的运动轨迹，能够更好地适应各种不同的码货需求。此外，多自由度机器人还能够负责更复杂的操作任务，如对于高度敏感的物品进行精确操作。

1. 多自由度码垛机器人

在设计基于多自由度的码垛机器人时，需要考虑的因素有很多。其中最主要的就是机器人的结构设计。多自由度的机器人结构是比较复杂的，应根据需要进行合理的分层设计，才能更好地实现自由度控制。在这个过程中，还需要考虑机器人运动的稳定性，以及机器人的承重能力等问题。

除了结构设计，还有一个重要的因素就是机器人的控制系统。多自由度机器人的控制需要更先进的技术，以实现更加复杂的运动控制。例如，在码垛机器人自由度控制中，控制系统可以通过路径规划来实现机器人的运动轨迹控制，以及通过传感器技术来实现机器人的实时定位。此外，还需要考虑机器人运动的加速度和速度等问题，以确保机器人的运动轨迹精准、平滑。

在码垛机器人的设计过程中，还需要结合实际操作需求来进行设计。例如，在食品行业，机器人需要满足高精准度、高卫生要求；在物流行业中，机器人需要能够快速、准确地进行码垛等操作。因此，在设计多自由度机器人的同时，还需要考虑行业的实际需求，以确保机器人能够真正发挥价值。

2. 多关节机器人

多关节机器人(见图 2-22)也称关节机械臂或多关节机械臂，其各个关节的运动都是转动，与人的手臂类似。多关节机器人是当今工业领域中最常见的工业机器人形态之一，适用于诸多工业领域的机械自动化作业。多关节机器人技术是指利用多关节机器人进行自动化作业，实现生产过程的自动化和高效化。多关节机器人的应用非常广泛，包括喷漆、自动装配、焊接、搬运、包装、切削机床、固定、特种装配操作、锻造、铸造等。

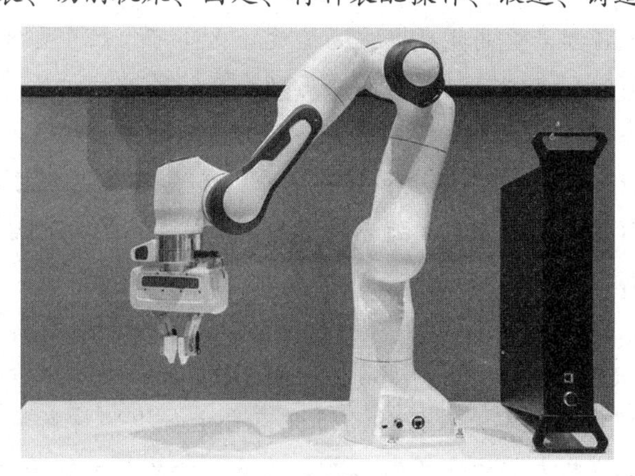

图 2-22　多关节机器人

多关节机器人的类别有多种，包括五轴和六轴关节机器人、托盘关节机器人和平面关节机器人等。五轴和六轴关节机器人分别拥有 5 个和 6 个旋转轴，类似于人类的手臂，应用领域广泛。托盘关节机器人具有 2 个或 4 个旋转轴，以及机械抓手的定位锁紧装置，主要用于装货、卸货、包装、特种搬运、托盘运输等。平面关节机器人有 3 个相互平行的旋转轴和 1

个线性轴，应用领域包括装货、卸货、焊接、包装、固定、涂层、喷漆、黏结、封装、特种搬运操作、装配等。

常见的多关节机器人包括工业机器人、服务机器人和医疗机器人等，它们具有不同的特点和应用领域。

(1)工业机器人通常由多个关节构成，具有较高的精度和速度，可以执行重复性高、精度要求高的工作，如汽车生产线上的焊接、装配等任务。工业机器人具有以下特点：

①关节数量多，通常为 3 个或以上；

②关节之间具有较高的精度和稳定性；

③通常采用电动机驱动，具有较高的速度和加速度；

④可以通过编程等方法实现运动控制。

(2)服务机器人通常具有多个自由度，可以执行多种任务，如清洁、搬运、接待等。服务机器人具有以下特点：

①关节数量通常为 2 个或以上；

②关节之间具有较高的灵活性和稳定性；

③通常采用电动机或气动驱动，具有较高的速度和精度；

④可以通过编程或语音控制实现运动控制。

(3)医疗机器人用于手术、康复等领域，具有较高的精度和灵活性。医疗机器人具有以下特点：

①关节数量通常为 3 个或以上；

②关节之间具有较高的精度和稳定性；

③通常采用电动机驱动，具有较高的速度和加速度；

④可以通过编程或医生操作实现运动控制。

多关节机器人未来将朝着更高精度、更高速度、更高可靠性、更智能化、更自主化、更安全化的方向发展。同时，多关节机器人的应用领域也将进一步扩展，成为工业自动化生产的重要支撑力量。多关节机器人是一种具有多个可动关节的工业机器人，可以实现复杂的运动和姿态调整，以适应不同的工作环境和任务需求。多关节机器人技术包括运动学、动力学、控制理论、传感器技术等。未来，随着技术的不断发展和应用领域的拓展，多关节机器人将有更广阔的应用前景和发展空间。

3. 人形机器人

2022 年，特斯拉公司举办 AI Day 活动，Tesla Bot 人形机器人“擎天柱”(Optimus)原型机首次亮相。“擎天柱”第一次在无人操作的情况下自主行走，特斯拉公司没有为这款机器人安装外壳，而是直接将其内部构造呈现出来，关节、骨骼、电缆等设备清晰可见。“擎天柱”能灵活地提起水壶浇花、双手搬运物料至目标位置、准确定位周围人员并主动避让。设计人员透露，“擎天柱”原型机产量应该可以达到数百万台，预估最终价格将在 2 万美元以下，3~5 年间即可量产上市。

2022 年 8 月 11 日，小米公司北京秋季新品发布会上，展示了首款全尺寸人形仿生机器人 CyberOne。多年前，小米公司技术团队就已经研发出人形双足机器人，取名“刑天”(中国远古神话传说中的人物，手执巨斧和盾牌，身强力壮，体型巨大)。

“刑天”不仅拥有人形双足，还有完整的头颅、躯干，1.7 m的个子，却有34个自由度。它由20多位研发人员耗时2~3年自主研发而成。为满足仿生需要，“刑天”身上采用了仿生机构设计、结构轻量化设计、多传感信息感知与融合、人机交互实时控制和多学科系统集成等关键技术。它能实现对步伐的大小、快慢及幅度的控制。还具有典型环境和常见物体感知识别能力，能针对复杂地面环境自主规划路线、避障等。

“刑天”主体采用高强度铝合金材料，能够实现轻量化，提高产品功重比，将伺服控制元件、执行元件、多传感检测元件高度集成，减小体积。在极限范围内进行测试，其关节驱动器单手最大抓取质量为5 kg，这也是人形机器人必备的功能。“刑天”曾在全世界100多个队中，获得参加美国国防部举办的国际机器人挑战赛的资格，实现了整个机器人系统有机集成，突破环境识别、自主行走、任意抓取等多项关键技术。

江苏省产业技术研究院智能制造技术研究所(集萃智造)在“刑天”的基础上，研制出液压四足机器人，突破微小型旋转直驱伺服阀、恒转矩高功重比电动机、微小型高速高压轴向柱塞泵等核心部件研制的关键技术；开展高频响伺服驱动非线性控制研究，实现刚度补偿与高动态纠偏矫正；研究低液动力结构优化与球副抗磨损工艺，实现高功功率密度驱动系统，解决了高功率密度驱动技术的“卡脖子”问题。

2023年3月28日，追觅科技在上海召开新品发布会，除了新款洗地机小“机皇”M13 Beta，两款机器人产品——通用人形机器人和仿生四足机器狗Eame One二代也在本次发布会上惊艳亮相，如图2-23所示。

图2-23　追觅科技发布的通用人形机器人和仿生四足机器狗Eame One二代

Eame One二代是2021年Eame One的升级版，相较于上一代，它升级到了15个自由度，是目前行业内拥有自由度最多的四足机器人产品，实现了真正意义上的全身仿生运动控制。Eame One二代搭载了12组高性能伺服电动机、21TOPS澎湃算力及多种传感器，可实现语音、视觉、触觉等多模人机交互，能够完成爬坡、上楼梯、跨越障碍、后空翻、跳舞等高难度动作，并能精准判断多种地形，适应复杂环境。同时，Eame One二代增加了四足机器人不多见的部位——头部，提升了交互能力，能够与人进行更多实时互动行为，可以更好地应用于娱乐、情感陪伴及科研教育等场景。

通用人形机器人实现了高度仿生，身高178 cm，体重56 kg，全身共44个自由度，其中单腿还有完整的6个自由度，可以完成单腿站立。交互方面则配备了深度相机，可以完成室内三维环境的建模，同时集成了AI大语言模型，具备高质量的对话沟通能力。

本章小结

本章首先介绍了机构的组成，运动副的概念及分类，运动链的概念；然后介绍了机构运动简图绘制方法和步骤，机构具有确定运动的条件，机构自由度的计算；最后介绍了平面机构的组成原理，结构分析内容和步骤及平面机构高副低代的方法。

习　题

2-1　什么是构件、运动副及运动副元素？运动副是如何进行分类的？

2-2　机构运动简图有什么作用？如何绘制机构运动简图？

2-3　机构具有确定运动的条件是什么？

2-4　在计算机构自由度时，应注意哪些事项？

2-5　题2-5图所示为自卸货车自动翻转卸料机构，当液压缸3中的液压油推动活塞杆4时，车厢1便绕回转副中心B倾斜，当其达到一定角度时，物料就自动卸下。画出该机构的运动简图，并计算其自由度。

2-6　题2-6图所示为一偏心轮油泵机构，该油泵的偏心轮1绕固定轴心A转动，外环2上的叶片a在可绕轴心C转动的圆柱3中滑动。当偏心轮1按照图示方向连续回转时，可将右侧输入的油液由左侧泵出，试绘制该机构的运动简图，并计算其自由度。

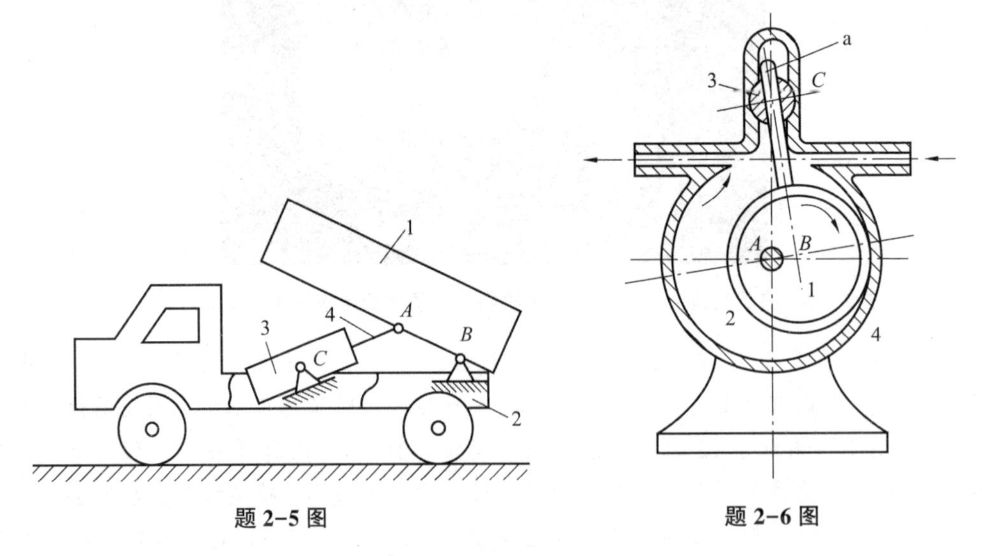

题2-5图　　　　题2-6图

2-7　题2-7图所示为一简易压力机的初拟设计方案。动力由齿轮1输入，使轴A连续回转；而固装在轴A上的凸轮2与杠杆3组成的凸轮机构，将使冲头4上下运动以达到冲压的目的。试绘制该机构的运动简图，并分析其能否实现设计意图，如果不能，则提出修改方案。

2-8　题2-8图所示为一具有急回作用的冲床。图中绕固定轴心 A 转动的菱形盘1为原动件，其与滑块2在点 B 铰链，通过滑块2推动拨叉3绕固定轴心 C 转动，而拨叉3与圆盘4为同一构件，当圆盘4转动时，通过连杆5使冲头6实现冲压运动。试绘制其机构运动简图，并计算其自由度。

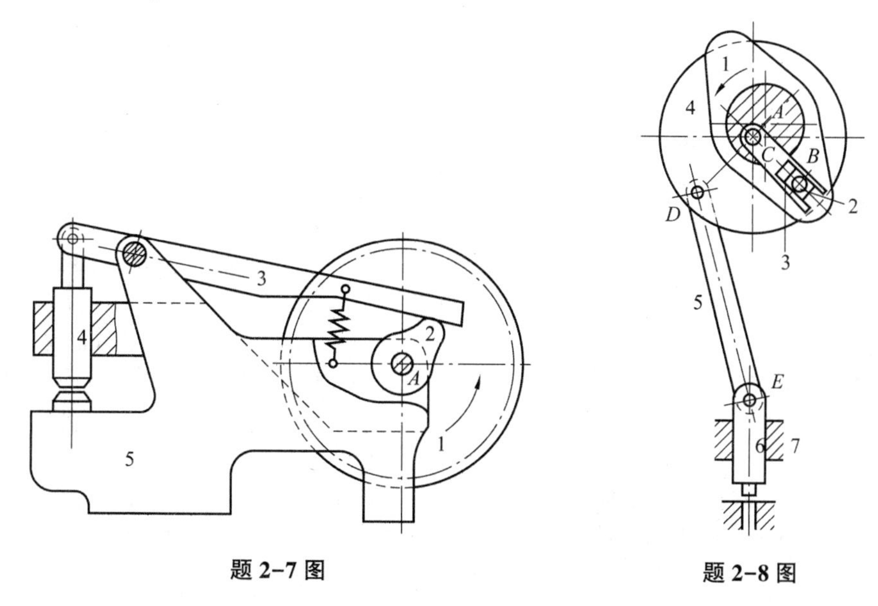

题2-7图　　**题2-8图**

2-9　试计算题2-9图所示各机构的自由度，并判断机构是否具有确定的运动。

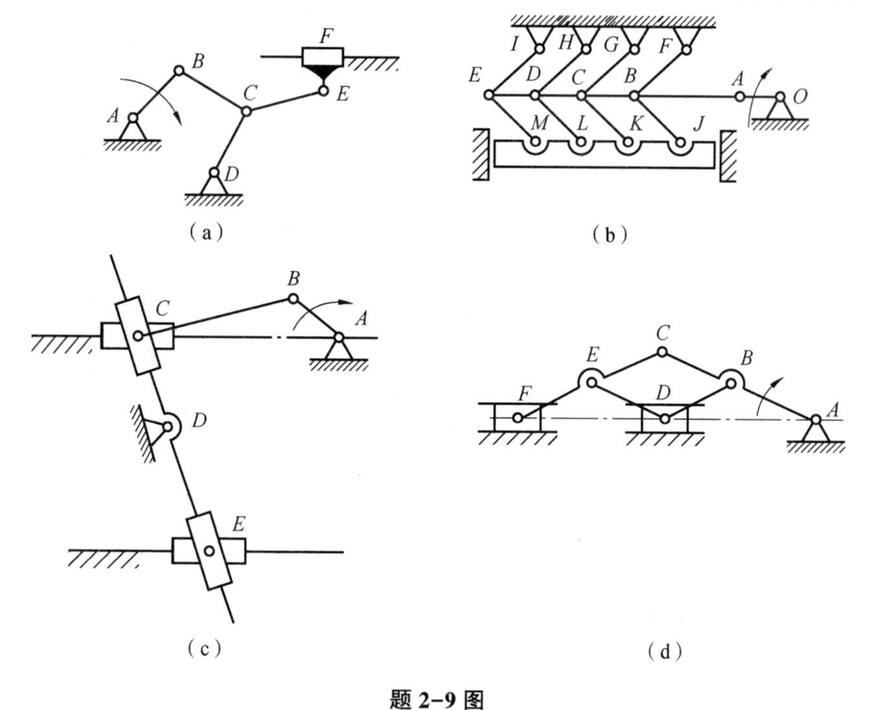

题2-9图

2-10　计算题2-10图所示机构的自由度。确定机构所含杆组的数目和级别，并判断机

构的级别。

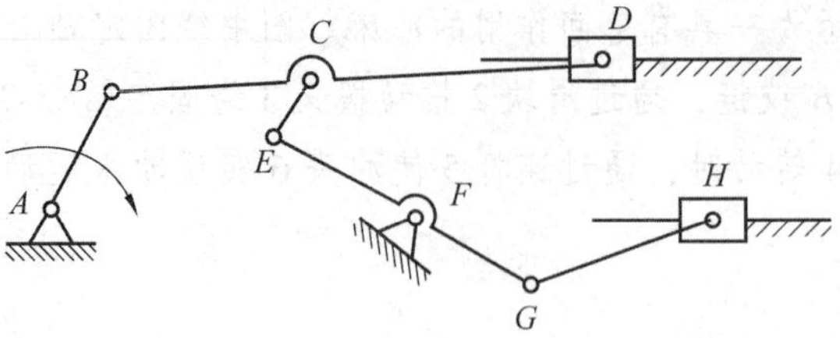

题 2-10 图

2-11　计算题 2-11 图所示机构的自由度，将其中的高副化为低副，并确定其所含杆组的数目和级别，以及该机构的级别。

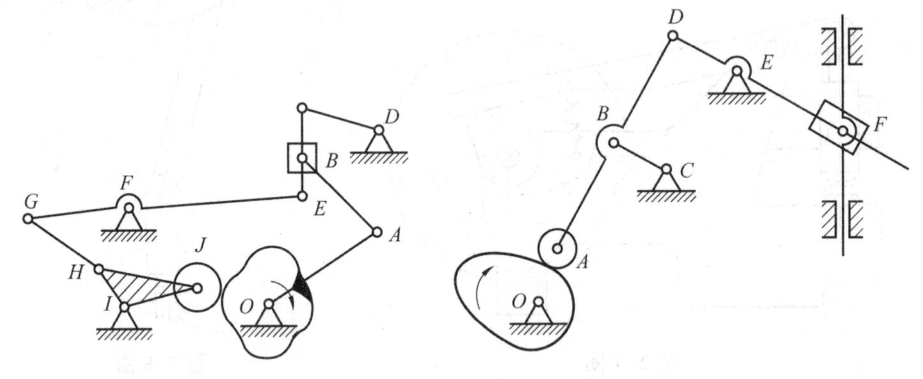

题 2-11 图

第三章 平面机构的运动分析

3.1 引 言

为了设计新的机械以及了解现有机械的运动性能，需要对机构进行运动分析，其内容主要包含以下两个方面：

(1)求解机构中某些点的运动轨迹或位移，确定机构的运动空间；

(2)求解构件上某些点的速度、加速度，或某些构件的角位移、角速度、角加速度等运动参数，了解机构的工作性能。

进行机构运动分析的方法有很多，主要有图解法、解析法和试验法。

(1)图解法：以理论力学中的运动合成原理为基础的分析方法。在对机构进行速度和加速度分析时，首先要根据运动合成原理列出机构运动的矢量方程，再按方程作图分步求解。优势在于可以比较直观地了解机构的某个或某几个位置的运动特性，精度基本能满足实际问题的要求。

(2)解析法：在建立机构运动学模型的基础上，采用数学方法求解构件的角速度、角加速度或某些点的速度及加速度。该方法的优势是能够精确地了解机构在整个运动循环过程中的运动特性，获得一系列精确位置的分析结果，并能绘出机构相应的运动参数曲线图，还可把机构分析和机构综合问题联系起来，以便于机构的优化设计。

(3)试验法：通过位移、速度、加速度等各类传感器对机械在实际运动中的位移、速度、加速度等参数进行测量，是研究已有机械运动性能的常用方法。

3.2 速度瞬心法及其应用

速度瞬心是指相互做平面相对运动的两构件上瞬时速度相等的重合点，简称瞬心。常用符号 P_{ij} 表示两个构件 i、j 之间的瞬心。若瞬心处绝对速度为零，则为绝对瞬心；若瞬心处绝对速度不为零，则为相对瞬心。

根据瞬心的定义可知，每两个构件就有一个瞬心，在 N 个构件(含机架)组成的机构中，

其瞬心的总数 K 为

$$K = \frac{N(N-1)}{2} \tag{3-1}$$

3.2.1 瞬心位置的确定

瞬心位置的确定方法如下。

(1)通过运动副直接相连的两个构件 1、2，可以根据定义确定瞬心位置。

图 3-1(a)所示为以转动副相连的低副，瞬心 P_{12} 在其回转中心处。

图 3-1(b)所示为以移动副相连的低副，瞬心 P_{12} 在垂直于其导路的无穷远处。

图 3-1(c)所示为纯滚动的平面高副，瞬心 P_{12} 位于两构件的接触点。

图 3-1(d)所示为既有滚动又有滑动的高副，瞬心 P_{12} 位于两构件的接触处的公法线上。

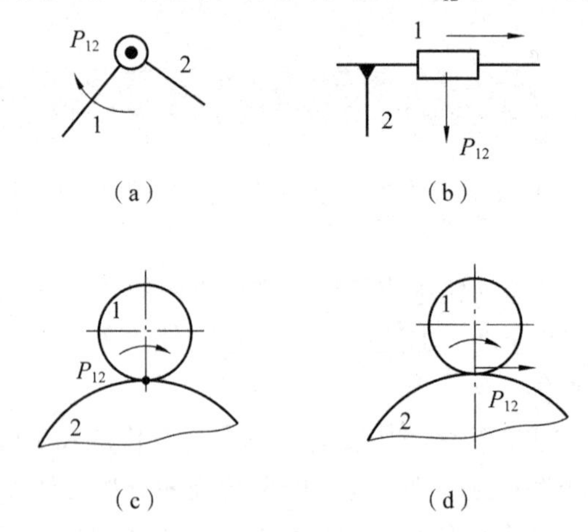

图 3-1　根据定义确定瞬心位置

(2)未直接相连两构件，由三心定理确定其瞬心位置。

三心定理：彼此做平面运动的 3 个构件的 3 个瞬心必位于同一直线上，因为只有 3 个瞬心位于同一个直线上，才有可能满足瞬心为等速重合点的条件。

三心定理示意图如图 3-2 所示，在一平面上有相互做平行运动的 3 个构件 1、2、3，这 3 个构件的 3 个瞬心中的 P_{23} 必定位于 P_{12} 及 P_{13} (分别处于各转动副中心处)的连线上来。为简单起见，不妨设构件 1 是固定的。这时在构件 2 及 3 上任取一个不在 P_{12} 及 P_{13} 连线上的重合点 K，因重合点 $K2$、$K3$ 的速度方向不同，K 就不可能成为瞬心 P_{23}，而只有将重合点 K 选在 P_{12} 及 P_{13} 的连线上，两速度方向才能一致，故可知 P_{23} 与 P_{12}、P_{13} 必定在同一直线上。

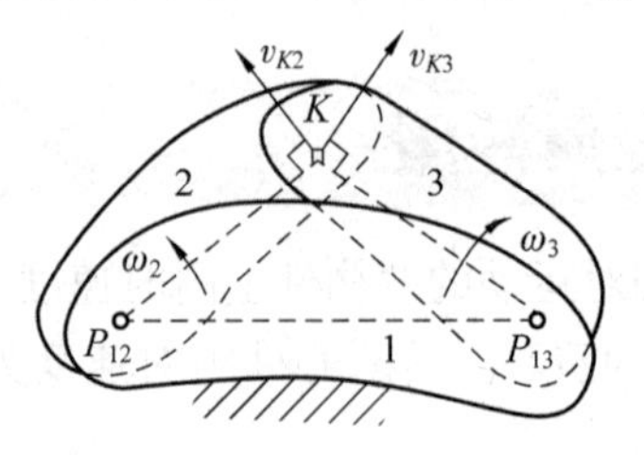

图 3-2　三心定理示意图

3.2.2　利用速度瞬心法进行机构的速度分析

本节举例说明利用速度瞬心概念对机构进行速度分析的方法，即速度瞬心法。

例 3-1　设已知图 3-3 所示的铰链四杆机构各构件的尺寸，构件 2 的角速度 ω_2，试求在图示位置时构件 4 的角速度 ω_4 和构件 3 上点 E 的速度 v_E。

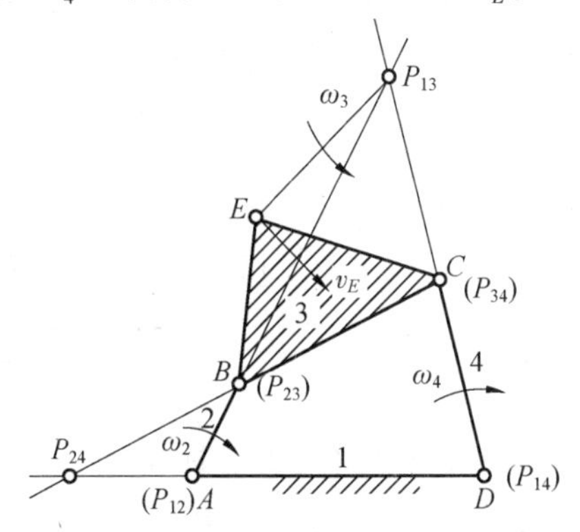

图 3-3　铰链四杆机构 1

解：瞬心 P_{12}、P_{23}、P_{34}、P_{14} 的位置可直观地加以确定，其余两瞬心 P_{13}、P_{24} 则需要根据三心定理来确定。对于构件 1、2、3 来说，P_{13} 必在 P_{12} 及 P_{23} 的连线上，而对于构件 1、4、3 来说，P_{13} 又应在 P_{14} 及 P_{34} 的连线上，故上述两线的交点即为瞬心 P_{13}。同理可求得瞬心 P_{24}。

因为瞬心 P_{24} 为构件 2、4 的等速重合点，故有

$$\omega_2\ \overline{P_{12}P_{24}}\mu_l = \omega_4\ \overline{P_{14}P_{24}}\mu_l$$

式中，μ_l 为机构尺寸的比例尺，它是构件的真实长度与图示长度之比，单位为 m/mm 或 mm/mm。

由上式可得 $\omega_4 = \omega_2\ \overline{P_{12}P_{24}} / \overline{P_{14}P_{24}}$（顺时针方向），即

$$\frac{\omega_2}{\omega_4} = \frac{\overline{P_{14}P_{24}}}{\overline{P_{12}P_{24}}} \tag{3-2}$$

式中，ω_2/ω_4 为机构中构件 2 与构件 4 的瞬时角速度之比，称为机构的传动比或传递函数。由此可见，该传动比等于该两构件的绝对瞬心至相对瞬心距离的反比。

又因瞬心 P_{13} 为构件 3 在图示位置的瞬时转动中心，故

$$v_B = \omega_3\ \overline{P_{13}B}\mu_l = \omega_2\ \overline{P_{12}B}\mu_l \tag{3-3}$$

可得

$$\omega_3 = \omega_2\ \overline{P_{12}B} / \overline{P_{13}B}$$

$$v_E = \omega_3\ \overline{P_{13}E}\mu_l\ （方向垂直于\ P_{13}E，\ 指向与\ \omega_3\ 一致）$$

例 3-2　图 3-4 所示为一铰链四杆机构，据瞬心数目计算公式(3-1)可知，它共有 6 个瞬心，其中 P_{14}、P_{12}、P_{23}、P_{34} 这 4 个瞬心分别位于相应两构件组成的转动副中心。构件 2 和构件 4，以及构件 1 和构件 3 都没有运动副直接相连，其瞬心 P_{24} 和 P_{13} 的位置可根据三心定理确定。

解：根据三心定理，构件 2、1、4 的 3 个瞬心 P_{12}、P_{14}、P_{24} 应在一条直线上，构件 2、

3、4 的 3 个瞬心 P_{23}、P_{34}、P_{24} 应在一条直线上，故直线 $P_{12}P_{14}$ 和直线 $P_{23}P_{34}$ 的交点即瞬心 P_{24}。同理，P_{13} 应在 $P_{23}P_{12}$ 及 $P_{34}P_{14}$ 两连线的交点上。

若已知图 3-4 所示机构的各杆长度，以及图示瞬时位置点 B 的速度 $v_B=\omega_1 l_{AB}$（方向如图所示），便可根据瞬心的特征求得点 C 的速度 v_C 和构件 2 的角速度 ω_2，以及构件 1、3 的角速度比 ω_1/ω_3。

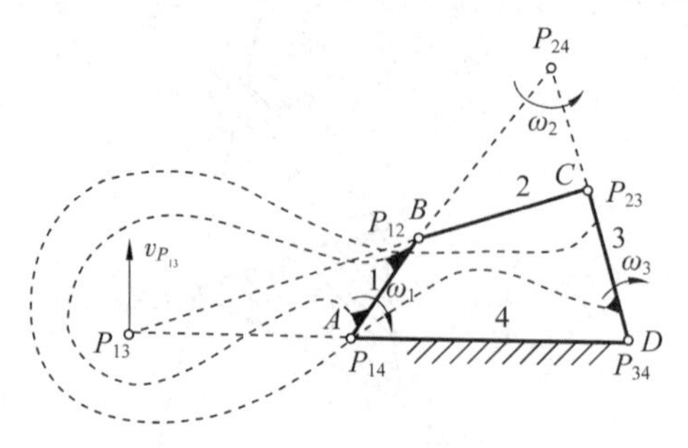

图 3-4　铰链四杆机构 2

因为 P_{24} 是绝对瞬心，故构件 2 可视为以瞬时角速度 ω_2 绕 P_{24} 做定点转动，若设 μ_l 为绘制机构运动简图的长度比例尺，则 $v_B=\omega_2\mu_l\overline{BP_{24}}$，$v_C=\omega_2\mu_l\overline{CP_{24}}$，由此可知 $\dfrac{v_C}{v_B}=\dfrac{\omega_2\mu_l\overline{CP_{24}}}{\omega_2\mu_l\overline{BP_{24}}}=\dfrac{\overline{CP_{24}}}{\overline{BP_{24}}}$。

所以 $v_C=v_B\dfrac{\overline{CP_{24}}}{\overline{BP_{24}}}$（方向如图所示），$\omega_2=\dfrac{v_B}{\mu_l\overline{BP_{24}}}$（逆时针方向）。

为求 ω_1/ω_3，可利用瞬心 P_{13}。因为 $\omega_1=v_{P_{13}}/(\mu_l\overline{AP_{13}})$，$\omega_3=v_{P_{13}}/(\mu_l\overline{DP_{13}})$，故

$$\frac{\omega_1}{\omega_3}=\frac{\dfrac{v_{P_{13}}}{(\mu_l\overline{AP_{13}})}}{\dfrac{v_{P_{13}}}{(\mu_l\overline{DP_{13}})}}=\pm\frac{\overline{DP_{13}}}{\overline{AP_{13}}}$$

上式说明构件 1、3 的角速度比 ω_1/ω_3 等于瞬心 P_{13} 到两构件固定铰链点 A 和 D 的距离的反比，而且当 P_{13} 位于固定铰链点 A 和 D 连线之外时，两构件角速度方向相同，比值前应冠以“+”号；当 P_{13} 位于固定铰链点 A 和 D 连线之内时，两构件角速度方向相反，比值前应冠“-”号。此结论适用于任何平面机构中两个绕定点转动的构件之角速度比。

由上述分析可知，由于用瞬心法求解需求出机构瞬心，故只宜应用于简单机构的速度分析。对于平面多杆机构速度分析问题，则由于瞬心数目多，求解较复杂，一般不予采用。此外，瞬心法只能解决机构速度分析问题，不能求解加速度分析问题。

例 3-3　在图 3-5(a)所示的曲柄滑块机构中，已知各构件的尺寸和原动件曲柄角速度 ω_1（逆时针方向），试用瞬心法求滑块 3 在此瞬时位置的速度 v_3。

解： 由瞬心数目计算公式(3-1)求得该机构的瞬心数目为 6 个，即 P_{14}、P_{12}、P_{23}、P_{34} 和 P_{13}、P_{24}。

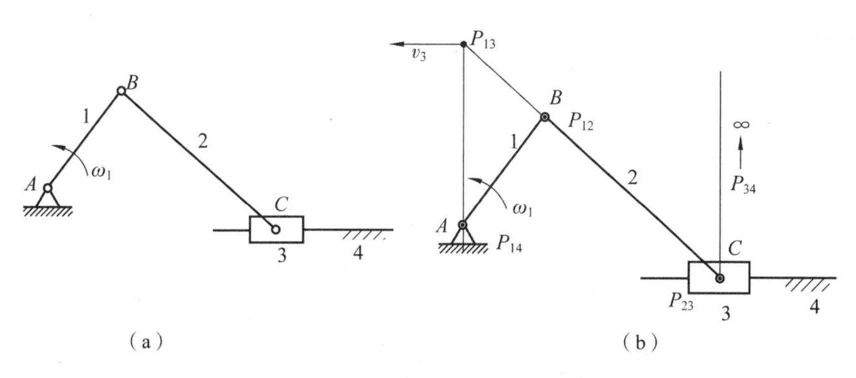

图 3-5　曲柄滑块机构的速度分析

瞬心 P_{14}、P_{12}、P_{23}、P_{34} 可直接判断求出。瞬心 P_{14}、P_{12} 和 P_{23} 分别位于 A、B、C 这 3 个转动副的中心处；瞬心 P_{34} 是滑块 3 和机架 4 的瞬心，而滑块 3 和机架 4 构成移动副，因此 P_{34} 位于垂直于移动副导路的无穷远处，如图 3-5(b)所示。P_{13}、P_{24} 需要应用三心定理来确定。因为问题是已知构件 1 的角速度 ω_1，求构件 3 的速度 v_3，所以关键是要求出瞬心 P_{13}。

构件 1、构件 2 和滑块 3 共有 3 个瞬心，即 P_{12}、P_{23} 和 P_{13}，且 P_{13} 应与 P_{12}、P_{23} 位于同一条直线上；构件 1、机架 4 和滑块 3 共有 3 个瞬心，即 P_{14}、P_{34} 和 P_{13}，且 P_{13} 应与 P_{14}、P_{34} 位于同一条直线上，因此 P_{12}、P_{23} 的连线同 P_{14}、P_{34} 的交点便是瞬心 P_{13}。

由瞬心的概念可知，P_{13} 为构件 1 和滑块 3 的等速重合点，即构件 1 上点 P_{13} 处的绝对速度与滑块 3 上点 P_{13} 处的绝对速度相等，滑块 3 做平行移动，其上任意一点的速度都相等，因此 $v_3 = v_{P_{13}} = \omega_1 \overline{P_{14}P_{13}}\mu_l$，方向如图 3-5(b)所示。

3.3　利用解析法进行平面机构的运动分析

利用解析法进行平面机构的运动分析，首先建立机构的位置方程，然后将位置方程对时间求导数，即可求得机构的速度和加速度方程，进而完成机构的运动分析。因为所采用的数学工具不同，所以解析法有很多种。这里介绍两种比较容易掌握且便于应用计算机计算求解的方法：复数矢量法以及矩阵法。复数矢量法由于利用了复数运算十分简便的优点，不仅可对任何机构(包括较复杂的连杆机构)进行运动分析和动力分析，而且可用来进行机构的综合，并可利用计算器或计算机进行求解。矩阵法可方便地运用标准计算程序进行求解。由于用这两种方法对机构进行运动分析时，均需先列出所谓机构的封闭矢量方程，故对此方程先加以介绍。

3.3.1　机构的封闭矢量方程

在用复数矢量法建立机构的位置方程时，需将构件用矢量来表示，并作出机构的封闭矢量多边形，如图 3-6 所示，先建立一平面直角坐标系。设构件 1 的长度为 l_1，其方位角为 θ_1，$\boldsymbol{l}_1$ 为构件 1 的杆矢量，即 $\boldsymbol{l}_1 = \overrightarrow{AB}$。机构中其余构件均可表示为相应的杆矢量，这样就形成由各杆矢量组成的一个封闭矢量多边形，即 $ABCDA$。在这个封闭矢量多边形中，其各矢

量之和必等于零，即

$$\boldsymbol{l}_1 + \boldsymbol{l}_2 - \boldsymbol{l}_4 - \boldsymbol{l}_3 = \boldsymbol{0} \tag{3-4}$$

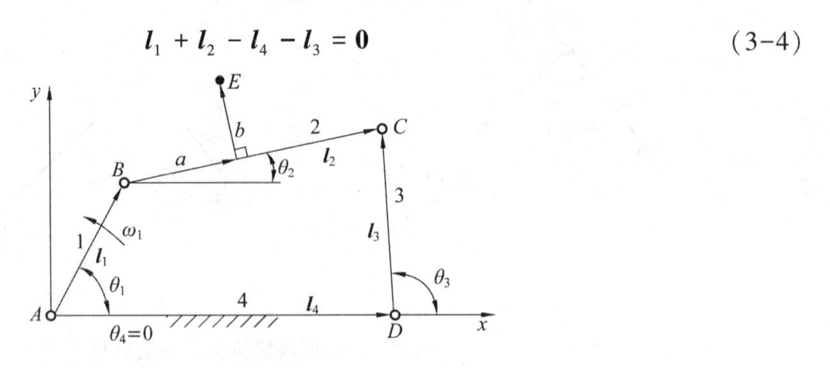

图 3-6 封闭矢量多边形

对一欲进行运动分析的平面四杆机构，其各构件的长度和构件 1 的运动规律，即 θ_1 为已知，而 $\theta_4 = 0$，故可求得两个未知方位角 θ_2 及 θ_3。各杆矢量的方向可自由确定，但各杆矢量的方位角 θ 均应由 x 轴开始，并以沿逆时针方向计量为正。

由上述分析可知，对于一个平面四杆机构，只需作出一个封闭矢量多边形，即可求解。而对四杆以上的平面多杆机构，则需作出一个以上的封闭矢量多边形才能求解。

3.3.2 复数矢量法

图 3-7 所示为一铰链四杆机构，已知各构件的杆长和机架长度分别为 l_1、l_2、l_3、l_4，若构件 1 以等角速度 ω_1 转动，现需求该机构在图示位置时，构件 2 及构件 3 的角位移、角速度和角加速度。

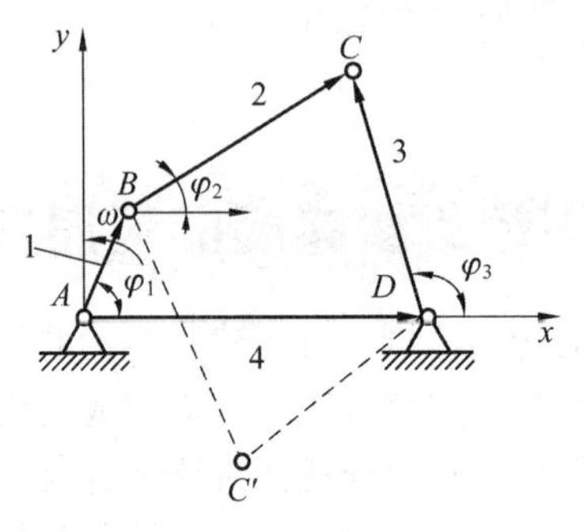

图 3-7 铰链四杆机构运动分析

1. 位移分析

将该铰链四杆机构看成一个封闭矢量多边形，用复数表示各个杆矢量，得到复数矢量方程式为

$$l_1 e^{i\varphi_1} + l_2 e^{i\varphi_2} = l_4 + l_3 e^{i\varphi_3} \tag{3-5}$$

式中，$\varphi_j (j = 1, 2, 3)$ 为各杆矢量的幅角，均以 x 轴正向作为起始线，逆时针转动 x 轴至与该杆矢量正方向重合，即得到正的幅角值 $\varphi_j (j=1, 2, 3)$；若将 x 轴顺时针转至与构件矢量正方向重合，所得到的幅角为负值。由式(13-5)区分出实部和虚部，可以得到

$$\begin{cases} l_1 \cos\varphi_1 + l_2 \cos\varphi_2 - l_3 \cos\varphi_3 - l_4 = 0 \\ l_1 \sin\varphi_1 + l_2 \sin\varphi_2 - l_3 \sin\varphi_3 = 0 \end{cases} \tag{3-6}$$

为解出 φ_3，先消去 φ_2 得

$$A\cos\varphi_3 + B\sin\varphi_3 + C = 0 \tag{3-7}$$

式中，$A = l_4 - l_1\cos\varphi_1$；$B = -l_1\sin\varphi_1$；$C = (A^2 + B^2 + l_3^2 - l_2^2)/(2l_3)$。

将 $\sin\varphi_3 = \dfrac{2\tan(\varphi_3/2)}{1+\tan^2(\varphi_3/2)}$，$\cos\varphi_3 = \dfrac{1-\tan^2(\varphi_3/2)}{1+\tan^2(\varphi_3/2)}$ 代入式(3-7)，得到关于 $\tan(\varphi_3/2)$ 的一元二次方程式

$$(C-A)\tan^2\frac{\varphi_3}{2} + 2B\tan\frac{\varphi_3}{2} + (A+C) = 0$$

解之可得

$$\varphi_3 = 2\arctan\frac{B \pm \sqrt{A^2 + B^2 - C^2}}{A - C}$$

上式中，根号前的符号应满足机构运动连续性条件，一般根据机构的装配模式来确定。例如，图3-7中实线所示装配模式应取“+”号，虚线所示模式应取“-”号；若根号内的数值小于零，则表示机构的相应位置不能实现。

类似地，由式(3-6)消去 φ_3，求得 $\varphi_2 = \arctan\dfrac{B + l_3\sin\varphi_3}{A + l_3\cos\varphi_3}$。

2. 速度分析

将式(3-5)对时间求导，得到

$$l_1\dot{\varphi}_1 i e^{i\varphi_1} + l_2\dot{\varphi}_2 i e^{i\varphi_2} = l_3\dot{\varphi}_3 i e^{i\varphi_3} \tag{3-8}$$

为消去 φ_2，将上式每一项乘以 $e^{-i\varphi_2}$，按欧拉公式展开，并取实部解得

$$\omega_3 = \dot{\varphi}_3 = \omega_1\frac{l_1\sin(\varphi_1 - \varphi_2)}{l_3\sin(\varphi_3 - \varphi_2)} \tag{3-9}$$

类似可求得

$$\omega_2 = \dot{\varphi}_2 = -\omega_1\frac{l_1\sin(\varphi_1 - \varphi_3)}{l_2\sin(\varphi_2 - \varphi_3)} \tag{3-10}$$

若求得的角速度为正，表示其转向为逆时针；若为负，表示其转向为顺时针。由此还可以看到，构件的角速度只与原动件的角速度及其位置，以及各构件的相对杆长有关，而与构件的绝对杆长无关。

3. 加速度分析

将式(3-8)对时间求导，得到

$$-l_1\dot{\varphi}_1^2 e^{i\varphi_1} + il_2\ddot{\varphi}_2 e^{i\varphi_2} - l_2\dot{\varphi}_2^2 e^{i\varphi_2} = il_3\ddot{\varphi}_3 e^{i\varphi_3} - l_3\dot{\varphi}_3^2 e^{i\varphi_3} \tag{3-11}$$

为消去 φ_2，将上式两边各项均乘以 $e^{-i\varphi_2}$，按欧拉公式展开，并取实部解得

$$a_3 = \ddot{\varphi}_3 = \frac{l_2\omega_2^2 + l_1\omega_1^2\cos(\varphi_1 - \varphi_2) - l_3\omega_3^2\cos(\varphi_3 - \varphi_2)}{l_3\sin(\varphi_3 - \varphi_2)} \tag{3-12}$$

类似可解得

$$a_2 = \varphi_2 = \frac{l_3\omega_3^2 - l_1\omega_1^2\cos(\varphi_1 - \varphi_3) - l_2\omega_2^2\cos(\varphi_2 - \varphi_3)}{l_2\sin(\varphi_2 - \varphi_3)} \tag{3-13}$$

3.3.3 矩阵法

以图 3-6 所示的平面四杆机构为例，已知条件同前，现用矩阵法求解。

1. 位置分析

将机构的封闭矢量方程式(3-4)写成在两坐标轴上的投影式，并改写成方程左边仅含未知量项的形式，即得

$$\begin{cases} l_2\cos\theta_2 - l_3\cos\theta_3 = l_4 - l_1\cos\theta_1 \\ l_2\sin\theta_2 - l_3\sin\theta_3 = -l_1\sin\theta_1 \end{cases} \tag{3-14}$$

解此方程，即可得两个未知方位角 θ_2、θ_3。

2. 速度分析

将式(3-14)对时间取一次导数，可得

$$\begin{cases} -l_2\omega_2\sin\theta_2 + l_3\omega_3\sin\theta_3 = \omega_1 l_1\sin\theta_1 \\ l_2\omega_2\cos\theta_2 - l_3\omega_3\cos\theta_3 = -\omega_1 l_1\cos\theta_1 \end{cases} \tag{3-15}$$

解之可求得 ω_2、ω_3。

式(3-15)可写成矩阵形式

$$\begin{bmatrix} -l_2\sin\theta_2 & l_3\sin\theta_3 \\ l_2\cos\theta_2 & -l_3\cos\theta_3 \end{bmatrix}\begin{bmatrix}\omega_2\\ \omega_3\end{bmatrix} = \omega_1\begin{bmatrix} l_1\sin\theta_1 \\ -l_1\cos\theta_1 \end{bmatrix} \tag{3-16}$$

3. 加速度分析

将式(3-14)对时间取两次导数，可得加速度关系

$$\begin{bmatrix} -l_2\sin\theta_2 & l_3\sin\theta_3 \\ l_2\cos\theta_2 & -l_3\cos\theta_3 \end{bmatrix}\begin{bmatrix}\alpha_2\\ \alpha_3\end{bmatrix} = -\begin{bmatrix} -\omega_2 l_2\cos\theta_2 & \omega_3 l_3\cos\theta_3 \\ -\omega_2 l_2\sin\theta_2 & \omega_3 l_3\sin\theta_3 \end{bmatrix}\begin{bmatrix}\omega_2\\ \omega_3\end{bmatrix} + \omega_1\begin{bmatrix}\omega_1 l_1\cos\theta_1 \\ \omega_1 l_1\sin\theta_1\end{bmatrix} \tag{3-17}$$

由式(3-17)可解得 α_2、α_3。

若还需求连杆上任意一点 E 的位置、速度和加速度，则可由下列各式直接求得

$$\begin{cases} x_E = l_1\cos\theta_1 + a\cos\theta_2 + b\cos(90^\circ + \theta_2) \\ y_E = l_1\sin\theta_1 + a\sin\theta_2 + b\sin(90^\circ + \theta_2) \end{cases} \tag{3-18}$$

$$\begin{bmatrix} v_{E_x} \\ v_{E_y} \end{bmatrix} = \begin{bmatrix} \dot{x}_E \\ \dot{y}_E \end{bmatrix} = \begin{bmatrix} -l_1\sin\theta_1 & -a\sin\theta_2 - b\sin(90^\circ+\theta_2) \\ l_1\cos\theta_1 & a\cos\theta_2 + b\cos(90^\circ+\theta_2) \end{bmatrix}\begin{bmatrix}\omega_1\\ \omega_2\end{bmatrix} \tag{3-19}$$

$$\begin{bmatrix} \alpha_{E_x} \\ \alpha_{E_y} \end{bmatrix} = \begin{bmatrix} \ddot{x}_E \\ \ddot{y}_E \end{bmatrix} = \begin{bmatrix} -l_1\sin\theta_1 & -a\sin\theta_2 - b\sin(90^\circ+\theta_2) \\ l_1\cos\theta_1 & a\cos\theta_2 + b\cos(90^\circ+\theta_2) \end{bmatrix}\begin{bmatrix}0\\ \alpha_2\end{bmatrix} - \begin{bmatrix} l_1\cos\theta_1 & a\cos\theta_2 + b\cos(90^\circ+\theta_2) \\ l_1\sin\theta_1 & a\sin\theta_2 + b\sin(90^\circ+\theta_2) \end{bmatrix}\begin{bmatrix}\omega_1^2\\ \omega_2^2\end{bmatrix} \tag{3-20}$$

使用矩阵法时，为便于书写和记忆，速度分析关系式可表示为

$$\boldsymbol{A\omega} = \omega_1\boldsymbol{B} \tag{3-21}$$

式中，$\boldsymbol{A}$ 为机构从动件的位置参数矩阵；$\boldsymbol{\omega}$ 为机构从动件的速度矩阵；$\boldsymbol{B}$ 为机构原动件的位置参数矩阵；ω_1 为机构原动件的速度 。

加速度分析的关系式可以表示为

$$\boldsymbol{A\alpha} = -\boldsymbol{\omega}\dot{\boldsymbol{A}} + \omega_1\dot{\boldsymbol{B}}$$

式中，$\dot{\boldsymbol{A}} = \dfrac{\mathrm{d}\boldsymbol{A}}{\mathrm{d}t}$；$\dot{\boldsymbol{B}} = \dfrac{\mathrm{d}\boldsymbol{B}}{\mathrm{d}t}$；$\boldsymbol{\alpha}$ 是机构从动件的加速度矩阵。

3.4　利用相对运动图解法进行平面机构的运动分析

由理论力学知识可知，构件的平面平行运动可视为由构件上任意一点(称为基点)的牵连移动和该构件绕基点的相对转动所组成；牵连移动的速度和加速度等于所选基点的速度和加速度，绕基点的相对转动角速度和角加速度等于该构件的角速度和角加速度。根据这一相对运动原理可列出构件上任意一点的矢量方程，然后按一定比例画出相应的矢量多边形，由此求出机构上各点的速度和加速度，以及各构件的角速度和角加速度。根据不同的相对运动情况，机构的运动分析可分以下两类来讨论。

3.4.1　同一构件上两点间的速度和加速度关系

图 3-8 所示为铰链四杆机构，已知各构件的长度、构件 1 的角速度 ω_1 和角加速度 α_1 的大小和方向，以及构件 1 的瞬时位置角 φ_1，现求图示位置的点 C、E 的速度大小 v_C、v_E 和加速度大小 a_C、a_E，以及构件 2、3 的角速度大小 ω_2、ω_3 和角加速度大小 α_2、α_3。

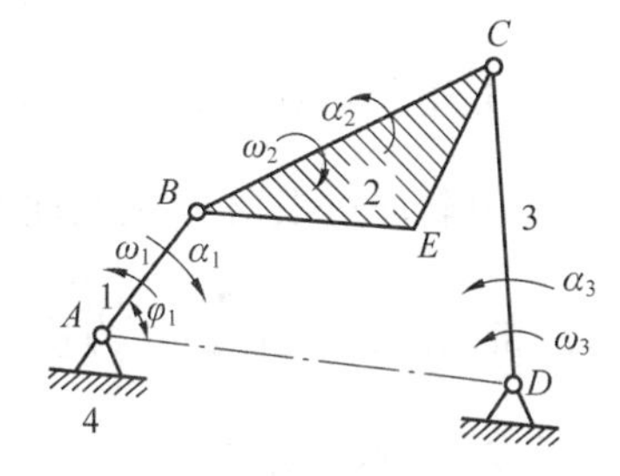

图 3-8　铰链四杆机构

根据已知条件，选定适当的长度比例尺 μ_l，作出该瞬时位置的机构运动简图，进行机构的速度分析和加速度分析。

1. 速度分析

根据相对运动原理可知：构件 2 上点 C 的速度 $\boldsymbol{v}_C$ 应是基点 B 的速度 $\boldsymbol{v}_B$ 和点 C 相对点 B 的相对速度 $\boldsymbol{v}_{CB}$ 的矢量和，即

	$\boldsymbol{v}_C$	=	$\boldsymbol{v}_B$	+	$\boldsymbol{v}_{CB}$
方向	$\perp CD$		$\perp AB$		$\perp CB$
大小	?		$\omega_1 l_{AB}$		?

上式为一矢量方程式，仅有 $\boldsymbol{v}_C$ 和 $\boldsymbol{v}_{CB}$ 的大小未知，故可根据上式作矢量多边形求解。为此，取速度比例尺 $\mu_v\left(\dfrac{\mathrm{m/s}}{\mathrm{mm}}\right)$，然后作速度多边形。首先从点 p 作 $\overrightarrow{pb}$ 代表 $\boldsymbol{v}_B$，$\overrightarrow{pb}$ 的长度按速度比例尺 μ_v 计算出，$\overrightarrow{pb}$ 的方向垂直于 AB；然后通过 p 作 $\boldsymbol{v}_C$ 的方向线，通过 b 作 $\boldsymbol{v}_{CB}$ 的方向线，得交点 C，则矢量 $\overrightarrow{pc}$ 和 $\overrightarrow{bc}$ 分别代表 $\boldsymbol{v}_C$ 和 $\boldsymbol{v}_{CB}$，其大小可按速度比例尺算出

$$v_C = \mu_v \overrightarrow{pc} \text{及} \ v_{CB} = \mu_v \overrightarrow{bc}$$

当点 C 的速度 $\boldsymbol{v}_C$ 求得后，可利用下式求得点 E 的速度 $\boldsymbol{v}_E$ ，即

$$\begin{array}{lccccc} \boldsymbol{v}_E & = \boldsymbol{v}_C & + \boldsymbol{v}_{EC} & = \boldsymbol{v}_B & + \boldsymbol{v}_{EB} \\ \text{方向?} & \perp CD & \perp CE & \perp AB & \perp BE \\ \text{大小?} & \mu_v pc & ? & \omega_1 l_{AB} & ? \end{array}$$

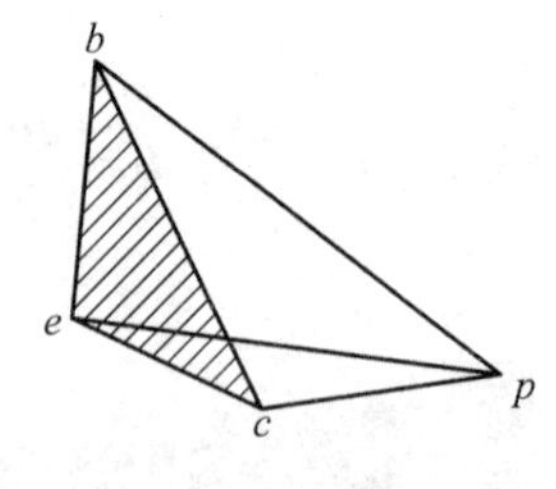

图 3-9　图解法

上式中只有 $\boldsymbol{v}_{EC}$ 和 $\boldsymbol{v}_{EB}$ 的大小未知，故可用图解法求出，如图 3-9 所示。因 $\boldsymbol{v}_C$ 和 $\boldsymbol{v}_B$ 已作出，故只要过点 b 作 $\boldsymbol{v}_{EB}$ 的方向线，过点 c 作 $\boldsymbol{v}_{EC}$ 的方向线得交点 e，并连接 p 和 e，即可求得代表 $\boldsymbol{v}_E$ 的矢量 $\overrightarrow{pe}$，于是可得到 $\boldsymbol{v}_E = \mu_v \cdot \overrightarrow{pe}$。

对照图 3-8 和图 3-9 可以看出，在速度多边形与机构图中，$bc \perp BC$、$ce \perp CE$、$be \perp BE$，故 $\triangle bce \sim \triangle BCE$ 且两三角形顶点字符排列顺序相同。一般称图形 bce 为图形 BCE 的速度影像，故当已知一构件上两点的速度时，可利用速度影像与构件位置图相似原理求出构件上其他任意一点的速度。但必须强调指出的是，速度影像的相似原理只能应用于同一构件上的各点，而不能应用于机构的不同构件上的各点。

在速度多边形中，点 p 称为极点，它代表该构件上速度为零的点。故连接点 p 与任意一点的矢量便代表该点在机构图中的同名点的绝对速度，其指向是从点 p 指向该点；而连接其他任意两点的矢量便代表该两点在机构图中同名点间的相对速度，其指向恰与速度的下标相反。例如，矢量 $\overrightarrow{bc}$ 代表 $\boldsymbol{v}_{CB}$ 而不是 $\boldsymbol{v}_{BC}$。

知道了绝对速度 $\boldsymbol{v}_C$，不难求得 ω_3 的大小为 $\omega_3 = \dfrac{v_C}{l_{CD}} = \mu_v \dfrac{\overline{pc}}{l_{CD}}$；

其转向可根据 $\boldsymbol{v}_C$ 的指向与 ω_3 转动方向相协调的原则确定为逆时针转向。类似地，根据 $\boldsymbol{v}_{CB}$ 的指向，可确定 ω_2 为顺时针转向，而其大小为 $\omega_2 = \dfrac{v_{CB}}{l_{CB}} = \mu_v \dfrac{\overline{bc}}{l_{CB}}$。

2. 加速度分析

根据刚体运动的加速度合成定理，连杆 2 上的点 B、C 的加速度矢量满足下列矢量方程式

$$\begin{array}{lccccccc} & \boldsymbol{a}_C & & = \boldsymbol{a}_B & + \boldsymbol{a}_{CB} & & & \\ & \boldsymbol{a}_C^{\mathrm{n}} & + \boldsymbol{a}_C^{\mathrm{t}} & = \boldsymbol{a}_B^{\mathrm{n}} & + \boldsymbol{a}_B^{\mathrm{t}} & + \boldsymbol{a}_{CB}^{\mathrm{n}} & + \boldsymbol{a}_{CB}^{\mathrm{t}} \\ \text{方向} & C \to D & \perp CD & B \to A & \perp AB & C \to B & \perp CB \\ \text{大小} & \dfrac{v_c^2}{l_{CD}} & ? & l_{AB}\omega_1^2 & \alpha_1 l_{AB} & \dfrac{v_{CB}^2}{l_{CB}} & ? \end{array}$$

上式中只有 $\boldsymbol{a}_C^{\mathrm{t}}$ 和 $\boldsymbol{a}_{CB}^{\mathrm{t}}$ 的大小未知，于是可画出加速度矢量多边形求解，如图 3-10 所示。取加速度比例尺 $\mu_a\left(\dfrac{\mathrm{m/s^2}}{\mathrm{mm}}\right)$，从任意一点 p' 连续作矢量 $\overrightarrow{p'b''}$、$\overrightarrow{b''b'}$ 和 $\overrightarrow{b'c''}$ 分别代表 $\boldsymbol{a}_B^{\mathrm{n}}$、$\boldsymbol{a}_B^{\mathrm{t}}$ 和 $\boldsymbol{a}_{CB}^{\mathrm{n}}$；又从 p' 作 $\overrightarrow{p'c'''}$ 代表 $\boldsymbol{a}_C^{\mathrm{n}}$，然后作 $c'''c' \perp CD$，作 $c''c' \perp CB$，则 $c'''c'$ 与 $c''c'$ 交于点 c' 得到矢量 $\overrightarrow{c'''c'}$、$\overrightarrow{c''c'}$ 分别代表 $\boldsymbol{a}_C^{\mathrm{t}}$、$\boldsymbol{a}_{CB}^{\mathrm{t}}$；再连接 $\overrightarrow{p'b'}$、$\overrightarrow{p'c'}$，则矢量 $\overrightarrow{p'b'}$、$\overrightarrow{p'c'}$ 分别代表 $\boldsymbol{a}_B$、$\boldsymbol{a}_C$，这些量的大小均按比例尺 μ_a 计算得到。

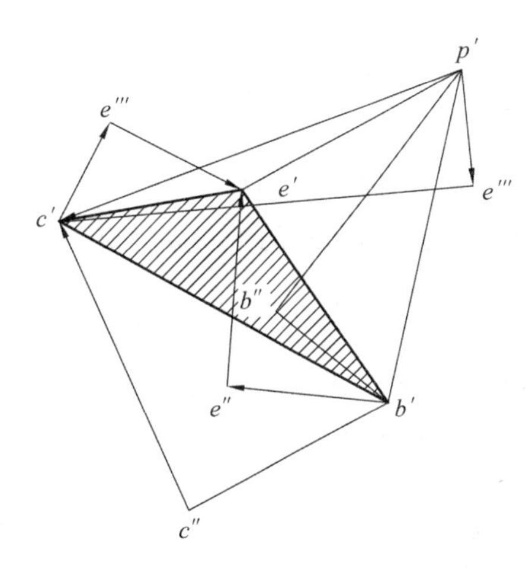

图 3-10　加速度矢量多边形

当点 C 的加速度求得以后，即可根据下列方程式求出点 E 的加速度

	$\boldsymbol{a}_E$	=	$\boldsymbol{a}_B$	+	$\boldsymbol{a}_{EB}^{n}$	+	$\boldsymbol{a}_{EB}^{t}$	=	$\boldsymbol{a}_C$	+	$\boldsymbol{a}_{EC}^{n}$	+	$\boldsymbol{a}_{EC}^{t}$
方向			$p' \to b'$		$E \to B$		$\perp EB$		$p' \to c'$		$E \to C$		$\perp EC$
大小			$\mu_a p'b'$		$l_{BE}\omega_2^2$		?		$\mu_a p'c$		$l_{CE}\omega_2^2$		?

由上式可知，只要求得 $\boldsymbol{a}_{EB}^{t}$、$\boldsymbol{a}_{EC}^{t}$，就可求得 $\boldsymbol{a}_E$。为此，继续在原加速度矢量多边形的基础上作图求解，自点 b' 作 $\overrightarrow{b'e''}$ 代表 $\boldsymbol{a}_{EB}^{n}$，从点 c' 作 $\overrightarrow{c'e'''}$ 代表 $\boldsymbol{a}_{EC}^{n}$，然后分别从点 e'' 作 $\boldsymbol{a}_{EB}^{t}$ 的方向线，从点 e''' 作 $\boldsymbol{a}_{EC}^{t}$ 的方向线，此二方向线交于点 e'，连接 $p'e'$，则矢量 $\overrightarrow{p'e'}$ 即表示 $\boldsymbol{a}_E$，其大小 $a_E = \mu_a \overline{p'e'}$。

由加速度多边形可得 $a_{CB} = \sqrt{(a_{CB}^{n})^2 + (a_{CB}^{t})^2} = \sqrt{(l_{CB}\omega_2^2)^2 + (l_{BC}\alpha_2)^2} = l_{BC}\sqrt{\omega_2^4 + \alpha_2^2}$。

类似可得 $a_{EB} = l_{EB}\sqrt{\omega_2^4 + \alpha_2^2}$，$a_{EC} = l_{EC}\sqrt{\omega_2^4 + \alpha_2^2}$。

所以 $a_{CB} : a_{EB} : a_{EC} = l_{CB} : l_{EB} : l_{EC}$，即 $\overline{b'c'} : \overline{b'e'} : \overline{c'e'} = \overline{BC} : \overline{EB} : \overline{EC}$。

由此可见，$\triangle b'c'e'$ 与图 3-8 中的 $\triangle BCE$ 相似，且两三角形顶点字母顺序方向一致，图形 $b'c'e'$ 称为图形 BCE 的加速度影像。当已知一构件上两点的加速度时，利用加速度影像便能很容易地求出该构件上其他任意一点的加速度。必须强调指出：与速度影像一样，加速度的相似原理只能应用于机构中同一构件上的各点，而不能应用于不同构件上的点。

由图 3-10 可知，加速度多边形也有如下特点。

(1) 在加速度多边形中，点 p' 称为极点，代表该构件上加速度为零的点。

(2) 连接 p' 和任意一点的矢量便代表该点在机构图中的同名点的绝对加速度，其指向从 p' 指向该点。

(3) 连接 b'、c'、e' 中任意两点的矢量，便代表该两点在机构图中的同名点间的相对加速度，其指向与加速度的下角标相反。例如，矢量 $\overrightarrow{b'c'}$ 代表 $\boldsymbol{a}_{CB}$ 而不是 $\boldsymbol{a}_{BC}$。

(4) 代表法向加速度和切向加速度的矢量都用虚线表示。例如，矢量 $\overrightarrow{b'c''}$ 和 $\overrightarrow{c''c'}$ 分别代表 $\boldsymbol{a}_{CB}^{n}$ 和 $\boldsymbol{a}_{CB}^{t}$。

连杆和摇杆的角加速度可分别求出，即

$$\alpha_2 = \frac{a_{CB}^{t}}{l_{CB}} = \frac{\mu_a \overrightarrow{c''c'}}{l_{CB}}, \quad \alpha_3 = \frac{a_C^{t}}{l_{CD}} = \frac{\mu_a \overrightarrow{c'''c'}}{l_{CD}}$$

将代表 $\boldsymbol{a}_{CB}^{t}$ 的矢量 $\overrightarrow{c''c'}$ 平移到机构图上的点 C，可见 $\boldsymbol{\alpha}_2$ 的方向为逆时针方向；将代表 $\boldsymbol{a}_C^{t}$ 的矢量 $\overrightarrow{c'''c'}$ 平移到机构图上的点 C，可知 $\boldsymbol{\alpha}_3$ 的方向亦为逆时针方向。

3.4.2 两构件重合点间的速度及加速度关系

与前一种情况不同，此处所研究的是以移动副相连的两转动构件上的重合点间的速度及加速度之间的关系，因而所列出的机构的运动矢量方程也有所不同，但作法却基本相似。下面举例加以说明。

图 3-11 所示为一平面四杆机构。已知各构件的尺寸为 l_{AB} = 24 mm，l_{AD} = 78 mm，l_{CD} = 48 mm，γ = 100°；且构件 1 以等角速度 ω_1 = 10 rad/s 沿逆时针方向回转。试用图解法求机构在 φ_1 = 60° 时构件 2、3 的角速度和角加速度。

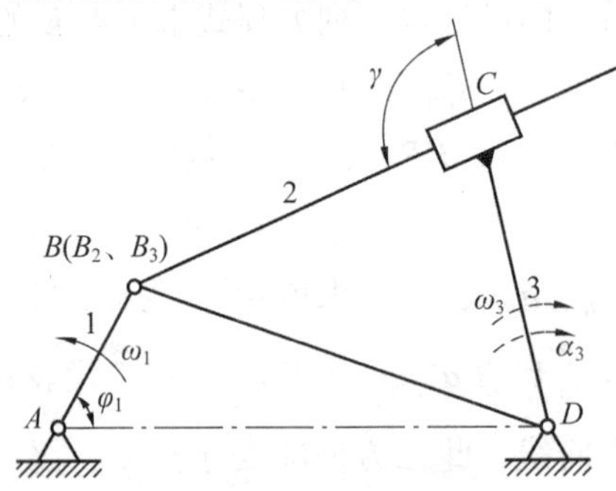

图 3-11 平面四杆机构

1. 作机构运动简图

选取尺寸比例尺 μ_l = 0.001 m/mm，按 φ_1 = 60° 准确作出机构运动简图。

2. 做速度分析

根据已知条件，速度分析应由点 B 开始，并取重合点 B_3 及 B_2 进行求解。已知点 B_2 的速度大小 $v_{B_2} = v_{B_1} = \omega_1 l_{AB} = 10 \times 0.024$ m/s = 0.24 m/s，其方向垂直于 AB，指向与 ω_1 的转向一致。

为求 ω_3，需先求得构件 3 上任意一点的速度。因构件 3 与构件 2 组成移动副，故可由两构件上重合点间的速度关系来求解。由运动合成原理可知，重合点 B_3 及 B_2 有

	$\boldsymbol{v}_{B_3}$	=	$\boldsymbol{v}_{B_2}$	+	$\boldsymbol{v}_{B_3B_2}$
方向	$\perp BD$		$\perp AB$		$/\!/ BC$
大小	?		✓		?

上式中仅有两个未知量，故可用作图法求解。取速度比例尺 $\mu_v = 0.01 \dfrac{\text{m/s}}{\text{mm}}$，并取点 p 作为速度图极点，作其速度图，如图 3-12 所示，于是得

b_3
b_2
$p(a、b)$

图 3-12 速度图

$$\omega_3 = \frac{v_{B_3}}{l_{BD}} = \frac{\mu_v \overline{pb_3}}{\mu_l \overline{BD}} = 0.01 \times 27/(0.001 \times 69)\ \text{rad/s} = 3.91\ \text{rad/s}\ (\text{顺时针方向})$$

而 $\omega_2 = \omega_3$。

3. 做加速度分析

加速度分析的步骤与速度分析相同，也应从点 B 开始，且已知点 B 仅有法向加速度，即

$$a_{B_2} = a_{B_1} = a_{B_2}^{n} = \omega_1^2 l_{AB} = 10^2 \times 0.024\ \mathrm{m/s^2} = 2.4\ \mathrm{m/s^2}$$

其方向沿 AB，并由 B 指向 A。

点 B_3 的加速度 $\boldsymbol{a}_{B_3}$ 由两构件上重合点间的加速度关系可知，有

$\boldsymbol{a}_{B_3}$	=	$\boldsymbol{a}_{B_3D}^{n}$	+	$\boldsymbol{a}_{B_3D}^{t}$	=	$\boldsymbol{a}_{B_2}$	+	$\boldsymbol{a}_{B_3B_2}^{k}$	+	$\boldsymbol{a}_{B_3B_2}^{r}$
方向		$B \rightarrow D$		$\perp BD$		$B \rightarrow A$		$\perp BC$		$/\!/ BC$
大小		✓		?		✓		✓		?

式中，$\boldsymbol{a}_{B_3B_2}^{k}$ 为点 B_3 相对于点 B_2 的科氏加速度，其大小为 $a_{B_3B_2}^{k} = 2\omega_2 v_{B_3B_2} = 2\omega_2\mu_v \overline{b_2b_3} = 2 \times 3.91 \times 0.01 \times 32\ \mathrm{m/s^2} = 2.5\ \mathrm{m/s^2}$，其方向为将相对速度 $\boldsymbol{v}_{B_3B_2}$ 沿牵连构件 2 的角速度的 ω_2 方向转过 90° 之后的方向。而 $\boldsymbol{a}_{B_3D}^{n}$ 的大小为 $\alpha_{B_3D}^{n} = \omega_3^2 l_{BD} = \omega_3^2\mu_l \overline{BD} = 3.91^2 \times 0.001 \times 69\ \mathrm{m/s^2} = 1.05\ \mathrm{m/s^2}$。

上式中仅含两个未知量，故可用作图法求解。选取加速度比例尺 $\mu_a = 0.1\dfrac{\mathrm{m/s^2}}{\mathrm{mm}}$，并取点 p' 为加速度极点，按以上分析依次作其加速度图，如图 3-13 所示，于是得 $\alpha_3 = \alpha_{B_3D}^{t}/l_{BD} = \mu_\alpha \overline{n_3'b_3'}/\mu_l \overline{BD} = 0.1 \times 43/(0.001 \times 69)\ \mathrm{rad/s^2} = 62.3\ \mathrm{rad/s^2}$（逆时针方向），而 $\alpha_2 = \alpha_3$。

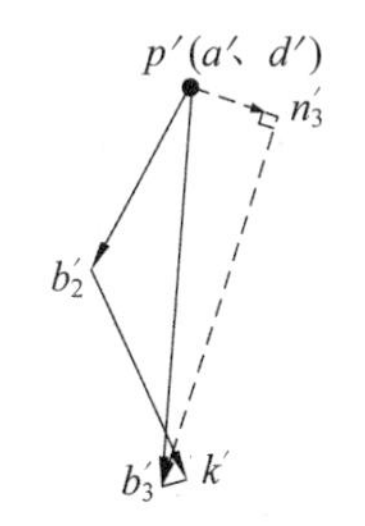

图 3-13　加速度图

利用相对运动图解法进行平面机构的运动分析的理论基础是理论力学中的速度合成定理以及加速度合成定理，可以总结为以下 5 步：

(1) 选择长度比例尺 $\mu_l = \dfrac{\text{实际长度(m)}}{\text{图示长度(mm)}}$，绘制机构运动简图；

(2) 建立速度矢量方程，标注出各速度的大小与方向的已知和未知情况；

(3) 选择速度比例尺 $\mu_v = \dfrac{\text{实际速度(m/s)}}{\text{图示长度(mm)}}$，绘制速度多边形求解；

(4) 建立加速度矢量方程，标注出各加速度的大小与方向的已知和未知情况；

(5) 选择加速度比例尺 $\mu_a = \dfrac{\text{实际加速度}(\mathrm{m/s^2})}{\text{图示长度(mm)}}$，绘制加速度多边形求解。

需要注意的是，如果知道同一构件上两点的速度和加速度，要求解第三点的速度和加速度，可利用在速度多边形和加速度多边形上作出对应构件的相似三角形的方法进行求解，这种方法称为影像法。对于含高副的机构，为了简化其运动分析，常将高副用低副代替后再做运动分析。

人体假肢的发展史

自古以来，由于战争、疾病、刑罚等，人体常常受到伤害导致残缺。如何让器械更好地

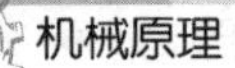
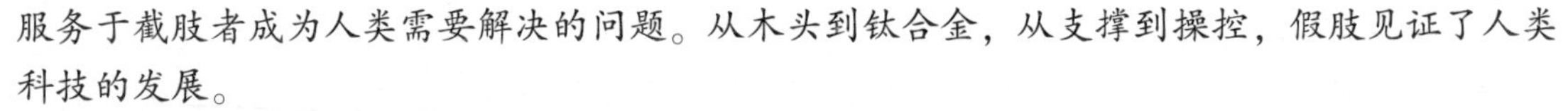

服务于截肢者成为人类需要解决的问题。从木头到钛合金，从支撑到操控，假肢见证了人类科技的发展。

1. 国外假肢的发展

目前发现的最早的假肢实物来源于一具3 000年前的女性木乃伊，她有一个木制的脚趾头。此时的假肢更多的是装饰作用，并不具备功能。关于假肢最早的书面记录可以追溯到公元前479年，波斯率领七万大军入侵希腊，经过一场大战，波斯大军中的一个占卜师不幸被希腊联军俘虏，希腊人用器械夹住了他一只脚防止他逃跑。这位占卜师在狱中想了很多越狱的办法，最终狠下心用刀子砍去了自己被夹住的脚，得以成功越狱。后来他在一位木匠的帮助下安装了一只木脚，成为有记载的人类最早使用假肢的人。

随着铁器锻造技术和木材技术的发展，在战争中失去肢体的人看到了曙光。后来，用木材制作的接受腔和用金属制作的膝关节横空出世，假肢的功能终于不再局限于支撑身体，它还能帮助人们实现正常的行走，而制作假肢的木匠和铁匠也有了他们的职业名称——假肢技师。受限于截肢手术的落后，以及医疗消毒、止血技术的不发达，真正佩戴假肢的人是极少的，那些在战争中不幸失去下肢的战士很有可能因为失血过多而死去。15世纪后，欧洲文艺复兴运动推动了手工艺和锻造技术不断提高，机械结构的假肢开始出现，其中不乏惊人的巧妙设计。例如，著名的德国“刚手格茨”骑士，其在1504年的一场战争中失去了右前臂，当时24岁的格茨请人为自己制造了一套金属假肢，这套假肢采用了一系列防倒转的棘齿控制“手指”等部位，帮他延续了多年军事生涯。

文艺复兴时期顶级的假肢工艺代表是由现代外科与病理学之父——著名的法国宫廷医生安布鲁瓦兹·帕雷设计的。该假肢由金属和皮革组成，其中的齿轮、杠杆和铰链显然是钟表工艺发展应用于假肢部件设计和制造的结果，依赖这些机械结构，假肢可以被调成各种姿势。帕雷是一位出色的外科医生和解剖学家，曾是4位法国国王的御用医生。他在担任外科医生期间，除了用出色的截肢技术提高伤者存活率，还开发了适用于各个身体部位的假肢。例如，他开发了可调节腰带和带锁定控制的铰链膝关节，这一项技术直到现代还在沿用。他还放弃了传统的木材，转而使用皮革、纸、胶水来制作更轻的假肢，这对假肢使用者来说更加舒适。1800年，伦敦人詹姆斯·波茨设计的木质假肢又使该技术更近一步——脚踝处由钢制弯头结合，同时有暗线连接膝盖和足部，这可让使用者适应迈步。它后来的改进版因装在安格尔西侯爵的腿上，而被称为“安格尔西假腿”，这是世界上第一条铰接式假腿。

1861年，美国南北战争时期，共计有350万人参与了此次内战，75万士兵死亡，接近40万士兵伤残。其中有个叫哈格的小兵在战争初期不幸被炮火炸断了大腿，政府为他安装好假肢。由于他对当时假肢的合身性和功能性不太满意，再加上他曾经就读于弗吉尼亚州列克星敦的华盛顿学院学习工程学，因此他对假肢进行了一定程度的改良——增加了橡胶制成的踝关节缓冲垫(单轴动踝脚板)。随后，他建立了Hanger公司，并用这项技术帮助了更多需要帮助的截肢者。直至今日，这家公司仍然是世界上最大的假肢公司。

第二次世界大战结束后，战争让大量的士兵失去肢体。德国约有6.9万人成为截肢者，这些人的社会康复问题刺激着德国假肢行业的发展。这一时期，美国、苏联、日本的假肢行业也得到了很大发展，这些国家相继成立了假肢研究所、假肢工厂、职业辅导所等机构。随着工业的发展，各国采用合金、塑料等新型材料成功研制了各式现代假肢。在材料学、工程学发展的同时，在人体生物力学的启示下，专家提出了假肢解剖学和动态、静态对线这两大假肢装配的基本理论，使假肢作为一门学科并有了长足的进步。

第三次技术革命时期，集成电路、合成材料、生物医学等相关领域的飞速发展使假肢技术产生了质的飞越。一个著名的例子是“刀锋战士”奥斯卡·皮斯托利斯，他先天没有小腿腓骨，不到一岁时截肢，然而凭借一双碳纤维假肢成为残奥会百米赛跑纪录保持者。

2. 国内假肢的发展

《左传·昭公三年》记载：“国之诸市，屦贱踊贵。民人痛疾……”其背景是春秋时代的齐国国相晏婴，他很不满齐国滥施肉刑，于是委婉地对齐景公说：“齐国境内，鞋子很便宜，假肢却很昂贵。”从这篇文献可以推断，在春秋时期，假肢就已经出现了。

另一则史料记载了战国时期著名军事家孙膑遭到师弟庞涓的诬陷，惨遭膑刑(剔除膝盖骨)，无法行走。后来，孙膑在友人的营救下回到了齐国，为了使自己不过于依赖别人，孙膑为自己设计了一对假肢。这也反映了战国时期人们已经尝试制造和使用假肢。

中华人民共和国成立前，我国假肢基础薄弱。当时在上海、北京等大城市有英国和美国开办的假肢装配室，东北有日本人开办的假肢作坊。另外，少数城市有私人开办的小作坊，如北京的“万顺”、上海的“天工”。此时的假肢以皮革、铝材为主，属于传统假肢，功能不佳。解放战争时期，政府为了适应革命残废军人的需要，先后在华北、东北、华东解放区建立了假肢厂，其中第一所公立假肢厂于 1945 年由晋察冀边区政府在张家口建立。中华人民共和国成立后，特别是 1958 年以后，全国各省陆续建立了假肢工厂，初步形成了假肢装配网。

1959 年，赴苏联考察组归来举办培训班学习了苏联假肢装配的理论，以及假肢装配的生理认识。在此基础上，内务部于 1964 年组织了对假肢的统一设计，为标准生产做好了准备。

20 世纪 70 年代，我国假肢行业出现了新变化，很多新产品得以投入使用，如液压腿、尼龙骨架式大腿假肢、静踝假脚、骨骼式假肢等，这些都显示了假肢的新进展。

1979 年以后，随着对外开放的深入，我国引进了许多具有国际先进水平的假肢结构和装配工艺，使我国的假肢业有了一次新的飞跃，具体表现在以下几个方面。

(1) 假肢的结构、种类的更新。具体包括髌韧带承重小腿假肢的推广应用；全接触式小腿假肢的装配；骨骼式大腿假肢的研制；聚氨酯假脚的研制成功。

(2) 假肢接受腔材料工艺的改进。传统假肢的接受腔是用皮革、铝板、木材等制造，很难与残肢吻合，外形也不美观。近年来，假肢工艺、材料有了较大突破，普遍采用了科学的取型方法，在修好的石膏模型上采用抽真空成型工艺，材料则使用丙烯酸树脂或不饱和聚酯，以涤纶纤维和玻璃纤维增强。正是由于这种工艺和材料的应用，才能制造出先进的全接触式假肢。

(3) 假肢装配工具的科学化。近年来，我国引进了德国的承重取型架、动态对线仪、组装仪等技术，还研制了“大腿选位器”“下肢对线调节仪”等装置，在先进装配理论的指导下，使用专门的器械，假肢技术迈出了可喜的一步。

(4) 向综合康复迈进。装配假肢仅仅是截肢者康复的一部分。近年来，业界不仅在理论上统一了认识，而且开设了康复门诊、理疗、体疗、功能训练等项目，配合假肢的装配。各个医院也相继设立了义肢矫形科，这就把截肢者的综合康复向前推进了一大步，从而使假肢的功能得到更好的发挥。把假肢纳入综合康复的范畴是假肢概念的一大改变。

本章小结

本章首先介绍了机构运动分析的几种方法，然后对速度瞬心法的概念做了简要介绍，并阐述了如何确定瞬心位置，进而利用速度瞬心法进行机构的速度分析。本章还简要介绍了机构的封闭矢量方程，并分别从复数矢量法和矩阵法两个方面来对平面机构进行运动分析。最后，本章用相对运动图解法对平面机构进行运动分析，此分析可分为两个方面，即同一构件上两点间的速度和加速度关系，以及两构件重合点间的速度和加速度关系。

习　题

3-1　什么是速度瞬心？相对速度瞬心和绝对速度瞬心有什么区别？

3-2　简要介绍三心定理和其用途。

3-3　在进行机构的运动分析时，速度瞬心法的优点及局限是什么？

3-4　在同一构件上两点的速度和加速度之间有什么关系？

3-5　什么是速度多边形和加速度多边形？它们有哪些特性？

3-6　如何确定构件上某点法向加速度的大小和方向？

3-7　什么是速度影像和加速度影像？利用速度影像原理(或加速度影像原理)进行构件上某点的速度(或加速度)图解应该具备哪些条件？还需注意哪些问题？

3-8　找出题 3-8 图所示的机构在图示位置时的所有瞬心。

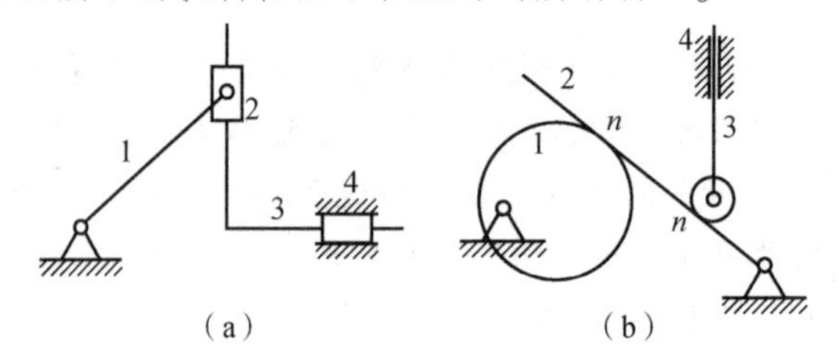

题 3-8 图

3-9　有一平面四杆机构，已知按长度比例尺 μ_l = 0.001 m/mm 所绘出的机构位置图及各杆的尺寸如题 3-9 图所示，设 ω_1 = 1 rad/s (顺时针方向)，用矢量方程图解法求构件 3 的角速度和角加速度。

3-10　在题 3-10 图所示的机构中，设已知各构件的尺寸，原动件 1 以等角速度 ω_1 顺时针方向转动，试以图解法求机构在图示位置时，构件 3 上点 C 的速度及加速度(比例尺任选)。

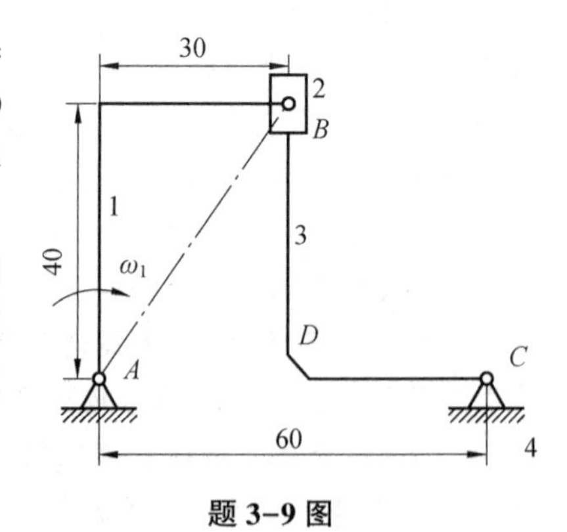

题 3-9 图

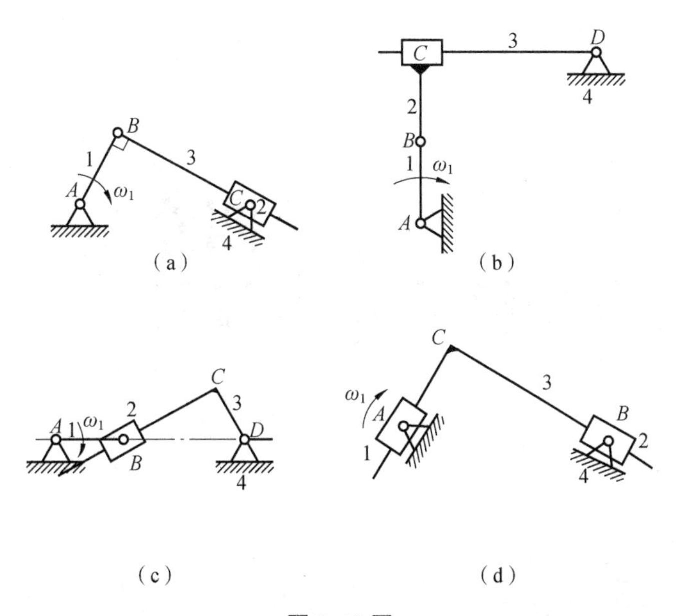

题 3-10 图

3-11　试求题 3-11 图所示各机构在图示位置全部瞬心的位置，并给出连杆上点 E 的速度方向。

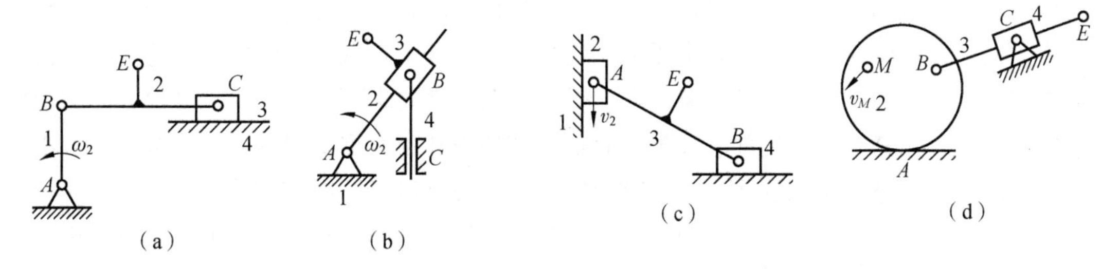

题 3-11 图

3-12　在题 3-12 图所示的齿轮-连杆组合机构中，试用瞬心法求齿轮 1 与齿轮 3 的传动比 ω_1/ω_3。

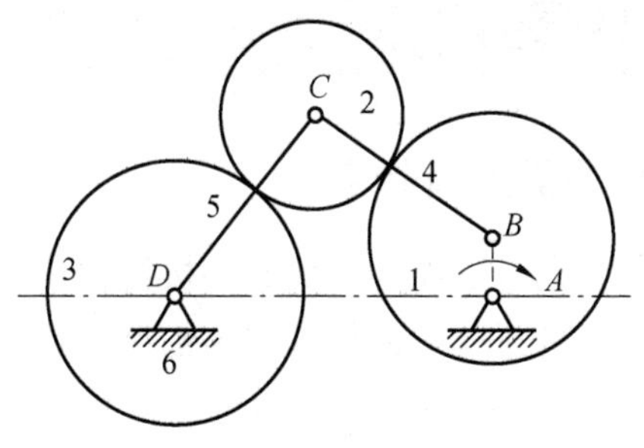

题 3-12 图

第四章 平面连杆机构及其设计

4.1 引　言

平面连杆机构是生产生活当中常见的一种机构。这种机构由来已久，从某种意义上来说，从人类诞生之日起就有这种机构。人体的躯干正是由一块一块的骨头依次通过不同的关节连接而成的具有确定运动的运动链，因此人体从机构的角度来看就是一种连杆机构。近年来，模仿人体躯干制成的机器人越来越多。连杆机构由若干杆状构件组成，制造简便，具有灵活多样的组合方式，适用于长距离传动、低速且精密性要求不高、可以承受很大的载荷的一般工业领域，尤其在动物足部、鸟类翅膀仿生结构设计中有重要应用，部分构件还可以用凸轮和滑块代替，进一步拓展了其使用范围。平面连杆机构中结构最简单的是平面四杆机构，平面四杆机构不仅应用广泛，而且是研究平面多杆机构的基础，因此本章重点讨论平面四杆机构及其设计。

4.2 平面连杆机构简介

4.2.1 平面连杆机构的类型及特点

平面连杆机构是由若干构件通过低副连接而成的机构，是一种基本的机械结构，由相对固定的支架和可动的杆组成。连杆机构中的构件很多都呈杆状，因此称其为连杆机构。根据连杆机构中各个构件之间的相对运动是平面运动还是空间运动，可以将连杆机构分为平面连杆机构和空间连杆机构。

平面连杆机构中构件的运动形式多样，可以实现给定的运动规律或运动轨迹，低副的接触面为平面或圆柱面，其承载能力强、耐磨损、加工制造方便、易于获得较高的加工精度，因此，平面连杆机构广泛应用于各种机械和仪器中。但是，平面连杆机构的运动副累积误差大，不易精确地实现复杂的运动规律；机构的惯性力难以平衡，不适用于高速情况。其具体优缺点如下。

1. 优点

(1)结构简单，基本形状是杆状构件。由于机构只由少数几个部件组成，因此可以传递较远距离的动作，如自行车手闸和运输机。

(2)低副，可以承受很大的载荷，耐磨损，易润滑，寿命长，因此平面连杆机构一般应用在重型机械当中，如挖掘机和大型破碎机。

(3)连杆曲线的多样性在机械工程中得到广泛的应用，如搅拌机和步行机器人。

(4)制造和维护简单，易获得较高制造精度。

(5)运动轨迹可以通过数学模型预测，方便进行控制。

(6)运动稳定，对于一些要求较高的场合，可以采用控制系统对运动进行调节。

(7)应用广泛，可以应用于工业机器人、航空和航天技术、汽车工业、冶金工业等。

(8)动力学行为可以通过数学模型进行分析，可以对其运动特性进行深入研究。

2. 缺点

(1)构件和运动副多、累积误差大、运动精度低、效率低。

(2)产生动载荷(惯性力)，不适合高速。

(3)设计较复杂，不易实现精确的运动规律和轨迹。

4.2.2　平面四杆机构的基本形式与应用

平面四杆机构中如果各运动副都是转动副，这样的四杆机构称为铰链四杆机构，如图4-1所示。铰链四杆机构是平面四杆机构中最简单、最基本的形式，因此研究平面四杆机构通常都从研究铰链四杆机构入手。

在铰链四杆机构中，固定不动的构件称为机架；直接和机架相连的两个杆件称为连架杆；连接两个连架杆的杆称为连杆；能做整周转动的连架杆称为曲柄；仅能在某一角度摆动的连架杆称为摇杆。若两个构件间的相对运动为整周转动，这样的转动副称为整转副，否则称为摆转副。

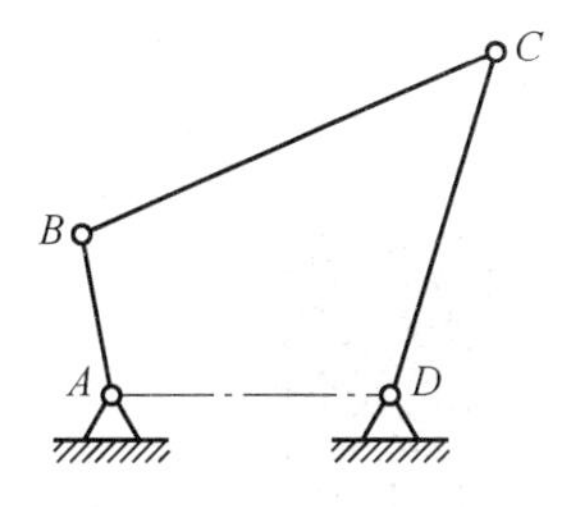

图4-1　铰链四杆机构

在铰链四杆机构中，机架和连杆总是存在的，不同的只是曲柄和摇杆的存在情况，按两连架杆是曲柄或摇杆，可分为曲柄摇杆机构、双曲柄机构和双摇杆机构3种基本形式，如图4-2所示。

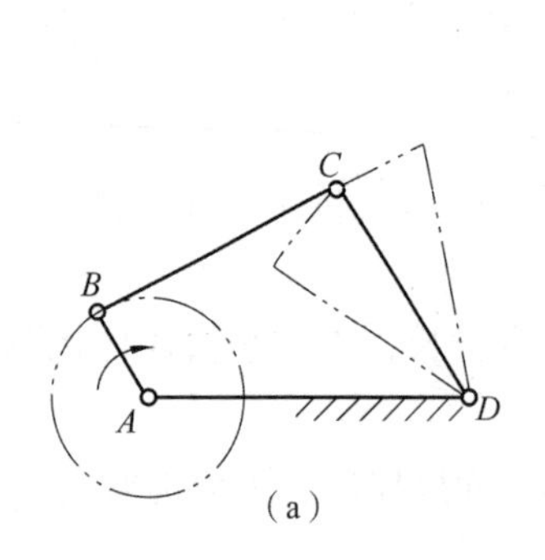

(a)

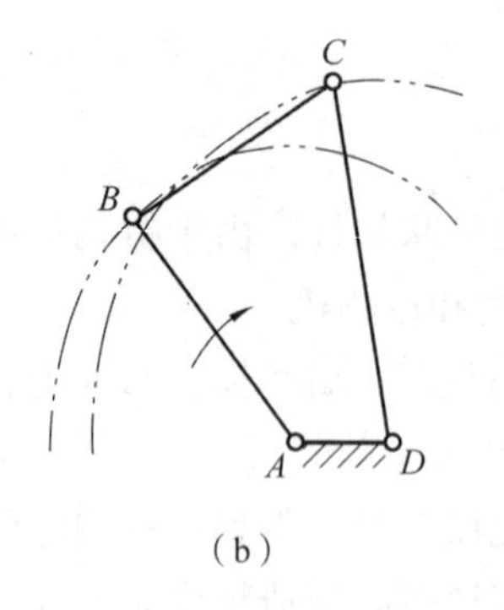

(b)

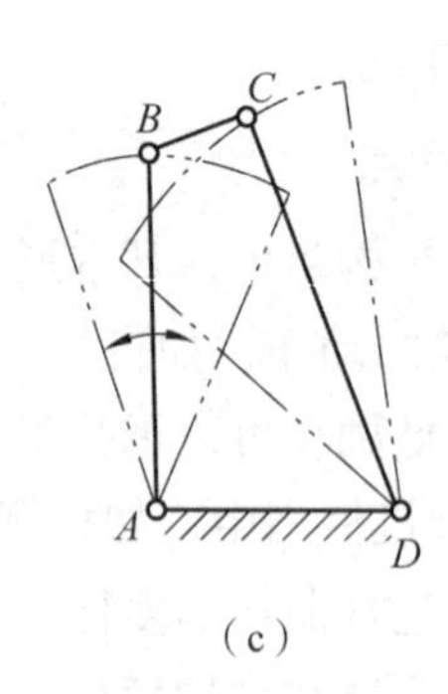

(c)

图 4-2　铰链四杆机构的 3 种形式

(a) 曲柄摇杆机构；(b) 双曲柄机构；(c) 双摇杆机构

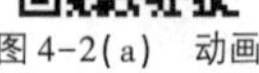
图 4-2(a)　动画

图 4-2(b)　动画

图 4-2(c)　动画

1. 曲柄摇杆机构

在铰链四杆机构的两个连架杆中，若其中一个杆为曲柄，另一杆为摇杆，则称其为曲柄摇杆机构。

在曲柄摇杆机构中，以曲柄为原动件时，可将曲柄的连续运动转变为摇杆的往复摆动；以摇杆为原动件时，可将摇杆的摆动转变为曲柄的整周转动。例如，图 4-3 所示的雷达天线俯仰机构，曲柄 1 缓慢地匀速转动时，摇杆 3 在一定角度范围内摆动，从而调整俯仰角。又如，图 4-4 所示的缝纫机踏板机构可将原动件摇杆的往复摆动转变为从动件曲柄的整周转动。

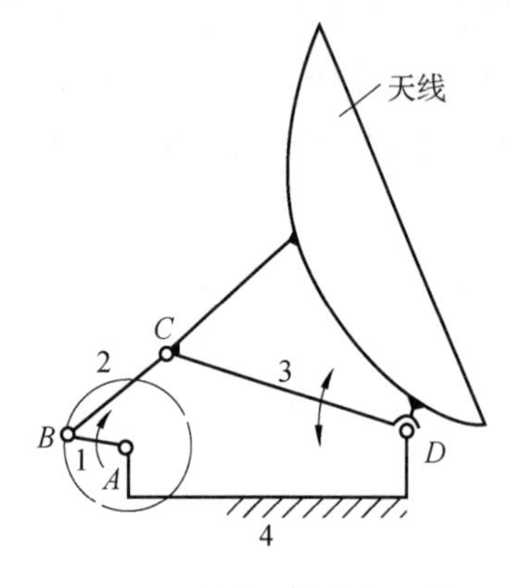

图 4-3　雷达天线俯仰机构

图 4-3　动画

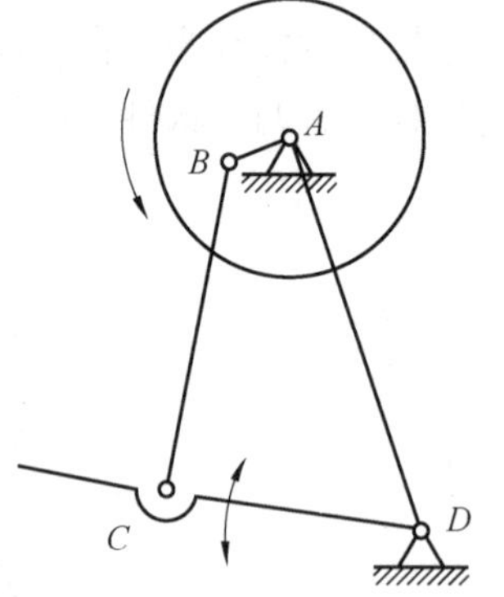

图 4-4　缝纫机踏板机构

图 4-4　动画

2. 双曲柄机构

在铰链四杆机构的两个连架杆中，若两个连架杆均为曲柄，则称其为双曲柄机构。它可将原动曲柄的等速转动转变为从动曲柄的等速或变速转动。图 4-5 所示的惯性筛机构，主动曲柄 1 等速转动时，可通过连杆 2 带动从动曲柄 3 做变速转动，从而使筛网具有较大变化的加速度，利用加速度所产生的惯性力，以达到筛分材料颗粒的目的。图 4-6 所示的冲床机构就利用了双曲柄机构 $ABCD$ 的这种特性，可使冲头(滑块) F 在冲压行程时前进，在空回程时快速返回，以利于冲压工作的进行。

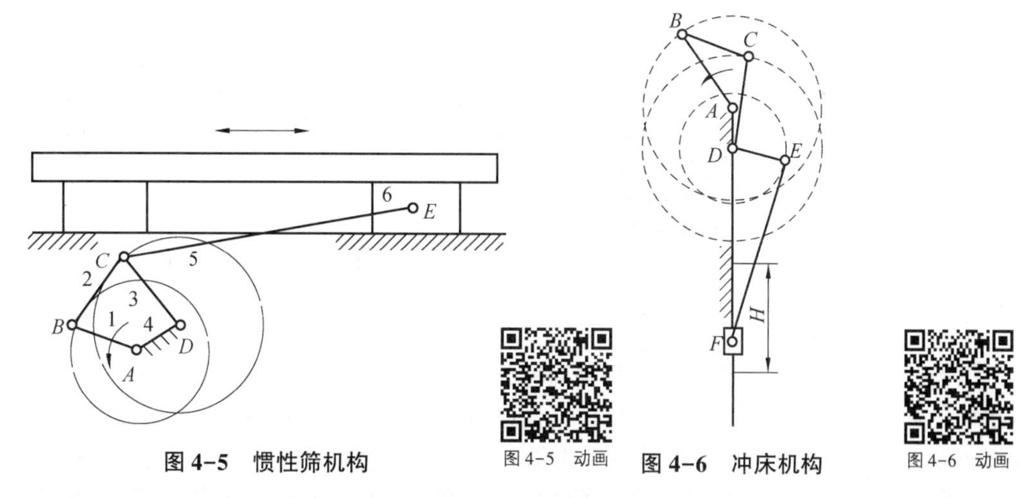

图 4-5　惯性筛机构

图 4-5　动画

图 4-6　冲床机构

图 4-6　动画

双曲柄机构中，若两相对杆长度相等且平行，则称为平行四边形机构，如图 4-7 所示。这种机构的传动特点是两曲柄以相同的角速度同向转动，连杆做平移运动，连杆上的任意一点的轨迹均为以曲柄长度为半径的圆。图 4-7 中两曲柄 1 和 3 做等速同向转动，而连杆 2 做平移运动。图 4-8 所示的工件夹紧机构就利用了连杆(压板)做平动的特点来实现压板的平面平动，从而夹紧和松开工件。

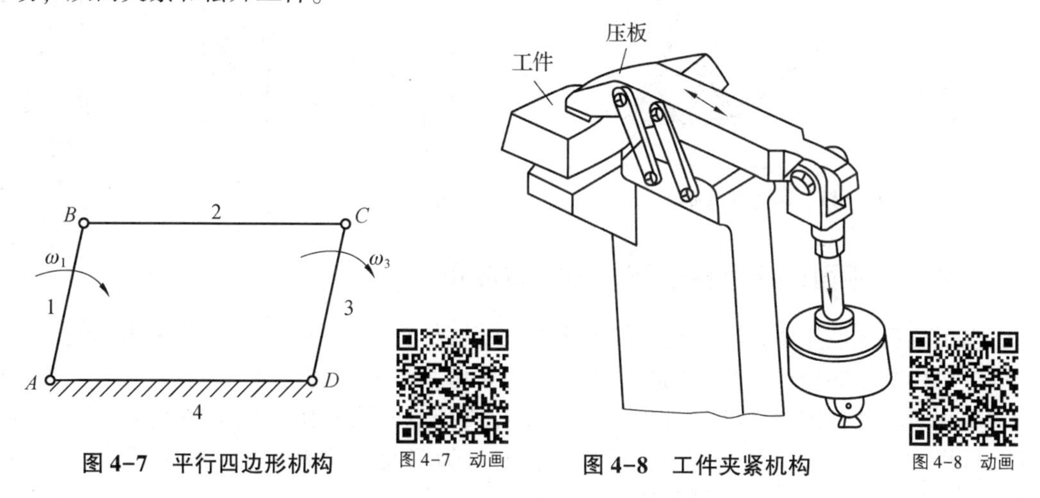

图 4-7　平行四边形机构

图 4-7　动画

图 4-8　工件夹紧机构

图 4-8　动画

双曲柄机构中，若两相对杆的长度分别相等，但不平行，则称其为逆平行(或反平行)四边形机构(见图 4-9)，此时两曲柄 1 和 3 做不同速反向转动。在反平行四边形机构中，以长的构件为机架时，两曲柄的回转方向相反；以短的构件为机架时，则曲柄回转方向相同。图 4-10 所示为车门开闭机构，它采用反平行四边形机构，可保证与曲柄 1、3 固结的车门同时开关。

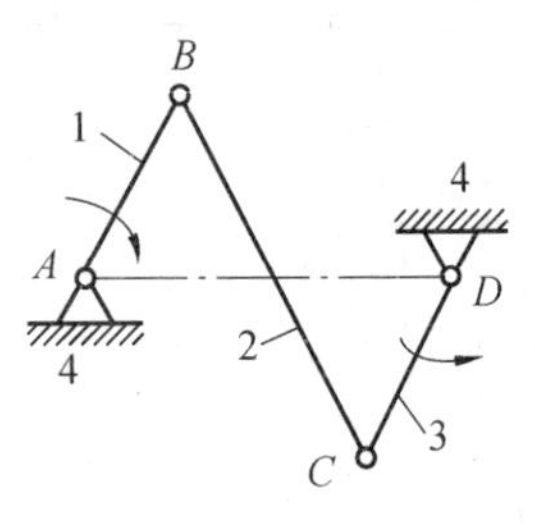

图 4-9　逆平行四边形机构

图 4-9　动画

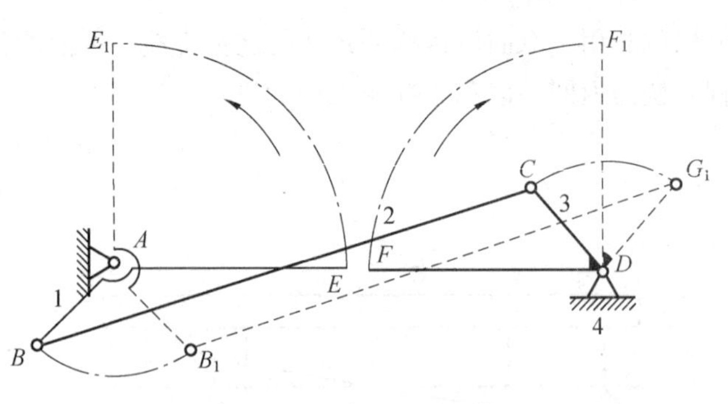

图 4-10　车门开闭机构

3. 双摇杆机构

若铰链四杆机构的两个连架杆都是摇杆，则称其为双摇杆机构。图 4-11 所示的鹤式起重机中的平面四杆机构即为双摇杆机构，当原动摇杆 AB 摆动时，从动摇杆 CD 也随之摆动，位于连杆 BC 延长线上的重物悬挂点 E 将沿近似水平直线移动，可避免重物在起吊时的附加运动，降低能耗。在双摇杆机构中，若两摇杆长度相等并且最短，则构成等腰梯形机构，汽车前轮转向机构(见图 4-12)就是其应用。

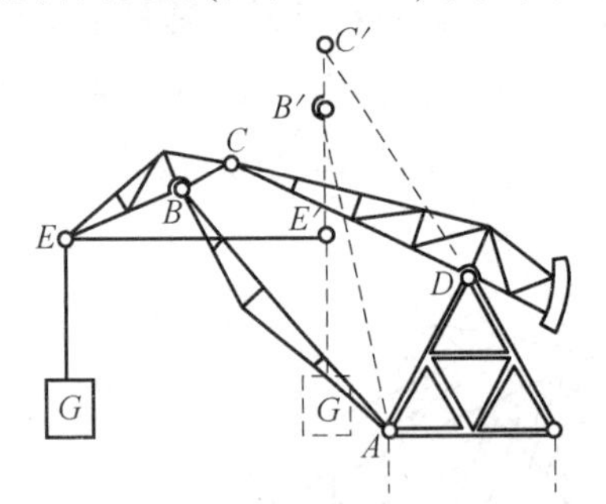

图 4-11　鹤式起重机

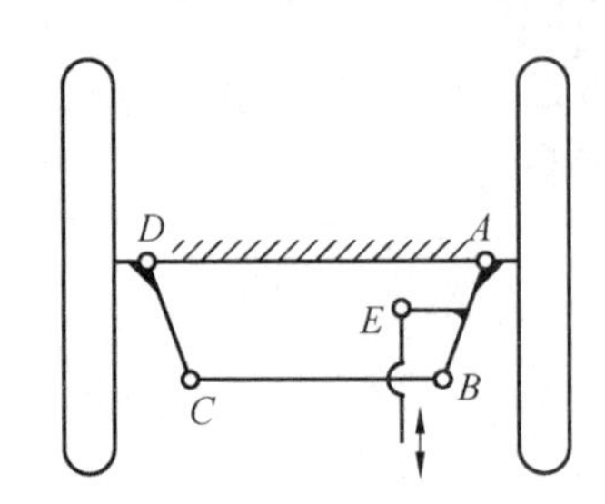

图 4-12　汽车前轮转向机构

图 4-12　动画 1

图 4-12　动画 2

4.2.3　平面四杆机构的演化形式与应用

在工程实际应用中，除上述 3 种形式的铰链四杆机构之外，还广泛地采用其他形式的平面四杆机构，这些形式的平面四杆机构可认为是由基本形式演化而来的。通常通过改变构件形状及相对尺寸、改变某些运动副的尺寸或者选择不同构件作为机架等方法进行机构的演化，这样做不仅为了满足运动方面的要求，而且为了改善受力状况和满足结构设计上的需要。这也为机构的创新设计打下基础。

1. 改变构件的形状及相对尺寸的演化

图 4-13(a)所示为曲柄摇杆机构，摇杆点 C 轨迹为以 D 为圆心、CD 杆长为半径的圆弧 β-β。现将摇杆 3 做成图 4-13(b)所示的滑块形式，并使其沿圆弧导轨 β-β 往复移动，则点 C 的运动没有发生变化，但此时铰链四杆机构已演化为曲线导轨的曲柄滑块机构。进一步假设图 4-13(a)中的摇杆 3 的长度增至无穷大，则点 C 运动的轨迹 β-β 将变为直线，而与之相应的图 4-13(b)中曲线导轨变为直线导轨。于是，铰链四杆机构将演化为曲柄滑块机构。图 4-14 所示的滑块导路与曲柄转动中心有一偏距 e，称为偏置曲柄滑块机构；而图 4-15 中

没有偏距，则称为对心曲柄滑块机构。

曲柄滑块机构在冲床、内燃机、空气压缩机等机械中得到广泛应用。图 4-16 所示为搓丝机，原动件曲柄 *AB* 做转动时，带动板牙做相对移动，将板牙中的工件搓出螺纹。

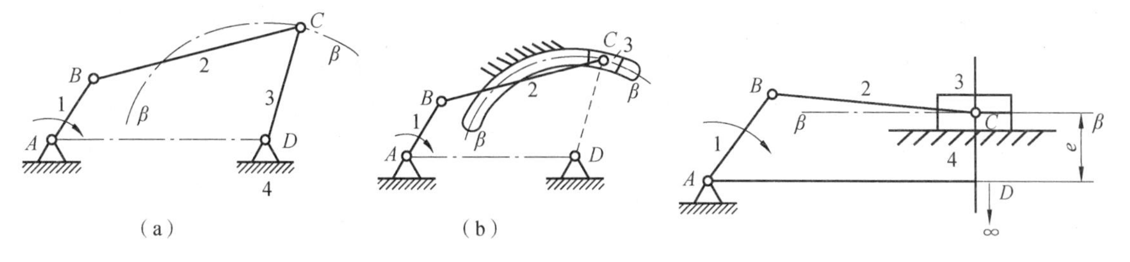

图 4-13　曲柄摇杆机构的演化

图 4-14　偏置曲柄滑块机构

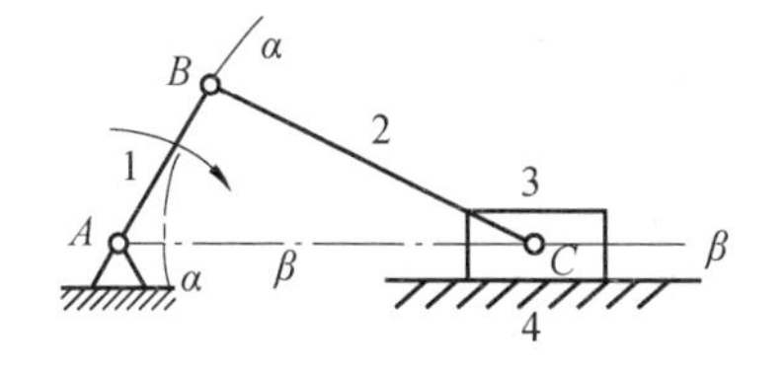

图 4-15　对心曲柄滑块机构

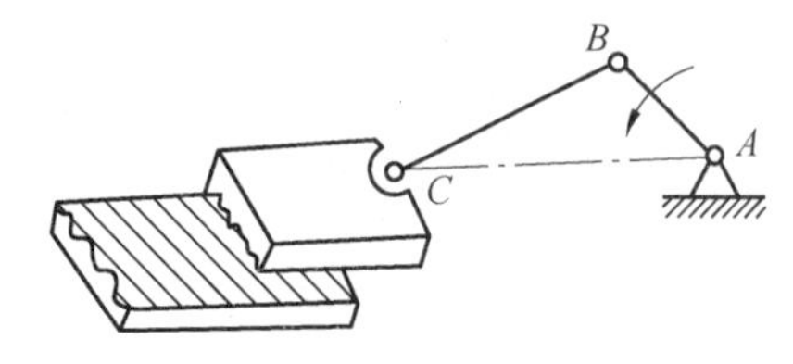

图 4-16　搓丝机

图 4-13　动画

图 4-14　动画

图 4-15　动画

2. 扩大转动副尺寸的演化

扩大转动副尺寸是一种常见并有实用价值的演化。图 4-17(a)所示为曲柄滑块机构，当曲柄尺寸较短时，往往因工艺结构和强度等方面的要求，需将回转副 *B* 扩大到包括回转副 *A* 从而形成偏心轮机构，如图 4-17(b)所示。这种结构尺寸的演化不影响机构的运动性质，却可避免在尺寸很小的曲柄 *AB* 两端装设两个转动副而引起结构设计上的困难，同时盘状构件在强度方面优于杆状构件。因此，在一些传递动力较大、从动件行程很小的场合(如剪床、冲床、颚式破碎机等)，宜采用偏心圆盘结构。

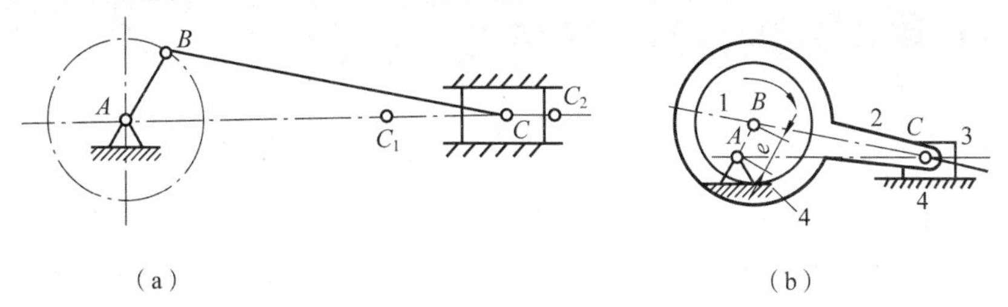

图 4-17　扩大转动副尺寸的演化

(a)曲柄滑块机构；(b)偏心轮机构

3. 选用不同的构件为机架的演化

以低副相互连接的两构件之间的相对运动关系，不会因取其中哪一个构件为机架而改变。而选取不同的构件作为机架，却可以得到不同类型的机构。例如，在图 4-2(a)所示的曲柄摇杆机构中，若改取构件 1 作为机架，则得双曲柄机构；若改取构件 3 作为机架，则得双摇杆机构；若改取构件 4 作为机架，则得另一个曲柄摇杆机构。这种选取不同构件作为机架的演化方式称为机构的倒置。同理，图 4-18 所示为一含有移动副的平面四杆机构。选用构件 4 作为机架时，得到曲柄滑块机构[见图 4-18(a)]；选用构件 1 作为机架时，构件 3 以构件 4 为导轨做相对移动，构件 4 绕固定铰链转动，特将构件 4 称为导杆。含有导杆的平面四杆机构称为导杆机构[见图 4-18(b)]，若导杆能做整周回转，称为转动导杆机构；若导杆只在某角度范围内摆动，则称为摆动导杆机构。若选用构件 2 作为机架，则得到曲柄摇块机构，滑块 3 绕固定铰链摇摆，如图 4-18(c)所示。若选用滑块作为机架，则得到移动导杆机构(或称为固定滑块机构，简称定块机构)，如图 4-18(d)所示。

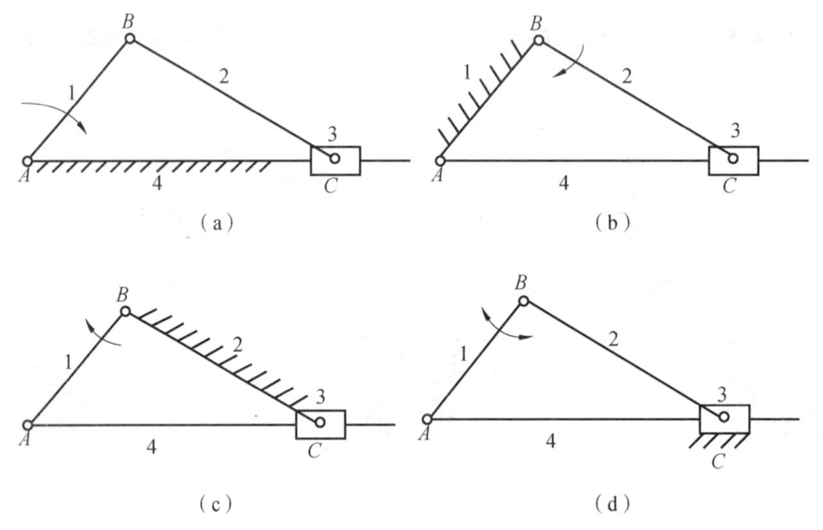

图 4-18　含移动副的平面四杆机构

(a)曲柄滑块机构；(b)导杆机构；(c)曲柄摇块机构；(d)移动导杆机构

综上所述，虽然平面四杆机构的形式多种多样，但其本质都可认为是由最基本的铰链四杆机构演化而成的，从而为认识和研究各种机构提供了方便。

4.3　平面连杆机构的工作特性

平面四杆机构的基本形式和应用是设计平面连杆机构的基础。平面四杆机构可以实现运动的传递与变换，也可以实现力的传递与变换，前一个功能称为平面四杆机构的运动特性，后一个功能称为平面四杆机构的传力特性。这些特性通过行程速比系数、压力角、传动角等参数来反映，是进行机构选型、分析与综合时需要考虑的重要因素。下面研究上述参数的变化和选取。

4.3.1　有曲柄存在的条件

在实际工作中，往往需要鉴别一个具体的平面四杆机构属于何种形式和具有哪一种运动转换属性。铰链四杆机构的 3 种基本形式的区别在于有无曲柄，这与机构中各杆的相对长度有关。如果平面四杆机构存在曲柄，就说明其运动副中必有整转副存在，为了确定有曲柄存在的条件，我们可以先来确定运动副为整转副的条件。

在图 4-19 所示的铰链四杆机构中，a、b、c 和 d 分别为杆 AB、BC、CD 和机架 AD 的长度。如果杆 AB 为曲柄，转动副 A 应做整周转动，则杆 AB 必须能顺利通过与机架 AD 处于共线的两个位置 AB' 和 AB''。

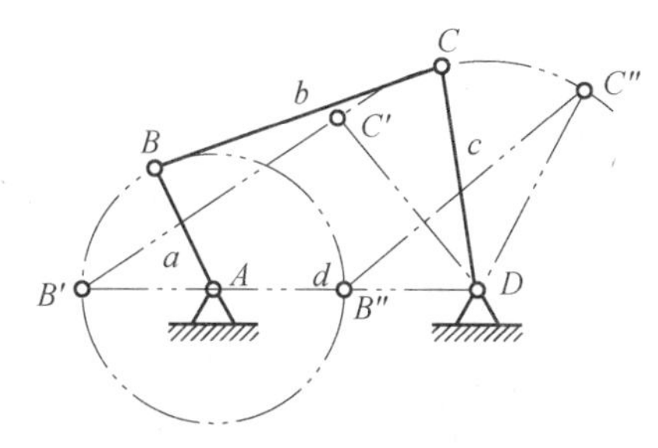

图 4-19　铰链四杆机构

当杆 AB 处于 AB' 位置时，机构形成△ $B'C'D$。根据三角形任意两边长之和应大于第三边长的定理，可得

$$a + d \leqslant b + c$$

当杆 AB 处于位置 AB'' 时，机构形成△ $B''C''D$，可得

$$b \leqslant (d - a) + c \text{ 即 } a + b \leqslant c + d$$

$$c \leqslant (d - a) + b \text{ 即 } a + c \leqslant b + d$$

将上述 3 个不等式中任意两式相加，并化简可得

$$a \leqslant b,\ a \leqslant c,\ a \leqslant d$$

由上述分析可得，机构中杆 AB 为最短杆，其余 3 根杆中有一杆为最长杆。转动副 A 成为整转副的杆长条件为：最短杆与最长杆长度之和小于或等于其他两杆长度之和。这是铰链四杆机构中存在曲柄的必要条件。此外，其充分条件为组成整转副的两杆之一必为最短杆。

在含有整转副的铰链四杆机构中，最短杆两端的转动副都为整转副。于是，铰链四杆机构有曲柄的条件是各杆的长度应满足杆长条件，且其最短杆为连架杆或机架。当各杆长度不变且取不同杆为机架时，可以得到以下不同类型的铰链四杆机构。

(1) 取最短杆邻杆为机架时，最短杆为曲柄，而另一连架杆为摇杆，故机构均为曲柄摇杆机构。

(2) 取最短杆为机架时，其连架杆均为曲柄，故机构为双曲柄机构。

(3) 取最短杆的对边为机架时，两连架杆为摇杆，故机构为双摇杆机构。

如果铰链四杆机构中的最短杆与最长杆长度之和大于其余两杆长度之和，则该机构中没有整转副，因此就不可能存在曲柄，无论取哪个构件作为机架，都只能得到双摇杆机构。

由上述分析可知，最短杆和最长杆长度之和小于或等于其余两杆长度之和是铰链四杆机构存在曲柄的必要条件。满足这个条件的机构是有一个曲柄、两个曲柄还是没有曲柄，还需根据取何杆为机架来判断。因此，曲柄存在的条件如下：

(1) 最短杆与最长杆长度之和小于或等于其他两杆长度之和；

(2) 最短杆为连架杆或机架。

4.3.2　急回特性与行程速比系数

1. 急回特性

凡是具有往复运动的平面四杆机构，如果空回行程的平均速度大于工作行程的平均速度，我们就说该机构具有急回特性。下面以曲柄摇杆机构为例来分析急回特性出现的原因。

图 4-20 所示为一曲柄摇杆机构，曲柄 AB 为原动件，以等角速度 ω_1 沿顺时针方向转动，摇杆 CD 为从动件。在曲柄转动一周的过程中，有两次与连杆 BC 共线。在这两个位置上，铰链中心 A 与 C 之间距离 AC_1 和 AC_2 分别为最短和最长，因而摇杆 CD 的位置 C_1D 和 C_2D 分别为其极限位置。

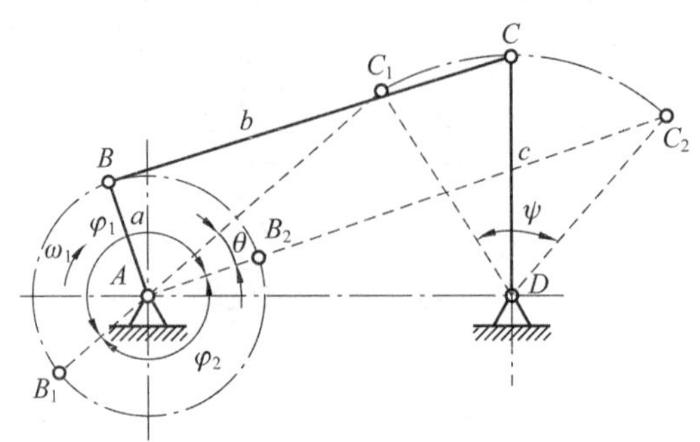

图 4-20　曲柄摇杆机构

当曲柄与连杆共线，摇杆处于极限位置时，机构所处的位置称为极位，摇杆两极限位置间的夹角 ψ 称为摇杆的摆角，处于极限位置时曲柄所夹锐角 θ 称为极位夹角。

当曲柄 AB 由位置 AB_1 顺时针转到位置 AB_2 时，转过的角度为 $\varphi_1 = \pi + \theta$，设曲柄转过角 φ_1 对应的时间为 t_1，这时摇杆 CD 由极限位置 C_1D 摆到极限位置 C_2D，摆角为 ψ，对应的时间为 t_1，摇杆上点 C 的平均速度 $v_1 = \overset{\frown}{C_1C_2}/t_1$。

当曲柄 AB 顺时针再转过角度 $\varphi_2 = \pi - \theta$ 时，设曲柄转过角 φ_2 对应的时间为 t_2，摇杆 CD 由位置 C_2D 摆回到位置 C_1D，摆角仍为 ψ，时间为 t_2，摇杆上点 C 的平均速度 $v_2 = \overset{\frown}{C_1C_2}/t_2$，虽然摇杆来回摆动的角度 ψ 相同，摇杆上点 C 运动的弧长相等，但做等速转动的曲柄其转角不等，$\varphi_1 > \varphi_2$，则 $t_1 > t_2$，从而 $v_1 < v_2$。摇杆的这种运动特性就是急回特性。在往复工作的机械中，常利用机构的急回特性来缩短非生产时间，提高劳动生产率。

2. 行程速比系数

为了定量地描述急回出现的快慢程度，可用摇杆上一点的空回行程平均速度与工作行程平均速度之比来表示，称为行程速比系数 K，则有

$$K = \frac{v_2}{v_1} = \frac{\overset{\frown}{C_1C_2}/t_2}{\overset{\frown}{C_1C_2}/t_1} = \frac{t_1}{t_2} = \frac{\varphi_1}{\varphi_2} = \frac{180° + \theta}{180° - \theta}$$

或

$$\theta = 180° \frac{K - 1}{K + 1}$$

上式表明，当机构存在极位夹角 θ 时，机构便具有急回特性，K 值越大，θ 值越大，机构的急回特性越显著；当 $K = 1$ 时，$\theta = 0$，表示该机构无急回特性。运用上式不仅可以鉴别机构是否具有急回特性，而且可以判断急回的快慢程度。

3. 急回特性应用

在工程实际中，急回特性的应用主要有两种情况。对于一般的机械，大多利用慢进快退的特性，目的是提高生产率，节约非生产所用的时间，如牛头刨床。需要注意的是，急回运

动是有方向性的，假如把电动机的电线接反，变成切削速度快而回程速度慢，就达不到设计要求了。又如，在破碎矿石、焦炭等所用的破碎机(见图 4-21)中也存在急回运动，这时利用的是其快进慢退的急回运动。根据急回运动具有方向性的特点，这种快进慢退的运动可以通过改变曲柄的转动方向来实现。

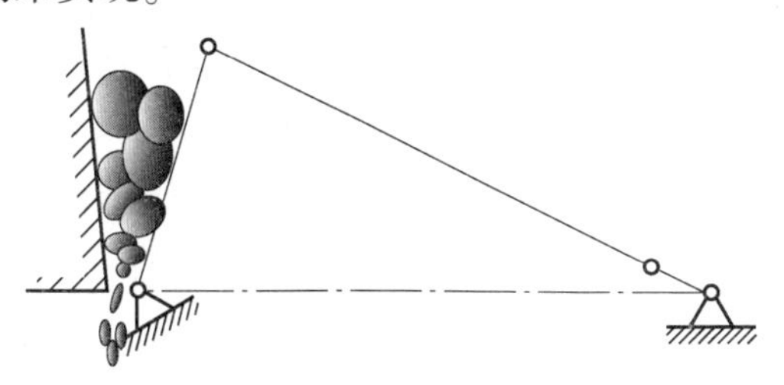

图 4-21　破碎机

图 4-21　动画

4.3.3　压力角与传动角

1. 压力角与传动角的定义

设计机构时，除了要考虑运动学要求，还要考虑机构的动力学特性，即考虑传动时，具有轻便省力、效率高等良好的传力性能，因此就要对机构进行传力特性分析。接下来仍然以曲柄摇杆机构为例，介绍机构的传力特性。

图 4-22 所示为一曲柄摇杆机构，若不考虑构件的重力、惯性力和运动副中的摩擦力等影响，则原动件 AB 上的驱动力通过连杆 BC 传递给从动件 CD 的力 F 是沿 BC 方向作用的(BC 杆为二力杆)。此力的作用线与受力点 C 的速度 v 之间所夹锐角 α 称为压力角。压力角的余角(即连杆和从动摇杆所夹锐角)称为传动角，记作 γ。其中，机构的传动角一般在运动链最终一个从动件上度量。

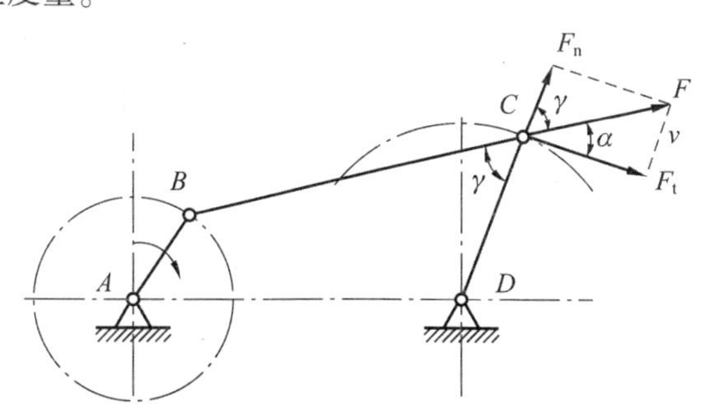

图 4-22　曲柄摇杆机构 1

将作用在从动件上的力 F 分解为沿 v 方向上的有效分力 F_t 和垂直于 v 方向上的法向分力 F_n，则有

$$F_t = F\cos\alpha = F\sin\gamma$$

$$F_n = F\sin\alpha = F\cos\gamma$$

显然，法向分力 F_n 不能驱动摇杆摆动，只能导致运动副摩擦力增大，是有害分力。设计平面四杆机构总是希望 F_t 更大，F_n 更小。当作用力 F 一定时，压力角 α 越小，即传动角 γ 越大，有效分力 F_t 越大，有害分力 F_n 越小；反之亦然。当 $\alpha = 90°(\gamma = 0°)$时，机构就不能运动。在连杆机构中，主要用传动角 γ 表征机构传力特性的好坏。显然，γ 值越大越好，理

想情况是 $\gamma = 90°$。

在图 4-23 所示的曲柄摇杆机构中，当曲柄 AB 为原动件时，机构的传动角 γ 等于连杆与摇杆所夹的锐角。机构运转时，在 $\triangle BCD$ 中，$\overline{BC}$ 和 $\overline{CD}$ 是定值，$\overline{BD}$ 是变值，故 $\angle BCD$ 也是变值，说明在机构运动过程当中传动角和压力角是时刻在变的，各位置的传力特性也不同。为了保证机构具有良好的传力特性，应使最小传动角不小于许用值。对于一般的机械设计，通常应使 $\gamma_{min} \geqslant 40°$；对于高速和大功率的传动机械，应使 $\gamma_{min} \geqslant 50°$。因此，为了使设计的机构都具有良好的传力性能，需要确定平面四杆机构最小传动角出现的位置及最小传动角。

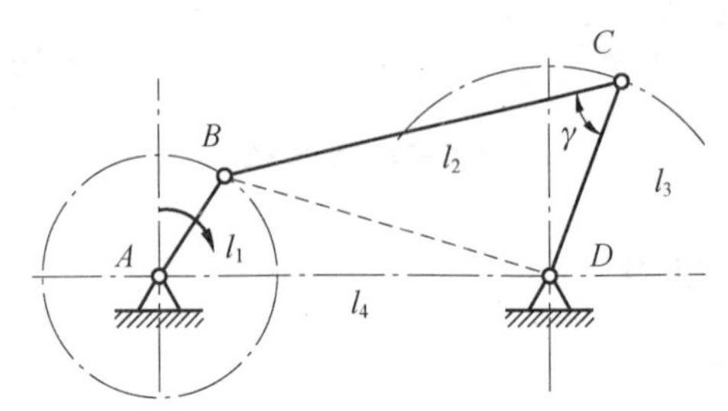

图 4-23　曲柄摇杆机构 2

2. 最小传动角出现的位置

(1) 曲柄摇杆机构。

图 4-24 所示为一曲柄摇杆机构，连杆 BC 与从动件 CD 所夹的角度用 β 表示。在图 4-24(a) 中，当 AB 处于 AB' 位置时，$\overline{BD} = (l_4 - l_1)$ 为最小值，其 β_1 可能为最小传动角。图 4-24(b) 中，当 AB 处于 AB'' 位置时，$\overline{BD} = (l_1 + l_4)$ 为最大值，当 $\beta < 90°$ 时，传动角 $\gamma = \beta_2$，且 β_2 为最大传动角；当 $\beta > 90°$ 时，传动角 $\gamma = 180° - \beta_2$，此时 γ 也有可能是最小传动角。因此，最小传动角必出现在原动件曲柄与机架共线的位置 AB' 或 AB'' 处。

如果 $\beta < 90°$，则 $\gamma_{min} = \beta_1$；如果 $\beta > 90°$，则 $\gamma_{min} = [\beta_1, 180° - \beta_2]_{min}$。

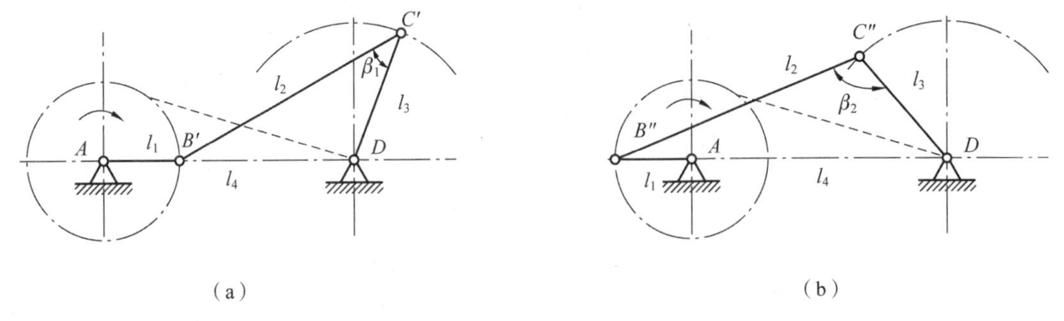

图 4-24　曲柄摇杆机构 3

(2) 曲柄滑块机构。

在图 4-25 所示的曲柄滑块机构中，滑块为从动件，滑块沿导路的水平方向是速度方向，受力方向为沿着 BC 杆的方向，曲柄滑块机构 γ_{min} 位置为原动件曲柄与导路垂直的位置之一。

(3) 摆动导杆机构。

在图 4-26 所示的摆动导杆机构中，当曲柄 AB 作为原动件时，BC 杆为从动件，机构任何瞬时位置的压力角都为零，传动角都等于 90°，因此传力性能最好，工程上应用较多，常用作牛头刨床、插床等工作机构。

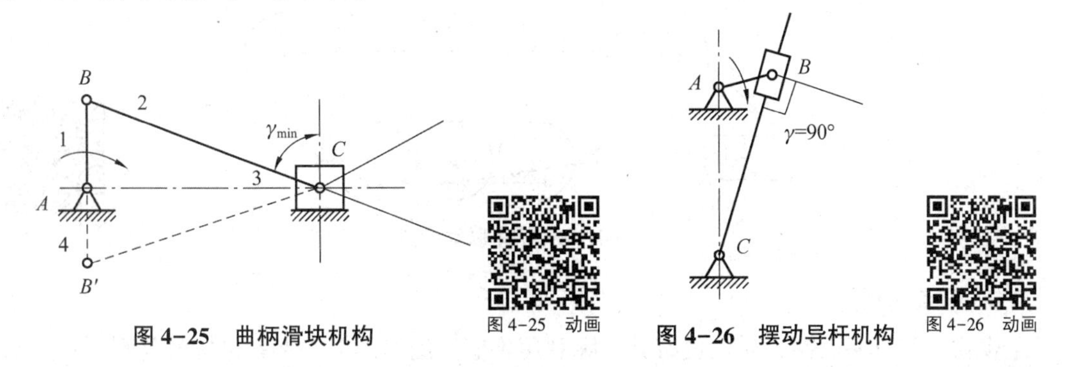

图 4-25　曲柄滑块机构　　图 4-25　动画

图 4-26　摆动导杆机构　　图 4-26　动画

机构在运转过程中，传动角是时刻都在变化的，传动角最大的位置是机构传力性能最好的位置，而传动角最小的位置是机构传力性能最差的位置。因此在设计时，必须了解该种机构的内在性能关系，统筹兼顾各种性能指标，以获得良好的效果。

4.3.4　死点及其应用

1. 死点的定义及其产生原因

在图 4-27 所示的曲柄摇杆机构中，若摇杆为原动件，而曲柄为从动件，则机构处于曲柄与连杆两次共线位置时，传动角皆为零。这时，原动件摇杆通过连杆作用于从动件曲柄的力恰好通过曲柄的回转中心，力矩为零。因此机构在此位置启动时，无论驱动力多大也不能使从动曲柄转动。机构的这种位置称为死点。死点位置是曲柄摇杆机构固有的特性，在此位置从动件会出现“顶死”现象，而且在运动中通过死点时还可能会产生运动不稳定现象。

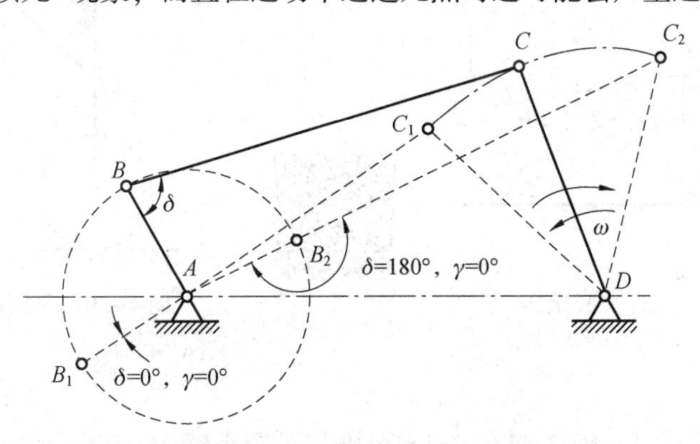

图 4-27　曲柄摇杆机构的死点

2. 克服死点的方法

对于传递运动来说，死点是有害的，但是实际中又经常要求往复运动的构件为原动件，就有可能会存在死点。比如内燃机机构在爆炸进程中，燃气推动活塞往复运动，经连杆转变为曲轴的连续转动，若内燃机在运动过程中处于死点位置，即机构停止，因此为了使机构能顺利通过死点，保持正常运转，通常在从动曲柄上安装飞轮以增大转动惯量，从而借助运动的惯性使机构闯过死点。图 4-28 所示机车联动装置，把几组相同机械互相错位排列以使各

死点位置不同时出现，从而避免出现死点。还有，内燃机通常是四缸或六缸，缸内活塞的位置是不一样的，也就是利用了错位排列来避免出现死点。

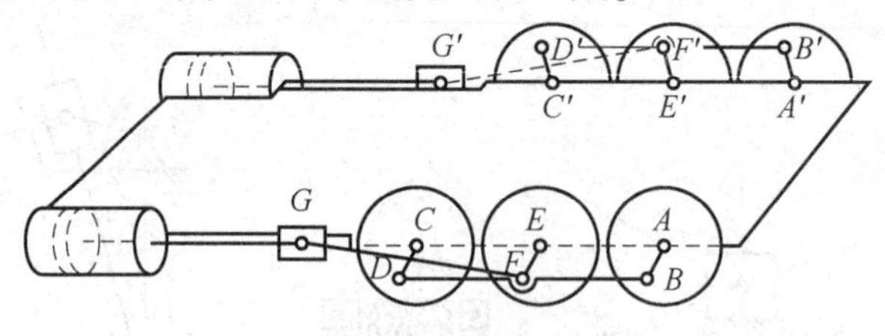

图 4-28　机车联动装置

图 4-28　动画

3. 死点的利用

事物总有其两面性，死点也有其实际利用价值。例如，工件夹紧机构就是利用死点来工作的，如图 4-29 所示，当工件被夹紧时，机构的传动角为零，此时去掉扳紧力 P 后，工件对机构的反作用力 Q 无论多大，也不可能使摇杆 CD 摆动而出现自动松开现象。只有扳动 BC 杆，才能松开工件。

又如，飞机起落架机构也是利用死点来工作的，如图 4-30 所示。在飞机着陆时，从动杆 CD 和连杆 BC 成一条直线，此时不管杆 AB 受多大的力，由于该力经 BC 传给杆 CD 的力均通过其回转中心点 D，因此 CD 不会转动，机构处于死点位置，机轮放下传动角为零，飞机可以安全着陆。此时虽然机轮上可能受到很大的力，但因为机构处于死点，所以起落架不会反转，这样使降落更加安全。

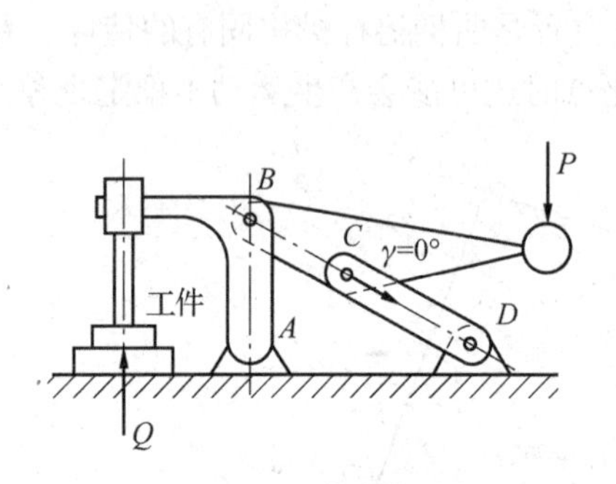

图 4-29　工件夹紧机构

图 4-29　动画

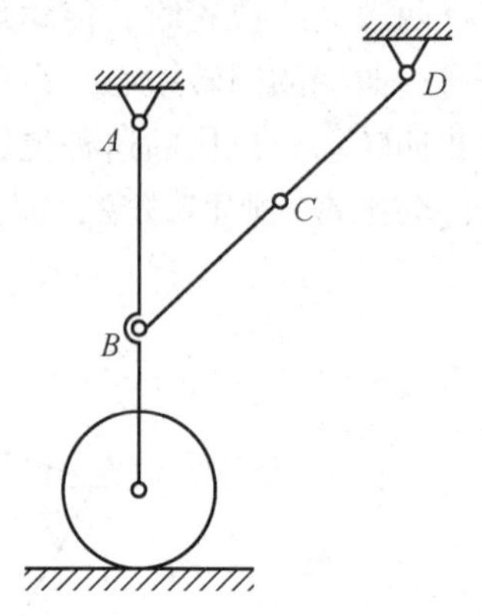

图 4-30　飞机起落架机构

4.4　平面四杆机构的设计

4.4.1　平面四杆机构设计的基本问题

平面四杆机构设计的基本问题有两个：一个是机构选型(根据给定的工作要求选择机构的类型)；另一个是尺度综合(根据给定的运动要求确定构件的几何尺寸)。同时，还要满足其他的辅助条件，包括结构条件(要求存在曲柄、杆长比恰当等)和动力条件(选择适当的传动角等以及连续传动条件等)。

平面四杆机构在工程实际中的应用非常广泛。根据工作中机械的用途和性能要求的不同，对机构设计的要求也各不相同，在设计中通常可归纳为以下 3 类问题。

(1)满足预定的构件位置要求。在这类设计问题中，要求机构能引导连杆顺序地通过一系列预定位置，通常又称为刚体导引机构的设计。

(2)满足预定的运动规律。在这类设计问题中，要求机构的两个连架杆之间的运动关系能满足预定的函数关系，通常又称为函数生成机构的设计。

(3)满足预定的轨迹要求。在这类设计问题中，要求知道机构在工作中应该保证的运动曲线，通常又称为轨迹生成机构的设计。

平面四杆机构的设计方法有图解法、试验法和解析法。图解法和试验法比较直观、简便，但是精度低；解析法计算量大，但精确度高。设计时采用哪种方法，应根据具体情况确定。

4.4.2　图解法设计

对于平面四杆机构来说，当其铰链中心位置确定后，各杆的长度也就确定了。用图解法进行设计，就是利用各铰链之间相对运动的几何关系，通过作图确定各铰链的位置，从而定出各杆的长度。下面根据设计要求的不同，分 3 种情况加以介绍。

1. 按连杆预定的位置设计平面四杆机构

在生产实践中，通常给定连杆的两个位置或 3 个位置来设计平面四杆机构。设计时，应满足连杆给定位置的要求。

设连杆上两活动铰链中心 B、C 的位置已经确定，要求在机构运动过程中连杆能依次占据 B_1C_1、B_2C_2、B_3C_3 这 3 个位置，如图 4-31 所示。该设计的任务是要确定两固定铰链中心 A、D 的位置。由于在铰链四杆机构中，活动铰链中心 B、C 的轨迹为圆弧，故 A、D 应分别为其圆心。因此，可分别作 B_1B_2 和 B_2B_3 的垂直平分线 b_{12}、b_{23}，其交点即为固定铰链中心 A 的位置；同理，可求得固定铰链中心 D 的位置，连接 AB_1C_1D，即得所求平面四杆机构。由上述分析可知，给定连杆的 3 个位置时，可得唯一解。若只给定连杆的两个位置，则 A 和 D 可分别在 B_1B_2 和 C_1C_2 的垂直平分线上任意选择，故有无穷多解。设计时，若给出其他辅助条件(如机架尺寸、传动角大小等)，则其解就是确定的。

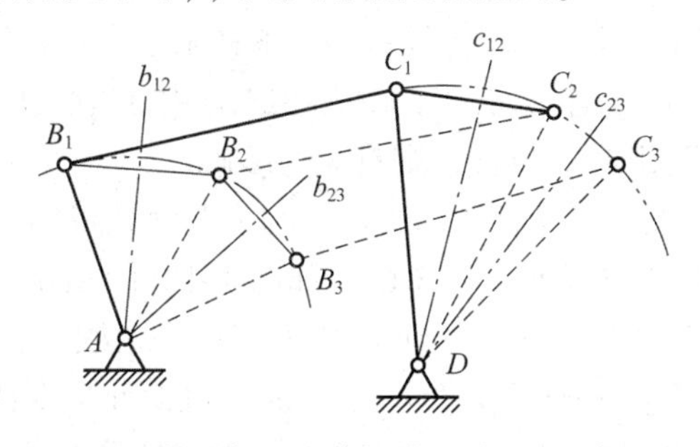

图 4-31　按连杆预定的位置设计平面四杆机构

2. 按两连架杆给定的对应位置设计平面四杆机构

图 4-32(a)给定了连架杆 AB 和机架 AD 的长度，连架杆 AB 和另一连架杆 CD 上标线 DE 在机构运转中预定占据的 3 组位置 AB_1、DE_1，AB_2、DE_2，AB_3、DE_3，其对应转角用 α

及 β 表示，要求设计此平面四杆机构。

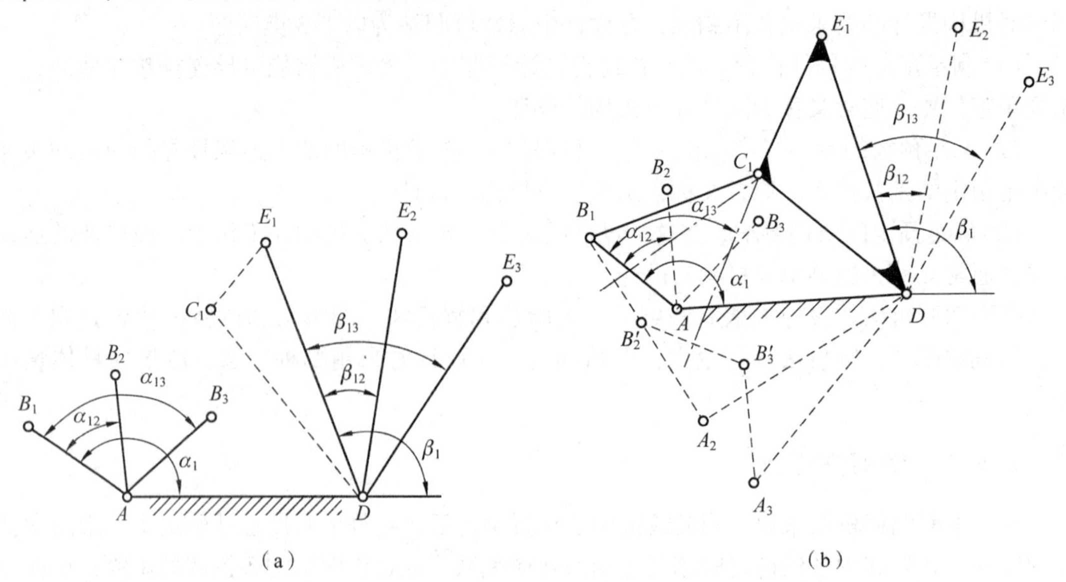

图 4-32　按两连架杆给定的对应位置设计平面四杆机构

因为各构件之间通过铰链相连，属于转动副，所以各构件之间的相对运动与选择哪个构件为机架无关。因此，若把原机构中的连架杆 CD 取为机架，则另一连架杆 AB 就成了连杆，此时两连架杆分别是 AD 和 BC。这样，可以将给定两连架杆对应位置的问题转化为给定连杆位置的问题。

在 AD 为机架时，AB_1 转过 α_{12}到达 AB_2 位置，相应的 DE_1 转过 β_{12}到达 DE_2 位置。这一过程相当于其转化机构的 DE_1 为机架，AD 反转 β_{12}、AB_1 又相对 AD 转过 α_{12}到达 $A_2B'_2$ 位置。显然，转化机构中连杆的第二个位置 $A_2B'_2$ 可求出。A_2 在以 D 为圆心、$\overline{AD}$为半径的圆弧上，且$\angle ADA_2=-\beta_{12}$，A_2 可求出。B'_2 在以 A_2 为圆心、$\overline{AB}$为半径的圆弧上，且 $\angle B'_2A_2D = \angle B_2AD$，$B'_2$ 也可求出。同理，可求出转化机构连杆的第三个位置 $A_3B'_3$。A_3 在以 D 为圆心、$\overline{AD}$为半径的圆弧上，且$\angle ADA_3=-\beta_{13}$；B'_3 在以 A_3 为圆心、$\overline{AB}$为半径的圆弧上，且 $\angle B'_3A_3D = \angle B_3AD$。$AB_1$、$A_2B'_2$、$A_3B'_3$ 位置已知，且已知固定铰链 D，现在来求另一铰链 C。作 $B_1B'_2$ 的中垂线和 $B'_2B'_3$ 的中垂线，交点即为 C_1，连接 B_1C_1，图 4-32(b)中 AB_1C_1D 即为所设计的平面四杆机构。如果两连架杆只给定两组对应位置，则有无穷多解。

例 4-1　飞机起落架如图 4-33(a)所示，该机构为双摇杆机构，已知连杆 BC 的长度，飞机在起飞、着陆时连杆的两个位置 B_1C_1、B_2C_2，如图 4-33(b)所示，设计该平面四杆机构。

解：因为连杆上 B、C 两点的轨迹分别为以 A、D 两点为圆心的圆弧，所以 A、D 必然分别位于 B_1B_2 和 C_1C_2 的垂直平分线 b_{12}、c_{12}上，故可得设计步骤如下。

(1)选取比例尺，按给定的连杆位置和长度，给出连杆的两个位置。

(2)分别连接 B_1 和 B_2，C_1 和 C_2，并作 B_1B_2 和 C_1C_2 的垂直平分线 b_{12}、c_{12}。

(3)由于 A 和 D 两点可在 b_{12}和 c_{12}上任意选取，考虑到机翼内的存放舱空间大小，起落时 AD 杆大约要垂直地面，收起时使 CD 杆大约平行机身(地面)等条件，故可唯一确定 A、D 两点。

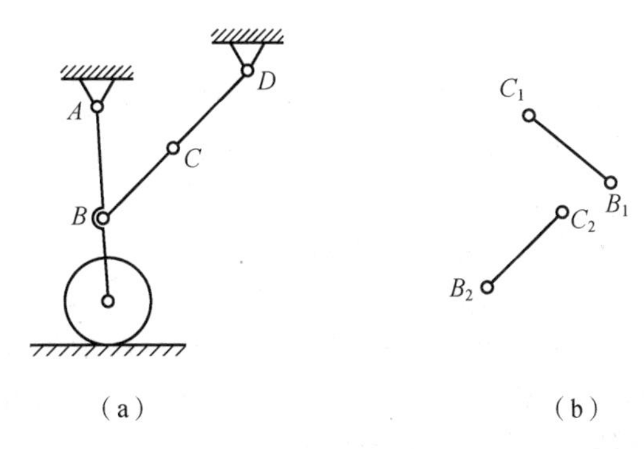

（a）　　　　（b）

图 4-33　飞机起落架

在实际设计中，还要考虑其他诸如最小传动角、各杆尺寸允许值或其他结构上的要求等辅助条件来确定点 A、D 的位置。

3. 按给定的行程速比系数 K 设计平面四杆机构

根据行程速比系数 K 设计平面四杆机构时，可利用机构在极限位置时的几何关系，再结合其他辅助条件进行设计。下面介绍几种常见机构的设计方法。

1）按照给定的行程速比系数 K 设计摆动导杆机构

例 4-2　有一摆动导杆机构如图 4-34 所示，已知机架长度为 150 mm，行程速比系数 $K=1.5$，试设计此摆动导杆机构。

分析：摆动导杆机构的极位夹角 θ 与导杆的摆角 φ 相等，需要确定的尺寸仅是曲柄长度。

解：作图过程如下。

（1）由已知行程速比系数 K，根据公式 $\theta=180°(K-1)/(K+1)$ 算出极位夹角 $\theta=36°$，且 $\varphi=\theta$。

（2）任意选定一点 D，作 $\angle mDn=\varphi$，再作其角平分线。

（3）按选定比例尺在角平分线上量得 $DA=150$ mm，得出曲柄回转中心 A。

（4）过点 A 作导杆任一极限位置的垂直线 AB 或 AC，则该线段长即为所求曲柄长度。

量取这段长度，再乘上相应的比例尺就得到了曲柄的实际长度，这样摆动导杆机构就设计完成了。

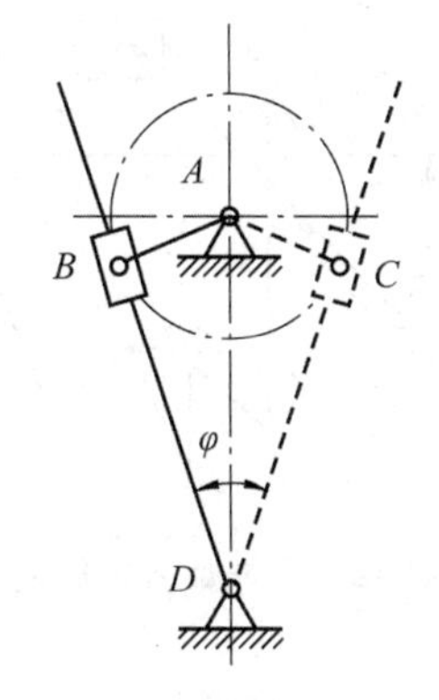

图 4-34　摆动导杆机构

2）按照给定的行程速比系数 K 设计曲柄摇杆机构

例 4-3　有一曲柄摇杆机构如图 4-35 所示，已知摇杆长 CD、摆角 φ 及行程速比系数

K，试设计该曲柄摇杆机构。

分析：当摇杆 CD 处于夹角为 ψ 的两极限位置 C_0D、$C_0'D$ 时，曲柄 AB 应处于与连杆 BC 共线的两位置 AB_0'、AB_0，且其所夹锐角应为 θ。D、C_0'、C_0 这 3 点已知，关键是确定点 A 的位置。

解：作图过程如图 4-36 所示，具体步骤如下。

(1) 由已知行程速比系数 K，根据公式 $\theta = 180°(K-1)/(K+1)$ 算出极位夹角 θ。

(2) 选定比例尺，按给定的摇杆长度及摆角 φ 画出摇杆两个极限位置 C_1D 和 C_2D。

(3) 过 C_1 作 $C_1P \perp C_1C_2$，过 C_2 点作 $\angle C_1C_2P = 90° - \theta$，两者交于点 P。

(4) 作 $\triangle PC_1C_2$ 的外接圆，则点 A 必在此圆上。

根据其他辅助条件，如给定机架长度 d、曲柄长度 a 或连杆长度 b 确定点 A。

曲柄长度 $a=(\overline{AC_2}-\overline{AC_1})/2$，连杆长度 $b=(\overline{AC_2}+\overline{AC_1})/2$。

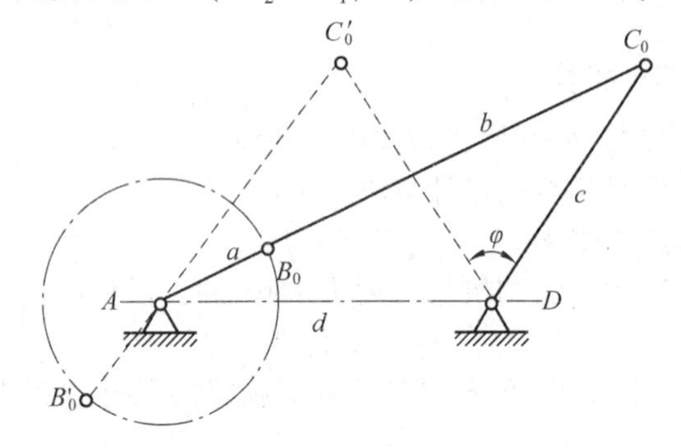

图 4-35　曲柄摇杆机构

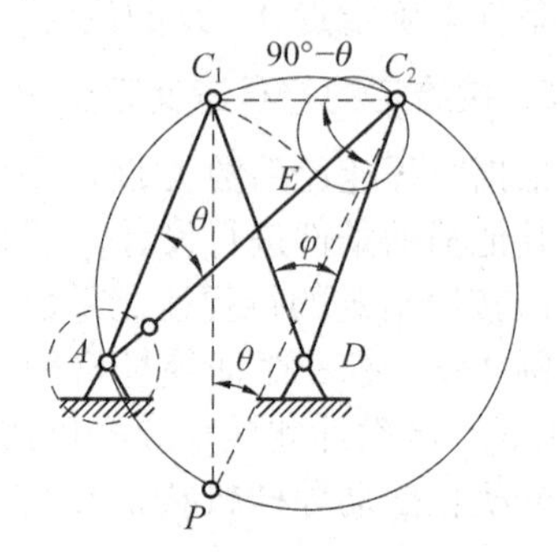

图 4-36　曲柄摇杆机构作图过程

3) 按照给定的行程速比系数 K 设计曲柄滑块机构

例 4-4　有一曲柄滑块机构如图 4-37 所示，已知滑块行程为 H，偏距为 e，行程速比系数为 K，试设计该曲柄滑块机构。

分析：当滑块处于两极限位置 C_1、C_2 时，曲柄 AB 则处于与连杆 BC 共线的两位置，且其所夹锐角应为 θ。这样 C_1、C_2 已知，关键是确定点 A 的位置。

解：点 A 轨迹圆的作图方法与曲柄摇杆机构相同，故不再赘述。

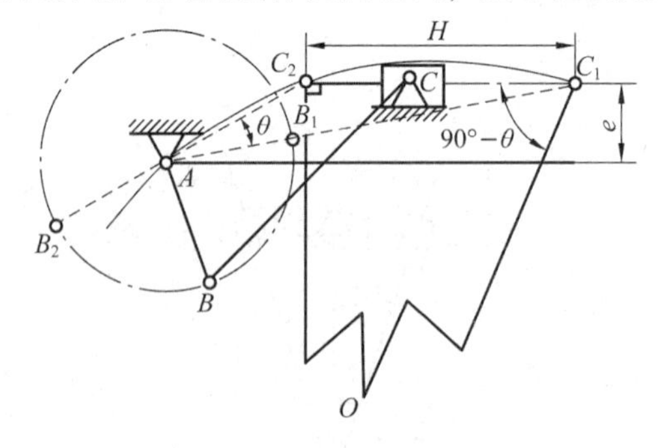

图 4-37　曲柄滑块机构

4.4.3　试验法设计

当运动要求比较复杂，需要满足的位置较多时，特别是在按预定轨迹要求设计平面四杆机构的情况下，若采用试验法，有时会更简便。

已知原动件 AB 的长度及其回转中心 A、连杆上描点 M 的位置及其轨迹 $m—m$，如图 4-38 所示，下面来设计此平面四杆机构。

在连杆上的点 M 沿预定的轨迹运动时，连杆分支上的其他各点 C、C'、C''……也将描出各自的连杆曲线，从这些轨迹中寻找一种近似于圆弧的轨迹，则此圆弧曲线的曲率中心即为另一固定铰链 D，因此图形 $ABCD$ 即为所求平面四杆机构。

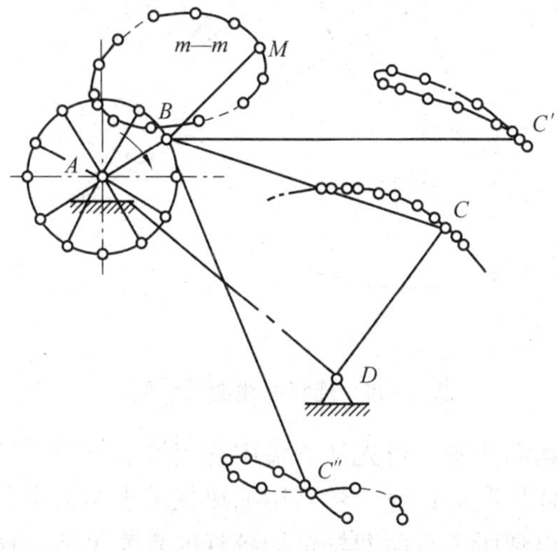

图 4-38　按给定的运动轨迹设计平面四杆机构

连杆曲线是高阶曲线，其设计十分复杂。为了便于设计，工程中常利用事先编成的图谱，从图谱中的某一曲线直接查出该平面四杆机构的各构件尺寸，这种方法称为图谱法。

图 4-39 所示为描绘连杆曲线的模型。机构的各杆长度可以调整。连杆上固联了一张钻有一定数量的小孔的薄板。曲柄转一周时，即可将连杆上各点的连杆曲线记录下来，得一组连杆曲线。依次改变各杆相对长度，可以作出许多组连杆曲线。将它们顺序整理编排成册，即为连杆曲线图谱。图 4-40 所示就是连杆曲线图谱示例。图中每一连杆曲线由 72 根长短不等的线段组成，沿曲线测量相邻线段的对应点之间的距离，可求得原动件曲柄每转 5°时，连杆上该点的位移。若已知曲柄的转速，即可求得该点位移时的平均速度，还可求得该点的加速度近似值。

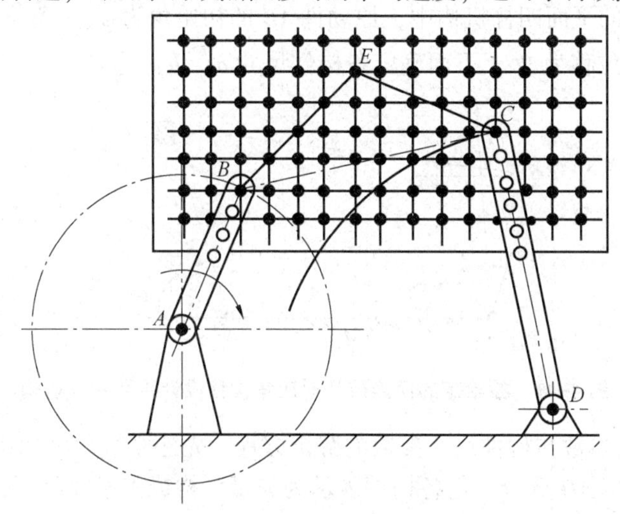

图 4-39　描绘连杆曲线的模型

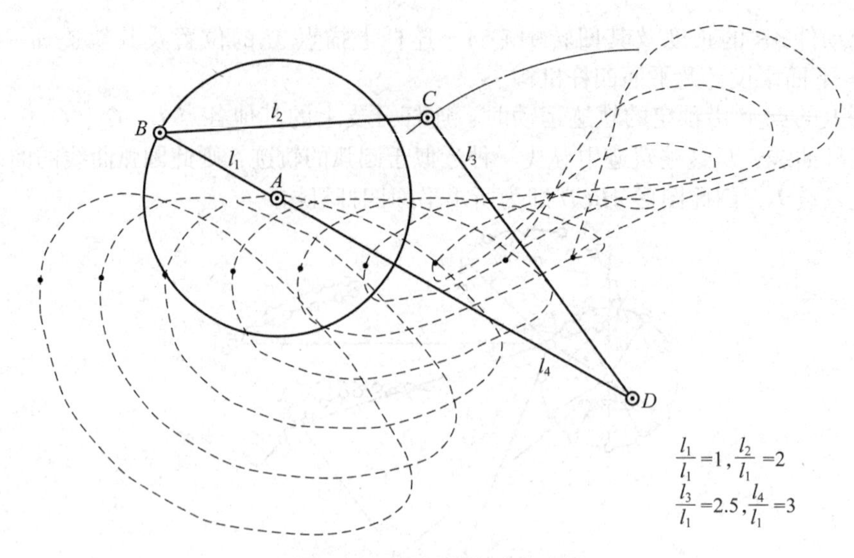

图 4-40　连杆曲线图谱示例

若要实现某一给定的运动轨迹，可先从图谱中查出形状与要求实现的轨迹相似的连杆曲线及此平面四杆机构中各杆长度的比值，然后用缩放仪求出图谱中的连杆曲线和所要求的轨迹之间的相关倍数，由此得到所求平面四杆机构各杆的真实尺寸。根据连杆曲线上小圆圈与铰链 B、C 的相对位置，即可确定描绘轨迹之点在连杆上的位置。

4.4.4　解析法设计

用解析法设计平面四杆机构，首先要建立机构的各待定尺寸参数和已知的运动参数的解析方程，通过求解方程得出需求的机构尺寸参数。解析法的特点是可借助计算机等求解，计算精度高，适用于对 3 个或 3 个以上位置设计的求解。求解方法有封闭矢量法、直角坐标约束方程法、矩阵法及复数法等，下面仅以封闭矢量法为例进行说明。

1. 按给定的两连架杆对应角位移设计平面四杆机构

在图 4-41 所示的平面四杆机构中，原动件 AB 的初始角为 φ_0，角位移为 φ，从动件 CD 的初始角为 Ψ_0，角位移为 Ψ，下面确定各构件尺寸 a、b、c、d。

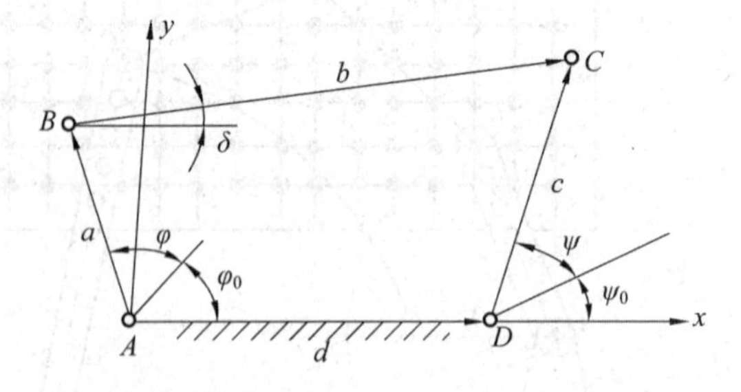

图 4-41　按给定的两连架杆对应角位移设计平面四杆机构

为建立包括运动参数与构件尺寸参数的解析方程，先建立直角坐标系，使原点与固定铰链 A 重合，x 轴与机架 AD 重合。把各构件表示为矢量，构成矢量封闭形，可得

$$\boldsymbol{a}+\boldsymbol{b}=\boldsymbol{c}+\boldsymbol{d} \tag{4-1}$$

分别投影到 x 轴和 y 轴上，则得到

$$\begin{cases} b\cos\delta = d + c\cos(\Psi + \Psi_0) - a\cos(\varphi + \varphi_0) \\ b\sin\delta = c\sin(\Psi + \Psi_0) - a\sin(\varphi + \varphi_0) \end{cases} \tag{4-2}$$

将上面式子两边平方相加，整理之后得

$$b^2 = d^2 + c^2 + a^2 + 2cd\cos(\Psi + \Psi_0) - 2ad\cos(\varphi + \varphi_0) - 2ac\cos[(\varphi - \Psi) + (\varphi_0 - \Psi_0)] \tag{4-3}$$

用 $2ac$ 除式(4-3)，并令

$$\begin{cases} p_1 = \dfrac{d^2 + c^2 + a^2 - b^2}{2ac} \\ p_2 = d/a \\ p_3 = d/c \end{cases} \tag{4-4}$$

则式(4-3)可写为

$$p_1 + p_2\cos(\Psi + \Psi_0) - p_3\cos(\varphi + \varphi_0) = \cos[(\varphi - \Psi) + (\varphi_0 - \Psi_0)] \tag{4-5}$$

上式中含有 5 个未知数 p_1、p_2、p_3、φ_0 和 Ψ_0。如果将 5 组角位移 φ_1、Ψ_1，φ_2、Ψ_2，…，φ_5、Ψ_5 分别代入式(4-5)中，则得 5 个方程，联立求解，可解得 p_1、p_2、p_3、φ_0 和 Ψ_0。再根据结构选定机架长度 d，并利用式(4-4)由 p_1、p_2、p_3 求出 a、b 和 c。

若给定 3 组角位移，可先选定初始角 φ_0、Ψ_0，再将 3 组角位移分别代入式(4-5)，可得线性方程组

$$\begin{cases} p_1 + p_2\cos(\Psi_1 + \Psi_0) - p_3\cos(\varphi_1 + \varphi_0) = \cos[(\varphi_1 - \Psi_1) + (\varphi_0 - \Psi_0)] \\ p_1 + p_2\cos(\Psi_2 + \Psi_0) - p_3\cos(\varphi_2 + \varphi_0) = \cos[(\varphi_2 - \Psi_2) + (\varphi_0 - \Psi_0)] \\ p_1 + p_2\cos(\Psi_3 + \Psi_0) - p_3\cos(\varphi_3 + \varphi_0) = \cos[(\varphi_3 - \Psi_3) + (\varphi_0 - \Psi_0)] \end{cases} \tag{4-6}$$

解此线性方程组，求出 p_1、p_2、p_3，然后选定机架长度 d，最后由式(4-4)求得 a、b 和 c。

例如，设计图 4-42 所示的铰链四杆机构，已知连架杆 AB 的起始角 $\varphi_0=60°$，其转角范围为 $\varphi_m=100°$；要求两连架杆 AB 和 CD 之间的转角近似地实现函数关系 $y=\lg x$（$1 \leqslant x \leqslant 10$），但必须保证下列 3 组对应值完全准确：$x_1=2$，$y_1=0.301\ 0$；$x_2=5$，$y_2=0.699\ 0$；$x_3=9$，$y_3=0.954\ 2$。连架杆 CD 的起始角 $\Psi_0=240°$，其转角范围为 $\Psi_m=-50°$。

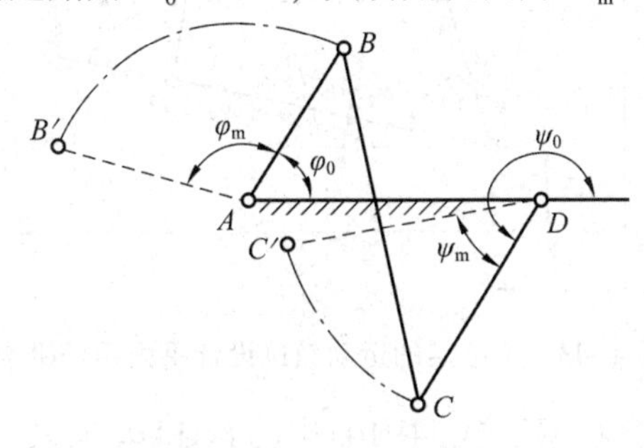

图 4-42　铰链四杆机构

取输入角 φ 与给定函数 $y=\lg x$ 的自变量 x 成比例，输出角 Ψ 与函数值 y 成比例，则转角 φ 与 Ψ 的对应关系可以模拟给定的函数关系 $y=\lg x$。所以，按给定函数 $y=\lg x$ 要求设计铰链四杆机构时，首要的问题是要按一定比例关系把给定函数 $y=\lg x$ 转换成两连架杆对应的

角位移方程 $\Psi=\Psi(\varphi)$。

(1)因 $\varphi_m=100°$代表 $\Delta x=10-1=9$，故得原动件转角 φ 的比例尺 $\mu_\varphi=100°/9$。又因为 $\Psi_m=-50°$代表 $\Delta y=\lg10-\lg1=1$，故得从动件转角 Ψ 的比例尺 $\mu_\Psi=-50°/1$。

(2)根据给定的 x、y 的 3 组对应值，求出 φ 和 Ψ 中的 3 组对应值为

$$\varphi_1=\Delta x_1\cdot\mu_\varphi=11.11°,\ \Psi_1=\Delta y_1\cdot\mu_\Psi=-15.05°$$
$$\varphi_2=\Delta x_2\cdot\mu_\varphi=44.44°,\ \Psi_2=\Delta y_2\cdot\mu_\Psi=-34.95°$$
$$\varphi_3=\Delta x_3\cdot\mu_\varphi=88.88°,\ \Psi_3=\Delta y_3\cdot\mu_\Psi=-47.71°$$

(3)将 φ、Ψ 的 3 组对应值和 φ_0、Ψ_0 值代入式(4-5)中，得到未知数 p_1、p_2、p_3 的 3 个线性方程，联立求解得到

$$p_1=0.423\,328\,704\,67,\ p_2=1.119\,775\,322,\ p_3=1.632\,123\,393$$

设 $d=1.0$，则得

$$a=0.893\,04,\ b=1.307\,5,\ c=0.612\,69$$

2. 按给定的运动轨迹设计平面四杆机构

要求选定各构件尺寸及连杆上某点 M 的位置，使该点运动轨迹与给定轨迹相符，如图 4-43 所示。先建立点 M 的位置方程，取参考坐标系 xAy，则点 M 的位置方程可写为

$$\begin{cases}x_M=a\cos\alpha+k\sin\theta_1\\ y_M=a\sin\alpha+k\cos\theta_1\end{cases}\tag{4-7}$$

而在四边形 $MNDC$ 中，有

$$\begin{cases}x_M=d+c\cos\Psi-e\sin\theta_2\\ y_M=c\sin\Psi+e\cos\theta_2\end{cases}\tag{4-8}$$

从式(4-7)中消去 α 角得

$$a^2=x_M^2+y_M^2+k^2-2k(x_M\sin\theta_1+y_M\cos\theta_1)\tag{4-9}$$

从式(4-8)中消去 Ψ 角得

$$(d-x_M)^2+y_M^2+e^2-c^2-2e[(d-x_M)\sin\theta_2+y_M\cos\theta_2]=0\tag{4-10}$$

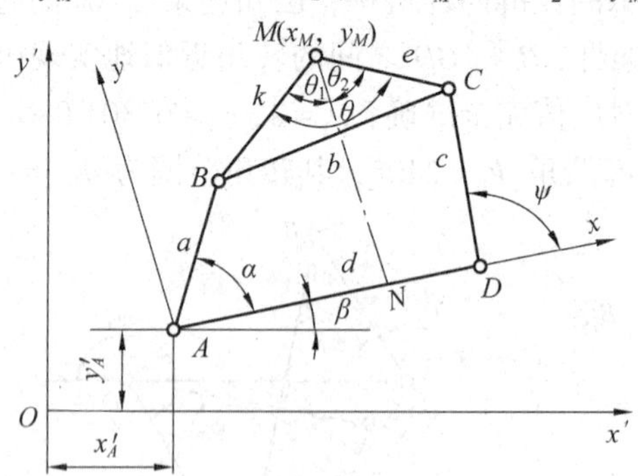

图 4-43 按给定的运动轨迹设计平面四杆机构

根据 $\theta_1+\theta_2=\theta$，将式(4-9)、式(4-10)中的 θ_1 和 θ_2 消去，点 M 的位置方程可写为

$$U^2+V^2=W^2\tag{4-11}$$

式中，

$$U=e[(x_M-d)\cos\theta+y_M\sin\theta](x_M^2+y_M^2+k^2-a^2)-kx_M[(x_M-d)^2+y_M^2+e^2-c^2]$$
$$V=e[(x_M-d)\sin\theta+y_M\cos\theta](x_M^2+y_M^2+k^2-a^2)-kx_M[(x_M-d)^2+y_M^2+e^2-c^2]$$

$$W = 2ke\{\sin\theta[x_M(x_M - d) + y_M^2] - dy_M\cot\theta\}$$

上述方程中，待定尺寸参数为 a、c、d、e、k 和 θ。若在给定的轨迹中任选 6 个点的坐标 x_{Mi}、y_{Mi} $(i=1, 2, \cdots, 6)$，代入式(4-11)中，联立求解，即可求出机构尺寸及连杆上点 M 的位置。所得结果能精确实现给定轨迹中这 6 个点的位置，其他位置就不一定能精确实现。为了使连杆曲线上能有更多的点与给定的轨迹符合，引入另一个坐标系 $x'Oy'$，也就引入了机架在 $x'Oy'$ 坐标系中的位置参数 x_A'、y_A' 和 β。然后用坐标变换的方法，将式(4-11)变换到坐标系 $x'Oy'$ 中，即可得出包括 9 个待定尺寸参数在内的连杆曲线方程。于是，连杆曲线上可有 9 个点与给定的轨迹相符合。

用解析法设计平面四杆机构的优点是能得到较精确的设计结果，便于将机构的设计误差控制在允许的范围之内，缺点是所得方程和计算过程可能相当复杂。随着数学手段的发展和计算机的普遍应用，解析法得到日益广泛的应用。

4.5　平面多杆机构

平面四杆机构结构简单，设计制造比较方便，在实际生产中得到了广泛应用。但有时情况比较复杂，只采用平面四杆机构还不能满足要求，往往需要借助于平面多杆机构。相较于平面四杆机构，使用平面多杆机构可以达到以下一些目的。

(1)改变从动件的运动特性。对于有急回特性的机构，如刨床、插床及插齿机等，其工作行程一般要求匀速运动，用一般的平面四杆机构可以满足急回特性，但其工作行程的等速性能不能得到保证，而用平面多杆机构则可以改善。图 4-44 所示的插齿机主传动机构就采用了一个六杆机构，使插刀在工作行程中近似匀速运动。从结构上细分，可变成两个平面四杆机构。前一个平面四杆机构的摇杆变成了后一个平面四杆机构的曲柄，作为输入进行驱动。这也是实现复杂机械运动的常见方式。

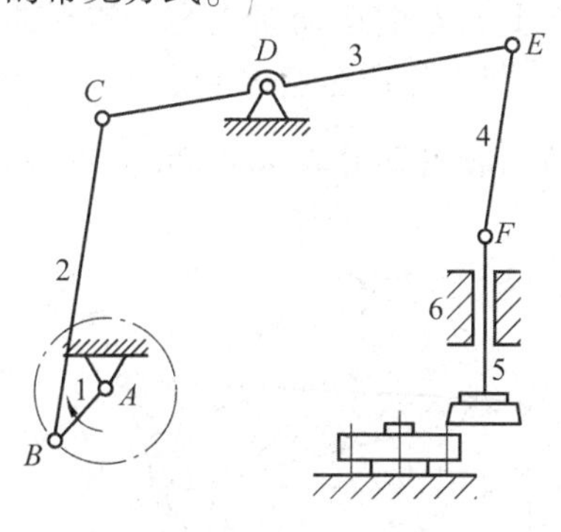

图 4-44　插齿机主传动机构

(2)可获得较大的机械增益。机构输出力矩(或力)与输入力矩(或力)的比值称为机械增益。利用平面多杆机构，可以获得较大的机械增益，从而达到增力的目的。图 4-45 所示为一热成型机曲柄肘杆开合模机构，*DCE* 的构型如同人的肘关节一样，在图示位置时，机构具有较大的传动角，故可获得较大的机械增益，产生增力效果。

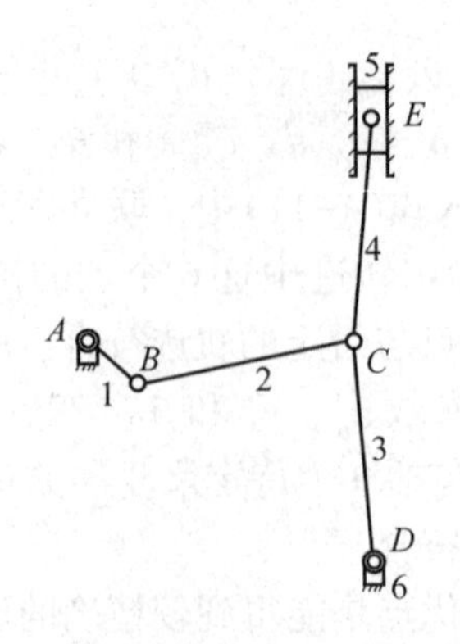

图 4-45　热成型机曲柄肘杆开合模机构

（3）可扩大机构从动件的行程。图 4-46 所示为一物料推送机，采用六杆机构可使滑块 5 的行程得到扩大。

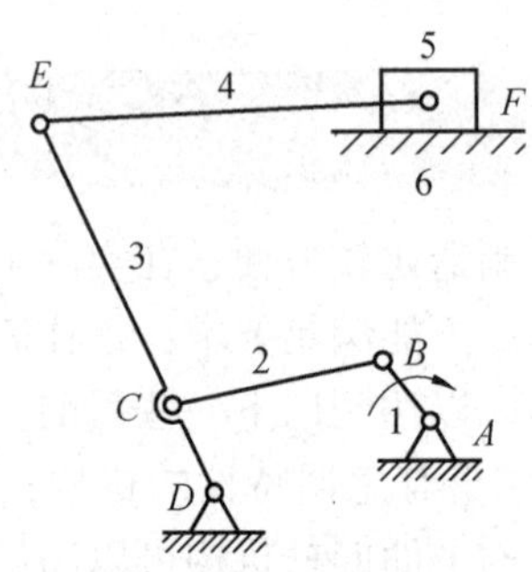

图 4-46　物料推送机

（4）可实现机构从动件的间歇运动。在某些机械（如织布机等）中，要求从动件在运动过程中具有较长时间的停歇。图 4-47 所示为一具有间歇运动的平面六杆机构。构件 1、2、3、6 组成一曲柄摇杆机构，构件 2 上点 E 的运动轨迹为一腰形曲线，该曲线中的 $\widehat{\alpha\alpha'}$ 和 $\widehat{\beta\beta'}$ 两段为近似的圆弧（其半径相等），圆心分别在点 F 和点 F'，铰链 G 在 FF' 的中垂线上。构件 4 的长度与圆弧的曲率半径相等，故当点 E 在 $\widehat{\alpha\alpha'}$ 和 $\widehat{\beta\beta'}$ 曲线段上运动时，从动件 5 将处于近似停歇状态。

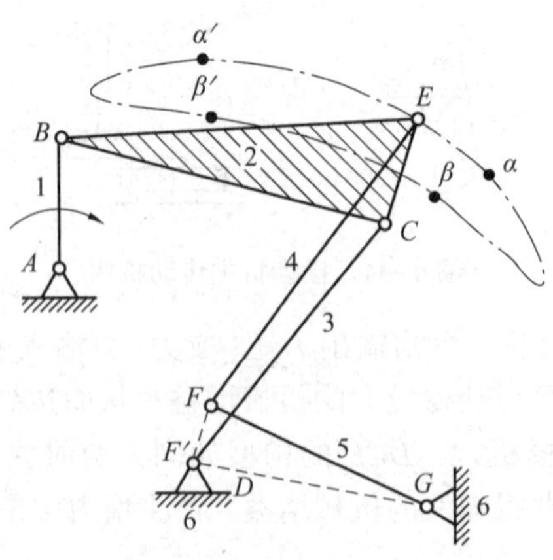

图 4-47　具有间歇运动的平面六杆机构

(5) 可实现特定要求下的平面导引。由于平面多杆机构的尺度参数较多，因此它可以满足更为复杂的或实现更加精确的运动规律要求和轨迹要求。

机械手的发展

机械手是一种能够模仿人手和手臂运动的自动化装置，其应用了连杆机构。它们被广泛应用于工业生产、装配线、仓储物流、医疗手术、太空探索等领域。下面简要介绍机械手的发展史。

(1) 早期机械手。20 世纪初期的机械手主要是简单的机械臂，用于一些重复性简单动作的场景，如装配线上的工业操作。

(2) 电控机械手。20 世纪 50—60 年代，随着电子技术的发展，机械手开始采用电控技术，可以通过电动机实现更复杂的动作，如点位控制和轨迹运动。

(3) 计算机控制机械手。20 世纪 70 年代，随着计算机技术的迅猛发展，计算机开始应用于机械手控制。计算机控制使机械手的灵活性和精度得到显著提高，使其能够适应更复杂的任务。

(4) 传感器技术的应用。20 世纪 80 年代，随着传感器技术的进步，机械手开始配备各种传感器，如视觉传感器、力传感器等，使得机械手能够感知周围环境和物体的状态，并做出相应的动作。

(5) 灵巧手和人工智能。20 世纪 90 年代至 21 世纪初，随着机器学习和人工智能技术的发展，出现了更为复杂、灵活和智能的机械手。这些机械手能够学习和适应不同的任务，具备更高的自主性和智能化。

(6) 协作机械手。近年来，协作机械手成为一个重要的发展方向。协作机械手能够与人类工作者共同工作，实现安全、高效的人机合作。

(7) 柔性机械手。目前，柔性机械手的研究也日益受到关注。这些机械手采用柔性材料和结构，具有更好的柔顺性和适应性，能够适用于更多复杂的任务和环境。

随着科技的不断进步，机械手将继续发展，并在更多领域发挥重要作用，推动自动化和智能化进程。

近年来，我国在机械手领域取得了显著进展，以下是国内机械手发展的一些重要方面。

(1) 技术研发和创新。我国的科研机构、高校和企业积极投入机械手的研发和创新。大量的科研项目和技术成果涉及机械手的感知、控制、规划和智能化等关键技术。

(2) 工业应用。我国的制造业对机械手的需求日益增长，机械手在汽车制造、电子产业、物流和仓储、家电制造等领域得到广泛应用。特别是在汽车行业，我国的机械手制造商在焊接、装配和涂装等工艺中取得了重要突破。

(3) 产业发展和市场竞争。我国的机械手产业规模不断扩大，国内的机械手制造商不断涌现。一些中国企业已经成为国际市场上的重要竞争者，并拥有自主知识产权和核心技术。

(4) 人工智能和自主决策。我国的机械手研究逐渐注重人工智能和自主决策能力的提升。通过融合深度学习、机器视觉和传感器技术，我国的机械手能够更好地感知和适应环境，实现自主操作和决策。

(5)柔性机械手。柔性机械手也受到了我国研究者的关注。国内的研究团队在柔性材料和柔性机构的设计、控制和应用方面取得了重要进展，为应对复杂任务和不规则工件提供了新的解决方案。

(6)国际合作与交流。我国的机械手研究者积极参与国际合作和交流，与国外的研究机构和企业开展合作项目和技术交流。这有助于提升我国机械手行业的全球视野和技术水平。

总体而言，我国的机械手发展日益壮大，取得了长足的进步。未来，我国的机械手行业将继续加大研发力度，提升技术水平，拓展应用领域，并加强与国际机械手领域的交流与合作。

本章小结

本章从铰链四杆机构入手，介绍了应用广泛的各种平面连杆机构和平面四杆机构的设计方法，并简单介绍了平面多杆机构。

习　题

4-1　在铰链四杆机构中，转动副成为周转副的条件是什么？

4-2　在曲柄摇杆机构中，当以曲柄为原动件时，机构是否一定存在急回运动，且一定无死点？为什么？

4-3　何为急回运动？试列出 3 种具有急回运动的连杆机构，并说明其具有急回运动的条件。

4-4　已知某曲柄摇杆的曲柄匀速转动，极位夹角等于 30°，行程速比系数为 1.4，摇杆工作行程需时 7 s，试问：

(1)摇杆空行程需多少时间？

(2)曲柄每分钟转速是多少？

4-5　已知题 4-5 图所示铰链四杆机构各构件的长度为 $a=120$ mm，$b=300$ mm，$c=200$ mm，$d=250$ mm。试问：

(1)当取杆 4 作为机架时，是否有曲柄存在？

(2)若分别取杆 1、2、3 作为机架，则该机构为何种类型？

(3)若将 a 改为 160 mm，其余尺寸不变，结果又将怎样？

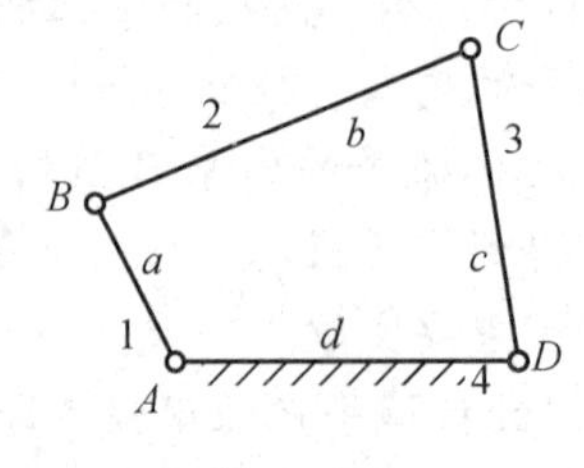

题 4-5 图

4-6　题 4-6 图所示为一铰链四杆机构，已知各构件的长度分别为 $\overline{AB}=20$ mm，$\overline{BC}=60$ mm，$\overline{CD}=85$ mm，$\overline{AD}=50$ mm。试问：

(1)该机构是否有曲柄?

(2)以 AB 为原动件，画出机构在图示位置时的压力角和机构的最小传动角。

(3)在什么情况下此机构有死点位置?

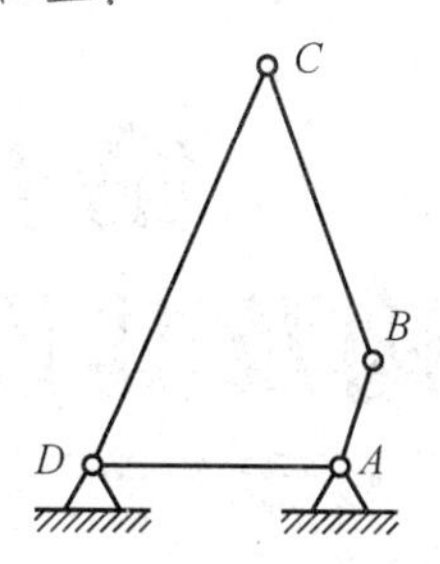

题 4-6 图

4-7　题 4-7 图所示为一曲柄摇杆机构，已知摇杆 CD 的左极限位置与机架的夹角 $\psi=60°$，行程速比系数 $K=1.4$，摇杆 CD 的长度 $l_{CD}=60$ mm，机架 AD 的长度 $l_{AD}=60$ mm，试用图解法求出曲柄 AB 和连杆 BC 的长 l_{AB}、l_{BC}。

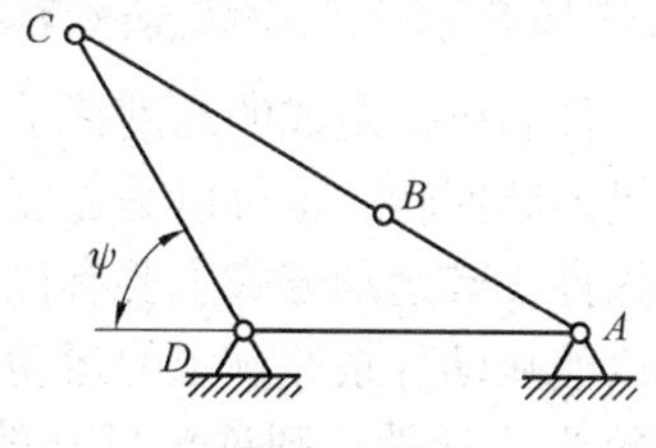

题 4-7 图

4-8　题 4-8 图所示的铰链四杆机构中，已知各构件的长度分别为 $a=110$ mm，$b=235$ mm，$c=205$ mm，$d=210$ mm。其中，d 为机架，a 为原动件。求机构具体最小传动角的位置及最小传动角的大小。

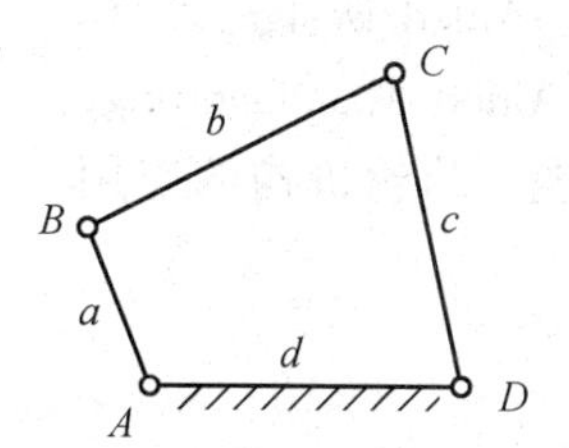

题 4-8 图

第五章 凸轮机构及其设计

5.1 引 言

凸轮机构是一种由凸轮、从动件和机架组成的高副传动机构。其中，凸轮是具有曲线轮廓形状的构件，其运动方式主要是连续回转，也可以是往复移动或往复摆动；从动件是以一定形状的端部与凸轮直接接触的构件，其运动方式主要有往复移动和往复摆动两种形式。通过设计不同的凸轮轮廓曲线，可以使从动件按照预定的运动规律来运动。凸轮通常作为原动件，推杆通常作为从动件；若凸轮为从动件，则称为反凸轮机构。图 5-1 所示为一重机枪加速装置，当节套因反作用力而后坐时，反凸轮机构使机枪加速后坐，以方便弹壳及时退出。凸轮机构广泛应用于工业领域中，特别是在需要实现机械自动化和半自动化的场合。随着工业自动化程度的不断提高和 CAD(Computer-Aided Design，计算机辅助设计) / CAM(Computer-Aided Manufacturing，计算机辅助制造) 技术的快速发展，凸轮机构的应用范围将会更加广泛。

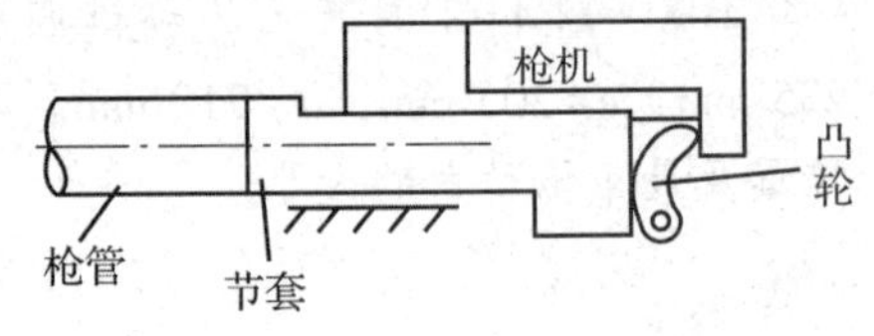

图 5-1　重机枪加速装置

5.2 凸轮机构简介

5.2.1　凸轮机构的特点及其组成

凸轮机构之所以能够得到广泛应用，是因为其具有以下其他机构无可比拟的优点：

(1)设计简单，适应性强，易于实现复杂运动规律要求；

(2)结构简单紧凑，控制准确有效，运动特性好，使用方便；

(3)性能稳定，故障少，维护保养方便。

凸轮机构的主要缺点是凸轮与从动件为高副接触，易磨损，可调性差。而且由于凸轮的轮廓曲线通常比较复杂，因此加工也比较困难。

图 5-2 所示为两种常用的盘形凸轮机构：图 5-2(a)所示为直动从动件盘形凸轮机构，

图 5-2(b)所示为摆动从动件盘形凸轮机构。当凸轮 1 绕轴 O 旋转时，推动从动件 2 沿导轨(机架)3 做往复直线移动，或者绕铰链 A 做往复摆动。

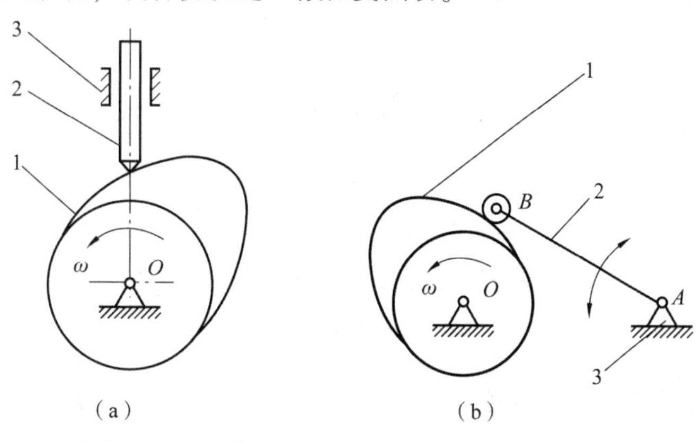

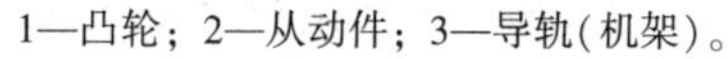
1—凸轮；2—从动件；3—导轨(机架)。

图 5-2　两种常用的盘形凸轮机构

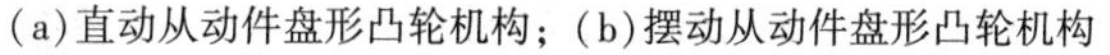
(a)直动从动件盘形凸轮机构；(b)摆动从动件盘形凸轮机构

图 5-2　动画

5.2.2　凸轮机构的分类

生产实际中使用的凸轮机构的类型很多，为了便于分析和设计，常按凸轮和推杆的形状及其运动形式的不同来分类。

1. 按凸轮的形状分类

(1)盘形凸轮。这种凸轮是一个具有变化向径的盘形构件，绕固定轴线回转。图 5-2 所示的凸轮都属于盘形凸轮，其结构简单，应用广泛，是凸轮最基本的形式。

(2)圆柱凸轮。这种凸轮是一个在圆柱面上开有曲线凹槽，或是在圆柱端面上做出曲线轮廓的构件。由于凸轮与推杆的运动不在同一平面内，所以是一种空间凸轮机构。圆柱凸轮可看作是将移动凸轮卷于圆柱体上形成的。图 5-3(a)所示为摆动从动件圆柱凸轮机构，图 5-3(b)所示为端面具有曲线轮廓的直动从动件圆柱凸轮机构。

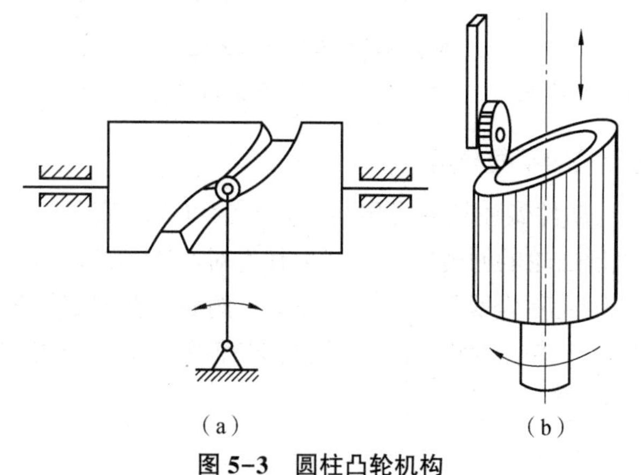

图 5-3　圆柱凸轮机构

(a)摆动从动件圆柱凸轮机构；(b)端面具有曲线轮廓的直动从动件圆柱凸轮机构

图 5-3　动画

(3)移动凸轮。这种凸轮可看作转轴在无穷远处的盘形凸轮的一部分，它做往复直线移动，如图 5-4 所示。盘形凸轮机构和移动凸轮机构都属于平面凸轮机构。

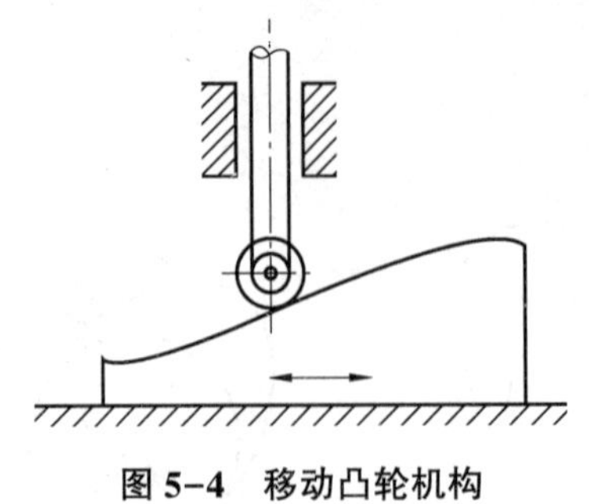

图 5-4　移动凸轮机构

图 5-4　动画

2. 按从动件(推杆)的形状分类

(1)尖底从动件，如图 5-5(a)所示。这种推杆的构造最简单，但易磨损，所以只适用于作用力不大和速度较低的场合，如用于仪表等机构中。

(2)滚子从动件，如图 5-5(b)所示。这种推杆由于滚子与凸轮轮廓之间为滚动摩擦，所以磨损较小，故可用来传递较大的动力。滚子常采用特制结构的球轴承或滚子轴承。

(3)平底从动件，如图 5-5(c)所示。这种推杆的优点是凸轮与平底的接触面间易形成油膜，润滑较好，所以常用于高速传动中。

(4)曲底从动件，如图 5-5(d)所示。曲底从动件的端部为一个曲面，兼具尖底与平底从动件的优点，在生产实际中应用广泛。

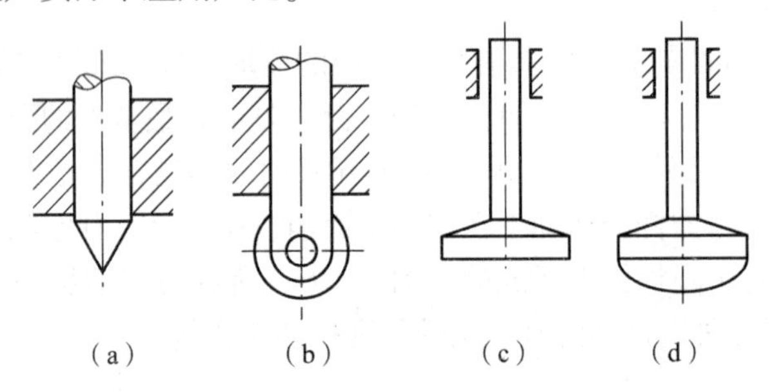

图 5-5　常用从动件类型

(a)尖底从动件；(b)滚子从动件；(c)平底从动件；(d)曲底从动件

3. 按推杆的运动形式的不同分类

(1)直动从动件。从动件做往复直线移动，其形状可为尖底、滚子、平底或者曲底，若从动件移动导路通过盘形凸轮的回转中心，则称其为对心直动从动件凸轮机构；反之称为偏置式凸轮机构，偏置的距离称为偏距，常用 e 表示。例如，在图 5-6 所示的内燃机配气机构中，凸轮 1 等速回转时，其轮廓驱动从动件气阀 2 有规律地开启或者关闭(借助弹簧作用力)，从而实现进气或排气控制。

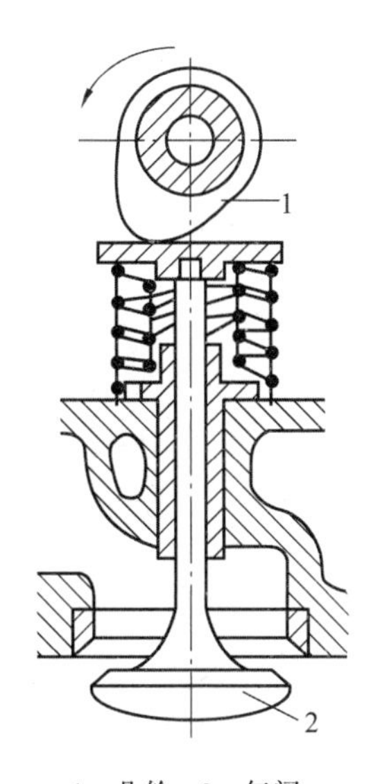

图 5-6　动画

1—凸轮；2—气阀。

图 5-6　内燃机配气机构

(2) 摆动从动件。从动件和往复摆动，图 5-7 所示为一摆动从动件盘形凸轮机构，其形状同样可为尖底、滚子、平底或者曲底。

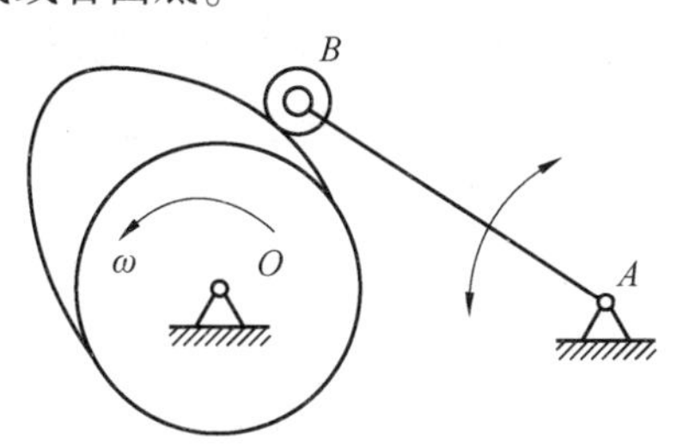

图 5-7　摆动从动件盘形凸轮机构

4. 按凸轮与从动件(推杆)保持接触的方法分类

在凸轮工作过程的任意时刻，都要使凸轮与从动件保持接触而不脱开，主要依靠外力或者特殊的几何形状来保持接触。常把凸轮与从动件保持高副接触的方式称为锁合方式或封闭方式。根据封闭方式的不同，凸轮机构分为以下两类。

(1) 力封闭凸轮机构。该机构主要是利用弹簧力、从动件自身的重力或其他外力来保持凸轮与从动件始终接触的。例如，图 5-6 所示的内燃机配气机构利用弹簧恢复力保持高副接触，图 5-8 所示的力封闭凸轮机构利用从动件的重力来保持高副接触。

(2) 几何封闭凸轮机构。该机构靠凸轮和从动件的特殊几何形状使从动件与凸轮轮廓始终保持接触。例如，由于图 5-9 所示的几何封闭凸轮机构中的圆柱凸轮 1 的凹槽两侧面间的距离处处等于滚子的直径，故能保证凹槽中的滚子与凸轮始终接触，从而实现锁合。当具有凹槽的圆柱凸轮等速回转时，曲线凹槽的侧面通过滚子使从动件 2 做往复摆动，从而控制刀架 3 的进刀和退刀运动。对于几何封闭凸轮机构，需要较高的加工精度才能保证准确的几何封闭条件。

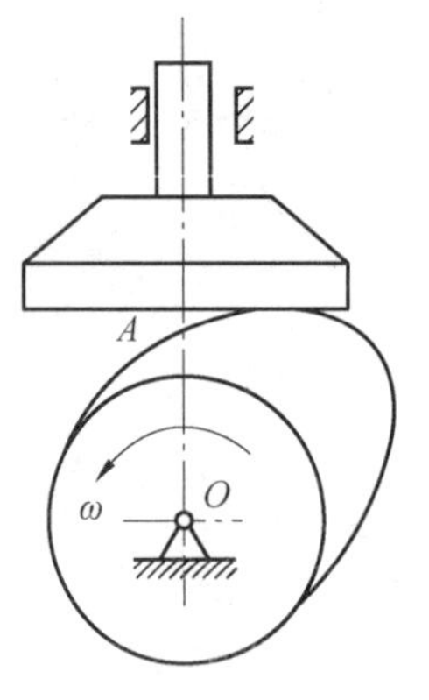

图 5-8　力封闭凸轮机构

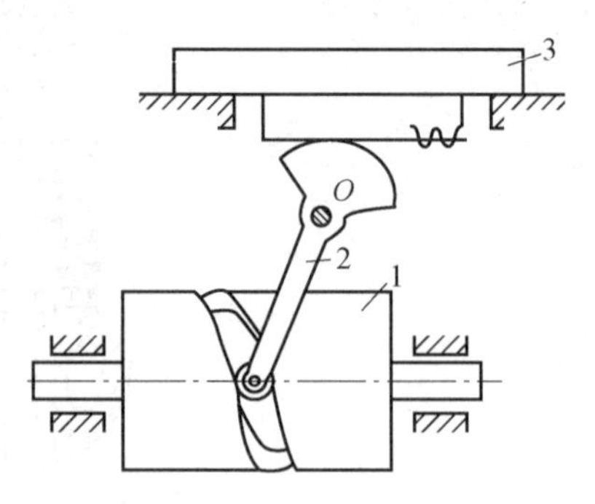

1—圆柱凸轮；2—从动件；3—刀架。

图 5-9　几何封闭凸轮机构

5.3　从动件的运动规律

凸轮机构的设计是根据工作要求选定合适的凸轮机构的形式、推杆的运动规律和有关的基本尺寸，然后根据选定的推杆运动规律设计出凸轮应有的轮廓曲线的过程。从动件运动规律的选择，关系到凸轮机构的工作效率和机构的使用寿命。本节将介绍推杆常用的几种运动规律，并简要地讨论推杆运动规律的选择问题。

5.3.1　基本名词术语

图 5-10 所示为一尖端直动从动件盘形凸轮机构，以凸轮的回转中心为圆心，以凸轮轮廓的最小向径 r_0 为半径所作的圆称为基圆，r_0 称为基圆半径。当从动件的尖端与凸轮轮廓上的点 A（基圆与从动件的连接点）接触时，离凸轮的转动中心最近，即为从动件的起始位置。当凸轮以角速度 ω 沿逆时针方向转过角度 δ_1 时，从动件的尖端与凸轮轮廓上的点 B 接触，从动件由最低位置被推到距凸轮回转中心最远的位置，这一过程称为推程，从动件上升的最大距离 h 称为升距，相应的凸轮转角 δ_1 称为推程运动角。当凸轮继续转过角度 δ_2 时，从动件的尖端和凸轮上以 $\overline{OB}$ 为半径的 BC 段圆弧接触，则从动件在最远位置静止不动，这一过程称为远休，相应的凸轮转角 δ_2 称为远休止角。当凸轮再继续转过角度 δ_3 时，从动件与凸轮廓线上的 CD 段接触，在弹簧力或重力的作用下，从动件由最高位置又回落到最低位置，这一过程称为回程，相应的凸轮转角 δ_3 称为回程运动角。最后，当凸轮继续转过角度 δ_4 时，从动件与凸轮上以 r_0 为半径的 $\widehat{DA}$ 段圆弧接触，从动件在最近位置静止不动，这一过程称为近休，相应的凸轮转角 δ_4 称为近休止角。凸轮继续转动时，从动件又重复上述的运动规律。

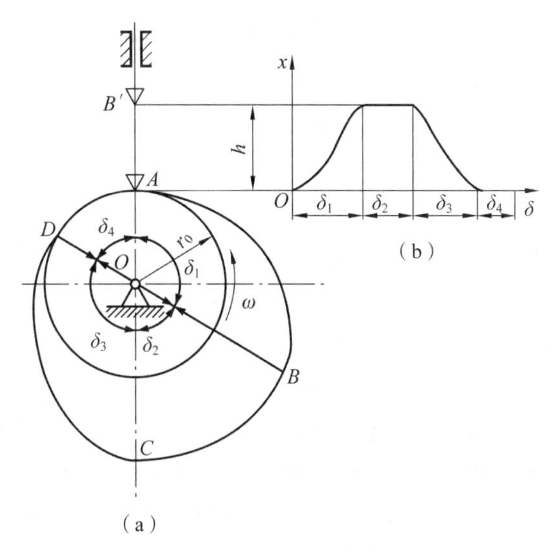

图 5-10　动画

图 5-10　尖端直动从动件盘形凸轮机构

从动件运动规律指从动件的位移 s、速度 v、加速度 a 随时间 t 的运动规律，也可用从动件的上述运动参数随凸轮转角 δ 的变化规律来表示。由于凸轮一般以等角速度 ω 回转，其转角 δ 与时间 t 成正比，即 $\delta=\omega t$，因此从动件的位移 s、速度 v、加速度 a 与凸轮转角之间的关系为

$$\begin{cases} s=s(\delta) \\ v=\dfrac{\mathrm{d}s}{\mathrm{d}t}=\dfrac{\mathrm{d}s}{\mathrm{d}\delta}\dfrac{\mathrm{d}\delta}{\mathrm{d}t}=\omega\dfrac{\mathrm{d}s}{\mathrm{d}\delta} \\ a=\dfrac{\mathrm{d}^2s}{\mathrm{d}t^2}=\dfrac{\mathrm{d}v}{\mathrm{d}t}=\dfrac{\mathrm{d}v}{\mathrm{d}\delta}\dfrac{\mathrm{d}\delta}{\mathrm{d}t}=\omega^2\dfrac{\mathrm{d}^2s}{\mathrm{d}\delta^2} \end{cases} \tag{5-1}$$

对于摆动从动件而言，只要把上式中的位移、速度和加速度替换为角位移、角速度和角加速度即可。

从动件的位移、速度和加速度与凸轮的转角(或时间)之间的关系曲线分别称为从动件的位移曲线、速度曲线和加速度曲线，这 3 种曲线统称为从动件的运动线图。例如，图 5-10(b)即为从动件的位移随凸轮转角变化的位移线图。

由以上分析可知，从动件的位移线图取决于凸轮轮廓曲线的形状。也就是说，从动件的不同运动规律要求凸轮具有不同的轮廓曲线。因此在设计凸轮时，首先应根据工作要求确定从动件的运动规律。

5.3.2　从动件常用的运动规律

根据推杆运动规律所使用的数学表达式的不同，常用多项式和三角函数来表达运动规律。

1. 多项式类运动规律

多项式类运动规律的一般形式为

$$\begin{cases}s = k_0 + k_1\delta + k_2\delta^2 + k_3\delta^3 + \cdots + k_n\delta^n \\ v = \omega(k_1 + 2k_2\delta + 3k_3\delta^2 + \cdots + nk_n\delta^{n-1}) \\ a = \omega^2[2k_2 + 6k_3\delta + \cdots + n(n-1)k_n\delta^{n-2}]\end{cases} \tag{5-2}$$

式中，k_0，k_1，k_2，…，k_n 为待定系数，可根据凸轮机构工作要求所确定的边界条件确定。

(1)一次多项式运动规律(等速运动规律)。

在以式(5-2)表达的多项式运动规律中，若 $n=1$，则有

$$\begin{cases}s = k_0 + k_1\delta \\ v = \omega k_1 \\ a = 0\end{cases} \tag{5-3}$$

从动件在推程或回程运动时，其速度保持不变。设凸轮以等角速度 ω 回转，在推程时，凸轮的转角为 δ_0，从动件的升距为 h，$\delta \in [0,\ \delta_0]$，根据凸轮机构工作要求的边界条件(当 $\delta=0$ 时，$s=0$；当 $\delta=\delta_0$ 时，$s=h$)，解出待定常数 $k_0=0$，$k_1=h/\delta_0$。将 k_0 与 k_1 代入式(5-3)中，整理得到从动件的运动方程式为

$$\begin{cases}s = \dfrac{h}{\delta_0}\delta \\ v = \omega\dfrac{h}{\delta_0} \\ a = 0\end{cases} \tag{5-4}$$

回程时，凸轮转角为 δ'_0，$\delta \in [0,\ \delta'_0]$，从动件的相应位移由 h 逐渐减小到零，即当 $\delta=0$ 时，$s=h$；当 $\delta=\delta'_0$ 时，$s=0$。解出待定常数 $k_0=h$，$k_1=-h/\delta'_0$。将 k_0 与 k_1 代入式(5-3)中，整理得到回程从动件的运动方程式为

$$\begin{cases}s = h - \dfrac{h}{\delta'_0}\delta \\ v = -\omega\dfrac{h}{\delta'_0} \\ a = 0\end{cases} \tag{5-5}$$

等速运动规律从动件的运动线图如图 5-11 所示。由图可知，在从动件运动开始和终止的瞬时，因速度有突变，故瞬时加速度及所产生的惯性力理论上均为无穷大，导致机构会产生强烈的冲击，这种冲击称为刚性冲击。刚性冲击会引起机械的振动，加速凸轮的磨损，缩短构件的使用寿命。因此，这种运动规律常用于低速、从动件质量不大及从动件要求做等速运动的场合。

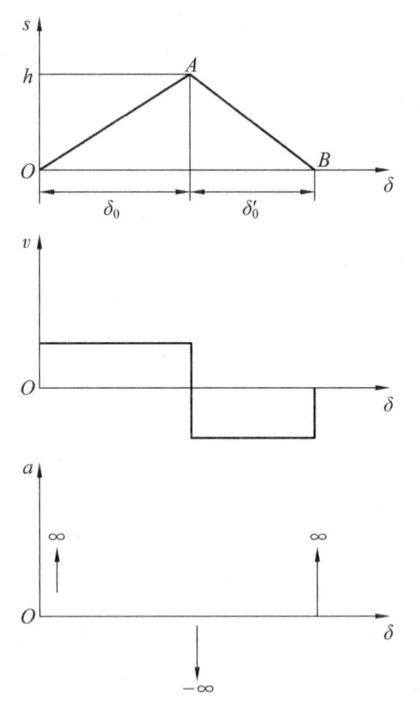

图 5-11　等速运动规律从动件的运动线图

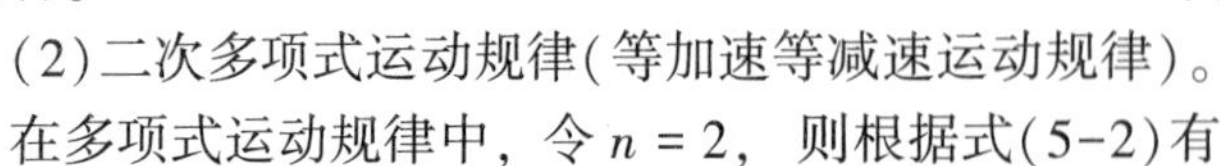

(2)二次多项式运动规律(等加速等减速运动规律)。

在多项式运动规律中，令 $n=2$，则根据式(5-2)有

$$\begin{cases} s = k_0 + k_1\delta + k_2\delta^2 \\ v = \omega(k_1 + 2k_2\delta) \\ a = 2k_2\omega^2 \end{cases} \tag{5-6}$$

由式(5-6)可知，这时从动件的加速度为常数，为保证凸轮机构的运动平稳性，从动件在一个行程中，前半程做等加速运动，后半程做等减速运动。此时，从动件在等加速等减速两个运动阶段的加速度的大小相等，但方向相反，加速段和减速段的位移相等，各为 $h/2$。在推程前半段 $\delta \in [0, \delta_0/2]$，根据凸轮机构工作要求的边界条件(当 $\delta = 0$ 时，$s = 0$，$v = 0$；当 $\delta = \delta_0/2$ 时，$s = h/2$，$v = 2h\omega/\delta_0$)，将其代入式(5-6)中解出待定常数 $k_0 = 0$，$k_1 = 0$，$k_2 = 2h/\delta_0^2$。将 k_0、k_1、k_2 代入式(5-6)中，整理得到从动件在推程前半段的运动方程式为

$$\begin{cases} s = \dfrac{2h}{\delta_0^2}\delta^2 \\ v = \dfrac{4h\omega}{\delta_0^2}\delta \\ a = \dfrac{4h\omega^2}{\delta_0^2} \end{cases} \tag{5-7}$$

在推程前半段，从动件的加速度 $a = 4h\omega^2/\delta_0^2$ 为常数，此过程中从动件做等加速运动。

在推程的后半段 $\delta \in [\delta_0/2, \delta_0]$，根据凸轮机构工作要求的边界条件(当 $\delta = \delta_0/2$ 时，$s = h/2$，$v = 2h\omega/\delta_0$；当 $\delta = \delta_0$ 时，$s = h$，$v = 0$)，将其代入式(5-6)中解出待定常数 $k_0 = -h$，$k_1 = 4h/\delta_0$，$k_2 = -2h/\delta_0^2$。将 k_0、k_1、k_2 代入式(5-6)中，整理得到从动件在推程后半段的运动方程式为

$$\begin{cases} s = h - \dfrac{2h}{\delta_0^2}(\delta_0 - \delta)^2 \\ v = \dfrac{4h\omega}{\delta_0^2}(\delta_0 - \delta) \\ a = -\dfrac{4h\omega^2}{\delta_0^2} \end{cases} \tag{5-8}$$

在推程后半段，从动件的加速度 $a = -4h\omega^2/\delta_0^2$ 为负值常数，此过程中从动件做等减速运动。

根据从动件在回程阶段的边界条件，同理可得从动件在回程阶段的运动方程式如下。

等加速阶段 $\delta \in [0, \delta_0'/2]$

$$\begin{cases} s = h - \dfrac{2h}{\delta_0'^2}\delta^2 \\ v = -\dfrac{4h\omega}{\delta_0'^2}\delta \\ a = -\dfrac{4h\omega^2}{\delta_0'^2} \end{cases} \tag{5-9}$$

等减速阶段 $\delta \in [\delta_0'/2, \delta_0']$

$$
\begin{cases}
s = \dfrac{2h}{\delta_0'^2}(\delta_0' - \delta)^2 \\
v = -\dfrac{4h\omega}{\delta_0'^2}(\delta_0' - \delta) \\
a = \dfrac{4h\omega^2}{\delta_0'^2}
\end{cases}
\tag{5-10}
$$

等加速和等减速阶段规律从动件的运动线图如图 5-12 所示。从图中可见，速度曲线是连续的，不会出现刚性冲击。但在运动的开始、中间和终止位置，加速度存在有限值的突变，会引起惯性力的相应变化，导致机构产生柔性冲击。柔性冲击是相对于刚性冲击而言的。柔性冲击存在的运动，可以适用于中速运动场合。

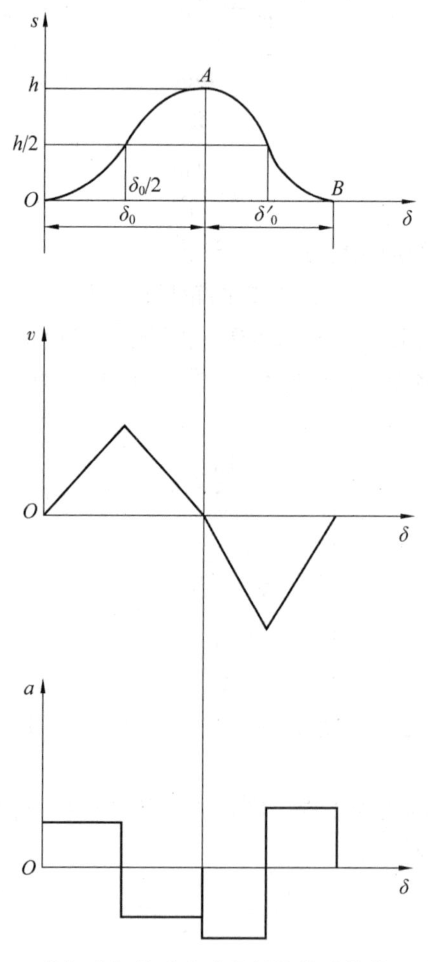

图 5-12　等加速和等减速阶段规律从动件的运动线图

2. 三角函数类运动规律

从动件的加速度按照余弦规律或者正弦规律变化，称为三角函数类运动规律。

(1)余弦加速度运动规律(简谐运动规律)。

当质点在圆周上做匀速运动时，其在该圆直径上的投影所构成的运动称为简谐运动。当从动件按简谐运动规律运动时，其加速度曲线为余弦曲线。

其推程时的运动方程式为

$$\begin{cases} s = \dfrac{h}{2} - \dfrac{h}{2}\cos\left(\dfrac{\pi}{\delta_0}\delta\right) \\ v = \dfrac{\pi h\omega}{2\delta_0}\sin\left(\dfrac{\pi}{\delta_0}\delta\right) \\ a = \dfrac{\pi^2 h\omega^2}{2\delta_0^2}\cos\left(\dfrac{\pi}{\delta_0}\delta\right) \end{cases} \tag{5-11}$$

简谐运动规律从动件的运动线图如图 5-13 所示。由图可见，在首、末两点推杆的加速度有突变，故有柔性冲击而无刚性冲击，此运动规律适用于中速运动场合。

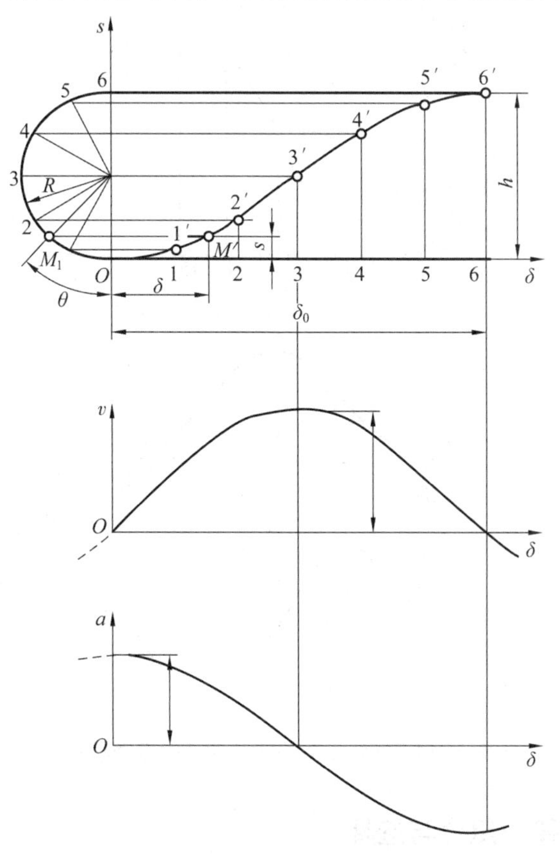

图 5-13　简谐运动规律从动件的运动线图

(2)正弦加速度运动规律(摆线运动规律)。

当滚子沿纵坐标轴做匀速纯滚动时，圆周上任意一点的轨迹为摆线，此时该点在纵坐标轴上的投影随时间的变化规律称为摆线运动规律。

其推程时的运动方程式为

$$\begin{cases} s = \dfrac{h\delta}{\delta_0} - \dfrac{h}{2\pi}\sin\left(\dfrac{2\pi}{\delta_0}\delta\right) \\ v = \dfrac{h\omega}{\delta_0} - \dfrac{h\omega}{\delta_0}\cos\left(\dfrac{2\pi}{\delta_0}\delta\right) \\ a = \dfrac{2\pi h\omega^2}{\delta_0^2}\sin\left(\dfrac{2\pi}{\delta_0}\delta\right) \end{cases} \tag{5-12}$$

这种运动规律的速度和加速度都是连续变化的。摆线运动规律从动件的运动线图如图5-14所示。由图可见，其既无柔性冲击也无刚性冲击，适用于高速运动场合。

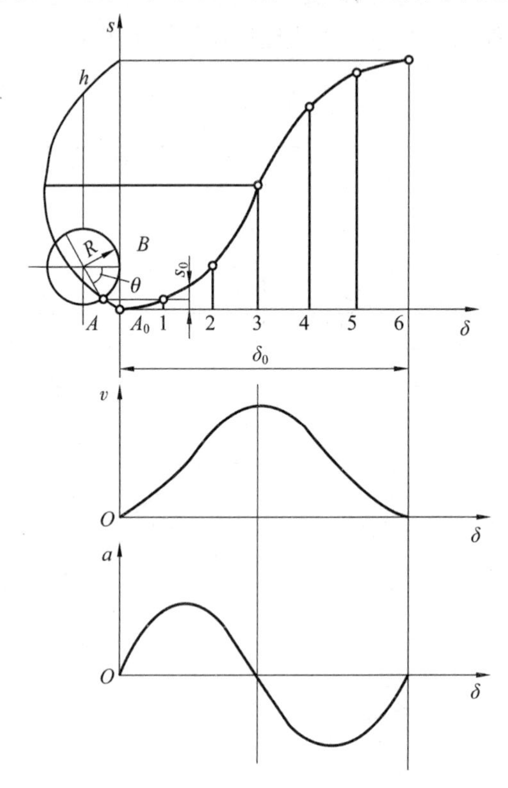

图 5-14　摆线运动规律从动件的运动线图

5.3.3　运动规律的组合与选择

1. 运动规律的组合

以上介绍的几种运动规律是较常用的。根据工作要求，还可以选择其他类型的运动规律或将几种常用运动规律组合使用，以改善从动件的运动特性，同时还应使凸轮机构具有良好的动力特性和使所设计的凸轮便于加工等。例如，在从动件需要遵循等速运动规律又要避免刚性冲击时，为了同时满足从动件等速运动及加速度不发生突变的要求，需对等速运动规律加以适当修正。工程上，常在速度、加速度有突变的地方(行程的起始和终止位置)，用摆线运动规律对从动件的等速运动规律加以修正，使加速度的变化始终保持连续，以改善其运动性能，增加使用寿命。例如，图5-15所示的组合运动线图便是由等速运动规律和正弦加速度运动规律组合而成的，它既保持了从动件工作时所需要的等速运动，又可以避免机构在起始位置和终止位置产生刚性冲击。

使用组合运动规律时，应注意以下几个方面。

(1)机器的运作过程对推杆的运动规律有完全确定的要求。某些模拟计算机中用以实现一些特定函数关系的凸轮机构就是如此，此时推杆的运动规律已完全确定。

(2)组合运动规律的位移、速度曲线(包括起始和终止位置点)必须连续，以避免产生刚性冲击；对于中、高速凸轮机构，还应当避免产生柔性冲击，这就要求其加速度曲线(包括起始和终止位置点)也必须是连续的。

(3)组合运动规律的运动线图在各段运动规律的连接点处，其值应分别相等，这是保证组合运动规律时应满足的边界条件。

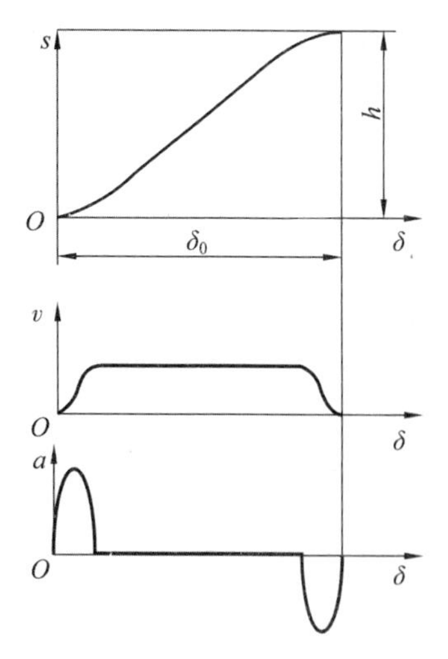

图 5-15　组合运动线图

(4)在满足上述条件的前提下，还应使最大速度 v_{max} 和最大加速度 a_{max} 的值尽可能小。因为 v_{max} 越大，动量越大；a_{max} 越大，惯性力越大。过大的动量会使从动件启动和停止时产生较大的冲击；过大的惯性力则会引起动压力，对机械零件的强度和运动副的磨损都有较大的影响，在设计时必须综合考虑。对于速度较高的凸轮机构，即使机器工作过程对推杆的运动规律并无具体要求，但应考虑到机构的运动速度较高，如推杆的运动规律选择不当，则会产生很大的惯性力、冲击和振动，从而影响机器的强度、寿命和正常工作。所以，为了改善其动力性能，在选择推杆的运动规律时，应考虑此种运动规律的一些特性值，如 v_{max}、a_{max} 及跃度(加速度对时间的导数)的最大值 j_{max} 等。例如，用于高速分度的凸轮机构，若分度工作台的惯量较大，就不宜选用 v_{max} 较大的运动规律，因工作台的最大动能与 v_{max}^2 成正比，要使其迅速启动和停止都较困难。

2. 运动规律的选择

为了在选择运动规律时方便比较，现将一些常用运动规律的冲击性质、最大速度 v_{max}、最大加速度 a_{max}、最大跃度 j_{max} 和适用场合列于表 5-1 中。

表 5-1　运动规律的选择

运动规律	冲击性质	最大速度 v_{max}	最大加速度 a_{max}	最大跃度 j_{max}	适用场合
等速运动	刚性	1.00	∞	—	低速轻载
等加速等减速	柔性	2.00	4.00	∞	中速轻载
余弦加速度	柔性	1.57	4.93	∞	中速中载
正弦加速度	无	2.00	6.28	39.5	高速轻载

5.4　凸轮轮廓曲线的设计

在根据工作要求和结构条件选定了凸轮结构的形式、基本尺寸、推杆的运动规律和凸轮的转向后，就可进行凸轮轮廓曲线的设计了。凸轮轮廓曲线的设计有作图法和解析法，但用作图法设计很难满足凸轮机构精度方面的要求，因此解析法在凸轮轮廓曲线的设计中应用更加广泛。

5.4.1 凸轮轮廓曲线设计原理

反转法原理是凸轮轮廓曲线(简称廓线)设计所使用的基本原理。下面就对此原理做简要介绍。

图 5-16 所示为偏置直动尖顶推杆盘形凸轮机构，其推杆的轴线与凸轮回转轴心 O 之间有一偏距 e。当凸轮以角速度 ω 绕轴 O 转动时，推杆在凸轮的推动下实现预期的运动。现设想给整个凸轮机构加上一个公共角速度 $-\omega$，使其绕轴心 O 转动。这时，凸轮与推杆之间的相对运动并未改变，但凸轮将静止不动，而推杆则一方面随其导轨以角速度 $-\omega$ 绕轴心 O 转动，另一方面又在导轨内做预期的往复移动。这样，推杆在这种复合运动中，其尖顶的运动轨迹即为凸轮廓线。

根据以上分析，在设计凸轮廓线时，可假设凸轮静止不动，而使推杆相对于凸轮沿 $-\omega$ 方向做反转运动，同时又在其导轨内做预期的运动，这样就画出了推杆的一系列位置，将其尖顶所占据的一系列位置 1、2、3……连成平滑曲线，这就是所要求的凸轮廓线。

在设计滚子推杆凸轮机构的凸轮廓线时，可首先将滚子中心 A 视为尖顶推杆的尖顶，按前述方法定出滚子中心 A 在推杆复合运动中的轨迹(称此轨迹为凸轮的理论廓线)，然后以理论廓线上一系列点为圆心，以滚子半径 r_r 为半径作一系列的圆，再作此圆族的包络线，即为凸轮的工作廓线(又称实际廓线)，如图 5-17 所示。要注意，凸轮的基圆半径若未指明，通常指理论廓线的最小半径，如图 5-17 中的 r_0。

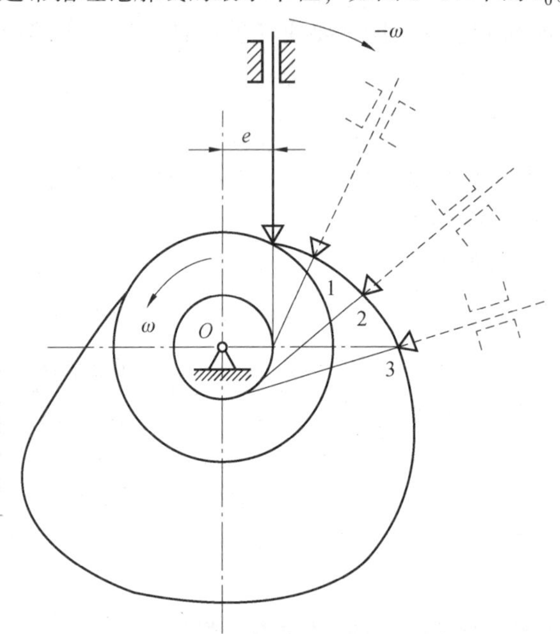

图 5-16 偏置直动尖顶推杆盘形凸轮机构

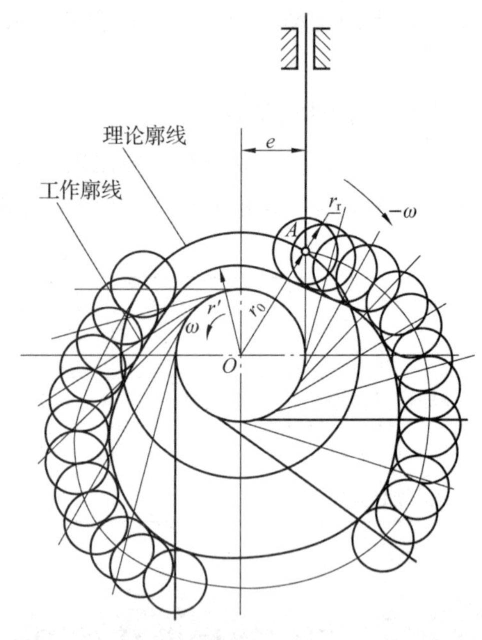

图 5-17 滚子推杆凸轮机构的凸轮廓线设计

5.4.2 解析法设计凸轮廓线

解析法设计凸轮廓线就是根据工作要求的从动件运动规律和已知的机构参数建立凸轮廓线的方程式，凸轮廓线数学模型的建立对该问题的解决至关重要。

图 5-18 所示为一偏置直动滚子从动件盘形凸轮机构，建立直角坐标系 xOy，已知凸轮以等角速度 ω 逆时针方向转动，凸轮基圆半径为 r_b，滚子半径为 r_r，偏距为 e，从动件的运动规律为 $s=s(\varphi)$。

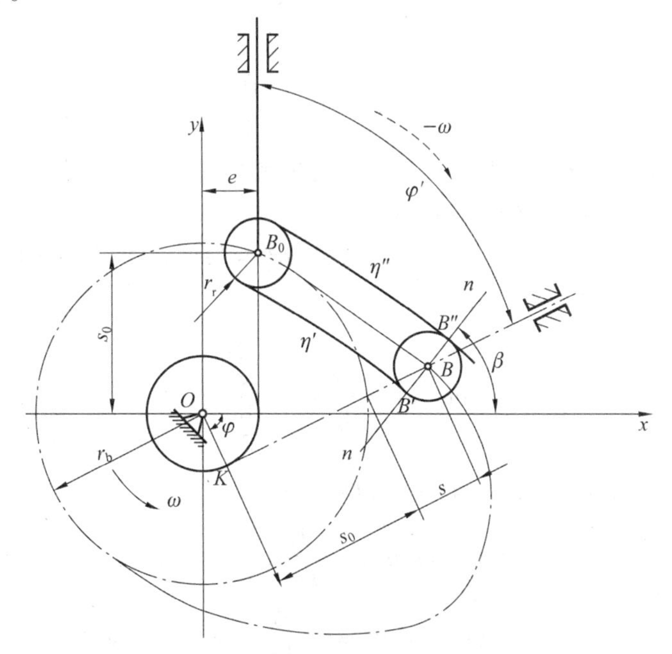

图 5-18 偏置直动滚子从动件盘形凸轮机构

暂时不考虑滚子的存在，将滚子中心看成直动从动件的尖端，按照尖端直动从动件盘形凸轮机构的形式来设计凸轮的理论廓线，得到凸轮的理论廓线方程。然后考虑滚子的存在，确定凸轮的实际廓线方程。

1. 理论廓线方程

在图 5-18 中，点 B_0 为从动件处于起始位置时滚子中心所处的位置，当凸轮逆时针转过 φ 角后，从动件的位移为 $s=s(\varphi)$。根据反转法原理作图，即凸轮不动，则从动件与导路一同沿 $-\omega$ 方向转 φ' 角，处于图中单点画线位置，且 $\varphi'=\varphi$。由图中可以看出，此时滚子中心将处于点 B，点 B 即为凸轮理论廓线上的任意点。点 B 的坐标可用以下方程式表达

$$\begin{cases} x=(s_0+s)\sin\varphi+e\cos\varphi \\ y=(s_0+s)\cos\varphi-e\sin\varphi \end{cases} \tag{5-13}$$

式中，$s_0=\sqrt{r_b^2-e^2}$，e 为偏距。

式(5-13)即为偏置滚子直动从动件盘形凸轮机构的凸轮理论廓线方程式，若令 $e=0$，则得对心滚子直动从动件盘形凸轮机构的凸轮理论廓线方程，即

$$\begin{cases} x=(r_b+s)\sin\varphi \\ y=(r_b+s)\cos\varphi \end{cases} \tag{5-14}$$

2. 实际廓线方程

在滚子从动件盘形凸轮机构中，凸轮的实际廓线是理论廓线上滚子圆族的包络线。因此，实际廓线与理论廓线在法线方向上处处等距，该距离均等于滚子半径 r_r， 如图 5-18 所示，滚子圆族的包络线为两条（η'、η''）。设过凸轮理论廓线上点 B 的公法线 nn 与滚子圆族的包络线交于点 B'或(B'')点，凸轮实际廓线上点 B'或(B'')的坐标为（x'，y')， 则凸轮实际廓线方程为

$$\begin{cases} x'=x\mp r_r\cos\beta \\ y'=y\mp r_r\sin\beta \end{cases} \tag{5-15}$$

式中，β 为公法线 nn 与 x 轴的夹角；(x，y) 为理论廓线上点 B 的坐标；“-”号用于理论廓线的内等距曲线 η'，“+”号用于外等距曲线 η''。

由高等数学知识可知，曲线上任意一点法线的斜率与该点处切线斜率互为负倒数，因此式(5-15)中的角 β 可求出，即

$$\tan\beta=-\frac{\mathrm{d}x}{\mathrm{d}y}=-\frac{\dfrac{\mathrm{d}x}{\mathrm{d}\varphi}}{\dfrac{\mathrm{d}y}{\mathrm{d}\varphi}} \tag{5-16}$$

式中，$\mathrm{d}x/\mathrm{d}\varphi$、$\mathrm{d}y/\mathrm{d}\varphi$ 可根据式(5-13)求导得出，即

$$\begin{cases} \dfrac{\mathrm{d}x}{\mathrm{d}\varphi}=(s_0+s)\cos\varphi+\dfrac{\mathrm{d}s}{\mathrm{d}\varphi}\sin\varphi-e\sin\varphi \\ \dfrac{\mathrm{d}y}{\mathrm{d}\varphi}=-(s_0+s)\sin\varphi+\dfrac{\mathrm{d}s}{\mathrm{d}\varphi}\cos\varphi-e\cos\varphi \end{cases} \tag{5-17}$$

由式(5-16)和式(5-17)可得 $\sin\beta$、$\cos\beta$ 的表达式为

$$\begin{cases} \sin\beta=\dfrac{\dfrac{\mathrm{d}x}{\mathrm{d}\varphi}}{\sqrt{\left(\dfrac{\mathrm{d}x}{\mathrm{d}\varphi}\right)^2+\left(\dfrac{\mathrm{d}y}{\mathrm{d}\varphi}\right)^2}} \\ \cos\beta=\dfrac{-\dfrac{\mathrm{d}y}{\mathrm{d}\varphi}}{\sqrt{\left(\dfrac{\mathrm{d}x}{\mathrm{d}\varphi}\right)^2+\left(\dfrac{\mathrm{d}y}{\mathrm{d}\varphi}\right)^2}} \end{cases} \tag{5-18}$$

下面进行对心平底直动从动件盘形凸轮机构的凸轮廓线设计。

如图 5-19 所示，建立直角坐标系 xOy， 原点 O 位于凸轮回转中心，当从动件处于起始位置时，平底与凸轮廓线在 B_0 相切。当凸轮逆时针转过 δ 角后，从动件的位移为 s， 用反转法原理作图得知，从动件处于图中虚线位置，此时平底与凸轮廓线在点 B 相切。由瞬心知识可知，点 P 为凸轮与平底从动件的相对速度瞬心，故推杆的速度为 $v=\overline{OP}\omega$， 由此可得

$$\overline{OP}=\frac{v}{\omega}=\frac{\mathrm{d}s}{\mathrm{d}\delta} \tag{5-19}$$

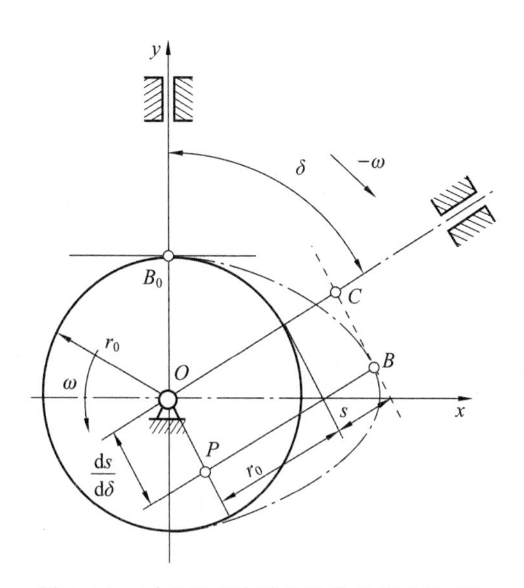

图 5-19　对心平底直动从动件盘形凸轮机构

由图 5-19 可得，点 B 的坐标为

$$
\begin{cases}
x = (r_b + s)\sin\delta + \dfrac{ds}{d\delta}\cos\delta \\
y = (r_b + s)\cos\delta - \dfrac{ds}{d\delta}\sin\delta
\end{cases}
\tag{5-20}
$$

式(5-20)即为该机构的实际廓线方程。

对于图 5-20 所示的摆动滚子从动件盘形凸轮机构，首先建立直角坐标系 xOy，坐标系的 y 轴为摆动从动件的轴心与凸轮轴心连线所成的直线，设推程开始时滚子中心处于点 B_0，即 B_0 为凸轮理论廓线的起始点。当从动件相对于凸轮转过 δ 角时，使用反转法，假设凸轮不动，则摆杆回转轴心 A_0 相对凸轮沿 $-\omega$ 方向转动 δ 角，摆动推杆处于图示 AB 位置，其角位移为 φ，在这一过程中滚子中心 B 描绘出的轨迹即为凸轮的理论廓线。点 B 的坐标表达式为

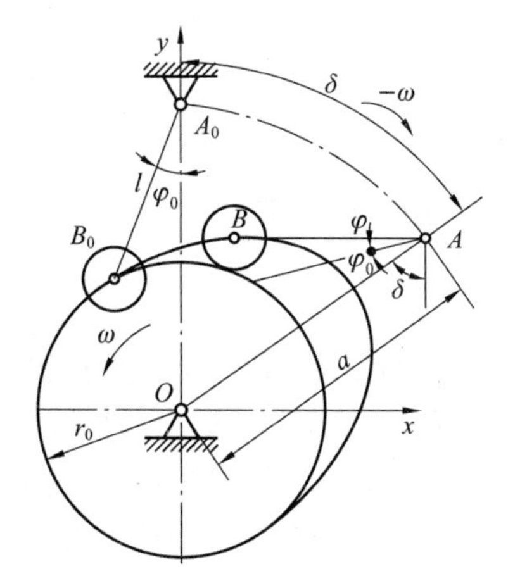

图 5-20　摆动滚子从动件盘形凸轮机构

$$\begin{cases} x = a\sin\delta - l\sin(\delta + \varphi + \varphi_0) \\ y = a\cos\delta - l\cos(\delta + \varphi + \varphi_0) \end{cases} \tag{5-21}$$

式中，φ_0 为推杆的初始位置角，其值为 $\varphi_0 = \arccos\sqrt{(a^2 + l^2 - r_0^2)/2(al)}$。式(5－21)为该凸轮理论廓线方程，该凸轮的实际廓线同样为理论廓线的等距曲线，因此可根据滚子直动从动件盘形凸轮机构的凸轮实际廓线的推导方法建立凸轮的实际廓线方程。

5.5 凸轮机构基本尺寸的设计

在前述的凸轮廓线设计中，凸轮机构的一些基本参数，如基圆半径 r_b、偏距 e、平底尺寸及滚子半径 r_r 等均作为已知条件给出。实际上，在设计凸轮廓线前需要综合考虑凸轮机构的传力特性、运动失真性及结构的紧凑性等多种因素来确定这些参数，即在设计凸轮机构时，除了要满足从动件可以实现预期的运动规律，还要求其结构紧凑以及传力性能良好。本节主要讨论有关凸轮机构基本尺寸的设计问题，为合理选择这些基本参数提供一定的理论依据。

5.5.1 凸轮机构的压力角

凸轮机构的压力角是指不计摩擦时，凸轮与从动件在某瞬时高副接触点处的公法线方向与从动件运动方向之间所夹的锐角，常用 α 表示。压力角是衡量凸轮机构受力情况好坏的一个重要参数，是凸轮机构设计的重要参考依据。

1. 直动从动件凸轮机构的压力角

图 5-21 所示为偏置滚子直动从动件盘形凸轮机构的压力角示意图，Q 为从动件所受的载荷(包括工作阻力、重力、弹簧力和惯性力等)，压力角为 α。图中点 P 为凸轮与从动件的相对速度瞬心，由速度瞬心概念可知 $\overline{OP} = \dfrac{ds}{d\varphi}$。根据图中的几何关系，可得直动从动件盘形凸轮机构压力角 α 的表达式为

$$\tan\alpha = \frac{\overline{DP}}{\overline{BD}} = \frac{|\overline{OP} \mp e|}{s_0 + s} = \frac{\left|\dfrac{ds}{d\varphi} \mp e\right|}{\sqrt{r_b^2 - e^2} + s}$$

式中，$\dfrac{ds}{d\varphi}$ 为位移曲线的斜率。

偏距 e 前面的“ ∓ ”号与从动件的偏置方向有关，图 5-21 中应取“-”号。当凸轮逆时针方向转动时，若从动件导路位于凸轮回转中心左侧，则取“+”号，若从动件导路位于凸轮回转中心右侧，则取“-”号；当凸轮顺时针方向转动时，若从动件导路位于凸轮回转中心右侧，则取“+”号，若从动件导路位于凸轮回转中心左侧，则取“-”号。

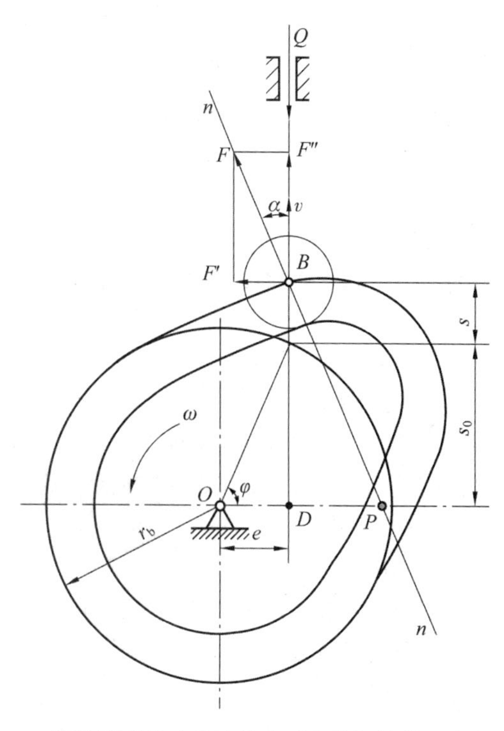

图 5-21　偏置滚子直动从动件盘形凸轮机构的压力角示意图

图 5-21　动画

2. 摆动从动件凸轮机构的压力角

图 5-22 所示为摆动从动件盘形凸轮机构的压力角示意图，根据图中的几何关系，过接触点 B 处的法线 nn 与连心线的交点 P 即为凸轮与从动件的相对速度瞬心，并且有

$$\left|\frac{\mathrm{d}\psi}{\mathrm{d}\varphi}\right| = \left|\frac{\omega_2}{\omega_1}\right| = \frac{l_{OP}}{l_{AP}} = \frac{a - l_{AP}}{l_{AP}} \tag{5-22}$$

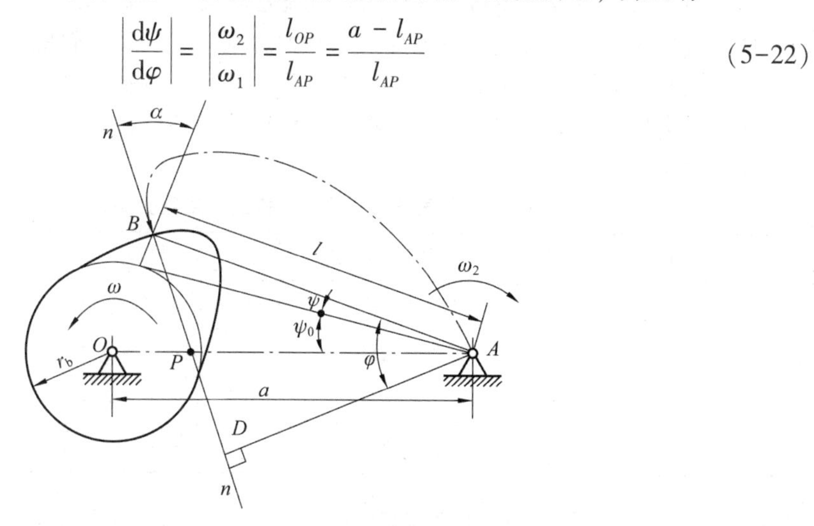

图 5-22　摆动从动件盘形凸轮机构的压力角示意图

由直角△ ABD 和直角△ APD 可得

$$l\cos\alpha = l_{AP}\cos(\alpha - \psi_0 - \psi) \tag{5-23}$$

由式(5-22)和式(5-23)可得

$$\frac{l}{a}\left(1+\left|\frac{\mathrm{d}\psi}{\mathrm{d}\varphi}\right|\right)=\frac{\cos(\alpha-\psi-\psi_0)}{\cos\alpha}=\cos(\psi+\psi_0)+\tan\alpha\sin(\psi+\psi_0) \tag{5-24}$$

式(5-24)是在凸轮的转向与摆杆推程的转向相反的情况下推导出的，若两者同向，则可用类似的方法推导得

$$\frac{l}{a}\left(1-\left|\frac{\mathrm{d}\psi}{\mathrm{d}\varphi}\right|\right)=\cos(\psi+\psi_0)-\tan\alpha\sin(\psi+\psi_0) \tag{5-25}$$

综合式(5-24)和式(5-25)，可得计算摆动从动件盘形凸轮机构推程压力角的一般公式为

$$\tan\alpha=\frac{\dfrac{l}{a}\left|\dfrac{\mathrm{d}\psi}{\mathrm{d}\varphi}\right|\mp\left[\cos(\psi+\psi_0)-\dfrac{l}{a}\right]}{\sin(\psi+\psi_0)} \tag{5-26}$$

当摆杆推程转向与凸轮转向相反时，式(5-26)中方括号前取负号；相同时则取正号。初相位 ψ_0 可由公式 $\cos\psi_0=\dfrac{a^2+l^2-r_b^2}{2al}$ 求得。

由此可知，当摆杆的长 l 和运动规律 $\psi=\psi(\varphi)$ 给定后，压力角 α 的大小取决于基圆半径 r_b 和中心距 a，这一点在设计时要特别注意。

3. 凸轮机构的许用压力角

凸轮机构的压力角与基圆半径、偏距和滚子半径等基本尺寸有直接的关系，而且这些参数之间往往是相互制约的。以直动滚子从动件凸轮机构为例，在其他参数不变的情况下，增大凸轮的基圆半径可以获得较小的压力角，从而可以改善机构的受力状况，但是凸轮尺寸会增大；反之，减小凸轮的基圆半径可以获得较为紧凑的结构，但是凸轮机构的压力角会增大。压力角过大会导致凸轮机构发生自锁而无法运转，而且当压力角增大到接近某一极限值时，即使机构尚未发生自锁，也会导致驱动力急剧增大，发生轮廓严重磨损和效率迅速降低的情况。因此，为了使凸轮机构能够正常工作，并且具有较高的传动效率，设计时必须对凸轮机构的最大压力角加以限制，使其小于许用压力角，即 $\alpha_{max}<[\alpha]$。凸轮机构的许用压力角如表 5-2 所示。

表 5-2　凸轮机构的许用压力角

封闭形式	从动件的运动方式	推程	回程
力封闭	直动从动件	$[\alpha]=25°\sim35°$	$[\alpha']=70°\sim80°$
	摆动从动件	$[\alpha]=35°\sim45°$	$[\alpha']=70°\sim80°$
几何封闭	直动从动件	$[\alpha]=25°\sim35°$	$[\alpha']=[\alpha]$
	摆动从动件	$[\alpha]=35°\sim45°$	

5.5.2　凸轮基圆半径的确定

对于一定形式的凸轮机构，在推杆的运动规律选定后，该凸轮机构的压力角与凸轮基圆半径的大小直接相关。

在图 5-21 所示的凸轮机构中，由瞬心知识可知，点 P 为推杆与凸轮的相对速度瞬心。故 $v_P=v=\omega\overline{OP}$，从而有 $\overline{OP}=v/\omega=\mathrm{d}s/\mathrm{d}\delta$。又由图中△ BDP 可得

$$\tan\alpha = \frac{\overline{OP} - e}{s_0 + s} = \frac{\dfrac{\mathrm{d}s}{\mathrm{d}\delta} - e}{s + (r_b^2 - e^2)^{1/2}} \tag{5-27}$$

由此可知，在偏距一定、推杆的运动规律已知的条件下，加大基圆半径 r_b，可减小压力角 α，从而改善机构的传力特性，但此时机构的尺寸将会增大。因此，应在满足 $\alpha_{max} < [\alpha]$ 的条件下，合理地确定凸轮的基圆半径，使凸轮机构的尺寸不致过大。

对于直动推杆盘形凸轮机构，如果限定推程的压力角 $\alpha \leqslant [\alpha]$，则可由式(5-27)推导出基圆半径的计算公式为

$$r_b \geqslant \sqrt{\left[\left(\frac{\mathrm{d}s}{\mathrm{d}\delta} - e\right)/\tan\alpha - s\right]^2 + e^2} \tag{5-28}$$

用式(5-28)计算得到的基圆半径随凸轮廓线上各点的 $\dfrac{\mathrm{d}s}{\mathrm{d}\delta}$ 和 s 值的不同而不同，故需确定基圆半径的极值，这就给应用带来不便。

在实际设计工作中，凸轮的基圆半径 r_b 的确定不仅受到 $\alpha_{max} \leqslant [\alpha]$ 的限制，还要考虑到凸轮的结构及强度要求等。根据 $\alpha_{max} \leqslant [\alpha]$ 的条件所确定的凸轮基圆半径 r_b 一般来说较小，所以在设计工作中，凸轮的基圆半径常根据具体结构条件来选择，必要时还应该检查所设计的凸轮是否满足 $\alpha_{max} \leqslant [\alpha]$ 的要求，直到校核满足 $\alpha_{max} \leqslant [\alpha]$ 为止。例如，当凸轮与轴做成一体时，凸轮工作廓线的基圆半径应略大于轴的半径。当凸轮与轴分开制作时，凸轮上要制作出轮毂，此时凸轮工作廓线的基圆半径应略大于轮毂的半径。

5.5.3　滚子半径的选择

采用滚子推杆的凸轮机构，滚子半径的选择要满足强度要求和运动特性要求。从强度要求考虑，可取滚子半径 $r_r = (0.1 \sim 0.15)\, r_b$；从运动特性考虑，应不发生运动失真现象。由滚子从动件盘形凸轮机构的图解法设计可知，凸轮的实际廓线是其理论廓线上滚子圆族的包络线，因此凸轮的实际廓线的形状与滚子半径的大小有关。

滚子半径的选择如图 5-23 所示，理论廓线外凸部分的最小曲率半径用 ρ_{min} 表示，滚子半径用 r_r 表示，则相应位置实际廓线的曲率半径 $\rho_a = \rho_{min} - r_r$。

当 $\rho_{min} > r_r$ 时，如图 5-23(a)所示，实际廓线为一平滑曲线。

当 $\rho_{min} = r_r$ 时，如图 5-23(b)所示，这时 $\rho_a = 0$，凸轮的实际廓线上产生了尖点，这种尖点极易磨损，从而造成运动失真。

当 $\rho_{min} < r_r$ 时，如图 5-23(c)所示，这时 $\rho_a < 0$，实际轮廓曲线发生自交，而相交部分的轮廓曲线将在实际加工时被切掉，从而导致这一部分的运动规律无法实现，造成运动失真。

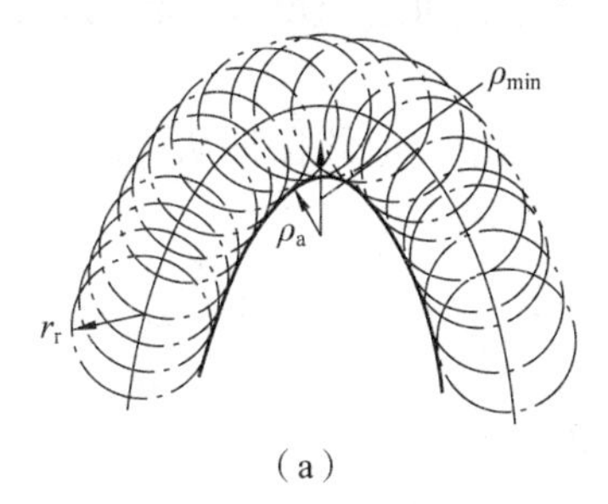

(a)

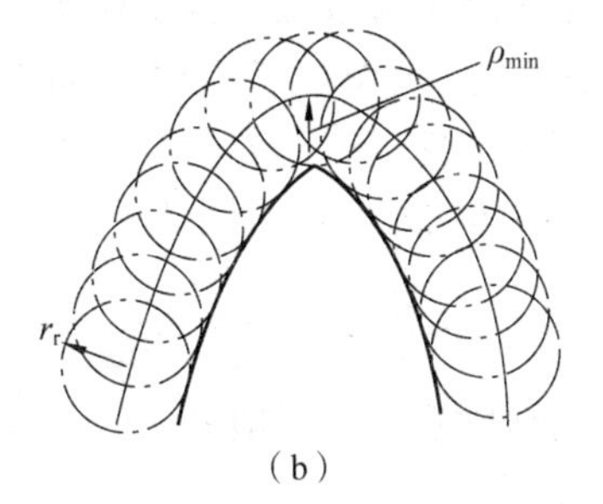

(b)

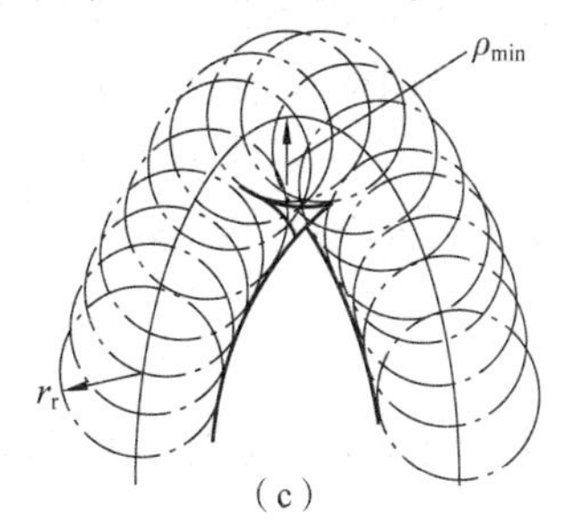

(c)

图 5-23　滚子半径的选择

因此，为了避免发生运动失真，滚子半径 r_r 必须小于理论廓线外凸部分的最小曲率半径 ρ_{min}（理论廓线内凹部分对滚子的选择没有影响）。另外，如果按上述条件选择的滚子半径太小而不能保证强度和安装要求，则应把凸轮的基圆尺寸加大，重新设计凸轮廓线。

为避免出现尖点与运动失真现象，通常可取滚子半径 $r_r < 0.8\rho_{min}$，并保证凸轮实际廓线的最小曲率半径满足 $\rho_{a,\ min} \geqslant 1$ mm。

5.5.4 平底长度的确定

图 5-24 所示为一对心平底从动件盘形凸轮机构，其廓线可根据反转法原理求得，平底与凸轮工作轮廓的切点随着导路在反转中的位置而发生改变。从图中可找到，平底左右两侧离导路最远的两个切点至导路的距离分别为 b' 和 b''。为了保证在所有位置上平底都能与轮廓相切，从动件平底长度 L(单位：mm) 应取为

$$L = 2l_{max} + (5 \sim 7)$$

式中，l_{max} 为 b' 和 b'' 中的较大者。

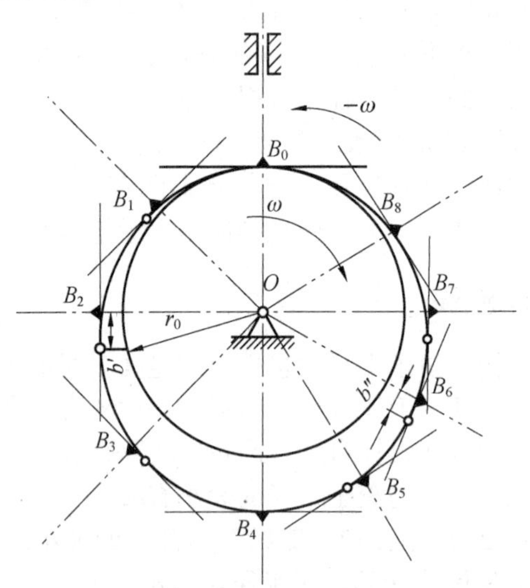

图 5-24 对心平底从动件盘形凸轮机构

对于平底从动件凸轮机构，有时也会产生运动失真，如图 5-25 所示。由于设计时从动件平底在 B_1E_1 和 B_3E_3 位置时的交点落在 B_2E_2 位置之内，因而使凸轮的实际廓线(图示虚线轮廓)不能与位于 B_2E_2 位置的平底相切，或者说平底必须从 B_2E_2 位置下降一定距离才能与凸轮实际轮廓相切，这就出现了运动失真现象。为了避免这一现象，可适当增大凸轮的基圆半径。图中将基圆半径 r_0 增大到 r'_0，就解决了运动失真问题。

下面举一具体例子，一平底从动件盘形凸轮机构在其运动过程中，应该保证从动件的平底在任意时刻均和凸轮接触，如图 5-26 所示，因此平底长度应该满足

$$l = 2\ \overline{OP}_{max} + \Delta l = 2\frac{\mathrm{d}s}{\mathrm{d}\varphi} + \Delta l$$

式中，Δl 为附加长度，由具体的结构确定，一般取 $\Delta l = 5 \sim 7$ mm。

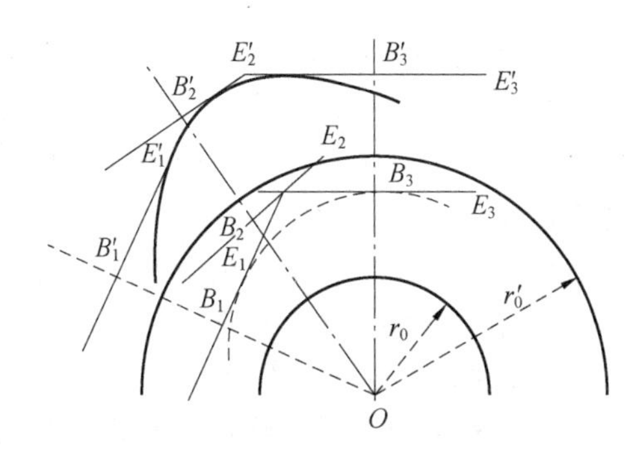

图 5-25　平底从动件凸轮机构的运动失真

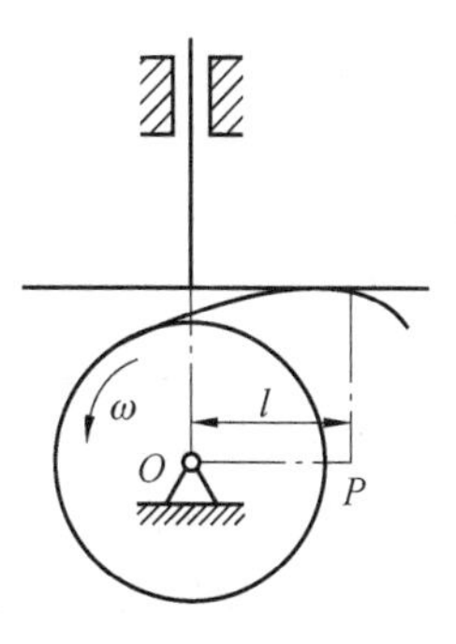

图 5-26　平底从动件的平底长度

5.5.5　偏距的设计

从动件的偏置方向直接影响凸轮机构的压力角大小，因此在选择从动件的偏置方向时，需要遵循的原则是尽可能减小凸轮机构在推程阶段的压力角。以图 5-21 为例，其偏置的距离(即偏距 e)可按照下式计算

$$\tan\alpha=\frac{\dfrac{\mathrm{d}s}{\mathrm{d}\varphi}-e}{\sqrt{r_{\mathrm{b}}^{2}-e^{2}}+s}=\frac{\dfrac{v}{\omega}-e}{s_{0}+s}=\frac{v-e\omega}{(s_{0}+s)\omega} \tag{5-29}$$

一般情况下，从动件运动速度的最大值发生在凸轮机构压力角最大的位置，则式(5-29)可改写成

$$\tan\alpha_{\max}=\frac{v_{\max}-e\omega}{(s_{0}+s)\omega} \tag{5-30}$$

由于压力角为锐角，故有 $v_{\max}-e\omega\geqslant 0$。由式(5-30)可知，增大偏距有利于减小凸轮机构的压力角，但偏距的增加也有限度，其最大值应该满足 $e_{\max}\leqslant\dfrac{v_{\max}}{\omega}$。

因此，设计偏置式凸轮机构时，其从动件偏置方向的确定原则是从动件应该置于使该凸轮机构的压力角减小的位置。

在对凸轮机构进行基本尺寸的设计时，各参数之间有时是互相制约的，因此在设计时应该综合考虑各种因素，使其综合性能指标满足设计要求。

自动卷纬机——我国制造业蓬勃发展的缩影

1956 年 11 月 1 日，位于山西省晋中市榆次区的经纬纺织机械厂门口红旗飘扬，锣鼓喧天。这一天，我国首批自制的 6 台自动卷纬机就要出口东南亚了。职工们一遍又一遍地抚摸着精美的自动卷纬机，自豪和兴奋之情溢于言表。职工代表将一朵大红花挂在刻着“中华人民共和国经纬纺织机械厂制造”的厂标旁。当十轮卡车载着机器缓缓开出厂门时，职工们掌声雷动。

1955 年 9 月，刚刚建成投产仅一年的经纬纺织机械厂里一片生机勃勃的景象，为尽快解决全国人民穿衣的问题，职工们奋力大干，以每年向全国输送50万锭纺织机械的目标日夜不停地生产。这座由陈毅副总理签署接管令、华东纺织管理局筹建、汇集来自祖国四面八方的技术干部和工人建设而成的现代化纺机制造厂，注定要承担国家赋予的责任和使命。设计科和技术科的许多人都是经纬纺织机械厂建厂时就在这里工作的“老”人，他们学识渊博、见多识广，对各色纺机很有研究，参与了成套纺机的研制测绘。连他们都是第一次听说这个机型，并且要半年完成设计、半年完成验证制造，可想而知，这是一个艰巨的任务。领导看出了大家的疑虑：“同志们，自动卷纬机确实是一种很先进的自动化纺机织造设备。我们国内还是初次尝试，困难大是肯定的！但是，这是事关外交的大事，更是事关振兴民族纺机的大事！党把这个光荣任务交给我们，是对我们经纬的信任，我们必须发扬建厂时艰苦奋斗、自力更生的精神，扫除一切障碍，坚决完成任务！”大家不禁回忆起刚刚过去的那段日子，在树皮和席子搭的工棚里啃着被雨淋湿的窝头，争分夺秒地搞基建、搞技术突破的情景。在那样艰苦的条件下，建设者们仅用3年8个月的时间就在一片盐碱滩上建起了一栋栋的厂房、宿舍，产出了一台台的国产纺机，创造了从无到有的奇迹，现在这点困难又算得了什么呢？完成任务必须克服的第一个困难就是，将从来没有见过的自动卷纬机设计出来。

吴梦祥、蔡之平、张善同等设计人员火速赶往北京，参与新产品技术任务书的商讨制订，并到当时有自动卷纬机实物的哈尔滨亚麻纺织厂进行实地调查，然后根据苏联提供的一些图纸，开始了紧锣密鼓的设计。因为要达到“断头自停、满管自停、自动补充、自动接头、自动剪断、自动换管、自动开车”等自动化的高要求，设计人员需要对每一个部件进行精密而复杂的设计。经过近6个月的设计更改、艰难攻关、技术突破，设计细节终于敲定，并上报纺织工业部纺织机械制造管理局审批。图5-27所示为1953年12月试制成功的1182型梳棉机，1955年转由青岛纺机厂生产。

图5-27　1182型梳棉机

往复凸轮是整个机器中最难加工的一个零件，它弯曲得像一根黄瓜，而且当中还有一条要求十分精密的同样弯曲的槽子，试验了多次都没有加工成功。面对这些困难，大家没有退缩，没有特制机床就自己动手改、没有图纸就自己画、没有改机床的零件就自己加工。就这样白天生产，晚上通宵搞试验，他们终于把一台日本车床改装为可以加工往复切削的特制车床，顺利地加工出往复凸轮。锭箱、锭轴、离合器滑动导轨等试制难题也在大家夜以继日的钻研下全部得到解决。

本章小结

本章主要介绍了凸轮机构的分类及特点，从动件常用的运动规律，运动规律的组合与选择，凸轮轮廓曲线的设计原理及方法，其中主要介绍了用解析法设计凸轮廓线以及凸轮机构的基本尺寸和参数确定的方法。

本章的重点及难点是凸轮机构从动件常用的几种运动规律和简要设计凸轮廓线，需要多加练习才能掌握。

习　题

5-1　简要说明凸轮机构的分类及特点。

5-2　简要说明从动件运动规律的选择与设计原则。

5-3　什么是凸轮的理论廓线和实际廓线？二者有什么联系？

5-4　什么是凸轮的压力角？压力角对机构的受力和尺寸有什么影响？

5-5　如何选择凸轮的基圆半径？

5-6　什么是运动失真现象？如何设计凸轮的滚子半径才能避免机构的运动失真？

5-7　对于直动从动件盘形凸轮机构，已知推程运动角 $\varphi=\pi/2$，行程 $h=50$ mm。求当凸轮转速 $\omega=10$ rad/s 时，等速、等加速、等减速、余弦加速度和正弦加速度 5 种常用的基本运动规律的最大速度 v_{max}、最大加速度 a_{max} 及所对应的凸轮转角 φ。

5-8　已知一偏置直动尖顶从动件凸轮机构，升程 $h=30$ mm，$\varphi=180°$，$r_b=40$ mm，凸轮顺时针转动，导路偏在凸轮轴心左侧，偏距 $e=5$ mm，从动件运动规律为等加速等减速运动，计算 $\varphi=0°$、$90°$、$180°$ 时凸轮机构的压力角。

5-9　已知一尖底移动从动件盘形凸轮机构的凸轮以等角速度 ω_1 沿顺时针方向转动，从动件的升程 $h=50$ mm，升程的运动规律为余弦加速度，推程运动角为 $\varphi=90°$，从动件的导路与凸轮转轴之间的偏距 $e=10$ mm，凸轮机构的许用压力角 $[\alpha]=30°$，试求：

(1) 当从动件的升程为工作行程时，从动件正确的偏置方位；

(2) 按许用压力角计算凸轮的最小基圆半径 $r_{b,\ min}$（计算间隔取 15°）。

5-10　题 5-10 图所示为一凸轮偏心圆盘，其圆心为 O，半径 $R=30$ mm，$OA=10$ mm，$r_r=10$ mm，偏距 $e=10$ mm，试求（均在图上标注出）：

(1) 推杆的行程 h 和凸轮的基圆半径 r_b；

(2) 推程运动角 φ、远休止角 φ_s、回程运动角 φ' 和近休止角 φ'_s；

(3) 最大压力角 α_{max} 的数值及发生的位置。

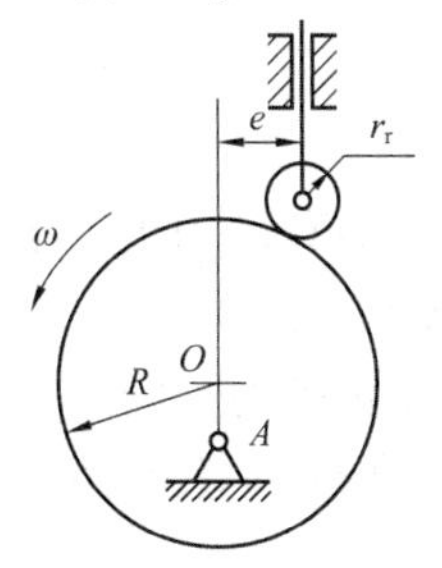

题 5-10 图

第六章 齿轮机构及其设计

6.1 引 言

齿轮机构是历史上应用得最早的传动机构之一，1952 年，山西省就出土了春秋时期的齿轮陶范。渐开线齿廓的研究和应用已有近 300 年的历史，广泛应用于传递空间任意两轴（平行、相交、交错）之间的运动和动力。齿轮机构的作用是传递空间任意两轴的旋转运动，或者将转动转换为移动，从而实现增速或减速传动。

6.2 齿轮机构的类型及特点

齿轮机构（传动）应用广泛，可从很多角度进行分类。例如，按齿轮轮齿分布的母体分类，有圆形齿轮机构和非圆齿轮机构；按速度高低分类，有高速、中速、低速齿轮机构；按传动比分类，有定传动比齿轮机构和变传动比齿轮机构；按工作条件分类，有开式齿轮机构和闭式齿轮机构；按齿面硬度分类，有硬齿面齿轮机构和软齿面齿轮机构；按使用要求分类，有传动齿轮机构和动力齿轮机构；按齿廓曲线分类，有渐开线齿轮机构、摆线齿轮机构、圆弧齿轮机构和抛物线齿轮机构；按轴线位置分类，有平面齿轮机构和空间齿轮机构；等等。以上的分类方法并非彼此孤立，考虑运动功能，齿轮机构分类不但要关注齿轮的母体形状，也要关注轮齿的形状，即齿廓曲线。综合齿轮传动轴线位置和轮齿形状，齿轮机构可分为平面齿轮机构和空间齿轮机构两类。

6.2.1 平面齿轮机构

平面齿轮机构用于两平行轴间的运动和动力的传递，两齿轮间的相对运动为平面运动，齿轮的外形呈圆柱形，故又称圆柱齿轮机构。

平面齿轮机构又可以分为外啮合齿轮机构、内啮合齿轮机构和齿轮齿条机构。

外啮合齿轮机构由两个轮齿分布在外圆柱表面的齿轮相互啮合，两齿轮的转动方向相反。

内啮合齿轮机构由一个小外齿轮与一个轮齿分布在内圆柱表面的大齿轮相互啮合，两齿轮的转动方向相同。

齿轮齿条机构由一个外齿轮与齿条相互啮合，可以实现转动与直线运动的相互转换。

如果齿轮的轮齿方向与齿轮的轴线平行，称为直齿轮。如果齿轮的轮齿方向与齿轮的轴线倾斜了一定的角度，称为斜齿轮。当齿轮是由轮齿方向相反的两部分构成时，称为人字齿轮。

6.2.2　空间齿轮机构

空间齿轮机构用于两相交轴或相互交错轴间的运动和动力的传递，两齿轮间的相对运动为空间运动。

用于两相交轴间的运动和动力传递的齿轮外形呈圆锥形，因此又称为锥齿轮机构，它可分为直齿和曲线齿两种。

用于两交错轴间的运动和动力传递的齿轮机构有交错轴斜齿轮机构、蜗杆蜗轮机构和准双曲面齿轮机构。

若上述各种齿轮机构的瞬时传动比是不变的（$i_{12}=\omega_1/\omega_2=$常数），则称为定传动比齿轮机构；若齿轮机构的瞬时传动比是变化的（$i_{12}=\omega_1/\omega_2\neq$常数），则称为变传动比齿轮机构，此时齿轮的外形为非圆形。

与其他类型的机械传动相比，齿轮机构的优点是传递的功率范围较大（从几瓦到十多万千瓦），圆周速度较大（可以达到 300 m/s），效率较高（一般可达 0.99），工作安全可靠，使用寿命长，传动比准确，传动平稳；缺点是制造和安装精度要求较高，不宜用于远距离传动。一些具体的齿轮机构类型的特点和应用如下。

（1）外啮合直齿圆柱齿轮机构。外啮合直齿圆柱齿轮机构如图 6-1 所示，其轮齿的方向线与齿轮的轴线平行，两齿轮的转动方向相反，工作时无轴向力；传动平稳性较差，承载能力较低。这种齿轮多用于速度较低的传动，尤其适用于变速器的换挡齿轮。

图 6-1　外啮合直齿圆柱齿轮机构

（2）内啮合直齿圆柱齿轮机构。内啮合直齿圆柱齿轮机构如图 6-2 所示，其轮齿的方向线与齿轮的轴线平行，其中一个齿轮的轮齿排列在空心圆柱体的内表面上，两齿轮的转动方向相同。这种齿轮轴间距离小，结构紧凑。

（3）齿轮齿条机构。齿轮齿条机构如图 6-3 所示，齿条相当于一个半径为无限大的齿轮，用于连续转动到往复移动之间的运动变换。

图 6-2　内啮合直齿圆柱齿轮机构

图 6-3　齿轮齿条机构

(4)外啮合斜齿圆柱齿轮机构。外啮合斜齿圆柱齿轮机构如图 6-4 所示，其轮齿的方向线与齿轮的轴线间形成一个夹角，两齿轮的转动方向相反，工作时存在轴向力，轴承支承结构与载荷分布比较复杂。这种齿轮重合度较大，传动较平稳，承载能力较强，适用于速度较高、载荷较大或要求结构较紧凑的传动。

(5)外啮合人字齿轮机构。外啮合人字齿轮机构如图 6-5 所示，其两齿轮的转动方向相反，轮齿方向线呈“人”字形，传动时轴向力能够相互抵消。这种齿轮承载能力较强，多用于重载传动。

图 6-4　外啮合斜齿圆柱齿轮机构

图 6-5　外啮合人字齿轮机构

(6)直齿锥齿轮机构。直齿锥齿轮机构如图 6-6 所示，其两齿轮的轴线相交，轴线交叉角通常为 90°(也可以不是 90°)，两齿轮的转动不在同一平面或者平行平面上。这种齿轮制造和安装比较简便，传动平稳性较差，承载能力较低，轴向力较大，适用于速度较低(速度小于 5 m/s)、载荷较小、稳定的传动。

(7)曲线齿锥齿轮机构。曲线齿锥齿轮机构如图 6-7 所示，其两齿轮的轴线相交，轮齿的方向线为斜线或者曲线。这种齿轮重合度较大，工作平稳，承载能力强，轴向力较大且与齿轮转向有关，常用于速度较高及载荷较大的传动。

(8)准双曲面齿轮机构。准双曲面齿轮机构如图 6-8 所示，其两齿轮轴线空间交错，轮齿的方向线为曲线。这种齿轮传递重合度大，工作平稳，承载能力强，常用于速度较高及载荷较大的传动，是汽车传动系统中常用的齿轮。

(9)交错轴斜齿轮机构。交错轴斜齿轮机构如图 6-9 所示，其两齿轮轴线交错，从单个齿轮来看就是斜齿轮，一对齿轮啮合传动时是点接触，传动效率较低。这种齿轮适用于载荷小、速度较低的传动。

图 6-6　直齿锥齿轮机构

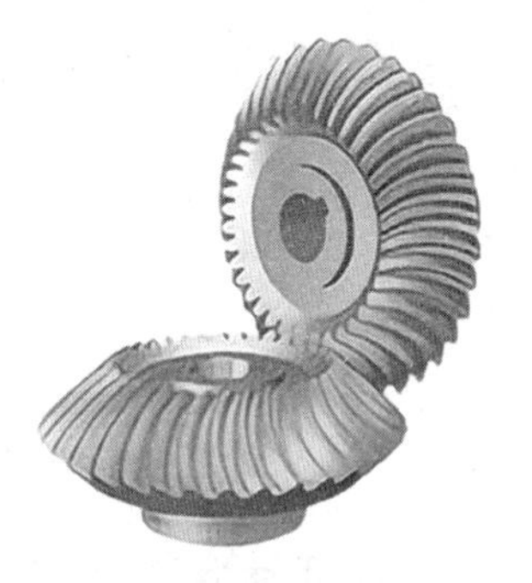

图 6-7　曲线齿锥齿轮机构

图 6-8　准双曲面齿轮机构

图 6-9　交错轴斜齿轮机构

(10)蜗杆蜗轮机构。蜗杆蜗轮机构如图 6-10 所示，其两齿轮轴线交错，轴线交叉角一般为 90°。这种齿轮传动比较大，一般为 10~80；结构紧凑、传动平稳，噪声和振动小；传动效率较低，易发热。

(11)变传动比齿轮机构。变传动比齿轮机构属于非圆齿轮机构，如图 6-11 所示。该椭圆齿轮机构的轮齿分布在椭圆柱的表面上，因此该类机构又称椭圆齿轮机构。

图 6-10　蜗杆蜗轮机构

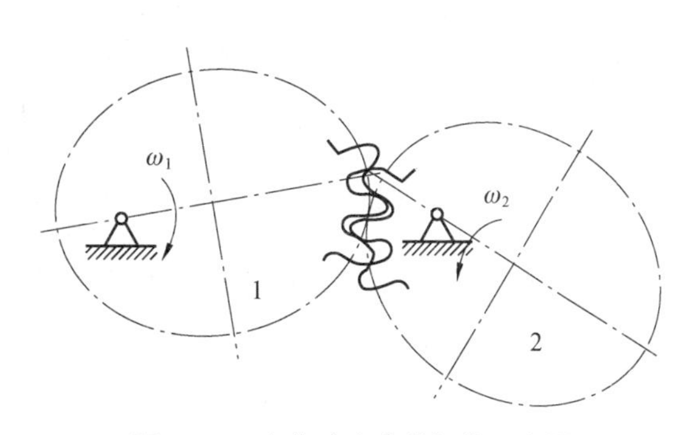

图 6-11　变传动比齿轮机构示意图

6.3 齿廓啮合基本定律及渐开线齿廓

圆柱齿轮的齿面与垂直于其轴线的平面的交线称为齿廓。对齿轮整周传动而言，无论两齿轮的齿廓如何，其平均传动比总等于齿数的反比，即

$$i_{12}=\frac{n_1}{n_2}=\frac{z_2}{z_1} \tag{6-1}$$

其瞬时传动比与齿廓的形状有关，下面就来具体分析这个问题。

6.3.1 齿廓啮合基本定律

一对齿轮的传动依靠主动齿轮轮齿的齿廓推动从动齿轮轮齿的齿廓实现。齿廓曲线之间相互接触的过程称为啮合，两齿轮的角速度之比称为传动比，即 $i_{12}(t)=\omega_1(t)/\omega_2(t)$。当主、从动齿轮都匀速转动时，传动比等于转速比，即 $i_{12}=\omega_1/\omega_2=n_1/n_2$。能实现预定传动比的齿廓就称为共轭齿廓。

图 6-12 所示为一对齿轮上互相啮合的齿廓，主动齿轮齿廓 1 以角速度 ω_1 绕轴 O_1 顺时针方向转动，从动齿轮齿廓 2 受齿廓 1 的推动，以角速度 ω_2 绕轴 O_2 逆时针方向转动，点 k 为两齿廓的接触点(称为啮合点)。过点 k 作公法线 nn、公切线 tt。nn 线与连心线 O_1O_2 的交点为点 P。过点 O_1、O_2 分别作 nn 的垂线，得垂足 N_1、N_2，齿廓 1、齿廓 2 上点 k 的速度分别为 v_{k_1}、v_{k_2}，其方向如图 6-12 所示。将 v_{k_1}、v_{k_2} 沿 nn 线、tt 线方向分解，分别得到法向相对速度 $v_{k_1}^{\mathrm{n}}$、$v_{k_2}^{\mathrm{n}}$ 和切向相对速度 $v_{k_1}^{\mathrm{t}}$、$v_{k_2}^{\mathrm{t}}$，有

$$v_{k_1}^{\mathrm{t}}=\omega_1\,\overline{O_1k}\sin\theta_1=\omega_1\,\overline{O_1N_1} \tag{6-2}$$

$$v_{k_2}^{\mathrm{t}}=\omega_2\,\overline{O_2k}\cos\theta_2=\omega_2\,\overline{O_2N_2} \tag{6-3}$$

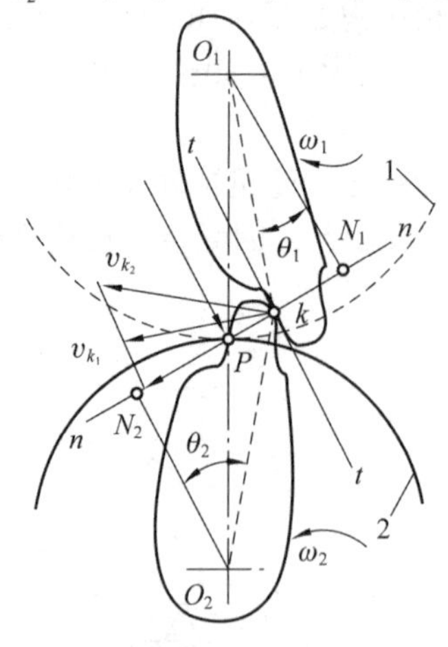

图 6-12　一对齿轮上相互啮合的齿廓

要使这对齿廓能连续啮合，它们沿接触点的公法线方向的运动速度应相等(否则两齿廓不是彼此分离，就是互相嵌入)，即

$$v_k^{\mathrm{n}}=v_{k_1}^{\mathrm{n}}=v_{k_2}^{\mathrm{n}}=\omega_1\,\overline{O_1N_1}=\omega_2\,\overline{O_2N_2} \tag{6-4}$$

虽然两齿廓接触点的法向相对速度为零，但其切向相对速度(沿 tt 线方向)不为零。两齿廓的滑动速度为

$$v_{k_1k_2}^{t}=v_{k_1}^{t}-v_{k_2}^{t}=\omega_1\overline{O_1k}\sin\theta_1-\omega_2\overline{O_2k}\sin\theta_2=v_k^{n}(\tan\theta_1-\tan\theta_2) \tag{6-5}$$

由式(6-4)可得该对齿轮的传动比为

$$i_{12}=\frac{\omega_1}{\omega_2}=\frac{\overline{O_2N_2}}{\overline{O_1N_1}}=\frac{\overline{O_2P}}{\overline{O_1P}} \tag{6-6}$$

利用任意两定轴转动的高副之间的角速度比，等于两高副构件之间的绝对瞬心到相对瞬心距离的反比，也可直接得到式(6-6)。式(6-6)所表达的即为齿廓啮合基本定律：互相啮合传动的一对齿轮，任意位置时的传动比等于其连心线 O_1O_2 被其啮合齿廓在接触点处公法线分成的两线段的反比。点 P 是齿廓 1、2 的速度瞬心，也称为啮合节点，简称节点。节点如果是连心线的内分点，则该对齿轮外啮合，转向相反；如果是外分点，则该对齿轮内啮合，转向相同。

如果无论两齿廓在何处啮合，点 P 为两齿轮连心线上的一个定点，则传动比为定值。传动称为定传动比传动，否则称为变传动比传动。对于定传动比传动，点 P 的位置固定，因此点 P 在齿廓 1 的运动平面(与齿廓 1 相固连的平面)上的轨迹是一个以 O_1 为圆心、$\overline{O_1P}$ 为半径的圆。同理，点 P 在齿廓 2 的运动平面上的轨迹是一个以 O_2 为圆心、$\overline{O_2P}$ 为半径的圆。这两个圆分别称为齿廓 1、2 的节圆，其半径分别用 r_1' 和 r_2' 表示。因为齿廓 1、2 的节圆在点 P 相切，两齿轮在点 P 处的线速度相等，所以两齿轮的啮合传动可以看成两齿轮的节圆做纯滚动。

对于变传动比传动，点 P 不是一个定点，而是按相应的运动规律在连心线 O_1O_2 上移动，点 P 在两个齿轮运动平面上的轨迹也就不再是圆，而是一条非圆封闭曲线(称为节曲线)，这种齿轮称为非圆齿轮。非圆齿轮之间的啮合可视为其节曲线之间的纯滚动，图 6-13 所示的两个椭圆即为非圆齿轮的节曲线。

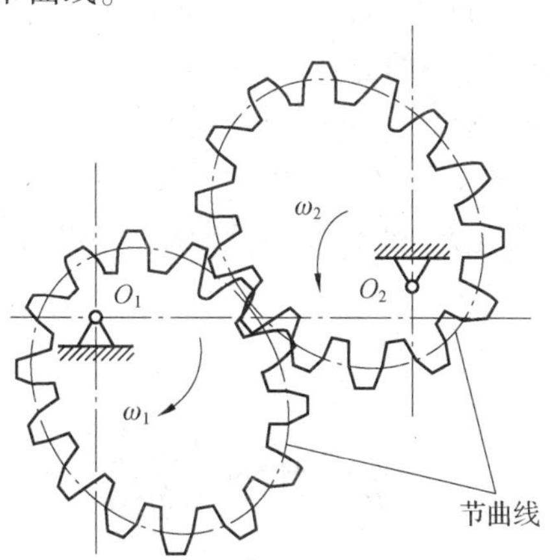

图 6-13　非圆齿轮的节曲线

6.3.2　渐开线的形成及其特性

齿轮的齿廓曲线必须满足齿廓啮合基本定律，现代工业中应用最多的齿廓曲线是渐开线。

1. 渐开线的形成

圆的渐开线如图 6-14 所示。当一条直线沿一定圆周做纯滚动时，直线上任意点 k 的轨

迹 Ak 就是该圆的渐开线；定圆称为形成渐开线的基圆，其半径用 r_b 表示；直线 Bk 称为渐开线的发生线；渐开线上点 k 的向径 Ok 与渐开线起始点 A 的向径 OA 间的夹角 θ_k 称为渐开线 Ak 段的展角。

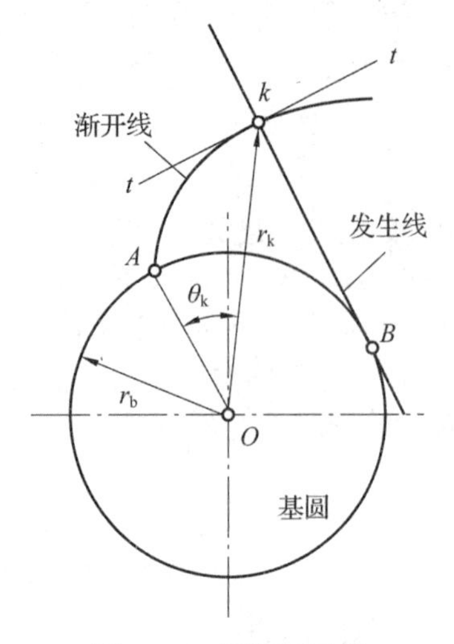

图 6-14　圆的渐开线

2. 渐开线的性质

由渐开线的形成过程，可得到渐开线的下列性质。

(1) 发生线沿基圆滚过的长度等于基圆上滚过的弧长，即线段 Bk 的长度等于弧 $\overset{\frown}{AB}$ 的长度。

(2) 因为发生线 Bk 沿基圆做纯滚动，它和基圆的切点 B 就是它的速度瞬心，所以发生线 Bk 即为渐开线在点 k 的法线。因为发生线恒切于基圆，所以渐开线上任意点的法线恒为基圆的切线。

(3) 发生线与基圆的切点 B 也是渐开线在点 k 的曲率中心，线段 Bk 是渐开线在点 k 的曲率半径。因此，渐开线越接近其基圆的部分，其曲率半径越小。

(4) 尽管起点或者终点的位置不同，但是同一基圆的渐开线形状相同，如图 6-15 所示。根据渐开线的性质(1)和性质(2)，可以证明同一基圆上任意两条渐开线(无论同向还是反向)的公法线处处相等，即线段 A_1B_1 和 A_2B_2 的长度都等于弧 $\overset{\frown}{AB}$ 的长度，线段 E_1B_1 和 E_2B_2 的长度都等于弧 $\overset{\frown}{EB}$ 的长度。

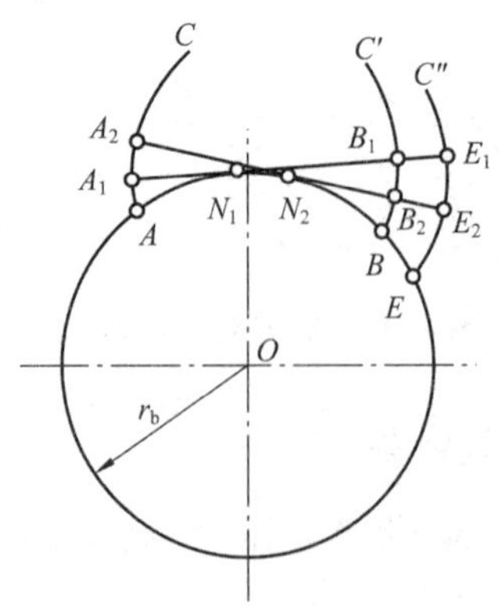

图 6-15　同一基圆的渐开线形状相同

(5)基圆内无渐开线。

(6)渐开线的形状取决于基圆的大小。在展角相同的条件下，不同半径的基圆，其渐开线的曲率也不同。在图6-16中，C_1、C_2 表示从半径不同的两个基圆上展成的两条渐开线。两条渐开线的展角相同，基圆半径小，其渐开线的曲率半径就小；反之，其渐开线的曲率半径就大。当基圆半径为无穷大时，其渐开线变成一条直线。齿条的齿廓曲线就是这种特例的直线渐开线。

(7)当用渐开线作为齿轮的齿廓时，齿廓上点 k 的速度 v_k 方向与点 k 法线 Bk 之间所夹的锐角称为渐开线在点 k 的压力角，如图6-17所示，压力角用 α_k 表示，即

$$\alpha_k = \arccos \frac{r_b}{r_k} \tag{6-7}$$

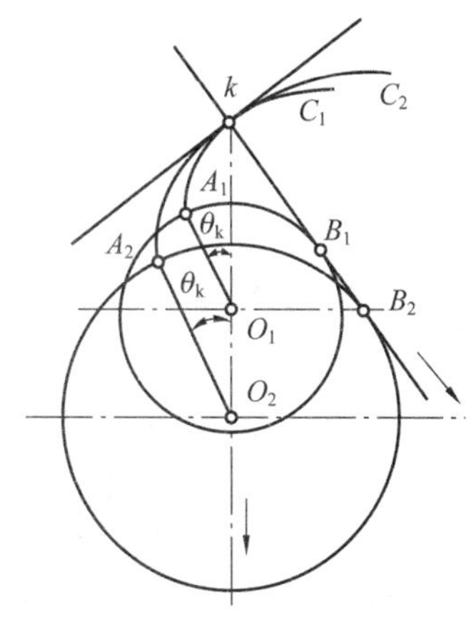

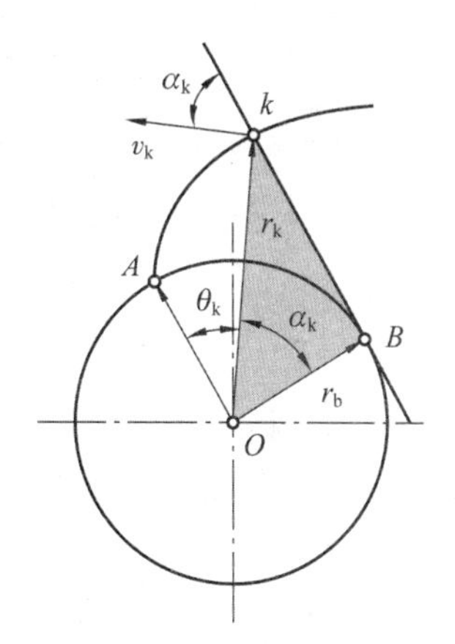

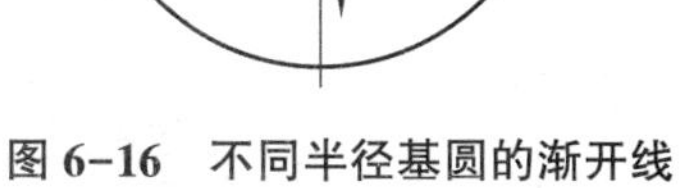

图6-16　不同半径基圆的渐开线　　**图6-17　渐开线在点 k 的压力角**

渐开线上点的位置不同，压力角也不同。基圆上的压力角 $\alpha_b = 0°$，越远离基圆，渐开线的压力角越大，渐开线越平直。式(6-7)也反映出渐开线的形状实际仅取决于基圆，渐开线上任意一点的向径与压力角余弦的乘积为常数，等于基圆半径，即 $r_b = r_k \cos \alpha_k$。

6.3.3　渐开线函数及渐开线方程式

在图6-17中以点 O 为极点，以 OA 为极坐标轴，渐开线上任意一点 k 的极坐标可以用向径 r_k 和展角 θ_k 来确定。

由图6-17可见，$\alpha_k = \angle BOk$，且

$$\cos \alpha_k = \frac{r_b}{r_k} \tag{6-8}$$

因

$$\tan \alpha_k = \frac{\overline{Bk}}{\overline{OB}} = \frac{\overset{\frown}{AB}}{r_b} = \frac{r_b(\alpha_k + \theta_k)}{r_b} = \alpha_k + \theta_k \tag{6-9}$$

故

$$\theta_k = \tan \alpha_k - \alpha_k \tag{6-10}$$

式(6-10)说明，展角 θ_k 是压力角 α_k 的函数。由于该函数是根据渐开线的特性推导出来的，故称其为渐开线函数，工程上常用 $\text{inv}\ \alpha_k$ 来表示，即

$$\text{inv}\ \alpha_k = \theta_k = \tan\alpha_k - \alpha_k$$

综上所述，可得渐开线方程为

$$\begin{cases} r_k = r_b/\cos\alpha_k \\ \theta_k = \text{inv}\ \alpha_k = \tan\alpha_k - \alpha_k \end{cases} \tag{6-11}$$

6.3.4 渐开线齿廓的啮合特性

一对渐开线齿廓在啮合传动中具有以下特点。

(1)渐开线齿廓能保证定传动比传动。两齿轮连心线为 O_1O_2，基圆半径分别为 r_{b1}、r_{b2}，它们的渐开线齿廓曲线 C_1、C_2 在任意点 K 啮合，如图 6-18 所示。根据渐开线的特性，啮合点的公法线 N_1N_2 必然同时与两齿轮的基圆相切。由于两基圆均为定圆，在同一方向的内公切线只有一条，因而无论两齿轮齿廓在任何位置啮合，过啮合点的两齿廓的公法线也必然与 N_1N_2 线重合，所以 N_1N_2 线与连心线的交点 P 必为一定点。这说明，两个以渐开线作为齿廓曲线的齿轮的传动比为常数，即

$$i_{12} = \frac{\omega_1}{\omega_2} = \frac{\overline{O_2N_2}}{\overline{O_1N_1}} = \frac{r_{b2}}{r_{b1}} = \frac{\overline{O_2P}}{\overline{O_1P}} = \frac{r'_2}{r'_1} = 常数 \tag{6-12}$$

传动比为常数在工程实际中具有重要意义，可减小传动中的动载荷、振动和噪声，提高传动精度和齿轮使用寿命。

(2)啮合线为一条定直线。齿廓接触点在啮合平面上的轨迹称为啮合线，在图 6-18 中，一对渐开线齿廓在任意位置啮合时，接触点的公法线都是基圆的内公切线 N_1N_2，整个啮合过程中所有的啮合点都在 N_1N_2 线上。因此，N_1N_2 线是两个齿廓接触点的轨迹线，即啮合线。

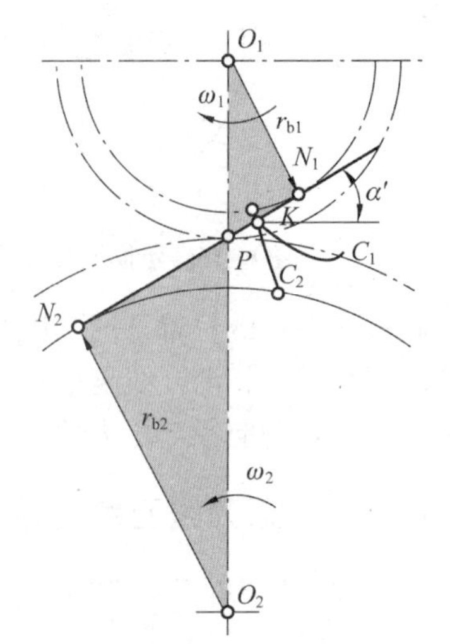

图 6-18 渐开线齿廓的啮合与啮合线

齿轮啮合节点的速度方向与啮合线之间所夹的锐角称为啮合角，用 α' 表示。啮合角等于节圆上的压力角。因为渐开线齿廓的啮合线为定直线(与 N_1N_2 线重合)，所以在整个啮合过程中啮合角 α' 保持不变，即齿廓间压力的作用线方向不变，而且当齿轮传递转矩一定时，齿廓间的压力大小也不变。可见，渐开线齿轮具有良好的传动平稳性，不易产生振动，有利于延长齿轮和轴承的使用寿命。

(3)中心距可分性。由图 6-18 及式(6-12)可知，渐开线齿轮的传动比取决于两齿轮的基圆半径之比。渐开线齿廓加工切制完成后，基圆大小完全确定，即使一对齿轮的实际中心距与设计中心距略有偏差，也不会影响该对齿轮的传动比。渐开线齿轮传动的这一特性称为其中心距的可分性，对齿轮的加工和装配十分重要。

渐开线齿廓的上述 3 个特性是渐开线齿轮在机械工程中广泛应用的重要原因。

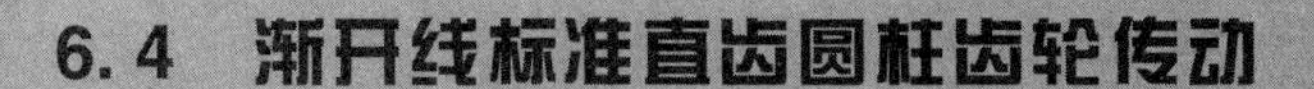

6.4　渐开线标准直齿圆柱齿轮传动

直齿圆柱齿轮由轮芯和均布于圆柱上的多个轮齿组成，轮芯部分还有安装齿轮用的轮毂。一个渐开线齿轮的轮齿齿廓曲线是由两段反向的渐开线组成的。单个齿轮有外齿轮、内齿轮和齿条 3 种形式。

6.4.1　齿轮各部分的名称

图 6-19 所示为标准直齿圆柱外齿轮的局部示意图，其各部分的名称和符号如下。

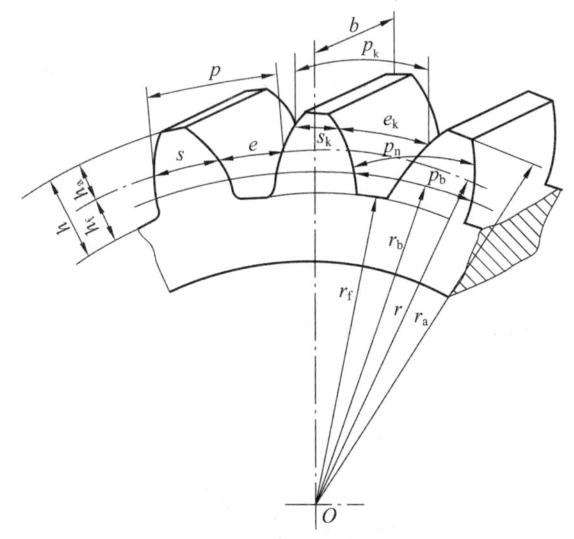

图 6-19　标准直齿圆柱外齿轮的局部示意图

(1) 齿数。齿轮圆柱面上凸出的部分称为轮齿，它的总数称为齿数，用 z 表示。

(2) 齿槽。齿轮上相邻两齿体之间的空间称为齿槽。

(3) 齿顶圆。过齿轮所有齿顶部所作的圆称为齿顶圆，其直径和半径分别用 d_a 和 r_a 表示。

(4) 齿根圆。过各齿槽根部所作的圆称为齿根圆，其直径和半径分别用 d_f 和 r_f 表示。

(5) 分度圆。描述一个齿轮的大小既不能用齿顶圆，也不能用齿根圆，应人为规定一个描述齿轮大小的圆作为齿轮几何尺寸计算与齿轮测量所规定的基准圆，该圆称为分度圆，其直径和半径分别用 d 和 r 表示。

(6) 基圆。渐开线圆柱齿轮上的一个假想圆，形成渐开线齿廓的发生线在此假想圆的圆周上做纯滚动时，此假想圆就称为基圆，其直径和半径分别用 d_b 和 r_b 表示。

(7) 齿厚、齿槽宽和齿距。在任意圆周上所测量的轮齿齿体对应的弧长称为该圆上的齿厚，用 s_k 表示；相邻两齿体之间的弧长称为该圆上的齿槽宽，用 e_k 表示；该圆上相邻两齿同侧齿廓之间的弧长称为齿轮在该圆上的齿距，也是齿轮的周向齿距，用 p_k 表示。由图 6-19 可知，在同一圆周上，齿距等于齿厚和槽宽之和，即 $p_k = s_k + e_k$。分度圆上齿厚、齿槽宽和齿距分别用 s、e、p 表示，有 $p = s + e$。基圆上的齿距用 p_b 表示。同时，两同侧齿廓之间的法向距离称为法向齿距，用 p_n 表示。由渐开线的性质可知，$p_b = p_n$。

(8) 齿顶高、齿根高和齿高。轮齿被分度圆分为两部分，介于分度圆与齿顶圆之间的部

分称为齿顶，其径向高度称为齿顶高，用 h_a 表示；介于分度圆与齿根圆之间的部分称为齿根，其径向高度称为齿根高，用 h_f 表示。齿顶圆与齿根圆之间的径向高度称为齿高，用 h 表示，$h=h_a+h_f$。

(9)齿宽。轮齿沿齿轮轴线方向的宽度称为齿宽，用 b 表示。

6.4.2 齿轮的基本参数

齿轮的基本参数有齿数、模数、压力角、齿顶高系数和顶隙系数等。

(1)齿数。一对相互啮合的标准直齿圆柱齿轮的小齿轮齿数通常取 $z_1=19\sim40$，大齿轮的齿数 $z_2=i_{12}z_1$。当齿数 $z\to\infty$ 时，齿轮变成齿条，同时渐开线齿廓变成直线齿廓。

(2)模数。分度圆的周长等于分度圆上的齿距与齿数之积，即 $\pi d=pz$，则分度圆的直径为 $d=pz/\pi$。因为 π 为无理数，所以进行齿轮尺寸计算和检验很不方便。为了解决这个问题，人为地将比值 p/π 规定为一些标准数值，把这个比值称为模数，用 m 表示，即

$$m=\frac{p}{\pi} \tag{6-13}$$

于是，分度圆的直径可表示为

$$d=mz \tag{6-14}$$

模数也可称为齿轮的径向齿距。模数 m 是决定齿轮尺寸的重要参数之一。相同齿数的齿轮，模数越大，其尺寸也越大，齿形越平直。图 6-20 所示为 3 个相同齿数、不同模数的齿轮之间的尺寸关系。

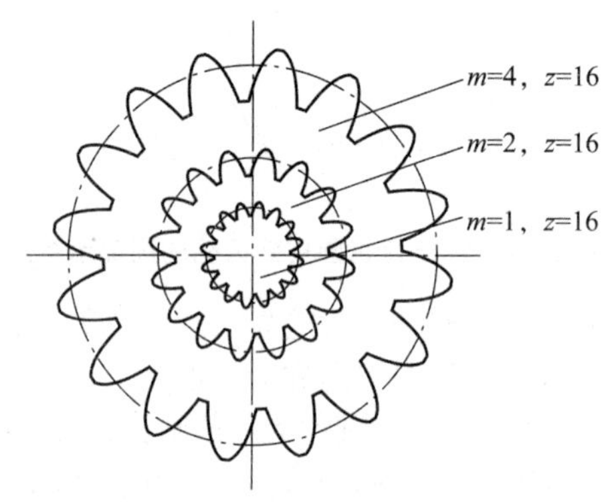

图 6-20 3 个相同齿数、不同模数的齿轮之间的尺寸关系

在工程实际中，齿轮的模数已经标准化。GB/T 1357—2008《通用机械和重型机械用圆柱齿轮　模数》规定的圆柱齿轮标准模数系列如表 6-1 所示。注意，选用模数时，应优先采用第一系列，其次是第二系列，括号内的模数尽量不用。

表 6-1 圆柱齿轮标准模数系列　　（单位：mm）

第一系列	—	—	—	—	—	—	—	—	—	—	1
	1.25	1.5	2	2.5	3	4	5	6	8	10	12
	16	20	25	32	40	50	—	—	—	—	—
第二系列	1.125	1.375	—	1.75	2.25	2.75	—	3.5	—	4.5	5.5
	(6.5)	7	9	11	14	18	22	28	36	45	—

(3)压力角。对于渐开线齿轮，一个轮齿的两侧为同一基圆的反向渐开线，渐开线齿廓上不同向径处的压力角 α_i (i 表示渐开线齿廓上不同向径处)也不同(见图 6-21)。取离基圆中心较远的渐开线部分作为齿轮齿廓，意味着齿轮直径变大，压力角也大。在齿高一定的情况下，确定齿轮分度圆的压力角，即可确定作为齿廓的渐开线区段。使用标准化的分度圆压力角值，便于工程中齿轮的设计、制造和互换使用。国家标准规定分度圆压力角标准值为 20°。

图 6-22 所示的齿轮齿廓分度圆压力角简称齿轮压力角，它是描述齿轮齿廓形状的一个基本参数。对于模数、齿数相同的齿轮，若分度圆压力角不同，其基圆大小也不同，因而齿轮齿廓渐开线的形状也不同。

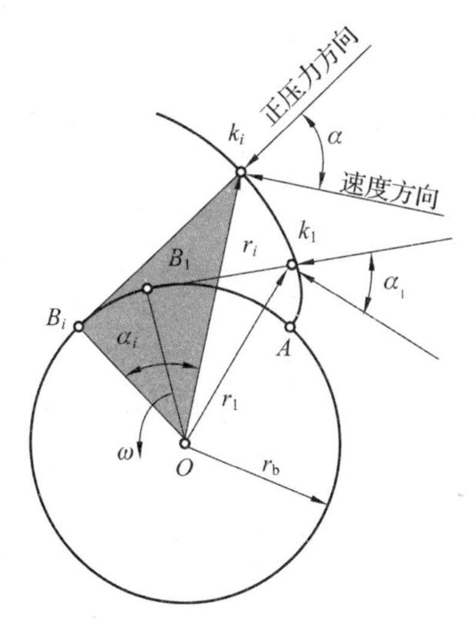

图 6-21　渐开线齿廓的压力角

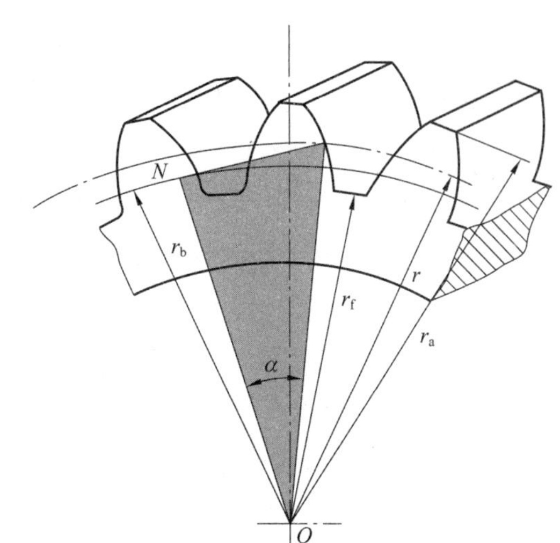

图 6-22　齿轮齿廓分度圆压力角

(4)齿顶高系数。齿轮的齿顶高 h_a 用模数的倍数表示，标准齿顶高为

$$h_a = h_a^* m \tag{6-15}$$

式中，h_a^* 为齿顶高系数，已经标准化，标准值如表 6-2 所示。

(5)顶隙系数。一对齿轮啮合时，为了避免一个齿轮的齿顶与另一个齿轮的齿槽底直接接触，在一个齿轮的顶端与另一齿轮的齿槽底之间留有一定的间隙，此间隙的径向高度称为顶隙。顶隙也用模数的倍数表示，标准顶隙为

$$c = c^* m \tag{6-16}$$

式中，c^* 为顶隙系数，已经标准化，并和齿顶高系数搭配使用，标准值如表 6-2 所示。

表 6-2　h_a^* 和 c^* 的标准值

系数	正常齿	短齿
h_a^*	1	0.8
c^*	0.25	0.3

显然，为了保证顶隙，标准齿轮的齿根高为

$$h_f = h_a^* m + c^* m \tag{6-17}$$

标准外齿轮的齿高、齿顶圆直径和齿根圆直径分别为

$$h = h_a + h_f = 2h_a^* m + c^* m \tag{6-18}$$

$$d_a = d + 2h_a = d + 2h_a^* m \tag{6-19}$$

$$d_f = d - 2h_f = d - 2(h_a^* m + c^* m) \tag{6-20}$$

6.4.3 渐开线齿轮的几何尺寸计算

标准齿轮是指基本参数 m、α、h_a、c 均为标准值，且满足 $e = s$ 条件的齿轮。

渐开线标准直齿圆柱齿轮传动几何尺寸的计算公式如表 6-3 所示。

表 6-3 渐开线标准直齿圆柱齿轮传动几何尺寸的计算公式

名称	符号	计算公式	
		小齿轮	大齿轮
模数	m	根据齿轮受力情况和结构需要确定，选取标准值	
压力角	α	选取标准值	
分度圆直径	d	$d_1 = mz_1$	$d_2 = mz_2$
齿顶高	h_a	$h_{a1} = h_{a2} = h_a^* m$	
齿根高	h_f	$h_{f1} = h_{f2} = (h_a^* + c^*)m$	
齿高	h	$h_1 = h_2 = (2h_a^* + c^*)m$	
齿顶圆直径	d_a	$d_{a1} = (z_1 + 2h_a^*)m$	$d_{a2} = (z_2 + 2h_a^*)m$
齿根圆直径	d_f	$d_{f1} = (z_1 - 2h_a^* - 2c^*)m$	$d_{f2} = (z_2 - 2h_a^* - 2c^*)m$
基圆直径	d_b	$d_{b1} = d_1\cos\alpha$	$d_{b2} = d_2\cos\alpha$
齿距	p	$p = \pi m$	
基圆齿距	p_b	$p_b = p\cos\alpha$	
齿厚	s	$s = \pi m/2$	
齿槽宽	e	$e = \pi m/2$	
顶隙	c	$c = c^* m$	
标准中心距	a	$a = m(z_1 + z_2)/2$	
节圆直径	d'	$d' = d$（当中心距为标准中心距 a 时）	
传动比	i	$i_{12} = \omega_1/\omega_2 = d'_2/d'_1 = d_{b2}/d_{b1} = d_2/d_1 = z_2/z_1$	

6.4.4 内齿轮和齿条

1. 内齿轮

图 6-23 所示为圆柱内齿轮。

由于内齿轮的轮齿分布在圆柱体的内表面，故与外齿轮相比，它有下列不同点。

(1) 内齿轮的齿厚相当于外齿轮的齿槽宽，内齿轮的齿槽宽相当于外齿轮的齿厚。内齿轮的齿廓也是渐开线，但外齿轮的齿廓是外凸的，而内齿轮的齿廓则是内凹的。

(2) 内齿轮的分度圆直径大于齿顶圆直径，而齿根圆直径又大于分度圆直径，即齿根圆直径大于齿顶圆直径。

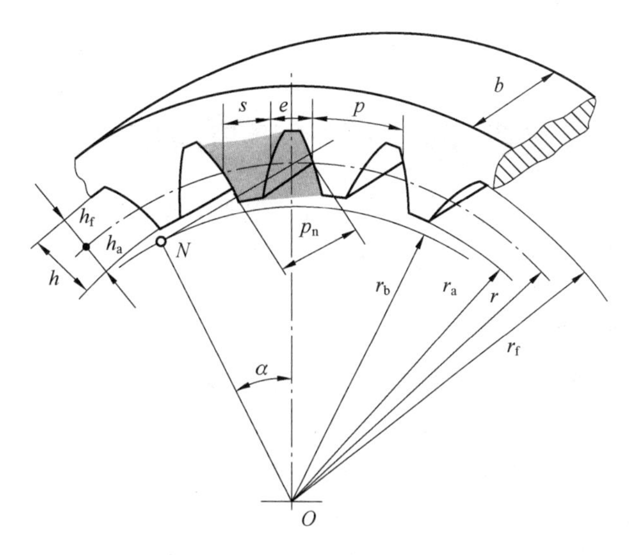

图 6-23　圆柱内齿轮

(3) 为了使内齿轮齿顶的齿廓全部为渐开线，则其齿顶圆必须大于基圆。

因此，内齿轮有些基本尺寸的计算不同于外齿轮。例如，内齿轮的齿顶圆直径为

$$d_a = d - 2h_a \tag{6-21}$$

内齿轮的齿根圆直径为

$$d_f = d + 2h_f \tag{6-22}$$

2. 齿条

当标准外齿轮的齿数增加到无穷多时，齿轮上的基圆和其他圆都变成了相互平行的直线，同侧渐开线齿廓也变成了相互平行的斜直线齿廓，齿轮变为齿条，如图 6-24 所示。与齿轮相比，齿条有下列两个主要的特点。

(1) 齿条的齿廓是直线，齿廓上各点的法线平行，而且传动时齿条做平动。齿廓上各点速度的大小和方向都一致，所以齿条齿廓上各点的压力角都相同，其大小等于齿廓的倾斜角（取标准值 20°或 15°），也称为齿形角。

(2) 由于齿条上各齿同侧的齿廓是平行的，因而无论在分度线上、齿顶线上或与其平行的其他直线上，齿距都等于 $p = \pi m$，其中 $s = e$ 的一条直线为齿条的分度线。

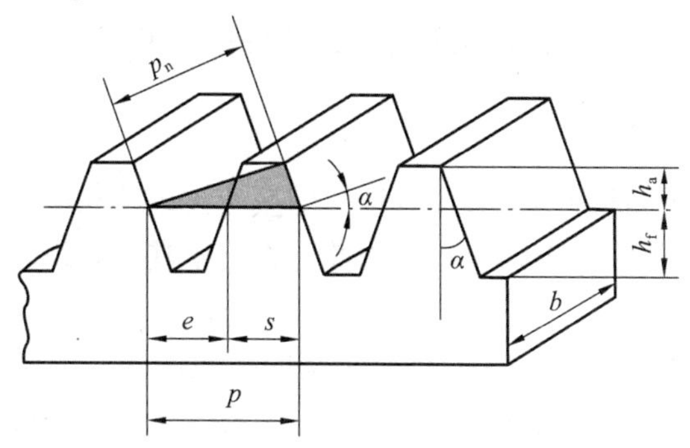

图 6-24　齿条

6.5 渐开线标准直齿圆柱齿轮的啮合传动

渐开线齿廓虽然能够满足定传动比传动条件，但要实现一对渐开线齿轮的正常工作，还需要满足正确啮合条件、正确安装条件和连续传动条件。

6.5.1 正确啮合条件

一对渐开线齿轮要能够搭配起来正确啮合(即齿廓既不能互相干涉，也不能有大的间隙)，必须满足一定的条件。标准齿轮外啮合传动如图 6-25 所示，齿轮 1 为主动齿轮，转动方向如图所示。齿轮 1 和齿轮 2 在传动时，它们的齿廓啮合点都应位于啮合线 N_1N_2 上。当一对齿轮的第一对齿廓在啮合线 N_1N_2 上的点 K 处接触时，为了保证齿轮能正确啮合传动，应使后一对齿廓在啮合线 N_1N_2 上的另一点 K' 处接触，这说明齿轮 1 上相邻两齿同侧齿廓在法线 N_1N_2 上的距离等于齿轮 2 上相邻两齿同侧齿廓在法线上的距离，啮合角 α' 等于节圆上的压力角。把相邻两齿同侧齿廓在法线上的距离 $\overline{K'K}$ 称为法向齿距，用 p_n 表示。由渐开线的性质可知，法线齿距 p_n 等于基圆齿距 p_b， 即

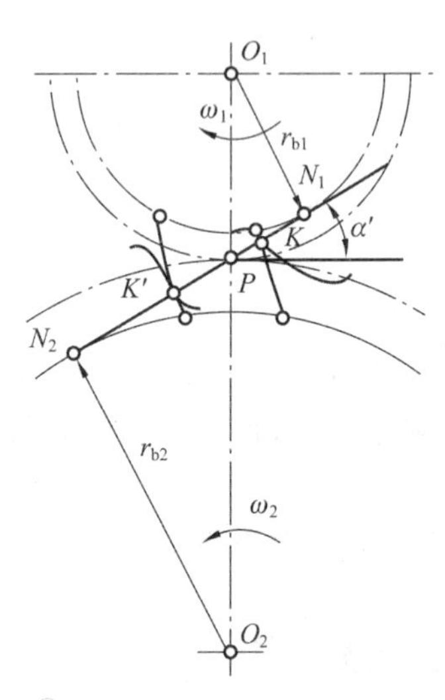

图 6-25　标准齿轮外啮合传动

$$p_{n1} = p_{n2} = p_{b1} = p_{b2} = \overline{K'K} \tag{6-23}$$

因此有

$$\pi m_1 \cos \alpha_1 = \pi m_2 \cos \alpha_2 \tag{6-24}$$

式中，α_1、α_2 及 m_1、m_2 分别为两齿轮的压力角及模数。由于齿轮模数和压力角均已标准化，因此只能满足以下关系式

$$m_1 = m_2 = m,\ \alpha_1 = \alpha_2 = \alpha \tag{6-25}$$

式(6-25)表明，一对渐开线齿轮正确啮合的条件是两齿轮的模数和压力角分别相等。

6.5.2 正确安装条件

一对渐开线齿廓在啮合传动中具有可分性，即虽然齿轮传动中心距的变化不影响传动比大小，但会改变顶隙和齿侧间隙等的大小。因此，在确定其中心距时，应满足以下两点正确安装条件。

(1)两齿轮的顶隙为标准值。在一对齿轮传动时，应保证一个齿轮的齿顶与另一个齿轮的渐开线齿廓部分接触，即应避免一个齿轮的齿顶与另一个齿轮的齿槽底部或齿根过渡曲线相互接触，并留有一定的空隙以储存润滑油。因此，应在一齿轮的齿顶圆与另一齿轮的齿根圆之间留有一定的间隙，即为顶隙 c。对于图 6-26 所示的标准齿轮外啮合传动，当顶隙为标准值时，两齿轮的中心距应为

$$a = r_{a1} + c + r_{f2} = (r_1 + h_a^* m) + c^* m + (r_2 - h_a^* m - c^* m) = r_1 + r_2 = \frac{m(z_1 + z_2)}{2} \tag{6-26}$$

此中心距称为标准中心距，即两齿轮的中心距应等于两齿轮分度圆半径之和。

(2)两齿轮的理论齿侧间隙为0。在实际齿轮传动中，在两齿轮的非工作齿侧间总会留有一定的齿侧间隙，称为侧隙。它的作用是防止制造和装配的误差、轮齿的变形和受热膨胀造成轮齿卡死。该间隙一般很小，它是由设计制造时规定的齿厚负偏差来保证的。在本教材中，计算齿轮的名义尺寸时，都按无侧隙啮合来考虑。因此，设计时需使一个齿轮在节圆上的齿厚等于另一个齿轮在节圆上的齿槽宽，即

$$s_1' = e_1' = s_2' = e_2' = \frac{\pi m}{2} \tag{6-27}$$

由于一对齿轮啮合时，两齿轮的节圆总是相切的，而当两齿轮按标准中心距 a 安装时，两者的分度圆也是相切的，即 $r_1' + r_2' = r_1 + r_2$，这种情况称为标准安装[见图6－26(a)]。又因 $i_{12} = r_2'/r_1' = r_2/r_1$，故此时两齿轮的节圆分别与其分度圆重合。由于分度圆上的齿厚与齿槽宽相等，因此标准齿轮在标准安装时，其齿侧间隙为0，且啮合角 α' 等于分度圆压力角 α。

当两齿轮的实际中心距 a' 与标准中心距 a 不相同时，通常是将中心距增大，这时两齿轮的分度圆不再相切，而是相互分离。两齿轮的节圆半径将大于各自的分度圆半径，其啮合角 α' 也将大于分度圆的压力角 α。这种情况称为非标准安装[见图6-26(b)]。此时，两齿轮的分度圆、基圆相互远离，顶隙 c 大于标准值 $c^* m$，轮齿为有侧隙啮合。注意，非标准安装一般是不允许的，若需要实际中心距不等于标准中心距，常采用斜齿轮或变位齿轮来解决这一问题，参见本章后续斜齿轮、变位齿轮相关内容。

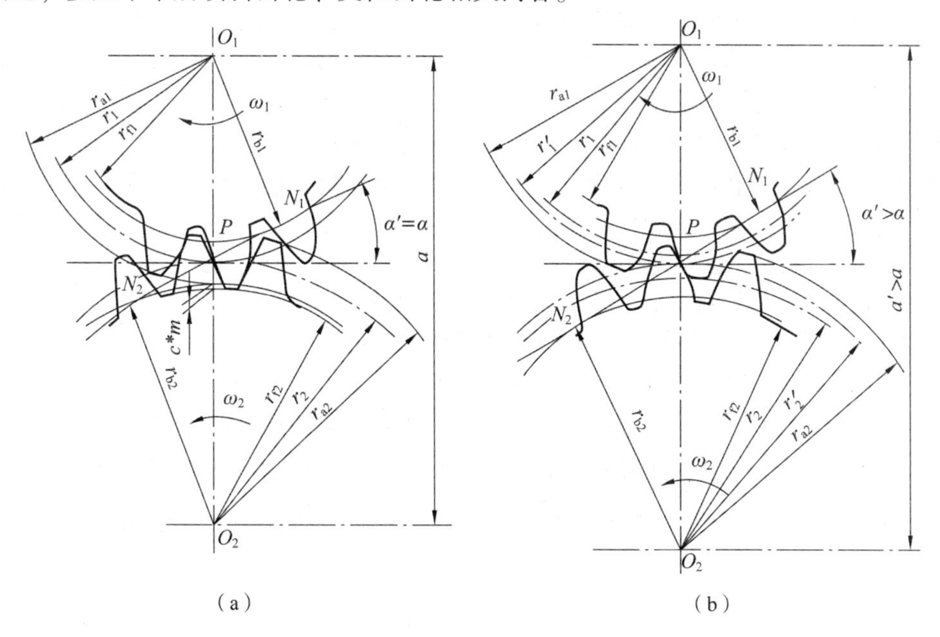

图6-26　标准齿轮外啮合传动的安装条件

(a)标准安装；(b)非标准安装

因 $r_b = r\cos\alpha = r'\cos\alpha'$，故有 $r_{b1} + r_{b2} = (r_1 + r_2)\cos\alpha = (r_1' + r_2')\cos\alpha'$，可得齿轮的中

心距与啮合角的关系式为

$$a'\cos\alpha' = a\cos\alpha \tag{6-28}$$

齿轮齿条啮合传动时(见图 6-27)，因为齿条的齿廓是直线，无论是否为标准安装，齿条啮合线 N_1N_2 的位置始终保持不变，点 P 的位置也就没有变化，故齿轮的节圆恒与其分度圆重合，其啮合角 α' 恒等于分度圆和齿条压力角 α。齿轮齿条非标准安装时，齿条的节线与其分度线将不再重合。

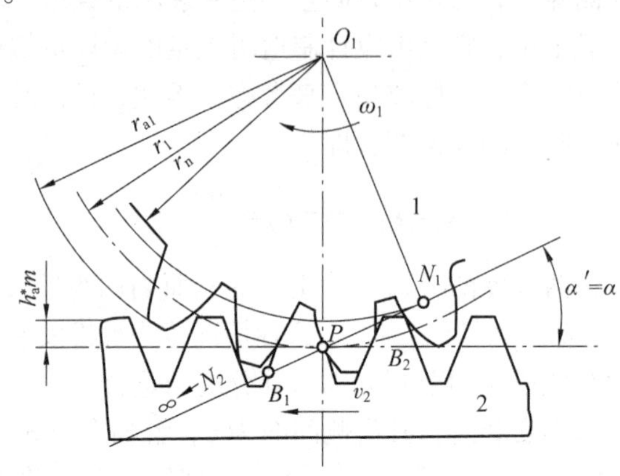

图 6-27　齿轮齿条啮合传动

6.5.3　连续传动条件

一对外啮合渐开线直齿圆柱齿轮传动，设主动齿轮 1 以 ω_1 沿顺时针方向转动，齿轮 2 为从动齿轮，直线 N_1N_2 为啮合线，如图 6-28 所示，下面分析这对齿轮的啮合过程。首先，轮齿进入啮合时，从动齿轮 2 的齿顶圆与啮合线 N_1N_2 相交，交点为 B_2， 即点 B_2 是一对轮齿开始进入啮合时的起始点，该点是从动齿轮 2 的齿顶位置，也是主动齿轮靠近齿根的位置。随着这对轮齿啮合过程的继续进行，两齿廓的啮合点将沿着啮合线向左下方移动。在这个过程中，啮合点沿着从动齿轮齿廓由齿顶逐步移动到靠近其齿根的位置，同时该过程对于主动齿轮来说，啮合点沿着主动齿轮齿廓由靠近其齿根的位置逐步移动到其齿顶。当啮合点移动到主动齿轮 1 的齿顶点 B_1 时，两轮齿将脱离啮合。因此，点 B_1 是主动齿轮 1 的齿顶圆与啮合线 N_1N_2 的交点，也是啮合的终止点。以上就是一对轮齿的啮合过程。

从一对轮齿的啮合过程看，啮合点实际所走过的轨迹只是啮合线 N_1N_2 上的 B_1B_2 这一段，所以称 B_1B_2 为实际啮合线段。考虑到基圆以内没有渐开线，因此啮合线 N_1N_2 是理论上可能达到的最长啮合线段，称其为理论啮合线段，称点 N_1、N_2 为啮合极限点。

为了能够保持两齿轮连续地传动，当一对轮齿即将退出啮合时，下一对轮齿应该已经进入啮合。为此，要求实际啮合线段长度 $\overline{B_1B_2}$ 应大于或等于齿轮的法向齿距 p_b（见图 6-29）。$\overline{B_1B_2}$ 与 p_b 的比值称为齿轮传动的重合度，记为 ε_α。因此，为了确保齿轮连续传动，应有

$$\varepsilon_\alpha = \frac{\overline{B_1B_2}}{p_b} \geqslant 1 \tag{6-29}$$

由图 6-30 和式(6-29)可推导出重合度 ε_α 的计算公式为

$$\varepsilon_\alpha = \frac{\overline{B_1B_2}}{p_b} = \frac{\overline{B_1P} + \overline{B_2P}}{\pi m\cos\alpha} = \frac{z_1(\tan\alpha_{a1} - \tan\alpha') + z_2(\tan\alpha_{a2} - \tan\alpha')}{2\pi} \tag{6-30}$$

其中

$$\overline{B_1P}=\overline{B_1N_1}-\overline{PN_1}=\frac{mz_1}{2}\cos\alpha(\tan\alpha_{a1}-\tan\alpha')$$

$$\overline{B_2P}=\overline{B_2N_2}-\overline{PN_2}=\frac{mz_2}{2}\cos\alpha(\tan\alpha_{a2}-\tan\alpha')$$

式中，α' 为啮合角；α_{a1}、α_{a2} 分别为齿轮 1、2 的齿顶圆压力角。

重合度 ε_α 也可利用作图法求得，如图 6-30 所示。

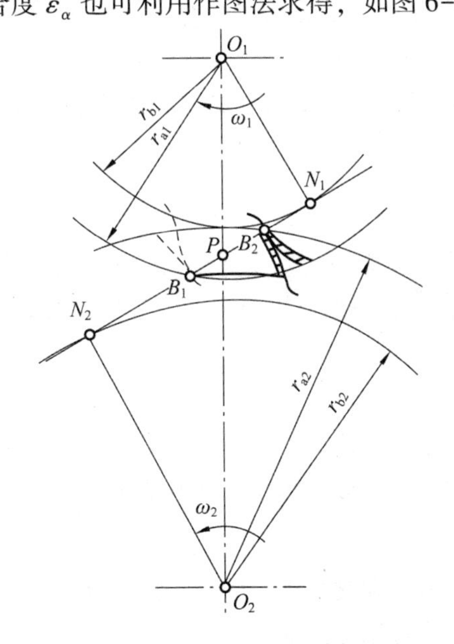

图 6-28　齿轮连续传动条件

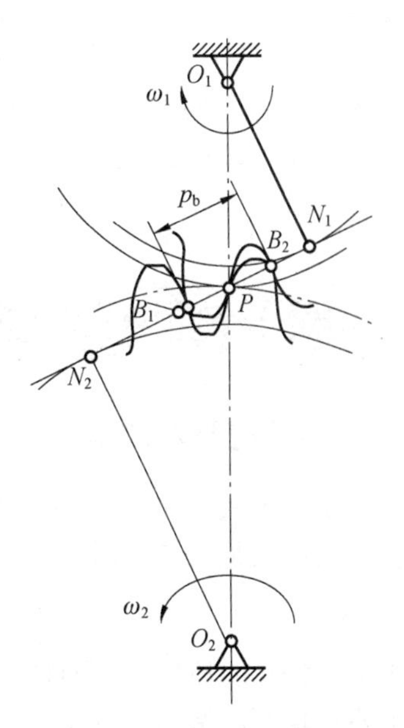

图 6-29　齿轮传动的重合度

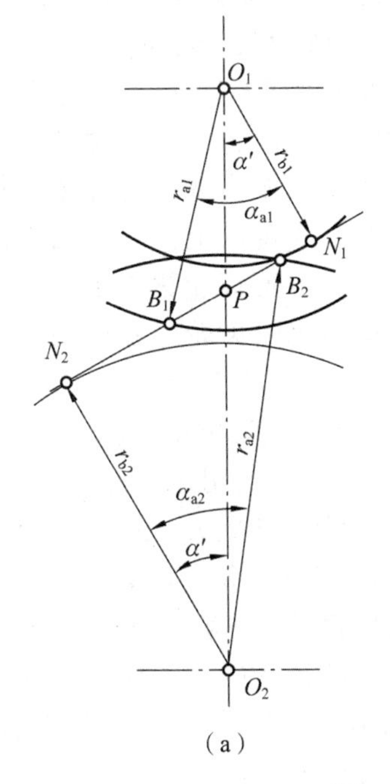

（a）

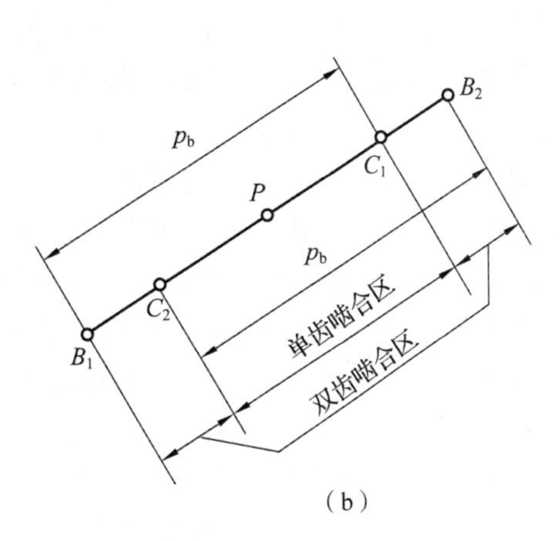

（b）

图 6-30　利用作图法求重合度

由式(6-30)可知，重合度 ε_{α} 与模数 m 无关，它随齿数 z 的增多而加大，对于标准安装的标准齿轮传动，当两齿轮的齿数趋于无穷大时，极限重合度 $\varepsilon_{\alpha,\max}=1.981$。重合度 ε_{α} 还随啮合角 α' 的减小和齿顶高系数 h_{a}^{*} 的增大而增大。

重合度的大小表示同时参与啮合的轮齿对数，$\varepsilon_{\alpha}>1$ 表明齿轮传动过程中有部分时间内至少有两对轮齿同时参与啮合。在图 6-30(b)中，当前一对轮齿的啮合点走到点 C_2 时，后一对轮齿在点 B_2 开始进入啮合，该瞬时有两对轮齿同时参与啮合。随后，两啮合点分别由 B_2、C_2 移动至 C_1、B_1，这一阶段称为双齿啮合，B_2C_1 和 B_1C_2 区段即双齿啮合区。在后一对轮齿啮合点越过点 C_1 之后，进入 C_1C_2 区段时，前一对轮齿已脱离啮合，因此 C_1C_2 区段称为单齿啮合区。

重合度大，意味着同时参与啮合的轮齿对数多，齿轮传动平稳，载荷变动量小。因此，重合度大小对衡量齿轮传动能力有重要意义。

6.6 渐开线齿廓的切削加工

6.6.1 加工的基本原理

齿轮的加工可采用铸造法、冲压法、切削加工法、冷轧法和热轧法等，一般的齿轮通常采用切削加工法。根据加工原理的不同，切削加工法可以分为仿形法和展成法。

1. 仿形法

仿形法加工齿轮时所使用刀具的轴剖面刀刃形状和被加工齿轮齿槽的形状相同。这种切削加工法主要包括铣削法和拉削法等，其中铣削法应用更广泛。

用铣削法加工齿轮时，通常采用的刀具为盘形齿轮铣刀或指形齿轮铣刀，两种刀具对应不同的铣齿方法。铣刀的轴向剖面形状和被加工齿轮齿槽的形状完全相同，铣削法加工在普通卧式或立式铣床上即可进行。利用盘形齿轮铣刀加工时[见图 6-31(a)]，铣刀绕自身的轴线转动，同时被加工齿轮沿着自己的轴线方向运动，加工出整个齿的宽度。一个齿槽加工完后轮坯退回，用分度头将它转过 $360°/z$ 后再加工第二个齿槽。这样依次加工完所有的齿槽后，齿轮加工完毕。盘形齿轮铣刀通常安装在卧式铣床上，用来加工模数较小的齿轮。指形齿轮铣刀[见图 6-31(b)]加工齿轮的方法与盘形齿轮铣刀加工方法基本相同，通常安装在立式铣床上，用于加工模数较大($m>20$ mm)的齿轮，并可用于加工人字齿轮。

仿形法加工齿轮所需的运动有切削运动、进给运动、让刀运动和分度运动，其优点是只需利用普通铣床即可进行齿轮加工，不需专用设备。其缺点也较为明显，具体如下。

(1)加工精度低。齿轮齿廓形状取决于基圆的大小，而基圆半径 $r_{b}=mz\cos\alpha/2$，如果要加工出模数为 m、压力角为 α 的齿轮的精确渐开线齿廓，必须为每种齿数准备至少一把铣刀。为了减少刀具数，工程上加工同样模数、压力角的齿轮时，一般只备有 1~8 号齿轮铣刀，每一种铣刀加工一定齿数范围内的齿轮。铣刀加工齿轮齿数的范围如表 6-4 所示。为了保证加工出来的齿轮在啮合时不被卡住，每一号铣刀都按所加工的那组齿轮中齿数最少的齿轮的齿形制造。因此，用该铣刀加工组中其他齿数的齿轮时，齿形必定存在误差。同时，轮齿分度误差直接影响齿形的精度。

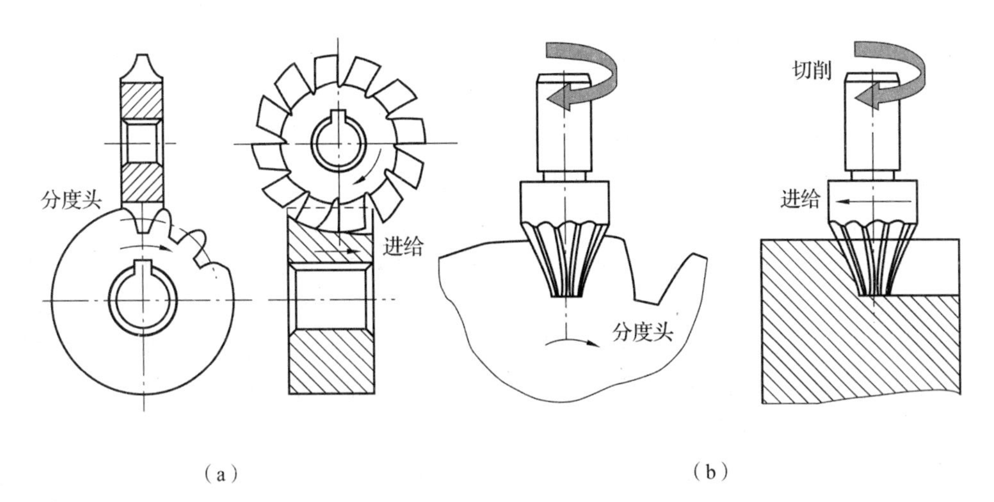

图 6-31　铣削法加工齿轮

（a）盘形齿轮铣刀；（b）指形齿轮铣刀

表 6-4　铣刀加工齿轮齿数的范围

铣刀号数	1	2	3	4	5	6	7	8
所切齿轮的齿数	12～13	14～16	19～20	21～24	25～34	35～54	55～134	>134

（2）加工不连续，生产率低。

因此，仿形法适用于单件精度要求不高或大模数的齿轮加工，也经常用于人字齿轮的加工。

2. 展成法

展成法也称为共轭法或包络法。展成法利用一对齿轮啮合传动时，其齿廓曲线互为包络线的原理加工齿轮。加工时，除了切削和让刀运动，刀具和齿坯之间的运动与一对互相正确啮合的齿轮相同。展成法常用的刀具有齿轮插刀（齿轮型刀具）、齿条插刀（齿条型刀具）和齿轮滚刀 3 种。图 6-32 所示为齿条型刀具的标准齿形。与前述啮合的齿条相比，二者的主要区别在于齿条型刀具的齿顶线高出齿条顶线 c^*m 的距离，即高出了一个标准顶隙，同时刀具顶线与齿廓直线之间的外圆角半径为 0.38m。这样的刀具加工出的齿轮才能保证齿根高中包含了标准顶隙，齿根部的内圆角半径为 0.38m。对刀具来说，分度线被称为中线。对于齿轮型刀具，齿顶高比正常齿轮的齿顶圆高出 c^*m 的距离。采用展成法加工时，一种模数的齿轮只需要一把刀具连续切削，其加工精度高，生产率高，常用于批量生产。

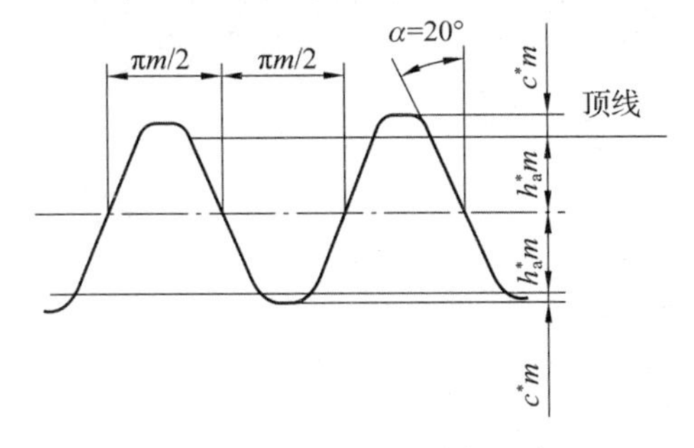

图 6-32　齿条型刀具的标准齿形

(1)齿轮插刀。用齿轮插刀加工齿轮如图6-33所示，齿轮插刀的 m、α 与被加工齿轮一样，外形像一个有刀刃的外齿轮。采用齿轮插刀加工齿轮所需的运动如下。

①展成运动。插刀和轮坯按预定的传动比 $i = \omega_0/\omega = z/z_0$ 回转。

②切削运动。插刀沿轮坯的轴线方向做往复切削运动。

③进给运动。插刀向轮坯的中心做径向运动，最终切出轮齿的高度。

④让刀运动。为了防止刀具向上退刀时擦伤已加工的齿面，轮坯做微小的径向让刀运动，刀刃再切削时，轮坯回位。

(2)齿条插刀。用齿条插刀加工齿轮如图6-34所示，刀具与轮坯的展成运动相当于齿轮与齿条的啮合运动，其切齿原理与用齿轮插刀加工齿轮的原理相同。

(3)齿轮滚刀。无论用齿轮插刀还是用齿条插刀加工齿轮，切削都不是连续的。为了克服这一缺点，工程中多使用滚齿加工。滚齿加工用的齿轮滚刀外形如图6-35(a)所示，它相当于轴剖面为直线齿廓的螺杆，如图6-35(b)所示。滚刀旋转时，相当于直线齿廓的齿条沿其轴线方向连续不断地移动，从而可加工出任意齿数的齿轮。

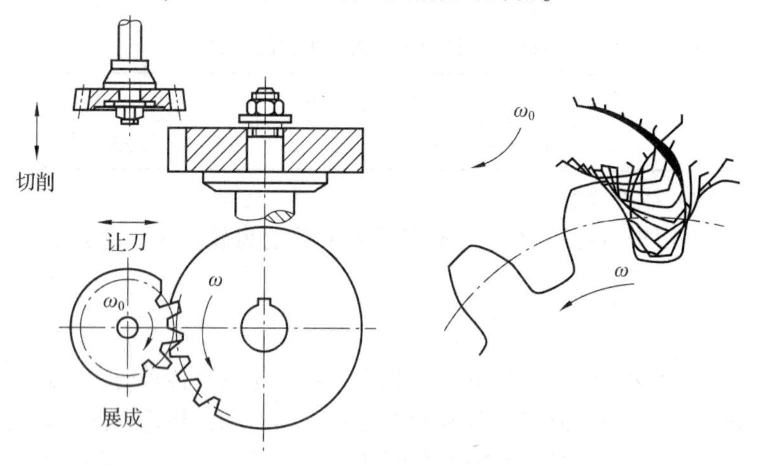

图6-33　用齿轮插刀加工齿轮

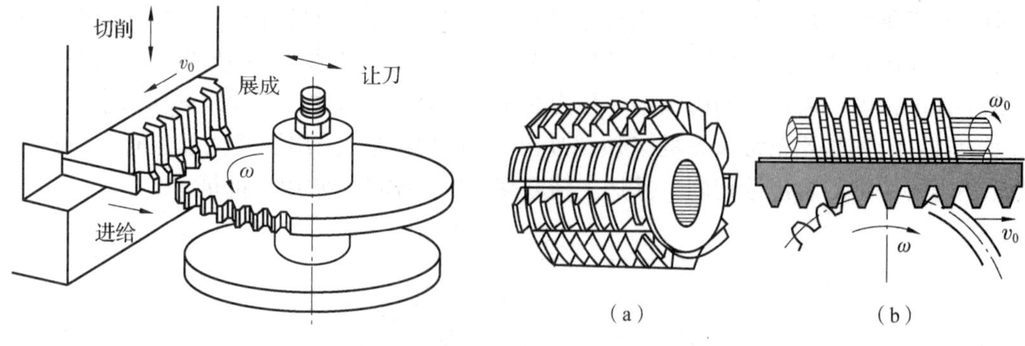

图6-34　用齿条插刀加工齿轮

图6-35　齿轮滚刀

齿轮滚刀的形状像一个螺旋，二者的不同之处在于沿刀具轴线开了若干条沟槽作为切削刃，以利于切削。当滚刀转动时，在轮坯回转面内便相当于有一个无限长的齿条在连续不断地单向移动，如图6-36所示。加工齿轮时，滚刀和轮坯各绕自己的轴线等速回转，其传动比 $i = \omega_0/\omega = z/z_0$，同时滚刀沿轮坯的轴线方向做缓慢的往复移动，以切出整个齿宽上的轮齿。

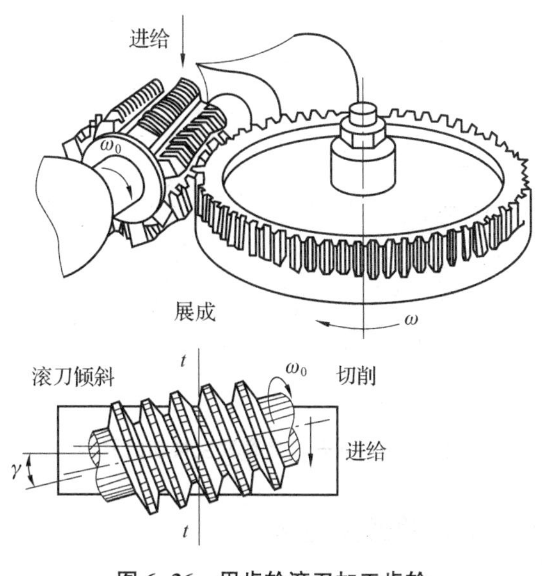

图 6-36　动画

图 6-36　用齿轮滚刀加工齿轮

滚齿法既能加工直齿轮(加工直齿轮时刀具要倾斜)，又能加工斜齿轮，是齿轮加工中普遍应用的方法。生产上最常用的齿轮滚刀是阿基米德螺旋线滚刀。

6.6.2　根切现象及其产生的原因

用展成法加工渐开线标准齿轮时，加工结束后刀具的分度线(或分度圆)与被加工齿轮的分度圆相切。在模数一定的情况下，被加工的齿轮齿数越小，其直径越小，就需要刀具离被加工齿轮越近。如果刀具离被加工齿轮过近，刀具的顶部会切入被加工好的轮齿的根部，将基圆部分的渐开线切去一部分，这种现象称为渐开线齿廓的根切，如图 6-37 所示。根切使轮齿的重合度降低，对齿轮的传动质量有较大的影响，应设法避免。

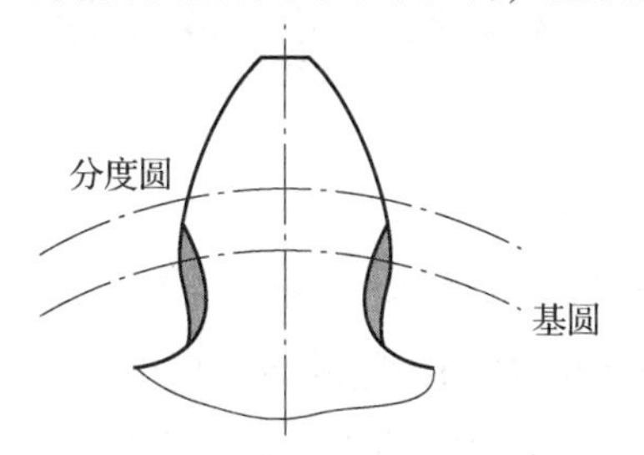

图 6-37　渐开线齿廓的根切

图 6-38 所示为渐开线齿廓发生根切的原因。齿轮毛坯以角速度 ω 逆时针方向旋转，齿条刀具自左向右以速度 $v=r\omega$ 移动，刀具的节线与轮坯的分度圆相切。根据齿轮齿条啮合特点，齿条刀具的切削刃将从点 B_1 开始切制被加工齿轮毛坯上的渐开线。随着啮合运动对应的刀具与毛坯展成加工的进行，当刀具移动到位置 3 时，加工出轮坯的渐开线齿廓 N_1。如果此时刀具齿顶线不超过点 N_1，那么当刀具继续向右进行展成运动时，刀具齿顶已脱离啮合线 B_1N_1，齿条刀具和轮坯上的齿廓不再啮合(即刀具不再切削轮坯)，所以不发生根切；如果此时刀具齿顶线在点 N_1 以上，那么当刀具继续向右进行展成运动时，便会发生根切，一直切削到点 B_2 为止。

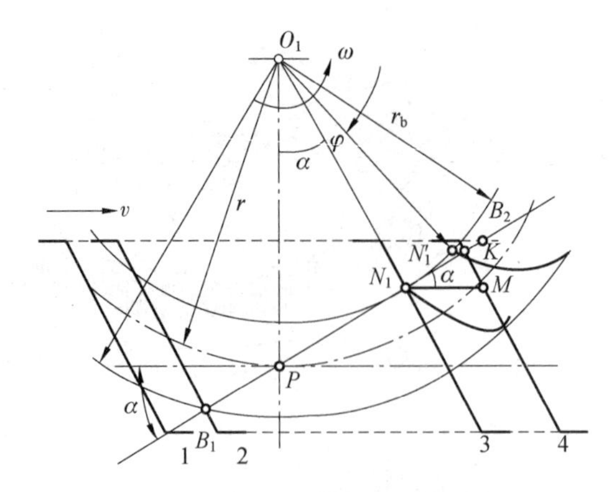

图 6-38　渐开线齿廓发生根切的原因

6.6.3　标准齿轮无根切的最少齿数

为了避免产生根切现象，图 6-38 中的啮合极限点 N_1 必须位于刀具齿顶线以上，即应使 $\overline{PN_1}\sin\alpha \geqslant h_a^* m$，由此可求得被切齿轮不发生根切的最少齿数为

$$z_{\min} = \frac{2h_a^*}{\sin^2\alpha} \tag{6-31}$$

可见，标准齿轮不发生根切现象的最少齿数是齿顶高系数和分度圆压力角的函数。当 $h_a^* = 1$、$\alpha = 20°$ 时，$z_{\min} = 17$。但是，当轮齿有轻微根切时，由于增大了齿根圆角半径，而这对轮齿抗弯强度有利，故工程上也经常允许轮齿发生轻微根切，这时可取 $z_{\min} = 14$。

6.7　变位齿轮

6.7.1　问题的提出

在实际生产中，有时需要制造齿数少于最小齿数 $z_{\min}$ 而又不产生根切的齿轮。由式(6-31)可见，为了使不产生根切的被切齿轮的齿数更少，可以减少齿顶高系数 h_a^* 及加大压力角 α。由于减小 h_a^* 将使重合度减小，增大 α 将使功率损耗增加，降低传动效率，而且要采用非标准刀具，因此这两种方法应尽量不采用。

解决上述问题的最好方法是将齿条刀具由切削标准齿轮的位置相对于轮坯中心向外移出一段距离 xm，从而使刀具的齿顶线不超过啮合极限点，这样就不会发生根切现象了。

6.7.2　变位齿轮的概念

通过改变刀具与轮坯的相对位置来加工齿轮的方法称为变位修正法，用该方法加工的齿轮称为变位齿轮。与切制标准齿轮的刀具位置相比，常用 xm 表示刀具移动的距离，称为变位量，其中 x 称为变位系数。

用变位修正法加工齿轮如图 6-39 所示，此时齿条刀具的分度线不与轮坯的分度圆相切，而是与轮坯的分度圆相离或相割。这样，与被切齿轮分度圆相切并做纯滚动的已不再是刀具的分度线，而是另一条与分度线平行的直线，称为刀具的节线。当刀具分度线与轮坯分度圆相离 xm 时，刀具远离齿坯中心，$x>0$，称为正变位，加工出来的齿轮为正变位齿轮；反之，当刀具分度线与轮坯分度圆相割 xm 时，刀具靠近齿坯中心，$x<0$，称为负变位，加工出的齿轮为负变位齿轮。

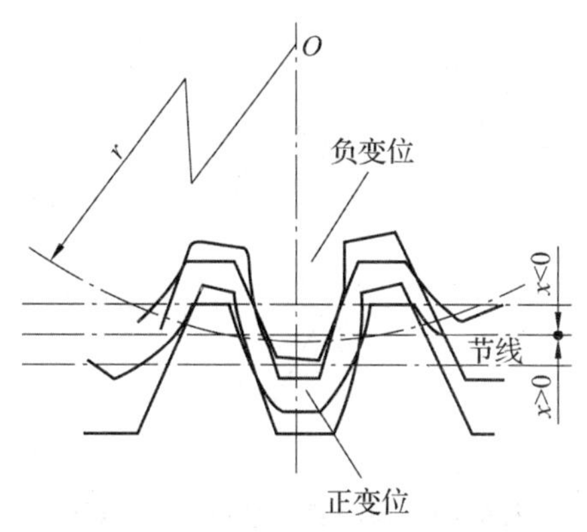

图 6-39　用变位修正法加工齿轮

与相同参数(模数和压力角相同)的标准齿轮相比，变位齿轮的分度圆、基圆、齿距、基圆齿距、全齿高不变，而齿顶圆、齿根圆、齿顶高、齿根高、分度圆齿厚和齿槽宽等均发生了改变。又因变位齿轮的模数、压力角不变，其基圆不变，故变位齿轮齿廓和标准齿轮齿廓是同一条渐开线，发生改变的仅是变位齿轮的齿廓曲率半径。正变位齿轮齿廓是离基圆较远的一段渐开线，其平均曲率半径较大；负变位齿轮齿廓是离基圆较近的一段渐开线，其平均曲率半径较小。变位齿轮和标准齿轮的齿廓如图 6-40 所示。由图可知，正变位齿轮齿根部分的齿厚增大，齿轮的抗弯强度得到提高，但齿顶减薄，负变位齿轮则与其相反。

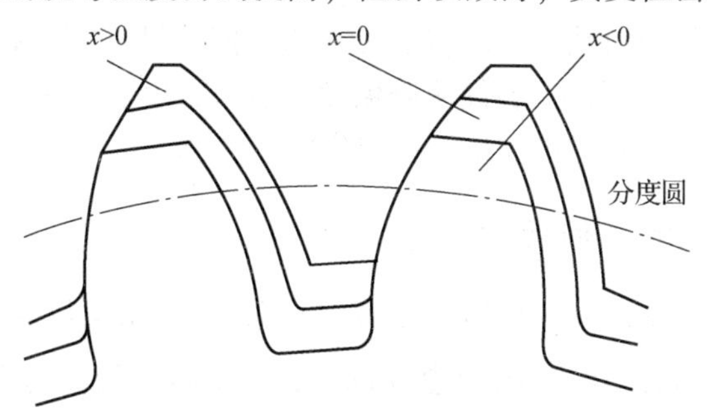

图 6-40　变位齿轮和标准齿轮的齿廓

6.7.3　避免根切的最小变位系数

用展成法加工齿数少于最小齿数的齿轮时，为避免发生根切，必须采用正变位加工。当加工正变位齿轮时，应保证刀具的齿顶线正好通过理论啮合极限点 N_1，此时刀具的移动量(变位量 xm)最小，其最小变位系数 x_{min} 的计算示意图如图 6-41 所示。

为了使刀具齿顶线上的点 B_2 不超过点 N_1，应保证

$$(h_a^* - x)m \leqslant \overline{PN_1}\sin\alpha \tag{6-32}$$

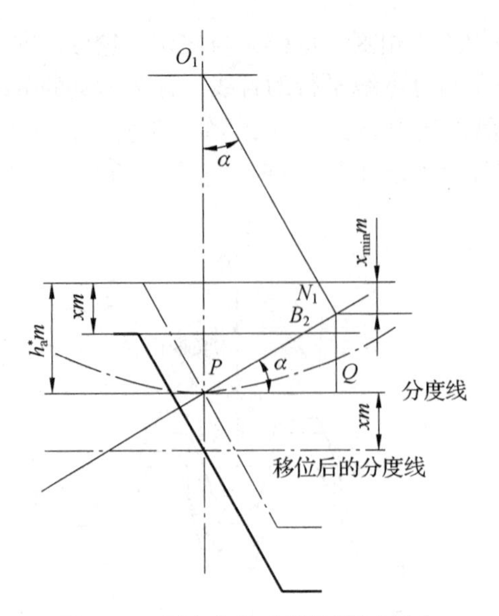

图 6-41　最小变位系数计算示意图

由于 $\overline{PN_1} = \frac{mz}{2}\sin\alpha$，代入式(6-32)得

$$x \geqslant h_a^* - \frac{z}{2}\sin^2\alpha \tag{6-33}$$

结合式(6-31)，整理可得不发生根切的最小变位系数为

$$x_{min} = h_a^* \frac{z_{min} - z}{z_{min}} \tag{6-34}$$

由式(6-34)可知，当被切齿数 $z < z_{min}$ 时，x_{min} 为正值，必须切制正变位齿轮且 $x > x_{min}$ 才可避免发生根切；当被切齿数 $z > z_{min}$ 时，x_{min} 为负值，只要保证 $x > x_{min}$，即使切制负变位齿轮也不至于发生根切。因此，若仅从避免发生根切的角度考虑，当 x_{min} 为正时，必须采用正变位；当 x_{min} 为负时，采用正变位、负变位、不变位均可。

6.7.4　变位齿轮的几何尺寸

变位齿轮的几何尺寸如图 6-42 所示。由图可知，切制正变位齿轮时，与被切齿轮分度圆相切的是刀具节线。刀具节线上的齿槽宽较刀具分度线上的齿槽宽增大了 $2\overline{KJ}$，由于轮坯分度圆与刀具节线做纯滚动，因此正变位齿轮齿厚也增大了 $2\overline{KJ}$。而由 $\triangle IKJ$ 可知，$\overline{KJ} = xm\tan\alpha$。因此，正变位齿轮的齿厚为

$$s = \frac{\pi m}{2} + 2\overline{KJ} = \left(\frac{\pi}{2} + 2x\tan\alpha\right)m \tag{6-35}$$

又由于齿条型刀具的齿距恒等于 πm，因此正变位齿轮的齿槽宽为

$$e = \left(\frac{\pi}{2} - 2x\tan\alpha\right)m \tag{6-36}$$

由图 6-42 可知，采用正变位量 xm 切出的正变位齿轮，其齿根高比标准齿轮减小了 xm，即

$$h_f = h_a^* m + c^* m - xm = (h_a^* + c^* - x)m \tag{6-37}$$

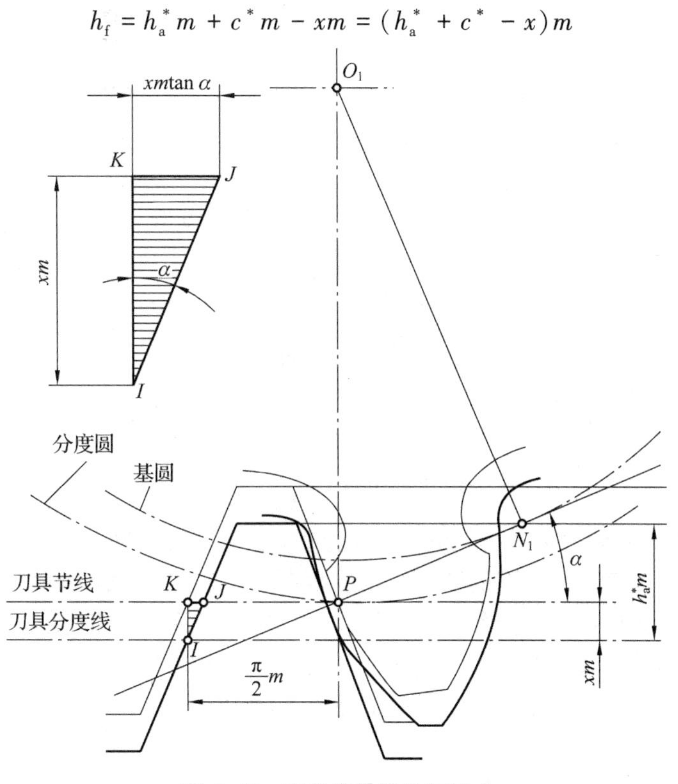

图 6-42　变位齿轮的几何尺寸

为了保持全齿高不变(暂不计保持全齿高不变对顶隙的影响)，齿顶高应比标准齿轮增大 xm，这时齿顶高为

$$h_a = h_a^* m + xm = (h_a^* + x)m \tag{6-38}$$

因此，齿顶圆半径为

$$r_a = r + (h_a^* + x)m \tag{6-39}$$

对于负变位齿轮，上述公式同样适用，需注意其变位系数 x 为负。

1. 变位齿轮传动的条件

变位齿轮传动的正确啮合条件与标准齿轮传动相同[见式(6-25)]，其连续传动条件也与标准齿轮传动相同[见式(6-29)]。另外，变位齿轮传动也应满足无侧隙啮合和顶隙为标准值的要求。

2. 变位齿轮传动的无侧隙啮合方程

为保证无侧隙啮合，一齿轮在节圆上的齿厚 s' 应等于另一齿轮在节圆上的齿槽宽 e'，即 $s'_1 = e'_2$ 或 $s'_2 = e'_1$。因此，两齿轮节圆上的齿距为

$$p' = s'_1 + e'_1 = s'_2 + e'_2 = s'_1 + s'_2 \tag{6-40}$$

根据 $r_b = r\cos\alpha = r'\cos\alpha'$ 可推得

$$\frac{p'}{p} = \frac{\dfrac{2\pi r'}{z}}{\dfrac{2\pi r}{z}} = \frac{r'}{r} = \frac{\cos\alpha}{\cos\alpha'}$$

$$p' = p\frac{\cos\alpha}{\cos\alpha'}$$

将上式代入式(6-40)，得

$$p\frac{\cos\alpha}{\cos\alpha'} = s'_1 + s'_2$$

而 $s'_1 = s_i r'_i / r_i - 2r'_i(\text{inv}\,\alpha' - \text{inv}\,\alpha)$，$i = 1$、2，由此可得

$$s_1 = \frac{\pi m}{2} + 2x_1 m\tan\alpha$$

$$s_2 = \frac{\pi m}{2} + 2x_2 m\tan\alpha$$

将其代入式(6-40)并整理后可得

$$\text{inv}\,\alpha' = 2\tan\alpha\frac{x_1 + x_2}{z_1 + z_2} + \text{inv}\,\alpha \qquad (6\text{-}41)$$

式中，z_1 和 z_2 分别为两轮的齿数；α 为分度圆压力角；α' 为啮合角；$\text{inv}\,\alpha$ 和 $\text{inv}\,\alpha'$ 分别为 α、α' 的渐开线函数，其值可由已有的渐开线函数表查取；x_1、x_2 分别为两轮的变位系数。

式(6-41)称为无侧隙啮合方程，它表明：若两轮变位系数之和 $(x_1 + x_2)$ 不等于零，则其啮合角 α' 将不等于分度圆压力角。此时，两轮的实际中心距将不等于其标准中心距。

设两轮做无侧隙啮合时的中心距为 a'，它与标准中心距之差为 ym，其中 m 为模数，y 称为中心距变动系数，则

$$a' = a + ym \qquad (6\text{-}42)$$

故

$$y = (z_1 + z_2)\frac{\dfrac{\cos\alpha}{\cos\alpha'} - 1}{2} \qquad (6\text{-}43)$$

要保证两轮之间具有标准顶隙 $c = c^* m$，两轮的中心距 a'' 应为

$$\begin{aligned} a'' &= r_{a1} + c + r_{f2} = r_1 + (h_a^* + x_1)m + c^* m + r_2 - (h_a^* + c^* - x_2)m \\ &= a + (x_1 + x_2)m \end{aligned} \qquad (6\text{-}44)$$

由式(6-42)和式(6-44)可知，如果 $y = x_1 + x_2$，就可同时满足上述两个条件。但经证明，只要 $x_1 + x_2 \neq 0$，总是有 $x_1 + x_2 > y$，即 $a'' > a'$。工程上为了解决这一矛盾，采用如下办法：两轮按无侧隙中心距 $a' = a + ym$ 安装，将两轮的齿顶高各减短 Δym 以满足标准顶隙要求。Δy 称为齿顶高降低系数，其值为

$$\Delta y = (x_1 + x_2) - y \qquad (6\text{-}45)$$

这时，齿轮的齿顶高为

$$h_a = h_a^* m + xm - \Delta ym = (h_a^* + x - \Delta y)m \qquad (6\text{-}46)$$

3. 变位齿轮传动的类型及其特点

按照相互啮合的两齿轮的变位系数和(x_1+x_2)之值的不同，可将变位齿轮传动分为以下 3 种基本类型。

(1) $x_1 + x_2 = 0$ 且 $x_1 = x_2 = 0$。此类为标准齿轮传动。

(2) $x_1 + x_2 = 0$ 且 $x_1 = -x_2 \neq 0$。此类齿轮传动称为等变位齿轮传动(又称高度变位齿轮传动)。由于 $x_1 + x_2 = 0$，故

$$\alpha' = \alpha,\ a' = a,\ y = 0,\ \Delta y = 0$$

即其啮合角等于分度圆压力角，中心距等于标准中心距，节圆与分度圆重合，齿顶高不需要降低。

对于等变位齿轮传动，为有利于强度的提高，小齿轮应采用正变位，大齿轮应采用负变位，使大、小齿轮的强度趋于接近，从而使齿轮的承载能力提高。

(3) $x_1 + x_2 \neq 0$。此类齿轮传动称为不等变位齿轮传动(又称为角度变位齿轮传动)。$x_1 + x_2 > 0$ 时称为正传动；$x_1 + x_2 < 0$ 时称为负传动。

①正传动。由于此时 $x_1 + x_2 > 0$，根据式(6-28)、式(6-41)、式(6-43)、式(6-46)可得

$$\alpha' > \alpha,\ a' > a,\ y > 0,\ \Delta y > 0$$

即在正传动中，其啮合角 α' 大于分度圆压力角 α，中心距 a' 大于标准中心距 a，两轮的分度圈分离，齿顶高需缩减。

正传动的优点是可以减小齿轮机构的尺寸，能使齿轮机构的承载能力有较大提高；其缺点是重合度减小较多。

②负传动。由于此时 $x_1 + x_2 < 0$，故

$$\alpha' < \alpha,\ a' < a,\ y < 0,\ \Delta y > 0$$

负传动的优缺点正好与正传动的优缺点相反，即其重合度略有增加，但轮齿的强度有所下降。负传动只适用于配凑中心距这种特殊需要的场合。

综上所述，采用变位修正法加工渐开线齿轮，不仅可以避免根切，而且可以用来提高齿轮机构的承载能力、配凑中心距和减小机构的几何尺寸等，并且仍可采用标准刀具加工，并不增加制造的困难。正因为如此，其在各重要传动中被广泛地采用。

4. 变位齿轮传动的设计步骤

从机械原理角度来看，遇到的变位齿轮传动设计问题可以分为如下两类。

(1)已知中心距的设计。这时的已知条件是 z_1、z_2、m、α、a、a'，其设计步骤如下。

①由式(6-28)确定啮合角

$$\alpha' = \arccos \frac{a\cos \alpha}{a'}$$

②由式(6-41)确定变位系数

$$x_1 + x_2 = \frac{(\mathrm{inv}\ \alpha' - \mathrm{inv}\ \alpha)(z_1 + z_2)}{2\tan \alpha}$$

③由式(6-42)确定中心距变动系数

$$y = \frac{a' - a}{m}$$

④由式(6-45)确定齿顶高降低系数

$$\Delta y = (x_1 + x_2) - y$$

⑤分配变位系数 x_1、x_2，并按表 6-5 给出的公式计算变位齿轮的几何尺寸。

(2)已知变位系数的设计。这时的已知条件是 z_1、z_2、m、α、x_1、x_2、a'，其设计步骤如下。

①由式(6-41)确定啮合角

$$\operatorname{inv} \alpha' = \frac{2\tan \alpha(x_1 + x_2)}{z_1 + z_2} + \operatorname{inv} \alpha$$

②由式(6-28)确定中心距

$$\alpha' = \arccos \frac{a\cos \alpha}{a'}$$

③由式(6-42)及式(6-43)确定中心距变动系数 y 及齿顶高降低系数 Δy。

④按表 6-5 给出的公式计算变位齿轮的几何尺寸。

表 6-5　变位齿轮的几何尺寸计算公式

名称	符号	标准齿轮传动	等变位齿轮传动	不等变位齿轮传动
变位系数	x	$x_1 = x_2 = 0$	$x_1 = -x_2 \neq 0$ $x_1 + x_2 = 0$	$x_1 + x_2 \neq 0$
节圆直径	d'	$d'_i = d_i = z_i m (i = 1, 2)$		$d'_i = d_i \cos \alpha / \cos \alpha'$
啮合角	α'	$\alpha' = \alpha$		$\cos \alpha' = (a\cos \alpha)/a'$
齿顶高	h_a	$h_a = h_a^* m$	$h_{ai} = (h_a^* + x_i)m$	$h_{ai} = (h_a^* + x_i - \Delta y)m$
齿根高	h_f	$h_f = (h_a^* + c^*)m$	$h_{fi} = (h_a^* + c^* - x_i)m$	
齿顶圆直径	d_a	$d_{ai} = d_i + 2h_{ai}$		
齿根圆直径	d_f	$d_{fi} = d_i - 2h_{fi}$		
中心距	a	$a = (d_1 + d_2)/2$		$a' = (d'_1 + d'_2)/2$
中心距变动系数	y	$y = 0$		$y = (a' - a)/m$
齿顶高降低系数	Δy	$\Delta y = 0$		$\Delta y = x_1 + x_2 - y$

6.8　斜齿圆柱齿轮机构

研究齿轮时，经常需要使用与轮齿垂直的平面，即法向平面，简称法面。当然，对于直齿轮来说，法面和端面(垂直于齿轮轴线的平面)重合。直齿圆柱齿轮的啮合如图 6-43 所示，从端面看，两齿廓接触于一点，但齿轮轮齿有一定宽度，因此两齿廓的啮合实际上以沿平行于齿轮轴线的直线段相互接触。圆柱齿轮的轮齿均布于圆柱上，与端面内齿根圆、齿顶圆和分度圆对应，有齿根圆柱、齿顶圆柱和分度圆柱，齿廓曲线及其啮合实际上应该是齿廓曲面及其啮合。两个直齿轮啮合时，轮齿沿整个齿宽同时进入接触或同时分离，因而容易引起冲击、振动和噪声。同时，直齿轮传动的重合度小，因而每对轮齿的负荷及其变化大，传动不够平稳。因此，直齿轮不适用于高速重载的传动。

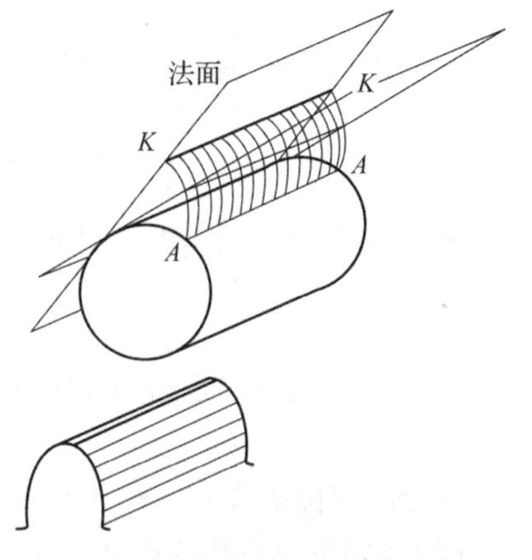

图 6-43　直齿圆柱齿轮的啮合

斜齿圆柱齿轮传动可以克服直齿轮传动的上述缺点。斜齿圆柱齿轮传动常分为两种类型：平行轴斜齿圆柱齿轮传动和交错轴斜齿圆柱齿轮传动。前者两啮合齿轮的轴线平行，后者交错。本教材仅介绍平行轴斜齿圆柱齿轮传动，后续如无特殊说明，斜齿轮传动即指平行轴斜齿圆柱齿轮传动。

6.8.1　斜齿圆柱齿轮齿面的形成

由图 6-43 可知，直齿圆柱齿轮的齿廓曲面是发生面绕基圆柱做纯滚动时，发生面上一条与齿轮轴线平行的直线 *KK* 所展成的渐开面。斜齿圆柱齿轮的啮合与直齿轮相似，只是直线 *KK* 不再与齿轮的轴线平行，而是成一交角 β_b， 如图 6-44 所示。当发生面绕基圆柱做纯滚动时，直线 *KK* 上各点都形成渐开线，这些渐开线的集合就是斜齿圆柱齿轮的齿廓曲面。从斜齿轮齿廓曲面的形成过程可知，斜齿轮的端面齿廓为精确的渐开线。如果将发生面缠绕在基圆柱上，直线 *KK* 绕在基圆柱上形成螺旋线 *AA*， 绕在任意大于基圆柱的圆柱上时仍是螺旋线，故直线 *KK* 所形成的曲面为螺旋渐开面，β_b 即为轮齿在基圆柱上的螺旋角。

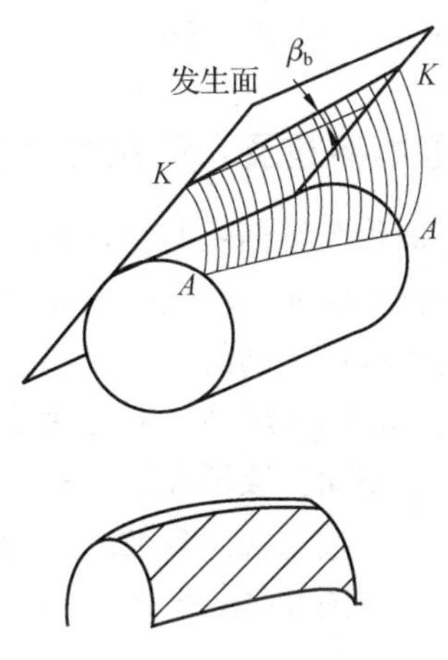

图 6-44　斜齿圆柱齿轮的啮合

斜齿圆柱齿轮的齿廓曲面如图 6-45 所示，齿轮 1 的齿廓曲面的发生面也是齿轮 2 齿廓曲面的发生面，两齿轮通过线接触实现啮合。在齿轮 1 上看，齿轮 1 与齿轮 2 接触线的轨迹(或集合)为齿轮 1 的齿廓曲面。在齿轮 2 上看，齿轮 1 与齿轮 2 接触线的轨迹(或集合)为齿轮 2 的齿廓曲面。在机架上看，齿轮 1 与齿轮 2 接触线的轨迹(或集合)为齿轮 1 与 2 的啮合面，这个啮合面也是齿轮 1 与齿轮 2 之间受力的作用面，是齿轮 1 和齿轮 2 基圆柱的内公切面。对于斜齿轮，两啮合齿面的接触线 *KK* 与轴线方向成一角度 β_b。当轮齿的一端进入啮合时，轮齿的另一端要滞后一个角度才进入啮合。轮齿从开始啮合至脱离啮合，其齿面接触线如图 6-45 所示，从啮合开始，齿面上的接触线段先由短变长，然后又由长变短，直至脱离啮合。这样的啮合方式不但延长了每对轮齿的啮合时间，增加了重合度，而且两轮轮齿逐渐进入啮合并逐渐脱离啮合，从而减少了传动的冲击、振动及噪声，提高了传动的平稳性。与直齿轮相比，斜齿轮传动具有更优良的传动性能，因此在高速、大功率传动装置中获得了广泛的应用。

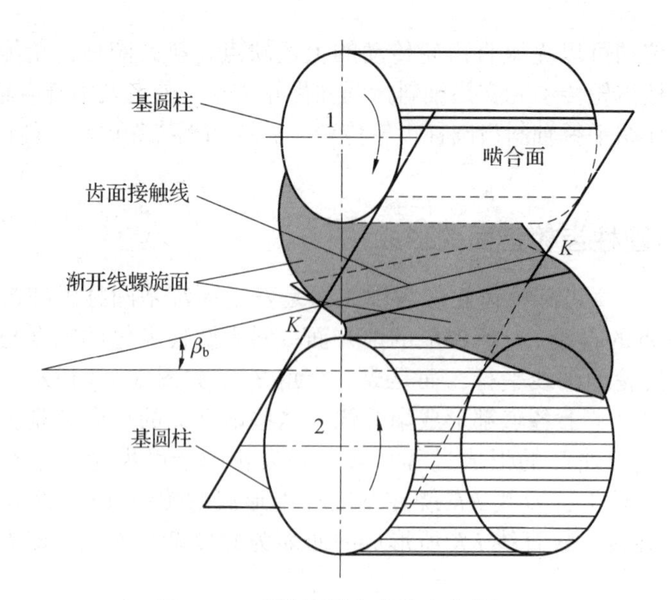

图 6-45　斜齿圆柱齿轮的齿廓曲面

6.8.2　斜齿圆柱齿轮的基本参数及几何尺寸计算

在斜齿轮上，与轴线垂直的平面称为端面；与分度圆柱面螺旋线垂直的平面称为法面；与分度圆柱上的螺旋线垂直的方向称为法向。端面中的参数和法向参数分别加下标 t 和 n 表示。因为斜齿轮端面齿形和法向齿形是不相同的，所以斜齿轮的端面参数与法向参数也不相同。又因为在加工斜齿轮时，刀具进刀的方向一般是垂直于其法向的，所以其法向参数（m_n、a_n、h_{an}^*、c_n^* 等）与刀具的参数相同，取标准值。但在计算斜齿轮的几何尺寸时，却需按端面参数进行，因此必须建立法向参数与端面参数之间的换算关系。

把一斜齿轮的分度圆柱面展开，如图 6-46 所示，此长方形中阴影线部分为轮齿，空白部分为齿槽。

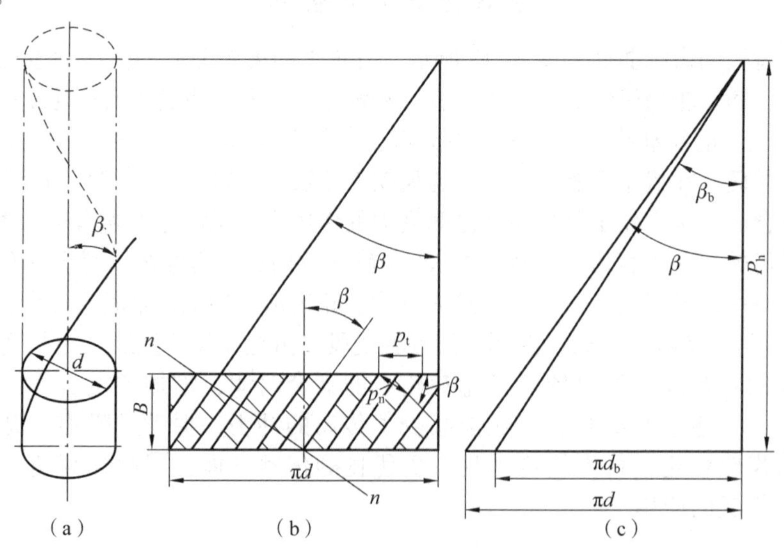

图 6-46　展开斜齿轮的分度圆柱面

设斜齿轮螺旋线的导程为 P_h，由图 6-46(c)可知

$$\tan\beta=\frac{\pi d}{P_h},\ \tan\beta_b=\frac{\pi d_b}{P_h}$$

根据以上两式，可得

$$\frac{\tan\beta_b}{\tan\beta}=\frac{d_b}{d}=\cos\alpha_t \tag{6-47}$$

式中，α_t 为斜齿轮的端面压力角。

由图 6-46(b)可知

$$p_n=p_t\cos\beta \tag{6-48}$$

根据 $p_n=\pi m_n$，$p_t=\pi m_t$，可得

$$m_n=m_t\cos\beta \tag{6-49}$$

为便于分析，用斜齿条说明法向压力角与端面压力角之间的关系。图 6-47 所示为斜齿条的一个轮齿，$\triangle a'b'c$ 在法面上，$\triangle abc$ 在端面上。

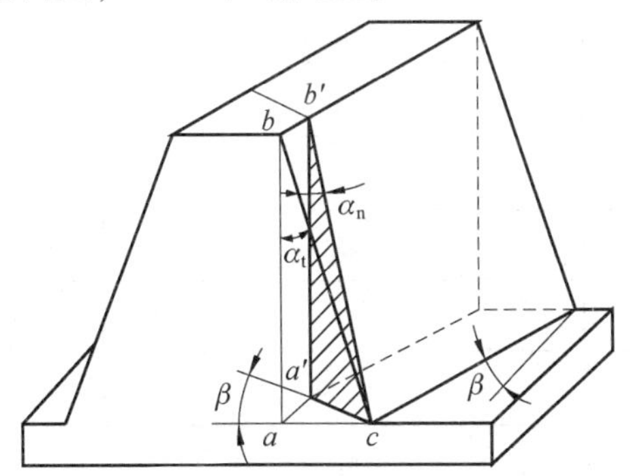

图 6-47　斜齿条的一个轮齿

由图可得

$$\tan\alpha_n=\tan\angle a'b'c=\frac{\overline{a'c}}{\overline{a'b'}}$$

$$\tan\alpha_t=\tan\angle abc=\frac{\overline{ac}}{\overline{ab}}$$

由于 $\overline{ab}=\overline{a'b'}$，$\overline{a'c}=\overline{ac}\cos\beta$，可得

$$\tan\alpha_n=\tan\alpha_t\cos\beta \tag{6-50}$$

无论从法面还是端面看，斜齿轮的齿顶高和齿根高都是相同的，即

$$h_a=h_{an}^*m_n=h_{at}^*m_t$$

$$h_f=(h_{an}^*+c_n^*)m_n=(h_{at}^*+c_t^*)m_t$$

所以

$$h_{at}^*=h_{an}^*\cos\beta \tag{6-51}$$

$$c_t^*=c_n^*\cos\beta \tag{6-52}$$

式中，h_{at}^* 和 c_t^* 分别为端面齿顶高系数和顶隙系数。

从端面看，一对斜齿轮传动相当于一对直齿轮传动，因此可将直齿轮的几何尺寸计算公

式用于斜齿轮。渐开线标准斜齿圆柱齿轮传动(外啮合)参数的计算公式如表 6-6 所示。

表 6-6　渐开线标准斜齿圆柱齿轮传动(外啮合)参数的计算公式

名称	符号	计算公式
螺旋角	β	一般取 8° ~ 20°
基圆柱螺旋角	β_b	$\tan\beta_b = \tan\beta\cos\alpha_t$
法向模数	m_n	按表 6-1，取标准模数
端面模数	m_t	$m_t = m_n/\cos\beta$
法向压力角	α_n	$\alpha_n = 20°$
端面压力角	α_t	$\tan\alpha_t = \tan\alpha_n/\cos\beta$
法向齿距	p_n	$p_n = \pi m_n$
端面齿距	p_t	$p_t = \pi m_t = p_n/\cos\beta$
法向基圆齿距	p_{bn}	$p_{bn} = p_n\cos\alpha_n$
法向齿顶高系数	h_{an}^*	$h_{an}^* = 1$
法向顶隙系数	c_n^*	$c_n^* = 0.25$
分度圆直径	d	$d = zm_t = zm_n/\cos\beta$
基圆直径	d_b	$d_b = d\cos\alpha_t = zm_t\cos\alpha_t$
最少齿数	z_{min}	$z_{min} = z_{v,\ min}\cos^3\beta$
端面变位系数	x_t	$x_t = x_n\cos\beta$
齿顶高	h_a	$h_a = m_n(h_{an}^* + x_n)$
齿根高	h_f	$h_f = m_n(h_{an}^* + c_n^* - x_n)$
齿顶圆直径	d_a	$d_a = d + 2h_a$
齿根圆直径	d_f	$d_f = d - 2h_f$
法向齿厚	s_n	$s_n = (\pi/2 + 2x_n\tan\alpha_n)m_n$
端面齿厚	s_t	$s_t = (\pi/2 + 2x_t\tan\alpha_t)m_t$
中心距	a	$a = m_n(z_1 + z_2)/2\cos\beta$

注：(1)端面模数 m_t 应计算到小数点后 4 位，其余长度尺寸应计算到小数点后 3 位。

(2)螺旋角 β 的计算应精确到 ××°××′××″。

6.8.3　斜齿圆柱齿轮的当量齿轮

斜齿圆柱齿轮的当量齿轮如图 6-48 所示，当用盘形齿轮铣刀加工斜齿轮时，切削刃位于轮齿的法面内，并沿轮齿的螺旋线方向进刀。这样加工出的斜齿轮，不仅齿轮的法向模数和压力角与刀具相同，而且法面的齿形也与切削刃的形状对应。因此选择齿轮铣刀时，刀具的模数和压力角取决于齿轮的法向模数及法向压力角，而且需要以与斜齿轮法向齿廓相当的直齿轮齿数决定刀具编号。将与斜齿轮法向齿形相当的虚拟直齿轮称为该斜齿轮的当量齿轮，其齿数称为当量齿数 z_v。

过斜齿轮分度圆螺旋线上一点 c，作轮齿螺旋线的法面，将斜齿轮的分度圆柱剖开，其剖面为椭圆形。在此剖面上，点 c 的齿形为斜齿轮法面的齿形，其曲率半径则为当量齿轮分度圆的曲率半径，即当量齿轮分度圆半径。显然，如果以点 c 的曲率半径 ρ 为半径的圆作为虚拟直齿轮的分度圆，并设此虚拟直齿轮的模数和压力角分别等于该斜齿轮的法向模数和法向压力角，那么这样的虚拟直齿轮就是该斜齿轮的当量齿轮，其齿数即为当量齿数。可见，虚拟直齿轮分度圆上的齿廓与斜齿轮的法向齿廓相同。

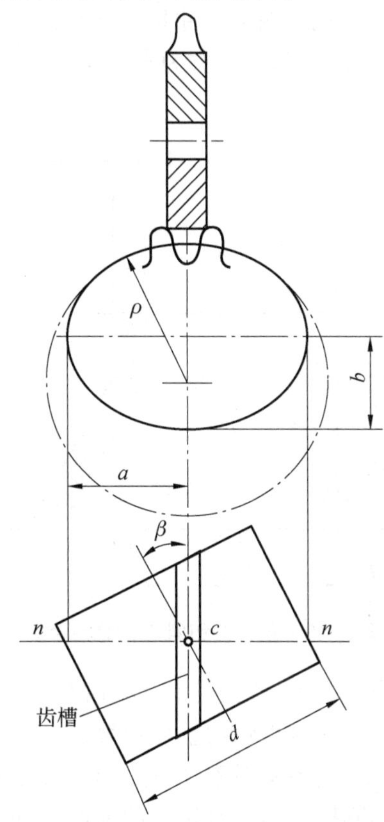

图 6-48　斜齿圆柱齿轮的当量齿轮

根据当量齿轮的基本含义，可以求出当量齿数 z_v。由图 6-48 可知，椭圆的长半轴为 $d/(2\cos\beta)$，短半轴为 $d/2$，点 c 的曲率半径为 $\rho=d/(2\cos^2\beta)$，由此可得该斜齿轮的当量齿数为

$$z_v=\frac{2\rho}{m_n}=\frac{z}{\cos^3\beta} \tag{6-53}$$

此时应注意以下两点。

(1) 当量齿轮是一个与斜齿轮具有相同的模数、压力角的虚拟直齿轮，计算得到的齿数不可圆整。“齿形相当”的含义具体体现在当量齿数在以仿形法加工齿廓时需用来选取齿轮铣刀的刀号，用展成法加工齿轮时需判断是否发生根切。显然，斜齿轮产生根切的齿数可更少些，当前工程中非标准的斜齿轮最小齿数可达 6。

(2) 与斜齿轮有相同材料性能的当量齿轮的承载能力与斜齿轮也相当。

6.8.4 斜齿圆柱齿轮啮合传动

1. 一对斜齿轮的正确啮合条件

斜齿轮正确啮合的条件是，除模数及压力角应分别相等（$m_{n1}=m_{n2}$，$\alpha_{n1}=\alpha_{n2}$）外，其螺旋角还必须满足以下条件：对于外啮合，$\beta_1=-\beta_2$；对于内啮合，$\beta_1=\beta_2$。

2. 一对斜齿轮传动的重合度

为便于分析斜齿轮的重合度，现对端面尺寸相同的直齿轮与斜齿轮传动进行比较分析。直齿轮和斜齿轮的啮合区如图 6-49 所示，上方为直齿轮，下方为斜齿轮。图中直线 B_2B_2 和 B_1B_1 之间的区域为啮合区。

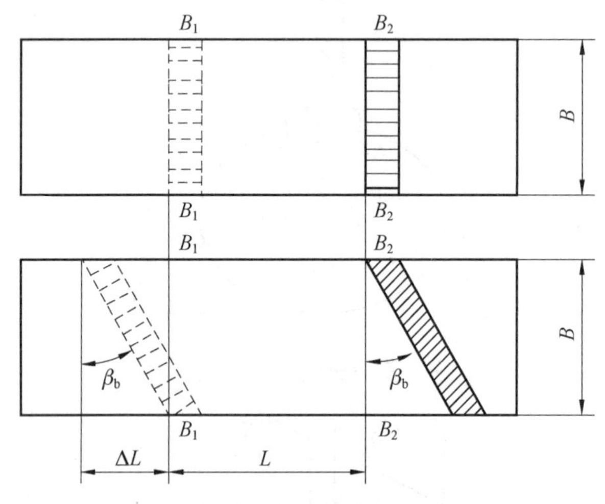

图 6-49 直齿轮和斜齿轮的啮合区

对于直齿轮传动来说，轮齿在 B_2B_2 线处是沿整个齿宽进入啮合的；在 B_1B_1 线处脱离啮合时，也是沿整个齿宽同时脱离，故直齿轮的重合度为 $\varepsilon_\alpha=L/p_b$。

对于斜齿圆柱齿轮来说，由于轮齿倾斜了 β_b 角，当一对轮齿在前端面的 B_2B_2 线处进入啮合时，后端面还未进入啮合；同样，当该对轮齿的前端面在 B_1B_1 线处脱离啮合时，其后端面还未脱离啮合，直到该轮齿全部转到图中虚线末端位置时，这对轮齿才完全脱离接触。这样，斜齿轮传动的实际啮合区比直齿轮传动增大了 $\Delta L=B\tan\beta_b$。因此，斜齿轮传动的重合度比直齿轮传动大，设其增加部分的重合度用轴向重合度 ε_β 表示，则

$$\varepsilon_\beta=\frac{\Delta L}{p_{bt}}=\frac{B\tan\beta_b}{p_{bt}}$$

将式(6-47)代入上式，得

$$\varepsilon_\beta=\frac{B\tan\beta\cos\alpha_t}{\pi m_n\dfrac{\cos\alpha_t}{\cos\beta}}=\frac{B\sin\beta}{\pi m_n} \tag{6-54}$$

斜齿轮传动的重合度为

$$\varepsilon=\varepsilon_\alpha+\varepsilon_\beta \tag{6-55}$$

式中，ε_α 为端面重合度。

从端面看，斜齿轮的啮合与直齿轮完全一样，因此可根据式(6-30)求得

$$\varepsilon_\alpha = \frac{z_1(\tan\alpha_{\mathrm{at1}} - \tan\alpha'_{\mathrm{t}}) + z_2(\tan\alpha_{\mathrm{at2}} - \tan\alpha'_{\mathrm{t}})}{2\pi} \tag{6-56}$$

由式(6-54)可知，ε_β随β和齿宽B的增加而增大，因此斜齿轮传动的重合度比直齿轮传动的重合度大得多。

6.8.5　斜齿圆柱齿轮传动特点

结合前面的分析，与直齿轮传动相比，斜齿轮传动的主要优点如下。

(1)啮合性能好。在斜齿轮传动中，其轮齿的接触线为与齿轮轴线倾斜的直线，轮齿开始啮合和脱离啮合都是逐渐进行的，因而传动平稳、噪声小。

(2)重合度大。重合度大会降低每对轮齿的载荷，从而提高齿轮的承载能力，延长齿轮的使用寿命。

(3)斜齿标准齿轮不产生根切的最少齿数比直齿轮少，因此采用斜齿轮传动可以得到更紧凑的结构。

(4)斜齿轮传动也可通过变位达到某些特殊要求，但配凑中心距无须采用变位的方法，只要通过调整螺旋角，即可实现中心距的圆整。

与直齿轮传动相比，斜齿轮传动的主要缺点在于螺旋角的存在使传动时会产生轴向力，且轴向力随螺旋角的增大而增大。螺旋角过小，不能发挥斜齿轮传动的优点；螺旋角过大，将导致过大的轴向力，会影响齿轮所在轴系的整体承载能力。一般限制螺旋角在8°～20°之间。

此外，在大功率传动又要求空间或者体积小时(如船舶、航空器中的齿轮传动)，常采用人字齿轮，如图6-50所示。人字齿轮由左、右螺旋角大小相等、方向相反的两侧斜齿轮齿组成，可采用更大的螺旋角，如20°～40°。人字齿轮的优点是轴向力可互相抵消，缺点是制造困难。

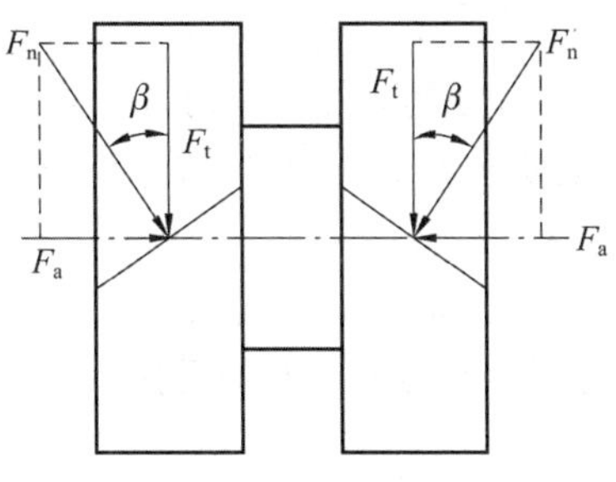

图6-50　人字齿轮

6.8.6　交错轴斜齿轮传动

交错轴斜齿轮传动用来传递两交错轴之间的运动。就单个齿轮而言，它仍然是斜齿圆柱齿轮，只是两轴线不平行而已。

1. 正确啮合条件

图6-51所示为交错轴斜齿轮传动，两轮的分度圆柱相切于点P。两轮轴线在两轮分度圆柱公切面上的投影的夹角Σ为两轮的交错角。设两斜齿轮的螺旋角分别为β_1和β_2，想要

交错轴斜齿轮传动的正确啮合，除模数和压力角应分别相等外，螺旋角还应满足以下条件

$$\begin{cases} m_{n1} = m_{n2} \\ \alpha_{n1} = \alpha_{n2} \\ \Sigma = |\beta_1 + \beta_2| \end{cases} \tag{6-57}$$

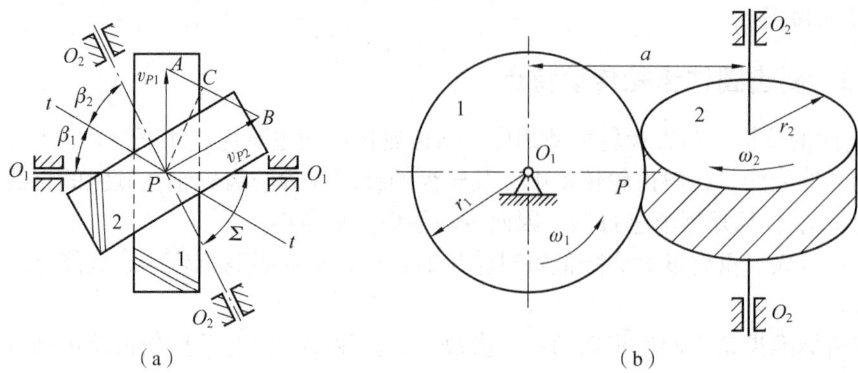

图 6-51　交错轴斜齿轮传动

2. 中心距

由图 6-51 可知，两交错轴斜齿轮轴线间最短距离 a 为其中心距，有

$$a = r_1 + r_2 = \frac{m_n\left(\dfrac{z_1}{\cos\beta_1} + \dfrac{z_2}{\cos\beta_2}\right)}{2} \tag{6-58}$$

3. 传动比及从动轮的转向

因 $z = d/m_t = d\cos\beta/m_n$，故两轮的传动比为

$$i_{12} = \frac{\omega_1}{\omega_2} = \frac{z_2}{z_1} = \frac{d_2\cos\beta_2}{d_1\cos\beta_1} \tag{6-59}$$

即交错轴斜齿轮传动的传动比不仅与分度圆的大小有关，还与螺旋角的大小有关。

在图 6-51 所示的传动中，主动轮 1 及从动轮 2 在点 P 处的速度分别为 v_{P1} 及 v_{P2}。由两构件重合点之间的速度关系可得

$$v_{P2} = v_{P1} + v_{P2}v_{P1}$$

式中，$v_{P2}v_{P1}$ 为两齿廓啮合点沿公切线 tt 方向的相对速度。由 v_{P2} 方向，即可确定从动轮的转向。

图 6-52 所示的交错轴斜齿轮的布置与图 6-51 相同，但两轮螺旋角的转向与图 6-51 不同。经过分析可知，在主动轮转向相同的条件下，从动轮的转向与图 6-51 相反，即从动轮的转向还与两轮螺旋角的方向有关。

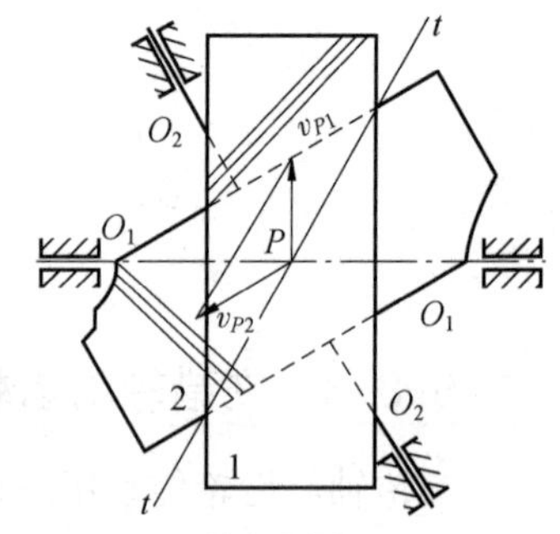

图 6-52　从动轮转向的确定

交错轴斜齿轮传动由于沿齿长方向有较大的相对滑动，齿面间为点接触，轮齿的磨损较快，效率较低，故一般只用于仪表及载荷不大的辅助传动中。

6.9　蜗杆蜗轮机构

1. 蜗杆蜗轮机构类型

蜗杆蜗轮机构用于传递空间两交错轴之间的运动和动力，简称蜗杆机构，常用的蜗杆蜗轮两轴夹角为90°。图6-53所示为一蜗杆蜗轮机构(普通圆柱蜗杆传动)，蜗杆机构中蜗杆1的分度圆直径远比蜗轮2的分度圆直径小，但其螺旋角比蜗轮的螺旋角大，蜗杆的齿在其分度圆柱面上形成完整的螺旋线。为了改善蜗杆机构的啮合状况，将蜗轮的母线做成弧形，部分包住蜗杆，可以使两者齿面之间的接触为线接触，从而降低其接触应力，减少磨损。蜗杆传动既是螺旋传动，又是啮合传动。蜗杆传动的效率可直接应用螺旋机构的效率计算。

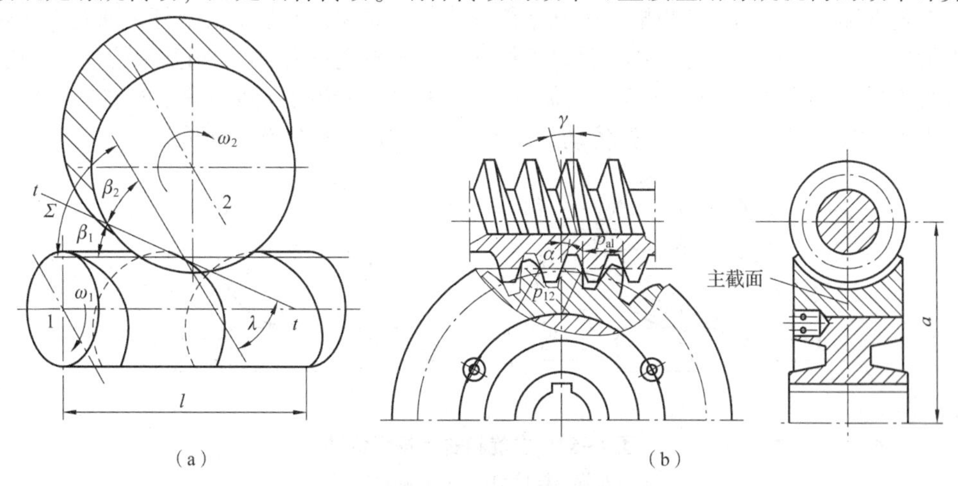

图6-53　蜗杆蜗轮机构(普通圆柱蜗杆传动)

按照蜗杆的形状，蜗杆传动有普通圆柱蜗杆传动(见图6-53)、环面蜗杆传动(见图6-54)和锥蜗杆传动(见图6-55)3种基本类型，其中普通圆柱蜗杆传动应用最广。普通圆柱蜗杆按其齿廓曲线形状的不同，可分为阿基米德蜗杆、渐开线蜗杆和圆弧圆柱蜗杆3种。阿基米德蜗杆[见图6-56(a)]的端面齿廓为阿基米德螺旋线，渐开线蜗杆[见图6-56(b)]的端面齿廓为渐开线，圆弧圆柱蜗杆的轴剖面内的齿廓为凹圆弧。

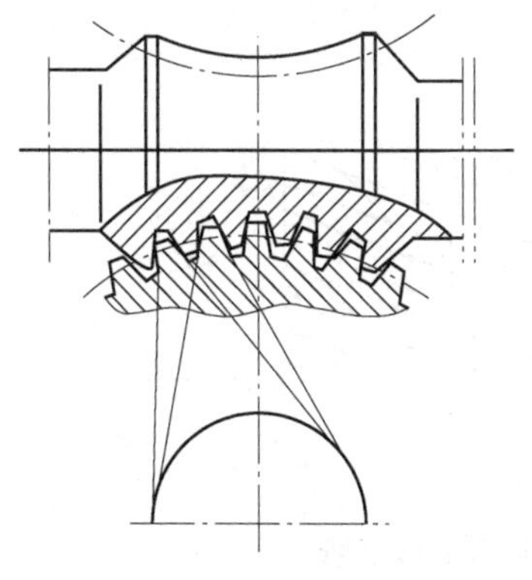

图6-54　环面蜗杆传动

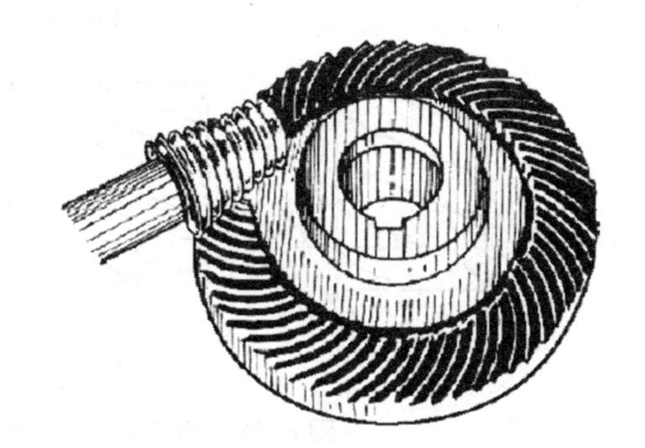

图6-55　锥蜗杆传动

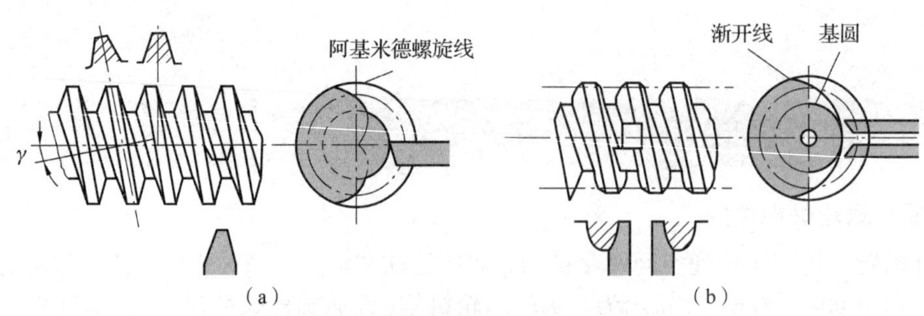

图 6-56　阿基米德蜗杆和渐开线蜗杆

(a)阿基米德蜗杆；(b)渐开线蜗杆

阿基米德蜗杆和渐开线蜗杆可通过车削加工。车削阿基米德蜗杆与车削梯形螺纹相似，可用梯形车刀在车床上加工。加工出来的蜗杆在轴剖面内的齿廓为直线，在法向剖面内的齿廓为曲线，在垂直轴线的端面上的齿廓为阿基米德螺旋线，故称为阿基米德蜗杆。阿基米德蜗杆的工艺性能好，目前应用最广泛。本节只讨论蜗杆与蜗轮轴交角为90°的阿基米德蜗杆机构。

蜗杆有左旋和右旋之分，通常用右旋蜗杆。蜗杆左右旋的判断与螺纹左右旋的判断方法相同。图 6-57(a)所示为左旋蜗杆传动，图 6-57(b)所示为右旋蜗杆传动。

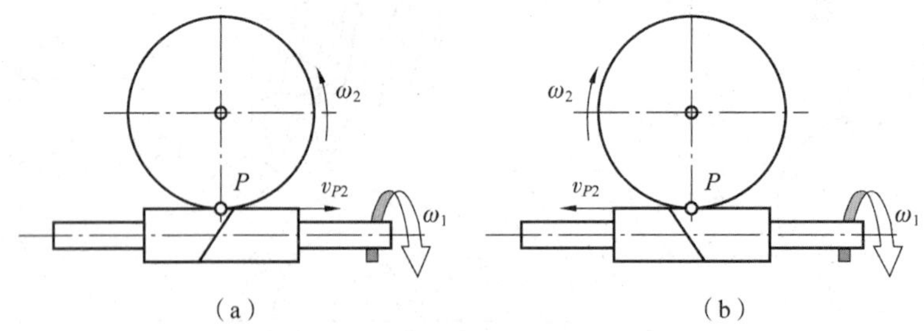

图 6-57　左旋和右旋蜗杆传动

(a)左旋蜗杆传动；(b)右旋蜗杆传动

由于轴交角为90°，因此图 6-56(a)所示的阿基米德蜗杆机构蜗轮的螺旋角等于蜗杆的螺旋升角，即 $\beta=\gamma$。根据蜗杆上螺旋线的多少，蜗杆又分为单头蜗杆和多头蜗杆。蜗杆上只有一条螺旋线者，即在其端面上只有一个轮齿时，称为单头蜗杆；有两条螺旋线者则称为双头蜗杆，依此类推。蜗杆的头数即为蜗杆的齿数 z_1，通常 $z_1=1\sim10$。蜗轮的齿数用 z_2 表示，等于传动比 i_{12} 乘以蜗杆齿数 z_1。图 6-58 所示为四头蜗杆及沿分度圆柱(直径为 d_1)展开的螺旋线。显然，蜗杆螺旋线的导程等于蜗杆的轴面齿距 p_{a1} 乘以齿数 z_1，蜗杆的导程角正切值为

$$\tan\gamma=\frac{z_1p_{a1}}{\pi d_1}\tag{6-60}$$

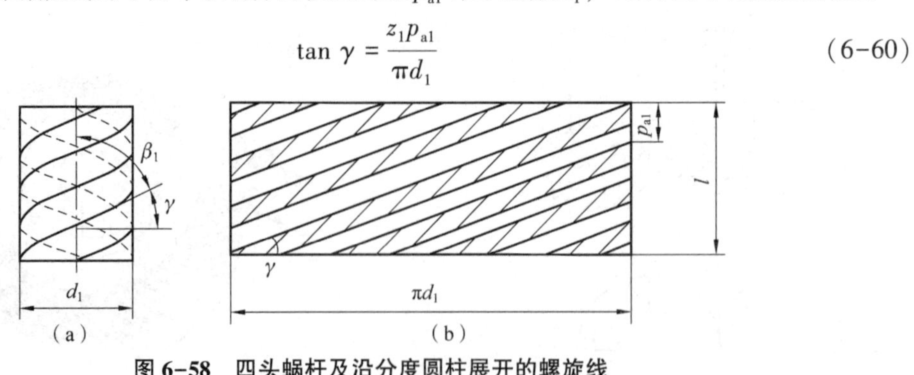

图 6-58　四头蜗杆及沿分度圆柱展开的螺旋线

(a)四头蜗杆；(b)沿分度圆柱展开的螺旋线

与蜗杆相互啮合的蜗轮 z_2 是由与蜗杆形状相似的滚刀(二者的不同之处是滚刀的外径大于顶隙，以便加工顶隙)来加工的，同一模数、不同直径的蜗杆需要一把蜗轮滚刀。为了减少刀具数目，使刀具标准化，人为规定了一系列蜗杆直径和模数相配。

2. 蜗杆蜗轮正确啮合条件

蜗杆传动的主平面为过蜗杆轴线且垂直于蜗轮轴线的平面，也称为蜗杆机构的中平面。主平面对蜗杆来说为轴平面，对蜗轮来说为端面。在主平面内，阿基米德蜗杆的齿廓为直线，蜗轮的齿廓为渐开线，蜗轮与蜗杆的啮合相当于齿轮与齿条的啮合。因此，该蜗杆机构的正确啮合条件如下。

(1)主平面内蜗杆与蜗轮的模数和压力角分别相等，且为标准值，即

$$\begin{cases} m_{t2} = m_{a1} = m \\ \alpha_{t2} = \alpha_{a1} = \alpha \end{cases} \tag{6-61}$$

(2)由于蜗轮和蜗杆两轴交错，其两轴夹角 $\Sigma = 90°$，还需要保证蜗轮与蜗杆螺旋齿的方向必须相同，即

$$\gamma = \beta \tag{6-62}$$

3. 蜗杆传动的基本参数及几何尺寸计算

(1)齿数。蜗杆的齿数是指其端面上的齿数，也称为蜗杆的头数，用 z_1 表示。一般可取 $z_1 = 1 \sim 10$，推荐取 $z_1 = 1$、2、4、6。当要求传动比大或反行程具有自锁性时，常取 $z_1 = 1$，即单头蜗杆；当要求具有较高传动效率或传动速度较高时，则 z_1 应取大值。蜗轮的齿数 z_2 则可根据传动比及选定的 z_1 计算而得。对于动力传动，一般推荐 $z_1 = 29 \sim 70$。

(2)模数。蜗杆模数系列与齿轮模数系列有所不同。蜗杆模数 m 值如表 6-7 所示。

表 6-7　蜗杆模数 m 值

第一系列	0.1，0.12，0.16，0.2，0.25，0.3，0.4，0.5，0.6，0.8，1，1.25，1.6，2，2.5，3.15，4，5，6.3，8，10，12.5，16，20，25，31.5，40
第二系列	0.7，0.9，1.5，3，3.5，4.5，5.5，6，7，12，14

注：摘自 GB/T 10088—2018《圆柱蜗杆模数和直径》，优先采用第一系列。

(3)压力角。根据 GB/T 10087—2018《圆柱蜗杆基本齿廓》的规定，阿基米德蜗杆的压力角 $\alpha = 20°$。在动力传动中，允许增大压力角，推荐用 25°；在分度传动中，允许减小压力角，推荐用 15° 或 12°。

(4)导程角。设蜗杆的头数为 z_1，轴向齿距 $p_{x1} = \pi m$，导程 $S = p_{x1} z_1 = \pi m z_1$，分度圆直径为 d_1，则蜗杆分度圆柱螺旋线的导程角 γ_1 可由下式确定

$$\tan \gamma_1 = \frac{S}{\pi d_1} = \frac{\pi m z_1}{\pi d_1} = \frac{m z_1}{d_1} \tag{6-63}$$

(5)分度圆直径。因为在用蜗轮滚刀切制蜗轮时，滚刀的分度圆直径必须与工作蜗杆的分度圆直径相同，为了限制蜗轮滚刀的数目，国家标准规定将蜗杆的分度圆直径标准化，且与其模数相匹配。当蜗杆的头数 $z_1 = 1$ 时，分度圆直径 d_1 与其模数 m 的匹配标准系列如表 6-8 所示，可根据模数 m 选定蜗杆的分度圆直径 d_1。

表 6-8　蜗杆的分度圆直径与其模数的匹配标准系列　　（单位：mm）

m	d_1	m	d_1	m	d_1	m	d_1
1	18	2.5	(22.4)	4	40	6.3	(80)
1.25	20		28		(50)		112
	22.4		(35.5)		71		(63)
1.6	20		45	5	(40)	8	80
	28	3.15	(28)		50		(100)
2	(18)		35.5		(63)		140
	22.4		(45)		90	10	(71)
	(28)		56	6.3	(50)		90
	35.5	4	(31.5)		63		…

注：摘自 GB/T 10085—2018《圆柱蜗杆基本传动参数》，括号中的数字尽可能不采用。

蜗轮的分度圆直径的计算公式与齿轮一样，即 $d_2 = mz_2$。

(6)中心距。蜗杆传动的中心距为

$$a = \frac{1}{2}(d_1 + d_2) \tag{6-64}$$

阿基米德圆柱蜗杆的几何参数及尺寸如表 6-9 所示。

表 6-9　阿基米德圆柱蜗杆的几何参数及尺寸

名称	代号	计算公式	说明
蜗杆头数	z_1	—	—
蜗轮齿数	z_2	$z_2 = iz_1$	i 为传动比，z_2 应为整数
模数	m	—	按强度和表 6-7 选取
压力角	α	$\alpha = 20°$	标准值
蜗杆分度圆直径	d_1	—	按强度和表 6-7 选取
蜗杆轴向齿距	p_{x1}	$p_{x1} = \pi m$	—
蜗杆螺旋线导程	S	$S = p_{x1}z_1$	—
蜗杆分度圆导程角	γ_1	$\tan\gamma_1 = \frac{S}{\pi d_1}$	等于蜗轮螺旋角 β_2
蜗杆齿顶圆直径	d_{a1}	$d_{a1} = d_1 + 2h_a^* m$	$h_a^* = 1$(正常齿)；$h_a^* = 0.8$(短齿)
蜗杆齿根圆直径	d_{f1}	$d_{f1} = d_1 - 2(h_a^* + c^*)m$	$c^* = 0.2$
蜗轮分度圆直径	d_2	$d_2 = mz_2$	—
蜗轮齿顶圆直径	d_{a2}	$d_{a2} = d_2 + 2h_a^* m$	中间平面内蜗轮齿顶圆直径
蜗轮齿根圆直径	d_{f2}	$d_{f2} = d_2 - 2(h_a^* + c^*)m$	—
标准中心距	a	$a = (d_1 + d_2)/2$	—

4. 蜗杆传动的特点

与齿轮传动相比，蜗杆传动的主要特点如下。

(1)蜗杆机构结构紧凑、传动平稳和噪声小。

(2)蜗杆的齿数 z_1 很少，因此蜗轮的齿数 z_2 较多时蜗杆机构的传动比大。一般地，在动力传递中 $i_{12}=10\sim100$，在分度机构中 i_{12} 可以达到 1 000 以上。

(3)当蜗杆的导程角 γ 小于蜗杆蜗轮啮合齿间的当量摩擦角时，传动具有自锁性。对于具有自锁性的蜗杆机构，只能由蜗杆带动蜗轮，而不能由蜗轮带动蜗杆。具有自锁性的蜗杆机构常常用于起重机械中，以增加机械的安全性。

(4)蜗杆传动既是啮合传动也是螺旋传动，用螺旋机构的效率计算公式可直接计算蜗杆机构的效率，显然蜗杆机构的机械效率较低，具有自锁性的蜗杆机构效率更低。另外，可以用啮合节点速度表示蜗杆传动齿面之间的滑动速度(见图 6-59)，为

$$v_s=\sqrt{v_{P1}^2+v_{P2}^2} \tag{6-65}$$

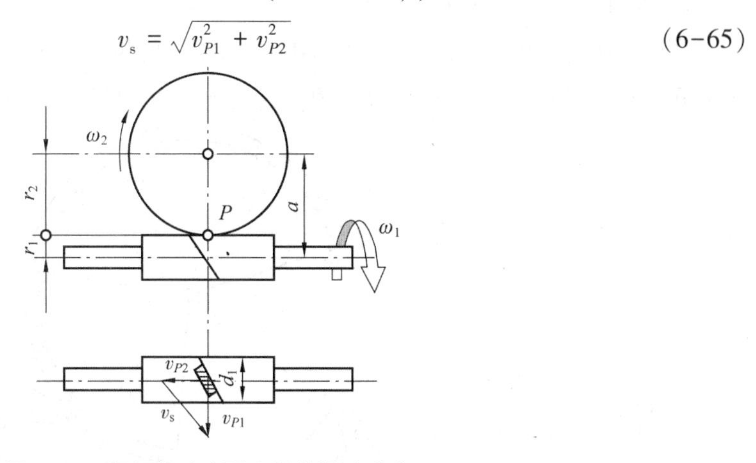

图 6-59　蜗杆传动齿面之间的滑动速度

(5)啮合轮齿之间的相对滑动速度大，磨损也大，因此蜗轮常用耐磨材料(如锡青铜)制造，致使成本也较高。

6.10　圆锥齿轮机构

1. 锥齿轮传动的特点

圆锥齿轮简称锥齿轮，锥齿轮传动用于传递两相交轴之间的运动和动力，如图 6-60 所示。两轴之间的夹角(轴交角)Σ 可以根据结构需要而定，在一般机械中多采用 $\Sigma=90°$ 的传动。由于锥齿轮是一个锥体，因此轮齿是分布在圆锥面上的，与圆柱齿轮相互对应，在锥齿轮上有齿顶圆锥、分度圆锥和齿根圆锥等，并且有大端和小端之分。为了计算和测量方便，通常取锥齿轮大端的参数为标准值。锥齿轮大端的模数按表 6-10 选取，压力角 $\alpha=20°$，齿顶

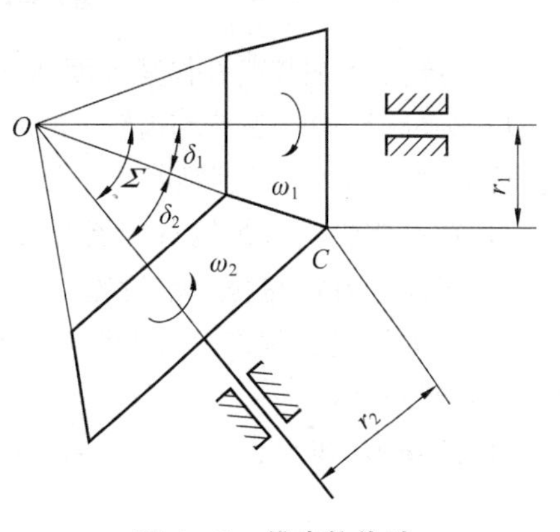

图 6-60　锥齿轮传动

高系数 $h_a^* = 1$，顶隙系数 $c^* = 0.2$。

表 6-10　锥齿轮大端的模数　（单位：mm）

…	1	1.125	1.25	1.375	1.5	1.75	2
2.25	2.5	2.75	3	3.25	3.5	3.75	4
4.5	5	5.5	6	6.5	7	8	…

注：摘自 GB/T 12368—1990《锥齿轮模数》。

锥齿轮的轮齿有直齿、斜齿及曲齿(圆弧齿、螺旋齿)等多种形式。直齿锥齿轮由于设计、制造和安装均较简便，故应用最为广泛。曲齿锥齿轮由于传动平稳，承载能力较强，故常用于高速重载传动，如飞机、汽车、拖拉机等的传动机构中。下面只讨论直齿锥齿轮传动。

2. 锥齿轮的背锥与当量齿轮

在图 6-61 所示的一对锥齿轮传动中，齿轮 1 的齿数为 z_1，分度圆半径为 r_1，分度圆锥角为 δ_1；齿轮 2 的齿数为 z_2，分度圆半径为 r_2，分度圆锥角为 δ_2；轴交角 $\Sigma=90°$。

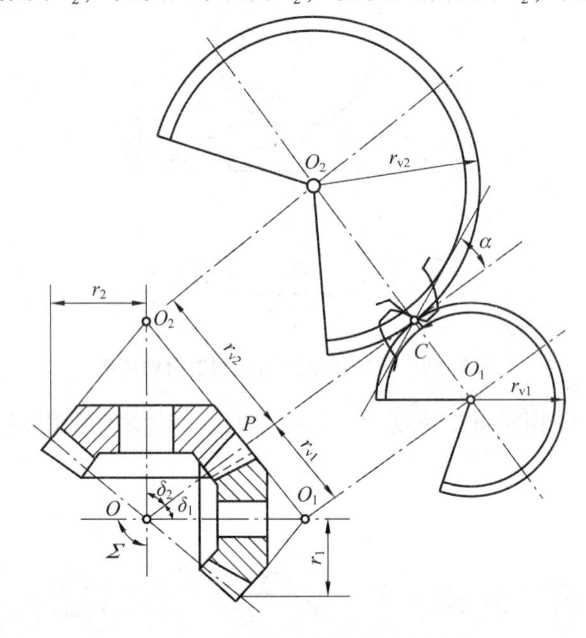

图 6-61　锥齿轮的背锥与当量齿轮

过齿轮 1 大端节点 C 作其分度圆锥母线 OC 的垂线，交其轴线于点 O_1，再以点 O_1 为锥顶，以 O_1C 为母线，作一圆锥与齿轮 1 的大端相切，这个圆锥称为齿轮 1 的背锥。同理，可作齿轮 2 的背锥。若将两齿轮的背锥展开，则成为两个扇形齿轮，两者相当于一对齿轮的啮合传动。

现在设想把由锥齿轮背锥展开而形成的扇形齿轮的缺口补满，则将获得一个圆柱齿轮。这个假想的圆柱齿轮称为锥齿轮的当量齿轮，其齿数 z_v 称为锥齿轮的当量齿数。当量齿轮的齿形和锥齿轮在背锥上的齿形是一致的，故当量齿轮的模数和压力角与锥齿轮大端的模数和压力角是一致的。

由图 6-61 可见，齿轮 1 的当量齿轮的分度圆半径为

$$r_{v1}=\overline{O_1C}=\frac{r_1}{\cos\delta_1}=\frac{z_1m}{2\cos\delta_1}$$

故当量齿数 z_{v1} 与实际齿数 z_1 的关系为

$$z_{v1}=\frac{z_1}{\cos\delta_1}$$

同理，对于任意锥齿轮，其当量齿数 z_v 与实际齿数 z 的关系有

$$z_v=\frac{z}{\cos\delta}\tag{6-66}$$

借助锥齿轮当量齿轮的概念，可以将圆柱齿轮传动研究结论直接应用于锥齿轮传动。举例如下。

（1）一对锥齿轮的正确啮合条件：两轮大端的模数和压力角分别相等，即

$$m_1=m_2=m,\ \alpha_1=\alpha_2=\alpha\tag{6-67}$$

（2）一对锥齿轮传动的重合度可以近似地按其当量齿轮传动的重合度来计算，即

$$\varepsilon=\frac{1}{2\pi}[z_{v1}(\tan\alpha_{va1}-\tan\alpha'_v)+z_{v2}(\tan\alpha_{va2}-\tan\alpha'_v)]\tag{6-68}$$

（3）锥齿轮不发生根切的最小齿数

$$z_{min}=z_{v,\ min}\cos\delta\tag{6-69}$$

式中，$z_{v,\ min}$ 为当量齿轮不发生根切的最小齿数，当 $h_a^*=1$，$\alpha=20°$ 时，$z_{v,\ min}=17$，故锥齿轮不发生根切的最小齿数 $z_{v,\ min}<17$。

3. 锥齿轮的几何尺寸计算

前面已指出，锥齿轮以大端参数为标准值，故在计算其几何尺寸时，也应以大端为准。锥齿轮的几何尺寸如图 6-62 所示，两锥齿轮的分度圆直径分别为

$$d_1=2R\sin\delta_1,\ d_2=2R\sin\delta_2\tag{6-70}$$

式中，R 为分度圆锥锥顶到大端的距离，称为锥距；δ_1、δ_2 为两锥齿轮的分度圆锥角（简称分锥角）。

两轮的传动比为

$$i_{12}=\frac{\omega_1}{\omega_2}=\frac{z_2}{z_1}=\frac{d_2}{d_1}=\frac{\sin\delta_2}{\sin\delta_1}\tag{6-71}$$

当两轮轴间的夹角 $\Sigma=90°$时，则因 $\delta_1+\delta_2=90°$，式（6-71）变为

$$i_{12}=\frac{\omega_1}{\omega_2}=\frac{z_2}{z_1}=\frac{d_2}{d_1}=\cot\delta_1=\tan\delta_2\tag{6-72}$$

在设计锥齿轮传动时，可根据给定的传动比 i_{12}，按式（6-71）确定两轮分锥角的值。

锥齿轮齿顶圆锥角和齿根圆锥角的大小，则与两锥齿轮啮合传动时对其顶隙的要求有关。根据 GB/T 12369—1990《直齿及斜齿锥齿轮基本齿廓》和 GB/T 12370—1990《锥齿轮和准双曲面齿轮　术语》的规定，现多采用等顶隙锥齿轮传动。

在这种传动中，两齿轮的顶隙从轮齿大端到小端是相等的，两齿轮的分度圆锥及齿根圆锥的锥顶重合于一点，但齿顶圆锥的母线与另一锥齿轮的齿根圆锥的母线平行，故其锥顶就不再与分度圆锥锥顶相重合，且这种锥齿轮的强度有所提高。

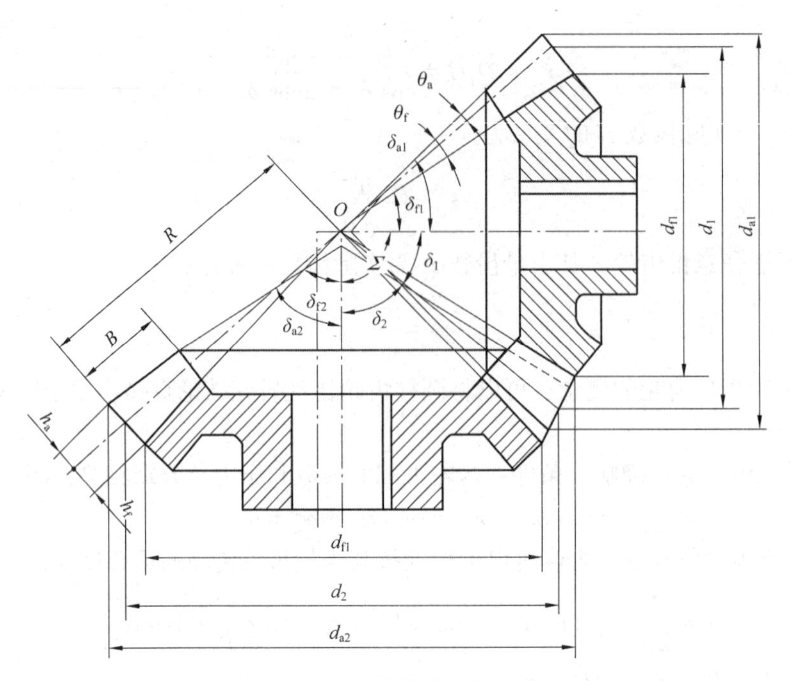

图 6-62　锥齿轮的几何尺寸

标准直齿锥齿轮传动的几何参数及尺寸如表 6-11 所示。

表 6-11　标准直齿锥齿轮传动的几何参数及尺寸

名称	代号	计算公式	
		小齿轮	大齿轮
分锥角	δ	$\delta_1 = \arctan(z_1/z_2)$	$\delta_2 = 90° - \delta_1$
齿顶高	h_a	$h_a = h_a^* m = m$	
齿根高	h_f	$h_f = (h_a^* + c^*)m = 1.2m$	
分度圆直径	d	$d_1 = mz_1$	$d_2 = mz_2$
齿顶圆直径	d_a	$d_{a1} = d_1 + 2h_a\cos\delta_1$	$d_{a2} = d_2 + 2h_a\cos\delta_2$
齿根圆直径	d_f	$d_{f1} = d_1 - 2h_f\cos\delta_1$	$d_{f2} = d_2 - 2h_f\cos\delta_2$
锥距	R	$R = m\sqrt{z_1^2 + z_2^2}/2$	
齿根角	θ_f	$\tan\theta_f = h_f/R$	
顶锥角	δ_a	$\delta_{a1} = \delta_1 + \theta_f$	$\delta_{a2} = \delta_2 + \theta_f$
根锥角	θ_f	$\delta_{f1} = \delta_1 - \theta_f$	$\delta_{f2} = \delta_2 - \theta_f$
顶隙	c	$c = c^* m$（一般取 $c^* = 0.2$）	
分度圆齿厚	s	$s = \pi m/2$	
当量齿数	z_v	$z_{v1} = z_1/\cos\delta_1$	$z_{v2} = z_2/\cos\delta_2$
齿宽	B	$B \leqslant R/3$（取整）	

注：(1) 当 $m \leqslant 1$ mm 时，$c^* = 0.25$，$h_f = 1.25m$。

(2) 各角度计算应精确到 ××°××′。

知识拓展

王立鼎的齿轮人生

“早上五点起床，跑步上班，打开机床预热机器，再跑步回家，洗漱、做饭，七点半正式上班，可以立刻开始工作，不浪费一分钟，中午和助手换班吃饭，机器不停，办公桌设置在试验室里，随时操作随时记录，晚饭过后继续工作到午夜，再回家休息。”中国科学院院士、精密机械和微纳机械专家王立鼎(见图 6-63)这样描述他曾经的工作状态。他高度的勤勉和自律，在外人看来甚至到了一种严苛的程度。

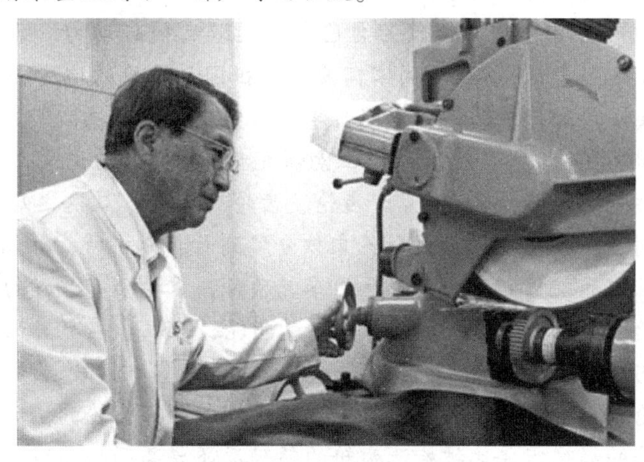

图 6-63　工作时的王立鼎

“天才出于勤奋，务实才能成功。”王立鼎将这句朴实的话作为自己的人生信条，多少个午夜，他独自一人走在静谧的回家路上，正如科研征途中那些需要独自闯过的暗夜一般。

心中有理想，脚下才有力量。王立鼎几十年如一日的高强度工作，正因怀揣的科研报国理想始终在心中澎湃。

1934 年，王立鼎出生于辽宁省辽阳市。他幼年家庭贫困，经常食不果腹，小学二年级因伤寒病休学，病愈复学到五年级后又因贫困辍学。“当时上学不交学费，要交高粱米，家里的高粱米都不够吃，更没有多余的拿去交学费。”王立鼎回忆。

停学在家一年多，王立鼎每天带着妹妹到集市上贩卖家里还算值钱的衣物，有时候能卖点钱换粮食，而更多时是空手而归。寒来暑往，他带着妹妹每天如此，幼小的内心体味着生活的不易。

“我从小就对中国共产党有一种朴素的情感，感谢党让我有了宝贵的读书机会。”王立鼎感慨地说。1948 年，辽阳市解放，王立鼎终于等来了复学的机会，坎坷的求学之路让生性好强的他加倍用功，本应从五年级读起，他却主动要求直接读六年级，并通过努力，在当年的期末考试中获得了第二名的好成绩。

除了读书，王立鼎也承担了许多家务劳动，并将自家院里的一块空地改造成菜园，播种、收获，自力更生，自给自足，一个少年用自己的力量，帮助父母缓解家庭的经济压力。但家庭的经济依然拮据，初中 3 年，王立鼎成为班里唯一没买过教科书的学生。“我买不起书，就好好做笔记，不买书也照样能学好。”正如他所言，这个没有教科书的学生每年成绩都名列前茅，并以年级第一名的成绩毕了业。

如今，王立鼎还保留着70年前的笔记，他笑称自己的笔记在当年比教科书更管用。

谈及以往的经历，王立鼎说："人不能有傲气，但不能没有傲骨，要对自己有自信才能把事情做好。"正是这一身傲骨，让他在往后的几十年里一路披荆斩棘，屡屡拔得头筹。

由于家庭贫困，初中毕业的王立鼎选择了可以更早就业的中专学校。因祖父家的小作坊曾从事榨油、造酒生意，当年还是幼童的王立鼎经常守在窗外观看祖父工厂的机器运转，一站就是几个小时，乐此不疲。也正是从那时起，他对机械原理产生了浓厚兴趣。读中专时，他笃定地选择了位于长春的机械制造学校，从此与机械结缘。

王立鼎始终铭记毛主席的一句话，"中国人民有志气有能力，一定要在不远的将来，赶超世界先进水平。"他一生都将这句话作为自己科研之路的前行动力。临近毕业，王立鼎的毕业志愿书上只写了这一句话："服从国家需要，到祖国最需要的地方去！"王立鼎因大学成绩优异，在进行毕业设计时，被选送到中国科学院长春光学精密机械研究所，以科研题目作为毕业论文，他写出了题为《利用放射性同位素研究齿轮磨损》的论文，并获得优秀论文的称号。这是王立鼎第一次接触齿轮研究。"齿轮、齿轮又齿轮，从这之后，我的人生就没有离开过齿轮。"毕业时，王立鼎也因为这篇论文被分配到长春光机所，开始了他的科研工作。

刚工作不久，王立鼎就接到了一项艰巨的军工项目，需要研究导弹的弹道轨迹并用光学仪器跟踪敌方飞行物。当时需要5级和6级精度的齿轮，王立鼎在数日的刻苦攻关后，圆满完成了此项任务。同时，他又对自己提出更高要求，产生了研制标准齿轮的想法。

标准齿轮是齿轮参数量值传递的实体基准，用于批量生产齿轮的检测、校准齿轮量仪的示值误差，标准齿轮的精度需要比被检测齿轮的精确度还要高两个等级。

经过反复尝试，王立鼎通过创立正弦消减法提高齿轮磨床的分度精度，建立图表法分析磨齿工艺误差，使分度误差从50角秒减小到13角秒。

毕业仅4年，还是助理研究员的王立鼎就研制出了4级精度标准齿轮，达到当时国内先进水平。也正因如此，1965年，他获得了时任中国科学院院长郭沫若亲自签发的中科院优秀科研成果奖。

由于王立鼎在精密齿轮领域崭露头角，同年，又有一项更加艰巨的任务找到了他。彼时，国家正在开发一项精密雷达项目，需要更高精度的超精密齿轮，所要求的精度在国内还未曾出现，在国际上也只有位于瑞士的MAAG公司能够制造。王立鼎立下誓言："只要国家需要，不管要求多高，我们都要做出来。"

做齿轮需要机床，在只有国产机床的条件下，王立鼎因陋就简，用了一年时间进行改装。1966年，他通过采用易位法磨齿工艺，成功研制了国内首个超精密齿轮，满足了国家最精密雷达的制作需求。

30岁出头的王立鼎成为国内公认的超精密齿轮专家，"齿轮王"的美名也不胫而走。

1978年，我国第一次举办科学奖励大会，王立鼎因高精度小模数标准齿轮而获奖。

虽然多次获奖，但王立鼎在追求卓越的征程上并没有止步，为继续提高机床分度精度，他又对分度机构做出了彻底的改革，将国际上机械结构最高精度的测量装置——端齿分度机构用于自己改装的齿轮机床上，使机床分度精度提高到1.7角秒，这一精度是国内外齿轮机床从未达到过的，改装后的国产机床成为磨齿母机，分度精度可达1级。

在此基础上，王立鼎组织研制出2级精度中模数标准齿轮，也作为中国计量科学研究院的国家级齿轮实体标准，用作我国齿轮量仪生产厂的量仪校对基准。

1965—1980 年，在改装国产齿轮磨床和提出创新独特的工艺基础上，王立鼎先后研制出 5 批世界一流的超精密齿轮——雷达编码齿轮，服务于我国雷达及相关军工需求。

20 世纪 80 年代，一些西方国家开始研制激光光盘，其存储量大约是磁盘的 100 倍，在国际上引起广泛关注。针对这项技术，西方国家对我国采取了禁运政策。为此，相关部门立即着手组织重大研究项目，希望能自主研发出可擦、重写光盘，并把其中一个重点攻关课题“光盘伺服槽及预制格式刻划机”交给了长春光机所，所里决定由王立鼎来主持这一项目。一直潜心研究齿轮、还未从事过总机设计的王立鼎临危受命，出任课题组第一负责人，因为课题涉及光学、机械学、电子学和计算机 4 门学科，在没有任何资料参考，甚至大多数人都没有见过光盘的情况下，王立鼎组织了一支包括很多研究员在内的科技人员攻关队伍。王立鼎率先垂范，带领团队不舍昼夜，面对大量亟待解决的问题，其中的艰辛难为外人道，其后的成果又是那样令人振奋。

4 年后，王立鼎带领团队研制成功中国第一台刻录光盘母板的纳米分辨率精密设备。包括光学专家王大珩在内的多位两院院士在参加鉴定会时表示，王立鼎主持设计的光盘伺服槽及预制格式刻划机总机达到国际先进水平，并在单元技术上有多处突破和创新，其中十余项技术达到国际先进水平。

这一设备的研制成功打破了美国、日本、欧洲对我国发展光盘的控制，我国从此有能力制造自己的光盘母机，并为发展自己的 CD-ROM 和 VCD 等光盘服务填补了空白。1992 年，此项科研成果获国家科技进步二等奖。

王立鼎一边开发光盘母机，一边仍然在齿轮领域深入钻研。要想再提高齿轮制造精度，碰到的首要问题就是齿轮的齿形加工与测试技术。要想解决机床渐开线齿形的加工精度，就必须设法提高机床上渐开线凸轮的精度。为此，王立鼎在 20 世纪 80 年代组织开展渐开线的误差形成规律和最佳成型方案的研究，在这一基础理论的指导下，设计了渐开线凸轮加工装置和测量装置。

由王立鼎自行研制的装置完全符合阿贝原理，测量装置精度居世界前列，由该装置加工的渐开线凸轮具有国际最高水平。“我们用的设备不是洋设备，用的方法不是洋方法，党和国家的培养，让我用原创方法做出世界第一。”王立鼎自豪地说。从那时起，由此装置磨制的高精度渐开线样板，作为我国齿轮渐开线量值传递与溯源的实体基准而沿用至今。

研究超精密齿轮是一项清苦的工作，因为 6 级和 7 级精度齿轮只能基本满足市场需求，并且超精密齿轮制作难度极高，无法实现量产，也无法产生巨大经济效益。

王立鼎团队是我国唯一一家超精密齿轮的研究队伍。“中国需要超精密齿轮，哪怕只需要一个，我们也要能自己做出来。”多年来，为了在齿轮技术上不被国外“卡脖子”，王立鼎屡次谢绝其他具有更高经济收益领域的邀约，始终深耕于超精密齿轮研究，并想方设法，一再提高齿轮的加工精度。

“知之愈明，则行之愈笃；行之愈笃，则知之益明。”2002 年，王立鼎在大连理工大学重建高精度齿轮研究室。年过七旬的他要讲授基础理论，同时还要教授学生操作设备，他经常强调“操作和理论并举才能实现最高效能”。经过几年的发展，齿轮研究室培养了一批掌握超精密齿轮加工工艺、测试技术的学生。“又是科学工作者，又是高技能人才。”这是王立鼎对于大国工匠的定义。

“苦心人，天不负。”2017年，王立鼎带领团队成功研制出1级精度基准标准齿轮，中国计量测试学会、中国机械工业联合会与中国机械工程学会分别组织国内权威专家对其研究成果进行鉴定。

鉴定结果认为，王立鼎团队研究的1级精度基准齿轮齿廓偏差测量技术居国际领先水平，齿距偏差测量技术达到国际先进水平；研制的精化磨齿母机、超精密磨齿工艺，以及研制的1级精度基准级标准齿轮，其综合技术具有国际前列水平，精度指标达到国际领先水平。该项技术具有全部自主知识产权，填补了国内外1级精度齿轮制造工艺技术与测量方法的空白。

从满头华发到双鬓染霜，王立鼎始终在超精密齿轮领域深耕不辍。“科学研究就像打一场硬仗，我愿永远做科研战线上的一名战士。”王立鼎动情地说。

回溯往事，王立鼎改写了《钢铁是怎样炼成的》一书的主人公保尔·柯察金的一段话来描述自己的一生：“一个人的生命应该这样度过：当他回首往事的时候，不会因虚度年华而悔恨，也不会因碌碌无为而羞愧，我的一生全部献给了我国的科学事业。”

本章小结

本章介绍了齿轮机构的类型及特点、齿廓啮合基本定律及渐开线齿廓、渐开线标准直齿圆柱齿轮传动、渐开线标准直齿圆柱齿轮的啮合传动、渐开线齿廓的切削加工、变位齿轮、斜齿圆柱齿轮机构、蜗杆蜗轮机构和圆锥齿轮机构。本章的难点在于渐开线标准直齿圆柱齿轮的啮合传动、渐开线齿廓的切削加工、变位齿轮、斜齿圆柱齿轮机构、蜗杆蜗轮机构和圆锥齿轮机构。

习 题

6-1 为了实现定传动比传动，对齿轮的齿廓曲线有什么要求？渐开线齿廓为什么能够实现定传动比传动？

6-2 渐开线具有哪些重要的性质？渐开线齿轮传动具有哪些优点？

6-3 渐开线齿廓上任意一点的压力角是如何确定的？渐开线齿廓上各点的压力角是否相同？何处的压力角为零？何处的压力角为标准值？

6-4 渐开线标准直齿圆柱齿轮在标准中心距安装条件下具有哪些特性？

6-5 分度圆与节圆有何区别？在什么情况下，分度圆与节圆是重合的？

6-6 啮合角与压力角有何区别？在什么情况下，啮合角与压力角是同等的？

6-7 何谓根切？其有何危害？如何避免？

6-8 何谓齿轮传动的重合度？重合度的大小与齿数 z、模数 m、压力角 α、齿顶高系数 h_a^*、顶隙系数 c^* 及中心距 a 之间有何关系？

6-9 齿轮为什么要进行变位修正？正变位齿轮与标准齿轮比较，其参数和尺寸（m、α、h_a、h_f、d、d_a、d_f、d_b、s、e）哪些变化了？哪些没有变化？

6-10 为什么斜齿轮的标准参数要规定在法面上，而其几何尺寸却要按端面来计算？

6-11 什么是斜齿轮的当量齿轮？为什么要提出当量齿轮的概念？

6-12　斜齿轮传动具有哪些优点？平行轴和交错轴斜齿轮传动有哪些异同点？

6-13　何谓蜗轮蜗杆传动的中间平面？蜗轮蜗杆传动的正确啮合条件是什么？

6-14　什么是直齿锥齿轮的背锥和当量齿轮？

6-15　设有一渐开线标准直齿圆柱齿轮，$z=20$，$m=2.5$ mm，$h_a^*=1$，$\alpha=20°$，试求其齿廓曲线在分度圆和齿顶圆上的曲率半径及齿顶圆压力角。

6-16　已知一对直齿圆柱齿轮的中心距 $a=320$ mm，两齿轮的基圆直径 $d_{b1}=187.94$ mm，$d_{b2}=375.88$ mm。试求两齿轮的节圆半径 r_1'、r_2'，啮合角，两齿廓在节点的展角 θ_p 及曲率半径 ρ_1、ρ_2。

6-17　已知一对正确安装的渐开线标准直齿圆柱齿轮传动机构，中心距 $a=100$ mm，模数 $m=4$ mm，压力角 $\alpha=20°$，传动比 $i=\omega_1/\omega_2=1.5$，试计算齿轮1和齿轮2的齿数，以及分度圆、基圆、齿顶圆和齿根圆直径。

6-18　有4个渐开线标准直齿圆柱齿轮，$\alpha=20°$，$h_a^*=1$，$c^*=0.25$，且 $m_1=5$ mm，$z_1=20$；$m_2=4$ mm，$z_2=25$；$m_3=4$ mm，$z_3=50$；$m_4=3$ mm，$z_4=60$。试问：

(1) 齿轮2和齿轮3哪个齿轮齿廓较平直？为什么？

(2) 哪个齿轮的齿高最大？为什么？

(3) 哪个齿轮的尺寸最大？为什么？

(4) 齿轮1和齿轮2能正确啮合吗？为什么？

6-19　设有一对外啮合齿轮，$z_1=28$，$z_2=41$，$m=10$ mm，$\alpha=20°$，$h_a^*=1$，试求：当中心距 $a'=350$ mm 时，两齿轮的啮合角 α'；当啮合角 $\alpha'=23°$时，两齿轮的中心距 a'。

6-20　已知一对标准外啮合直齿圆柱齿轮传动机构，$z_1=19$，$z_2=42$，$m=5$ mm，$\alpha=20°$，$h_a^*=1$，求其重合度 ε_α。

6-21　一对标准齿轮的 $z_1=z_2=20$，$m=5$ mm，$\alpha=20°$，$h_a^*=1$，$c^*=0.25$，为了提高强度，将其改为正变位齿轮传动。试问：

(1) 若取 $x_1=x_2=0.2$，$a'=104$ mm，则这对齿轮能否正常工作？节圆齿侧有无间隙？若有侧隙，则侧隙多大？法向齿侧间隙有多大？

(2) 若取 $a'=104$ mm，为保证无侧隙传动，则两个齿轮的 x_1 和 x_2 应取多少？

6-22　设已知一对标准斜齿轮传动的参数：$z_1=21$，$z_2=37$，$m_n=5$ mm，$\alpha_n=20°$，$h_{an}^*=1$，$c_n^*=0.25$，$b=70$。初选 $\beta=15°$，试求中心距 a（应圆整，并精确重算 β）、重合度 ε、当量齿数 z_{v1} 及 z_{v2}。

6-23　已知一对蜗杆传动，蜗杆头数 $z_1=2$，蜗轮齿数 $z_2=40$，蜗杆轴向齿距 $p=15.70$ mm，蜗杆顶圆直径 $d_{a1}=60$ mm。试求模数 m、蜗杆直径系数 q、蜗轮螺旋角 β_2、蜗轮分度圆直径 d_2 及中心距 a。

6-24　有一对标准直齿锥齿轮，已知 $z_1=24$，$z_2=32$，$m=3$ mm，$\alpha=20°$，$h_a^*=1$，$c^*=0.2$，$\Sigma=90°$。试计算这对锥齿轮的几何尺寸。

第七章 轮系

7.1 引言

在第六章中，我们对一对齿轮的传动和几何设计问题进行了研究，这是齿轮传动最简单的形式。但是，在实际机械传动中，为了将原动件和执行机构按照各种工作要求连接起来，采用一对齿轮传动实现传递运动和动力是不够的，需要用由一系列齿轮所组成的齿轮机构来实现工作要求。这种由一系列齿轮所组成的齿轮传动系统称为齿轮系，简称轮系。

图 7-1 所示的滚齿机工作台传动机构即为一个轮系机构(图中 1~7 均为齿轮)。电动机带动主动轴转动，通过该轴上的齿轮 1 和齿轮 3 分两路把运动传给滚刀及轮坯，从而使滚刀和轮坯之间具有确定的对应关系。

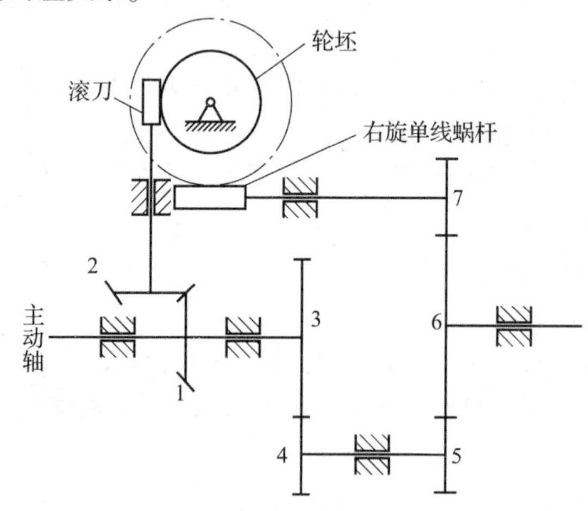

图 7-1　滚齿机工作台传动机构

本章首先介绍轮系的分类，然后着重介绍各种常见轮系传动比的计算方法以及轮系的应用，最后简单介绍几种常用的行星齿轮传动。

7.2　轮系的组成及分类

齿轮传动时，根据轮系运转时各个齿轮的轴线相对于机架的位置是否固定，可将轮系分为定轴轮系、周转轮系、混合轮系 3 种类型。

7.2.1　定轴轮系

在轮系运转过程中，如果各个齿轮几何轴线相对于机架的位置都是固定不变的，则该轮系称为定轴轮系。在图 7-2 所示的定轴轮系中，齿轮 1 为主动轮，动力通过齿轮 2 的传动，由齿轮 3 输出。在这个轮系传动过程中，各个齿轮的几何轴线相对于机架都是固定不变的，因此称该轮系为定轴轮系。

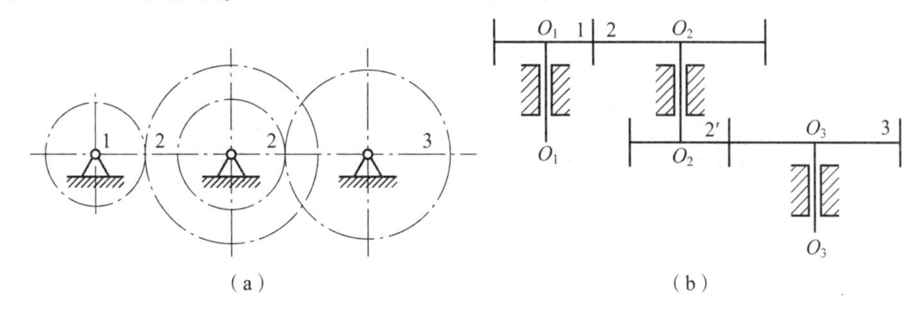

图 7-2　定轴轮系

7.2.2　周转轮系

在轮系运转过程中，如果轮系中至少有一个齿轮的几何轴线相对于机架的位置不固定，而是绕着其他某一齿轮的固定几何轴线回转，则该轮系称为周转轮系。在图 7-3 所示的周转轮系中，齿轮 2 的几何轴线 O_2 位置不固定，当 H 杆转动时，齿轮 2 一方面绕自身轴线 O_2 自转，另一方面又将绕齿轮 1 的几何轴线 O_1 公转，因此称该轮系为周转轮系。

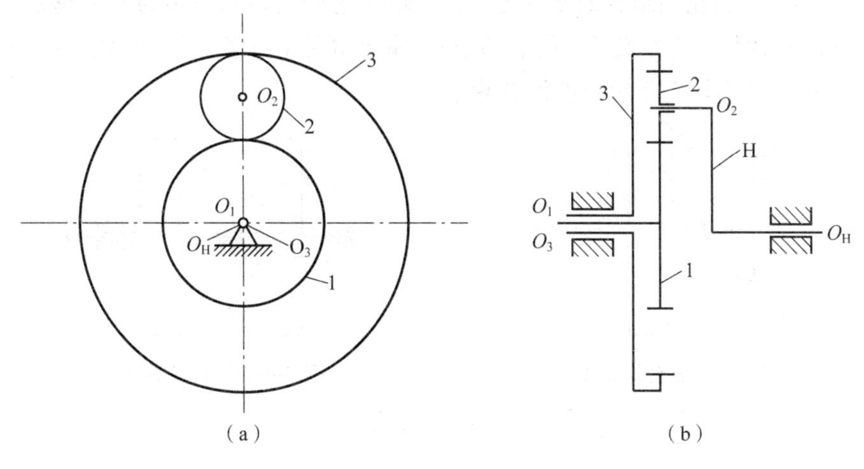

图 7-3　周转轮系

根据轮系机构的自由度数目的不同，周转轮系又分为差动轮系和行星轮系两类。

1. 差动轮系

差动轮系如图 7-4(a)所示，齿轮 1 和齿轮 3 均可转动，因此该机构的活动构件数为 $n=4$，低副数 $P_L=4$，高副数 $P_H=2$，机构的自由度 $F=3n-2P_L-P_H=3\times4-2\times4-2=2$。这种自由度为 2 的周转轮系称为差动轮系，要使这种轮系中的各构件具有确定的相对运动，必须向轮系输入两个独立的运动(两个构件的转速及其转向)。

2. 行星轮系

行星轮系如图 7-4(b)所示，齿轮 3(或齿轮 1)固定，因此该机构的活动构件数为 $n=3$，低副数 $P_L=3$，高副数 $P_H=2$，机构的自由度 $F=3n-2P_L-P_H=3\times3-2\times3-2=1$。这种自由度为 1 的周转轮系称为行星轮系。在这种轮系中，只需向一个构件输入转动(转速及转向)，整个轮系所有构件的相对运动关系就被唯一确定了。

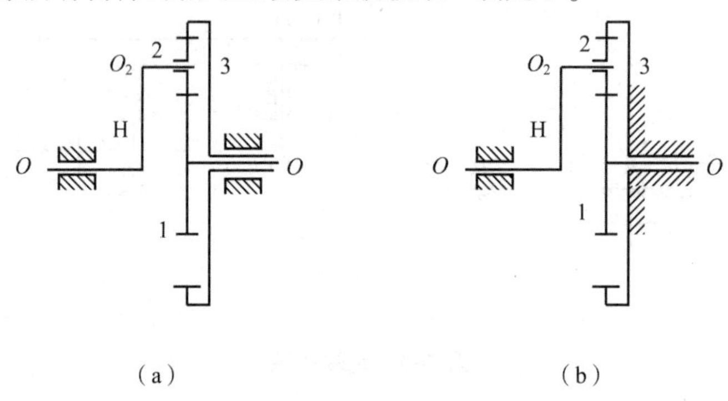

图 7-4　周转轮系类型

(a)差动轮系；(b)行星轮系

7.2.3　混合轮系

实际机械中所用的轮系往往不是单一的简单轮系，而是采用定轴轮系和周转轮系的组合轮系，或者由多个周转轮系组合的复杂轮系，通常将这种复杂轮系称为混合轮系(或复合轮系)。图 7-5 所示就是由定轴轮系(左半部分)和周转轮系(右半部分)组成的混合轮系，图 7-6 所示则是由两个周转轮系组成的混合轮系。

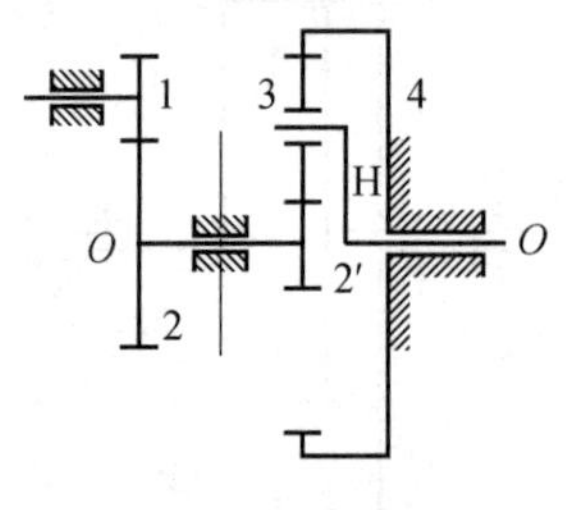

图 7-5　混合轮系 1

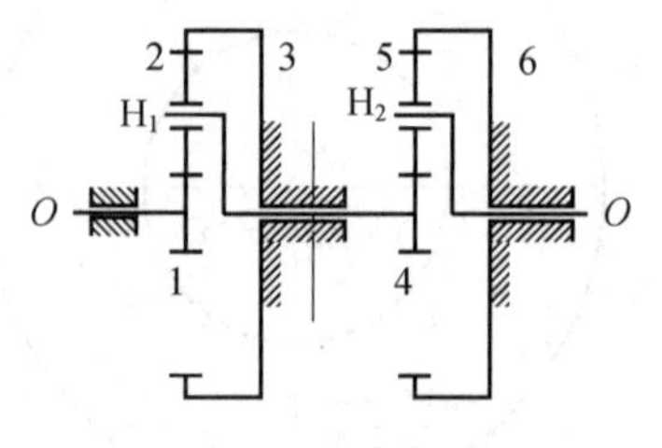

图 7-6　混合轮系 2

7.3　轮系的传动比计算

由前面所学的知识可知，一对齿轮的传动比是指该对齿轮的角速度或转速之比。轮系的传动比则是指轮系中首、末两构件的角速度或转速之比。计算轮系传动比时，既要确定传动比的大小，又要确定首、末两构件的转向关系。

7.3.1　定轴轮系的传动比计算

1. 传动比大小的计算

下面以图 7-7 所示的定轴轮系为例，介绍传动比大小的计算方法。该轮系由齿轮 1、2、3、3′、4、4′和 5 组成，设齿轮 1 为首轮，齿轮 5 为末轮，则此轮系的传动比为 $i_{15}=\omega_1/\omega_5$。

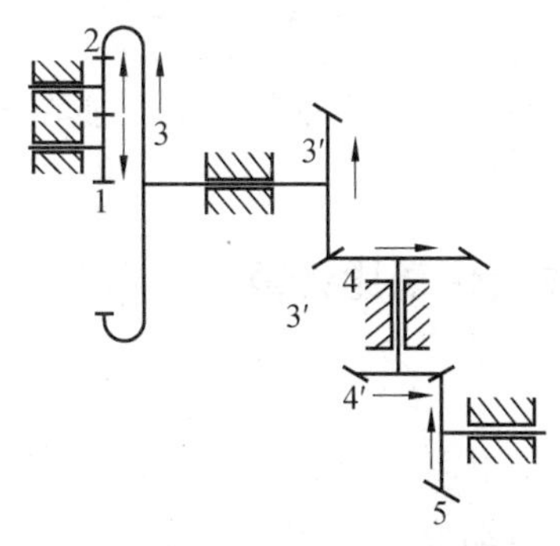

图 7-7　定轴轮系传动比大小的计算

根据一对啮合齿轮的传功比公式，可以写出该轮系中相互啮合的各对齿轮的传动比

$$i_{12}=\frac{n_1}{n_2}=\frac{z_2}{z_1}$$

$$i_{23}=\frac{n_2}{n_3}=\frac{z_3}{z_2}$$

$$i_{3'4}=\frac{n_{3'}}{n_4}=\frac{z_4}{z_{3'}}$$

$$i_{4'5}=\frac{n_{4'}}{n_5}=\frac{z_5}{z_{4'}}$$

其中，齿轮 3 和齿轮 3′为同轴构件。同样，齿轮 4 和齿轮 4′也为同轴构件，所以 $n_3=n_{3'}$、$n_4=n_{4'}$。将以上所有式子两边连乘，得

$$i_{12}i_{23}i_{3'4}i_{4'5}=\frac{n_1}{n_2}\frac{n_2}{n_3}\frac{n_{3'}}{n_4}\frac{n_{4'}}{n_5}=\frac{n_1}{n_5}=\frac{z_2}{z_1}\frac{z_3}{z_2}\frac{z_4}{z_{3'}}\frac{z_5}{z_{4'}}$$

即

$$i_{15}=\frac{n_1}{n_5}=i_{12}i_{23}i_{3'4}i_{4'5}=\frac{z_2}{z_1}\frac{z_3}{z_2}\frac{z_4}{z_{3'}}\frac{z_5}{z_{4'}}$$

上式表明：定轴轮系的传动比等于组成该轮系的各对啮合齿轮传动比的连乘积，也等于各对啮合齿轮中所有从动轮齿数的连乘积与所有主动轮齿数的连乘积之比，即

$$\text{定轴轮系的传动比}=\frac{\text{所有从动轮齿数的连乘积}}{\text{所有主动轮齿数的连乘积}} \tag{7-1}$$

2. 首、末两轮转向关系的确定

在图 7-7 所示的轮系中，设首轮 1 的转向已知，并如图中箭头所示(箭头方向表示齿轮可见侧的圆周速度的方向)，则首、末两轮的转向关系可用标注箭头的方法来确定。因为一对啮合传动的圆柱或圆锥齿轮在其啮合节点处的圆周速度是相同的，所以标志两者转向的箭头不是同时指向节点，就是同时背离节点。根据此法则，在用箭头标出首轮 1 的转向后，其余各轮的转向便可依次用箭头标出。由图可见，该轮系首、末两轮的转向相反。

当首、末两轮的轴线彼此平行时，两轮的转向不是相同就是相反。当两轮的转向相同时，规定其传动比为“+”，反之为“-”，故图 7-7 所示轮系的传动比为

$$i_{15}=\frac{\omega_1}{\omega_5}=-\frac{z_3z_4z_5}{z_1z_{3'}z_{4'}}$$

必须指出的是，若首、末两轮的轴线不平行，就只能在图上用标箭头的方法来表示轮系间的转向关系。

7.3.2 周转轮系的组成及传动比计算

1. 周转轮系的组成

在图 7-8 所示的周转轮系中，齿轮 1 和齿轮 3 都围绕着固定轴线 O_1 回转，这种齿轮称为太阳轮。像齿轮 2 这种和行星运动形式一样，既自转又公转的齿轮称为行星轮，构件 4 为机架，构件 H 为行星架、转臂或系杆。

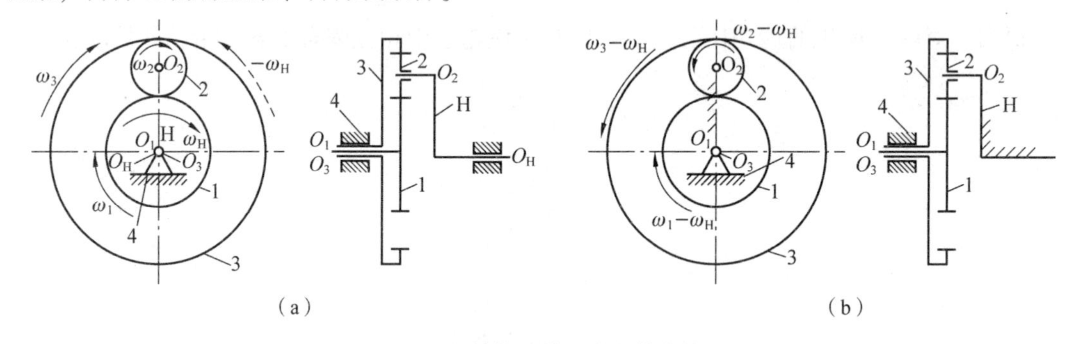

图 7-8 周转轮系的组成及转化轮系

(a)周转轮系的组成；(b)转化轮系

2. 周转轮系的传动比计算

在周转轮系中，由于行星轮的运动是由自转和公转组成的复杂运动，因此不能简单地直接运用定轴轮系传动比的公式进行计算。为了解决周转轮系的传动比计算问题应当设法将周转轮系转化为定轴轮系。这其中的关键是行星轮，而行星轮是和行星架连接在一起的，因此应当设法使行星架固定不动。根据相对运动原理，在如图 7-8(a)所示的轮系中，假设给整个周转轮系加上一个公共角速度 $-\omega_H$，使之绕行星架的固定轴线回转，这时各个构件间的

相对运动关系仍然保持原来的关系，而行星架的角速度就变为 $\omega_H - \omega_H = 0$，即行星架固定不动了，于是周转轮系就转化成了一个假想定轴轮系，称为周转轮系的转化轮系或转化机构，如图 7-8(b)所示。

因转化轮系为一定轴轮系，其传动比就可按照定轴轮系来计算了。通过转化轮系的传动比可得出周转轮系中各个构件之间角速度的关系，进而求出原周转轮系的传动比。现以图 7-8 所示的轮系为例，给周转轮系加上一个公共角速度 $-\omega_H$ 后，各构件角速度的变化如表 7-1 所示。

表 7-1　周转轮系转化前后各构件角速度的变化

构件	原有角速度	在转化轮系中的角速度（即相对于行星架的角速度）
齿轮 1	ω_1	$\omega_1^H = \omega_1 - \omega_H$
齿轮 2	ω_2	$\omega_2^H = \omega_2 - \omega_H$
齿轮 3	ω_3	$\omega_3^H = \omega_3 - \omega_H$
机架 4	$\omega_4 = 0$	$\omega_4^H = \omega_4 - \omega_H = -\omega_H$
行星架 H	ω_H	$\omega_H^H = \omega_H - \omega_H = 0$

在上表中，ω_1、ω_2、ω_3、ω_H 分别表示齿轮 1、2、3 和行星架 H 的绝对角速度。ω_1^H、ω_2^H、ω_3^H 分别表示行星架固定后得到的转化轮系中齿轮 1、2、3 相对于行星架的角速度。转化轮系的传动比 i_{13}^H 为

$$i_{13}^H = \frac{\omega_1^H}{\omega_3^H} = \frac{\omega_1 - \omega_H}{\omega_3 - \omega_H} = -\frac{z_2 z_3}{z_1 z_2} = -\frac{z_3}{z_1}$$

式中，i_{13}^H 表示在转化轮系中齿轮 1 到齿轮 3 的传动比。齿数比前的“-”号表示在转化轮系中首轮 1 和末轮 3 的转向相反。

在上述公式中，包含了周转轮系中各基本构件的角速度和各轮齿数之间的关系，在齿轮齿数已知时，如果 ω_1、ω_3 和 ω_H 中有两者已知(包括大小和方向)，就可求得第三者(包括大小和方向)。

根据上述原理，可以得出计算周转轮系传动比的一般公式。设周转轮系中的两个太阳轮分别为 m 和 n，行星架为 H，则转化轮系的传动比 i_{mn}^H 可表示为

$$i_{mn}^H = \frac{\omega_m^H}{\omega_n^H} = \frac{\omega_m - \omega_H}{\omega_n - \omega_H} = \pm\frac{\text{在转化轮系中由 } m \text{ 至 } n \text{ 各从动轮齿数的连乘积}}{\text{在转化轮系中由 } m \text{ 至 } n \text{ 各主动轮齿数的连乘积}} \tag{7-2}$$

对已知的周转轮系来说，其转化轮系的传动比 i_{mn}^H 的大小和“±”号均可定出。在这里要特别注意式中“±”号的确定及含义。

对于差动轮系，给定 3 个基本构件中的任意两个构件的角速度 ω_m、ω_n 和 ω_H，以及各齿轮的齿数，便可以根据式(7-2)求出第三个，进而求出 3 个基本构件中任意两个之间的传动比。

对于行星轮系，在两个太阳轮中必有一个是固定的，假设固定轮为 n，即 $\omega_n = 0$，则式

(7-2)可改写为

$$i_{mn}^{\mathrm{H}}=\frac{\omega_m^{\mathrm{H}}}{\omega_n^{\mathrm{H}}}=\frac{\omega_m-\omega_{\mathrm{H}}}{0-\omega_{\mathrm{H}}}=-i_{m\mathrm{H}}+1$$

即

$$i_{m\mathrm{H}}=1-i_{mn}^{\mathrm{H}} \tag{7-3}$$

例 7-1 在图 7-9 所示的行星轮系中，已知 $z_1=100$, $z_2=101$, $z_{2'}=100$, $z_3=99$，试求 $i_{\mathrm{H}1}$。

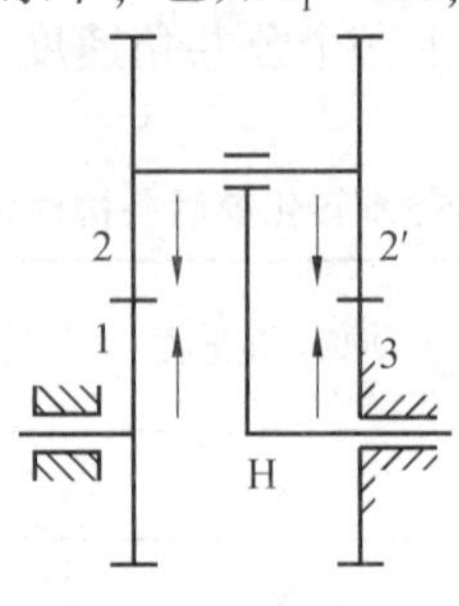

图 7-9 行星轮系

解：在图示轮系中，因为轮 3 为固定轮，所以该轮系为行星轮系，其转化轮系的传动比为

$$i_{13}^{\mathrm{H}}=\frac{\omega_1^{\mathrm{H}}}{\omega_3^{\mathrm{H}}}=\frac{\omega_1-\omega_{\mathrm{H}}}{\omega_3-\omega_{\mathrm{H}}}=(-1)^2\frac{z_2z_3}{z_1z_{2'}}=\frac{101\times 99}{100\times 100}$$

由于是行星轮系，可得

$$i_{1\mathrm{H}}=1-i_{13}^{\mathrm{H}}=1-\frac{z_2z_3}{z_1z_{2'}}=1-\frac{101\times 99}{100\times 100}=\frac{1}{10\ 000}$$

故

$$i_{\mathrm{H}1}=\frac{1}{i_{1\mathrm{H}}}=10\ 000$$

即当行星架 H 转 10 000 转时，齿轮 1 才转 1 转，其转向相同。

7.3.3 混合轮系的传动比计算

如前所述，在混合轮系中，可能既包含定轴轮系部分，又包含周转轮系部分，或者包含几个基本周转轮系，甚至同时包括几部分定轴轮系和几个基本周转轮系。在计算混合轮系的传动比时，既不能将整个轮系作为定轴轮系来处理，也不能对整个轮系采用转化机构的办法。因此，计算混合轮系的步骤如下：

(1)将轮系中所包含的各部分定轴轮系和各个基本周转轮系一一分开；

(2)分别列出定轴轮系和基本周转轮系传动比的计算公式；

(3)找出各个轮系之间的联系；

(4)将所列公式联立求解，从而求出该混合轮系的传动比。

以上各步骤中最关键的一步就是能够正确划分基本轮系。所谓基本轮系，是指单一的定轴轮系或单一的周转轮系。在划分基本轮系时，要找出各个单一的周转轮系。具体方法是找出行星轮，即那些几何轴线不固定而是绕其他轴线转动的齿轮，当行星轮找到后，支持行星轮的构件就是行星架，而直接与行星轮啮合的齿轮即为太阳轮，故行星轮、太阳轮及一个行星架组成单一周转轮系。一个轮系中有几个行星架，就包含几个周转轮系。找出周转轮系

后，剩余的部分就是定轴轮系。

例 7-2　在图 7-10 所示的混合轮系中，若各齿轮的齿数已知，试求传动比 i_{1H}。

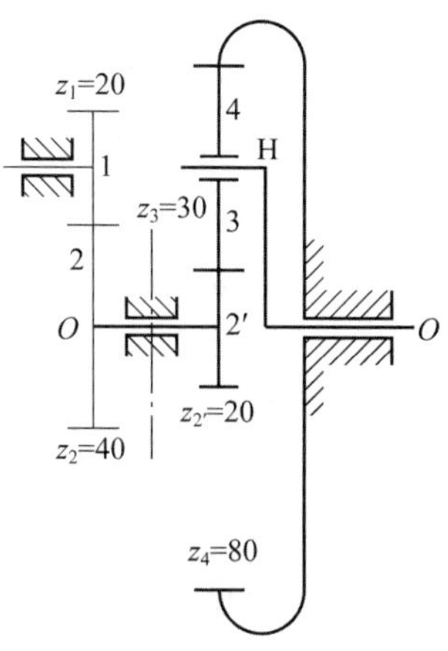

图 7-10　混合轮系

解：(1)区分轮系。此混合轮系由定轴轮系(齿轮 1、2)和行星轮系(齿轮 2′、3、4 及行星架 H)组成。

(2)分别列出各个基本轮系传动比计算式，即对定轴轮系有

$$i_{12}=\frac{\omega_1}{\omega_2}=-\frac{z_2}{z_1}=-\frac{40}{20}=-2$$

$$\omega_2=-\frac{\omega_1}{2} \tag{a}$$

对行星轮系有

$$i_{2'4}^{H}=\frac{\omega_2'-\omega_H}{\omega_4-\omega_H}=-\frac{z_4}{z_2'}=-\frac{80}{20}=-4$$

因为 $\omega_4=0$，故

$$\frac{\omega_{2'}-\omega_H}{-\omega_H}=-4 \tag{b}$$

(3)找出各个轮系之间的联系并联立求解。从图中可以看出，定轴轮系和行星轮系是通过齿轮 2 和齿轮 2′联系起来的，因此由式(a)可得

$$\omega_2=\omega_{2'}=-\frac{\omega_1}{2} \tag{c}$$

将式(c)代入式(b)可得

$$\frac{-\frac{\omega_1}{2}-\omega_H}{-\omega_H}=-4$$

求得

$$i_{1H}=\frac{\omega_1}{\omega_H}=-10$$

负号表明齿轮 1 和行星架 H 的转向相反。

例 7-3 图 7-11(a)所示为电动卷扬机的减速器运动简图，设各齿轮齿数一致，试求传动比 i_{15}。

解：先划分轮系，有双联行星轮 2—2′，太阳轮 1、3 及行星架 5 组成了周转轮系，且是差动轮系，如图 7-11(b)所示，对其转化轮系有

$$i_{13}^{5}=\frac{\omega_1-\omega_5}{\omega_3-\omega_5}=-\frac{z_2z_3}{z_1z_{2'}}$$

$$\omega_1=\frac{(\omega_5-\omega_3)z_2z_3}{z_1z_{2'}}+\omega_5$$

然后将剩余轮系部分划分出来，由齿轮 3′、4、5 组成了定轴轮系，如图 7-11(c)所示，故

$$i_{3'5}=\frac{\omega_{3'}}{\omega_5}=-\frac{z_5}{z_{3'}}$$

联立求解得

$$i_{15}=\frac{z_2z_3}{z_1z_{2'}}\left(1+\frac{z_5}{z_{3'}}\right)+1=\frac{33\times78}{24\times21}\left(1+\frac{78}{18}\right)+1=28.24$$

传动比为正表示齿轮 1 和齿轮 5 转向相同。

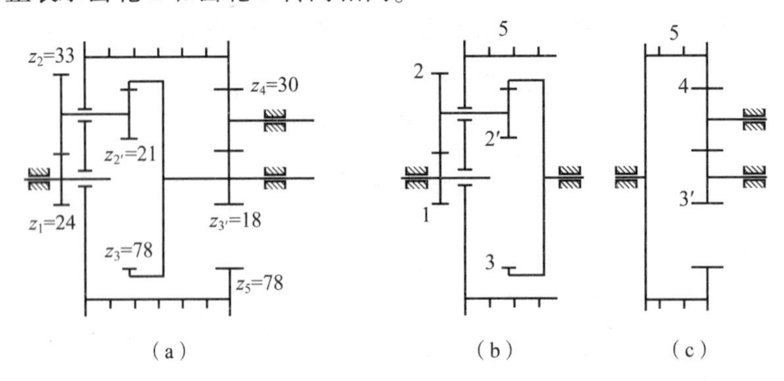

图 7-11 电动卷扬机的减速器运动简图及其划分轮系

7.4 轮系的应用

因为轮系具有传动准确等其他机构无法替代的特点，所以轮系在各种机械中应用十分广泛，其作用大致可以归纳为以下几个方面。

1. 获得较大的传动比

当两轴之间需要较大的传动比时，如果仅用一对齿轮传动，必然使两轮的尺寸相差很大，小齿轮也较易损坏。通常一对齿轮的传动比不大于 7，由于定轴轮系的传动比等于该轮系中各对啮合齿轮传动比的连乘积，所以采用轮系可获得较大的传动比。尤其是周转轮系，可以用很少的齿轮获得很大的传动比，而且结构紧凑，如图 7-12 所示。

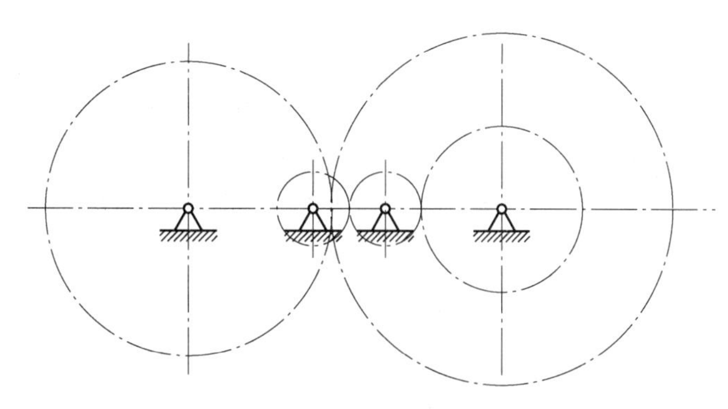

图 7-12　传动比较大的周转轮系

2. 实现变速传动

利用轮系可在主轴的转速、转向不变时，使从动轴获得多种转速。在图 7-13 所示的汽车变速器轮系中，轴Ⅰ是输入轴，轴Ⅲ是输出轴，齿轮 B、齿轮 C 是滑移齿轮，改变变速器内齿轮的啮合关系，从动轴可获得不同的转速。

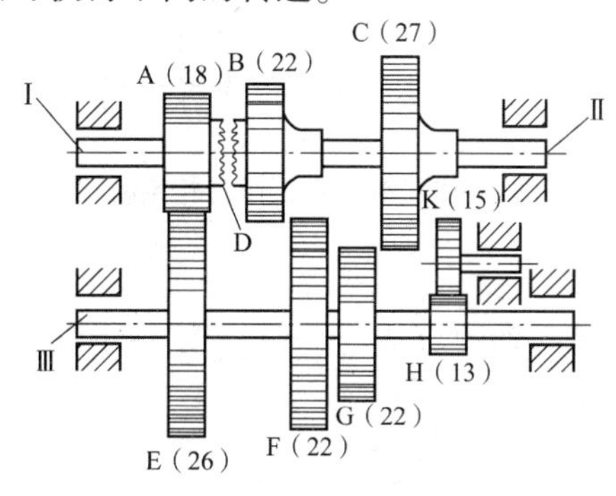

图 7-13　汽车变速器轮系

3. 实现换向运动

在主动轴转向不变的情况下，利用轮系可以改变从动轴的转向。图 7-14 所示为车床上走刀丝杆的三星轮换向机构，其中手柄 a 可绕齿轮 4 的轴线回转。在图 7-14(a)中，从动轮 4 与主动轮 1 的转向相反；若扳动手柄 a，可实现如图 7-14(a)、图 7-14(b)所示的两种传动方案。由于两方案仅相差一次外啮合，故从动轮 4 相对于主动轮 1 有两种输出转向。

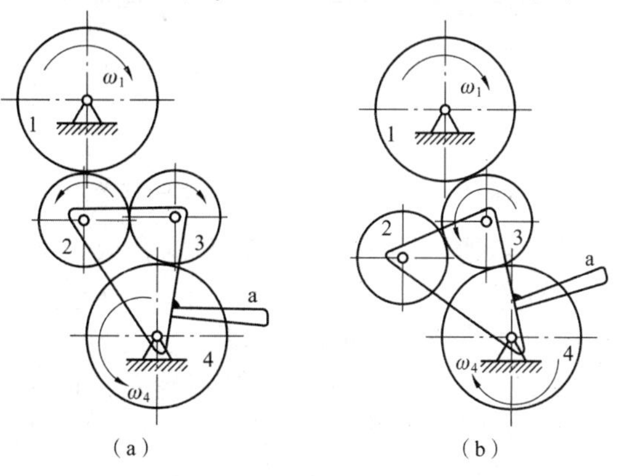

图 7-14　车床上走刀丝杆的三星轮换向机构

4. 实现分路传动

在实际机械生产应用中，有时需要由一个主动轴带动几个从动轴一起转动，这时可通过轮系把一个主动轴的运动通过轮系分几路传出。例如，在图 7-15 所示的滚齿机工作台轮系机构中，动力由轴 I 输入，一路由 1→2 传到滚刀；另一路由 3→4→5→6→7→8→9 传到轮坯。

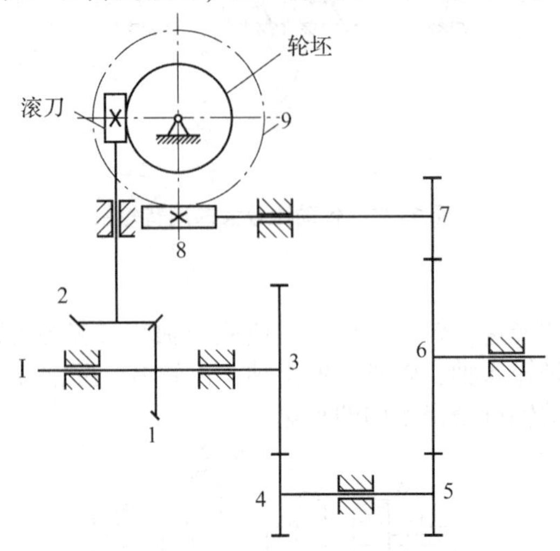

图 7-15　滚齿机工作台轮系机构

5. 实现运动的合成与分解

利用差动轮系，可以实现运动的合成与分解。图 7-16 所示为由锥齿轮组成的差动轮系，该轮系中两个中心轮的齿数相等，即 $z_1 = z_3$，故

$$i_{13}^{H} = \frac{n_1 - n_H}{n_3 - n_H} = -\frac{z_3}{z_1} = -1$$

$$n_H = \frac{1}{2}(n_1 + n_3) \tag{7-4}$$

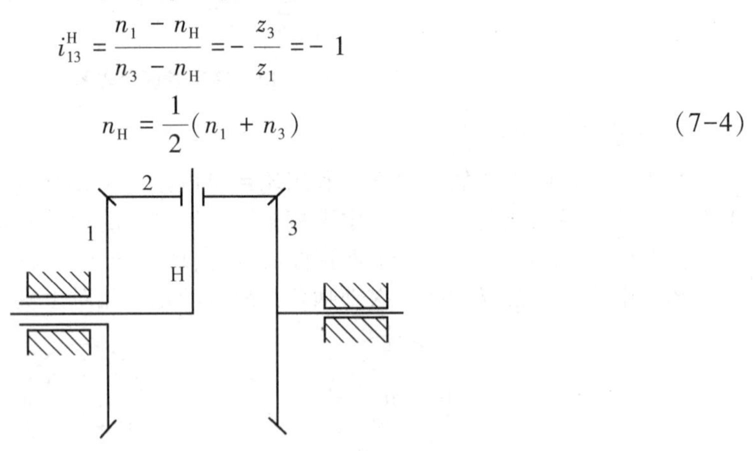

图 7-16　由锥齿轮组成的差动轮系

式(7-4)说明行星架 H 的转速是两个中心轮转速的合成。该差动轮系实现了运动的合成。差动轮系的这种特性在机床、补偿装置等中得到了广泛应用。

差动轮系不仅可以实现运动的合成，而且可以将一个原动件的输入转动分解为两个从动件的输出转动。例如，图 7-17 所示的汽车后桥差速器轮系，在汽车转弯时，它将发动机传到齿轮 5 的运动以不同的转速分别传递给左、右两个车轮，以维持车轮与地面间的纯滚动，避免车轮与地面间的滑动摩擦导致车轮过度磨损。齿轮 4、5 组成定轴轮系，齿轮 1、2、3 和行星架 H 组成差动齿轮系，差速器就是复合轮系。

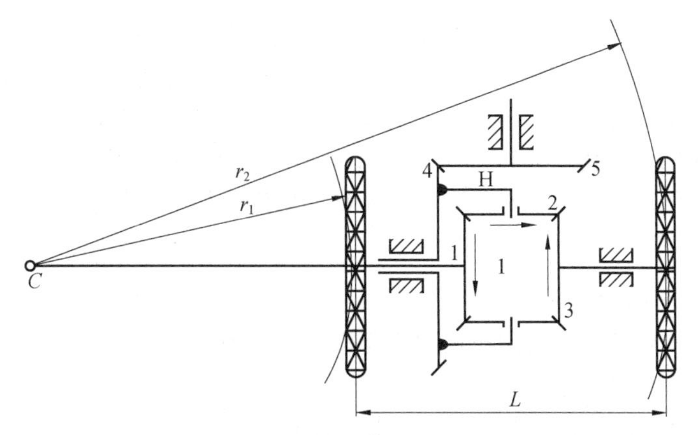

图 7-17　汽车后桥差速器轮系

7.5　行星轮系的设计及各轮齿数的确定

本节对行星轮系设计中的几个问题进行简要讨论。

1. 行星轮系的类型选择

行星轮系的类型很多，在相同的速比和载荷的条件下，采用不同的类型可以使轮系的外廓尺寸、质量和效率相差很多，因此在设计行星轮系时，应重视轮系类型的选择。选择轮系的类型时，要考虑传动比范围、机械效率的高低、功率流动情况等。

行星轮系中，当把行星架固定时，主、从动轮传动方向相同的机构称为正号机构，反之则为负号机构。

对于图 7-18 所示的 2K-H 型行星轮系来说，图 7-18(a)、(b)、(c)、(d)分别为 4 种形式的负号机构，它们实用的传动比范围分别为：图 7-18(a)，$i_{1H}=2.8\sim13$；图 7-18(b)，$i_{1H}=1.14\sim1.56$；图 7-18(c)，$i_{1H}=8\sim16$；图 7-18(d)，$i_{1H}=2$。图 7-18(e)、(f)、(g)分别为 3 种形式的正号机构，其传动比理论上可趋于无穷大。

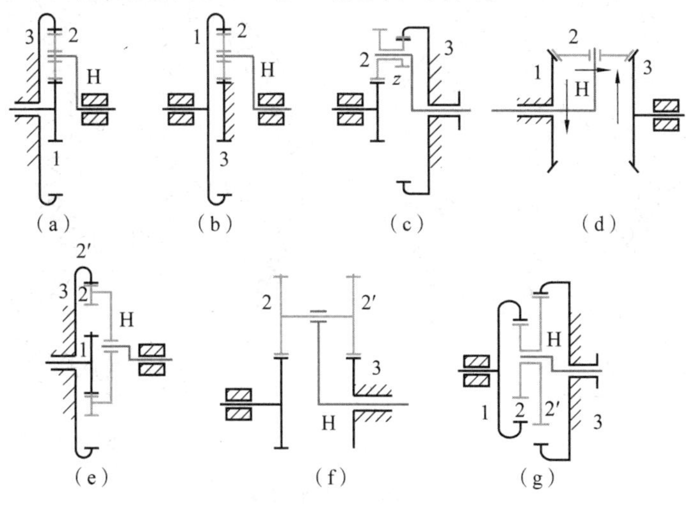

图 7-18　2K-H 型行星轮系

在实际工程应用中，除前面几节介绍的一般行星轮系外，还经常使用下面几种特殊的行星轮系传动机构。从机械效率来看，负号机构的效率比正号机构要高，传递动力应采用负号机构。如果要求轮系具有较大的传动比，而单级负号机构又不能满足要求，可将几个负号机构串联起来，或采用负号机构与定轴轮系组合而成的复合轮系，其传动比范围 $i_{1H}=10\sim60$。正号机构一般用在传动比大而且对效率要求不高的辅助机构中，如磨床的进给机构、轧钢机的指示器等。

2. 行星轮系的各轮齿数的确定

在行星轮系中，各轮齿数的选配需要满足以下 4 个条件。

1）满足轮系传动比的需求

对于图 7-19 所示的行星轮系，其传动比应满足

$$i_{1H}=1+\frac{z_3}{z_1}$$

故

$$\frac{z_3}{z_1}=i_{1H}-1 \tag{7-5}$$

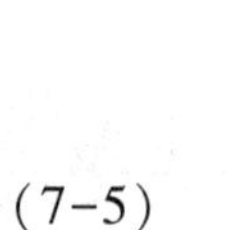

图 7-19　行星轮系 1

2）满足同心条件

若使行星轮系能正常运转，其基本构件的回转轴线必须在同一直线上，这就是同心条件。为此，对于图 7-20 所示的行星轮系，齿轮半径就必须满足

$$r'_3=r'_1+2r'_2$$

当采用标准齿轮传动或等变位齿轮传动时，式(7-5)就变为

$$z_3=z_1+2z_2$$

3）满足均布条件

为使各行星轮能均布地装配，行星轮的个数与各齿轮数之间必须满足一定的关系，否则将会因行星轮与太阳轮轮齿的干涉而不能装配，如图 7-20(a)所示。下面就来分析这个问题。

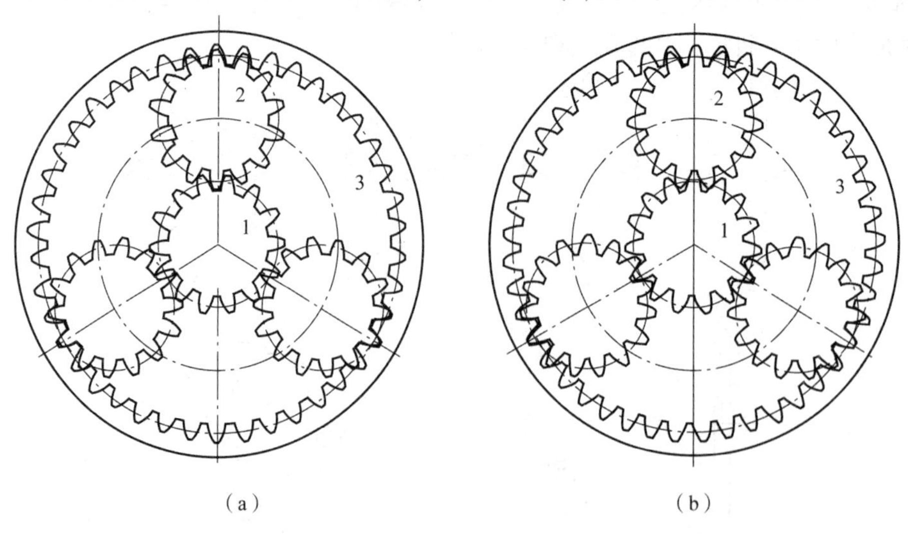

图 7-20　行星轮系 2

(a)不能装配；(b)可以装配

图 7-21 所示为一行星轮系，设需均布 k 个行星轮，相邻两行星轮 2、2′之间相隔 $\varphi=360°/k$。设先装入第一个行星轮 2 于 O_2，为了在相隔 φ 角处装入第二个行星轮 2′，可以设想把太阳轮 3 固定起来而动太阳轮 1，使第一个行星轮 2 的位置由 O_2 转到 O'_2，并使 $\angle O_2OO'_2=\varphi$。这时，太阳轮 1 上的点 A 转到 A' 位置，转过的角度为 θ。根据其传动比公式，角度 φ 与 θ 的关系为

$$\theta/\varphi=\frac{\omega_1}{\omega_H}=i_{1H}=\frac{1+z_3}{z_1}$$

故得

$$\theta=\left(1+\frac{z_3}{z_1}\right)\varphi=\left(1+\frac{z_3}{z_1}\right)\frac{360°}{k} \tag{a}$$

如果这时太阳轮 1 恰好转过 N 个齿，即

$$\theta=\frac{N\,360°}{z_1} \tag{b}$$

式中，N 为整数；$360°/z_1$ 为太阳轮 1 的齿距角。这时，太阳轮 1 与太阳轮 3 的齿的相对位置又恢复到与装第一个行星轮 2 时一模一样，故在原来装第一个行星轮 2 的位置 O_2 处，一定能装入第二个行星轮 2′。同样的过程，可以装入第三个、第四个、……、第 k 个行星轮。

将式(b)代入式(a)得

$$\frac{(z_1+z_3)}{k}=N \tag{7-6}$$

由式(7-6)可知，要满足均布条件，两太阳轮的齿数和 (z_1+z_3) 应能被行星轮个数整除。

由此可知，在图 7-20(a)所示的行星轮系中，因 $z_1=14$、$z_3=42$、$k=3$，$(z_1+z_3)/k=18.67$，不满足均布装配条件，故轮齿干涉而不能装配。在图 7-20(b)所示的行星轮系中，因 $z_1=15$、$z_3=45$、$k=3$，$(z_1+z_3)/k=20$，故能顺利装配。

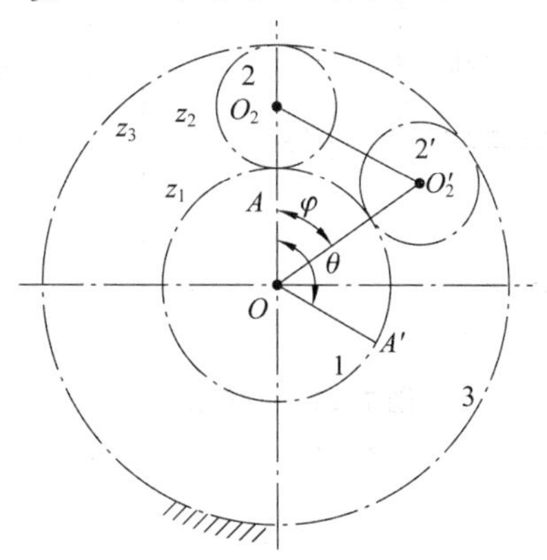

图 7-21　行星轮系 3

4)满足邻近条件

在图 7-21 中，O_2、O'_2 为相邻两行星轮的中心位置，为了保证相邻两行星轮 2、2′不至于互相碰撞，需使中心距 $\overline{O_2O'_2}$ 大于两轮齿顶圆半径之和，即 $\overline{O_2O'_2}>d_{a2}$(行星齿轮顶圆直径)。

对于标准齿轮传动，有

$$(z_1+z_2)\sin\left(\frac{180^\circ}{k}\right)>z_2+2h_a^* \tag{7-7}$$

对于图 7-18(c)所示的双排行星轮系，经过类似推导，可得相应的关系式(对标准齿轮传动)如下。

(1)传动比条件为

$$\frac{z_2z_3}{z_1z_{2'}}=i_{1H}-1 \tag{7-8}$$

(2)同心条件(设各齿轮的模数相同)为

$$z_3=z_1+z_2+z_{2'}$$

(3)均布条件：设 N 为整数，则

$$\frac{z_1z_{2'}+z_2z_3}{z_{2'}k}=N$$

(4)邻近条件：假设 $z_2>z_{2'}$，则

$$(z_1+z_2)\sin\left(\frac{180^\circ}{k}\right)>z_2+2h_a^*$$

3. 行星轮系的均载装置

行星轮系的特点之一是可采用多个行星轮来分担载荷，但实际上由于制造和装配误差，往往会出现各行星轮受力极不均匀的现象。为此，常把行星轮系中的某些构件做成可以浮动的，如各行星轮受力不均匀，由于这些构件的浮动，可减轻载荷分配不均匀影响，此即均载装置。

均载装置的类型很多，有使太阳轮浮动的，有使行星轮浮动的，有使行星架浮动的，也有使几个构件同时浮动的。图 7-22 所示为采用弹性轴使太阳轮或行星轮浮动的均载装置。

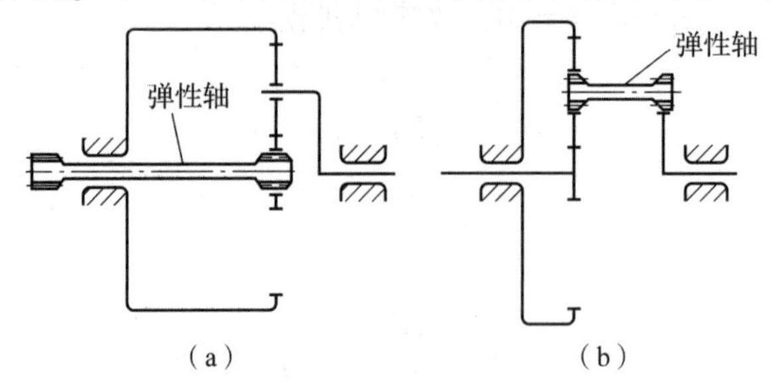

图 7-22 均载装置

(a)太阳轮浮动；(b)行星轮浮动

7.6 其他轮系简介

在实际工程应用中，除了前面几节介绍的一般行星轮系，还常使用下面几种特殊行星轮系传动机构。

1. 渐开线少齿差行星轮系传动机构

渐开线少齿差行星轮系传动机构如图 7-23 所示。

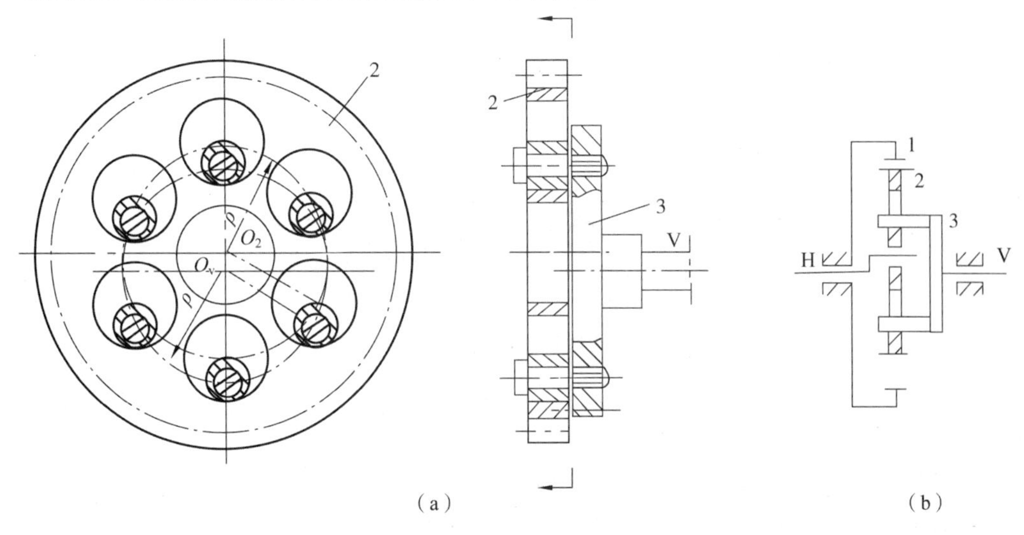

图 7-23　渐开线少齿差行星轮系传动机构

太阳轮 1 固定，行星架 H 为输入轴，V 为输出轴，行星轮 2 的自转运动通过等速输出机构 3 和输出轴 V 输出，V 的转速就是行星轮 2 的绝对转速，该轮系的传动比为

$$\frac{n_2 - n_{\mathrm{H}}}{n_1 - n_{\mathrm{H}}} = \frac{z_1}{z_2}$$

$$\frac{n_2 - n_{\mathrm{H}}}{0 - n_{\mathrm{H}}} = \frac{z_1}{z_2}$$

$$i_{2\mathrm{H}} = 1 - \frac{z_1}{z_2} = \frac{z_2 - z_1}{z_2} = -\frac{z_1 - z_2}{z_2}$$

$$i_{\mathrm{HV}} = i_{\mathrm{H2}} = \frac{1}{i_{2\mathrm{H}}} = -\frac{z_2}{z_1 - z_2}$$

由上式可以看出，齿数差越小，其传动比就越大。当齿数差为 1 时，传动比出现最大值，即

$$i_{\mathrm{HV}} = - z_2$$

可见，这种行星轮系可以得到很大的传动比。

渐开线少齿差行星轮系传动机构的优点是传动比大、结构紧凑、体积小、质量轻、加工容易，故在起重运输、仪表、轻化、食品等工业部门广泛采用；缺点是同时啮合的齿数少、承载能力较低，而且为了避免干涉，必须进行复杂的变位计算。

2. 摆线针轮行星轮系传动机构

摆线针轮行星轮系传动机构如图 7-24 所示，其工作原理和结构与渐开线少齿差行星传动基本相同。它也由行星架 H、内齿轮 1 和行星轮 2 组成。行星轮的运动也依靠等角速比的销孔输出机构 3 传到输出轴 V 上。摆线针轮传动的齿数差总是等于 1，因此其传动比为

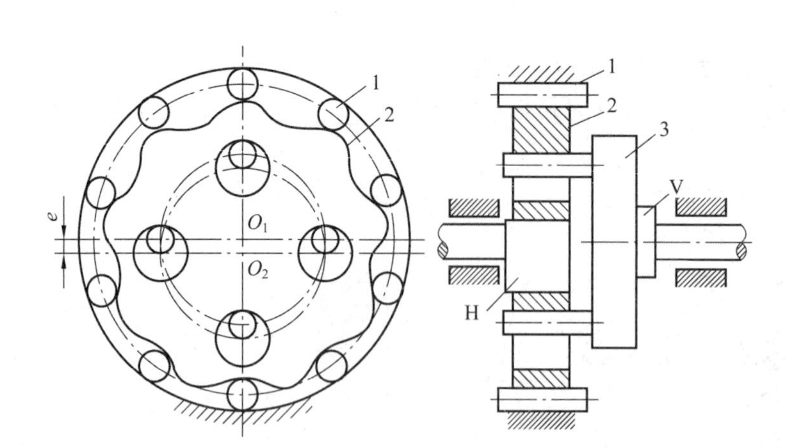

图 7-24 摆线针轮行星轮系传动机构

$$i_{\mathrm{HV}}=\frac{n_{\mathrm{H}}}{n_{\mathrm{V}}}=-\frac{z_2}{z_1-z_2}=-z_2$$

摆线针轮行星轮系传动机构除具有传动比大(单级传动为 9~87)、结构紧凑、体积小、质量轻及效率高的优点外，还因同时承担载荷的齿数多，以及齿廓之间为滚动摩擦，所以传动平稳、承载能力强、轮齿磨损小、使用寿命长，广泛地应用于军工、矿山、冶金、化工及造船等工业的机械设备上。该机构的缺点是加工工艺较复杂，精度要求较高，必须用专用机床和刀具加工摆线齿轮。

3. 谐波齿轮传动机构

谐波齿轮传动机构的主要结构如图 7-25 所示，H 为波发生器，它相当于行星架；1 为刚轮，它相当于太阳轮；2 为柔轮，它相当于行星轮，可产生较大的弹性变形。

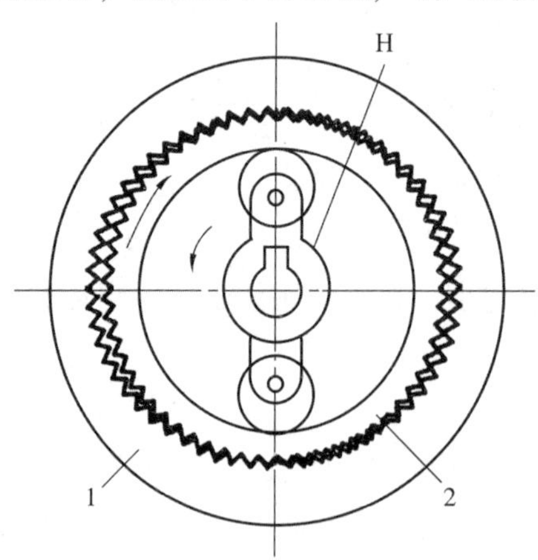

图 7-25 谐波齿轮传动机构

谐波齿轮传动机构的工作原理：当将波发生器 H 装入柔轮 2 内孔，因为波发生器 H 的外缘尺寸大于柔轮内孔直径，所以装入后柔轮即变成椭圆形。椭圆长轴两端柔轮外齿与刚轮 1 内齿相啮合，短轴两端则处于完全脱开状态，其他各点处于啮合与脱开的过渡阶段。一般刚轮固定不动，当原动件波发生器 H 回转时，柔轮与刚轮的啮合区也就跟着转动。因为柔轮比刚轮少(z_1-z_2)个齿，所以当波发生器转一周时，柔轮相对刚轮沿相反方向转过(z_1-z_2)个齿的角度，即反转(z_1-z_2)/z_2周，因此得传动比为

$$i_{H2}=\frac{n_H}{n_2}=-\frac{1}{(z_1-z_2)/z_2}=-\frac{z_2}{z_1-z_2}$$

谐波齿轮传动机构的优点是传动比大、体积小、质量轻、效率高；因为柔轮与波发生器、输出轴共轴线，所以不需要等角速比机构，结构更为简单；啮合的齿数很多，承载能力强，传动平稳；齿侧间隙小，适用于反向传动。它的缺点是柔轮周期性地变形，容易发热，需用抗疲劳强度很高的材料；加工、热处理要求都很高，极易损坏。目前，谐波齿轮传动机构已应用于航空、船舶、机器人、机床、车辆和军事装备等方面。

汽车差速器中的轮系

本章介绍了轮系的一些知识，我们知道了轮系有获得较大传动比、实现变速传动、换向运动、分路传动和对运动进行合成与分解的作用。轮系在汽车中的应用也非常广泛，发动机给汽车提供了实现驾驶操作的动力，动力通过一系列的传动机构到达驱动轮，在动力传输的过程中，非常重要的一环就是差速器。

汽车在转弯时，轨迹是圆弧，外侧车轮的转速必然要高于内侧车轮的转速。如果驱动轮直接通过一根轴刚性连接，那么两侧轮子的转速必然会相同，这样就会发生转弯困难的现象，因此需要在汽车的驱动桥上安装差速器。通过差速器把动力分别传递给两个驱动轮，以实现左右两个车轮间转速的不同。在汽车转弯时，如果没有差速器，会导致内侧轮发生“制动”的现象，如图7-26(a)所示。如在传动轴上安装差速器，驱动轮内外侧的转速差可以由差速器来均衡，从而避免了转弯“制动”的现象，如图7-26(b)所示。

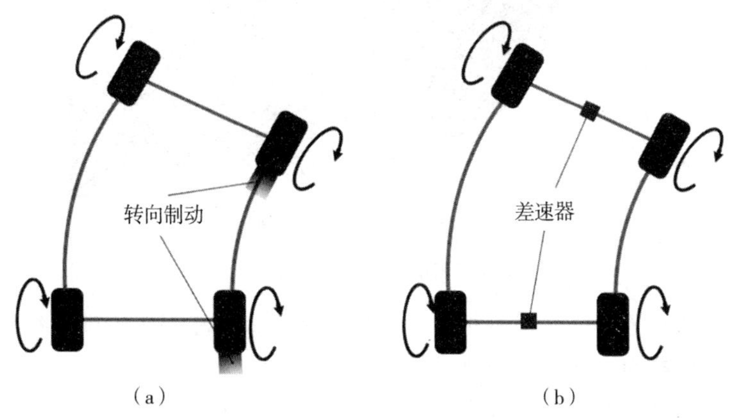

图7-26　差速器作用示意图

布置在前驱动桥(前驱汽车)和后驱动桥(后驱汽车)的差速器，分别称为前差速器和后差速器。如果安装在四驱汽车的中间传动轴上来调节前后轮的转速，则称为中央差速器。前差速器位置示意图如图 7-27 所示。

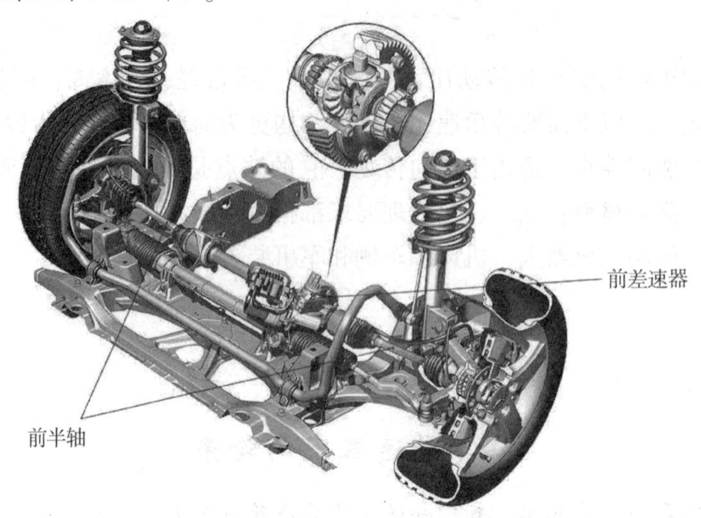

图 7-27　前差速器位置示意图

一般的差速器主要由两个侧齿轮(通过半轴与车轮相连)、两个行星齿轮(行星架与环形齿轮连接)、一个环形齿轮(与动力输入轴相连)、主动齿轮、行星齿轮轴、半轴、传动轴等构成，其结构如图 7-28 所示。

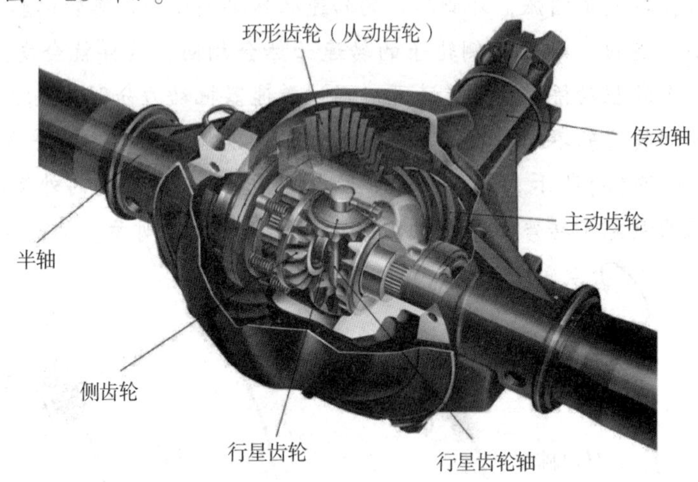

图 7-28　差速器的结构

传动轴传过来的动力通过主动齿轮传递到环形齿轮上，环形齿轮带动行星齿轮轴一起旋转，同时带动侧齿轮转动，从而推动驱动轮前进。

当车辆直线行驶时，左右两个轮受到的阻力一样，行星齿轮不自转，把动力传递到两个半轴上，这时左右车轮转速一样(相当于刚性连接)。

当车辆转弯时，左右车轮受到的阻力不一样，行星齿轮绕着半轴转动并同时自转，从而吸收阻力差，使车轮能够以不同的速度旋转，保证汽车顺利过弯。

差速器工作原理如图 7-29~图 7-31 所示。

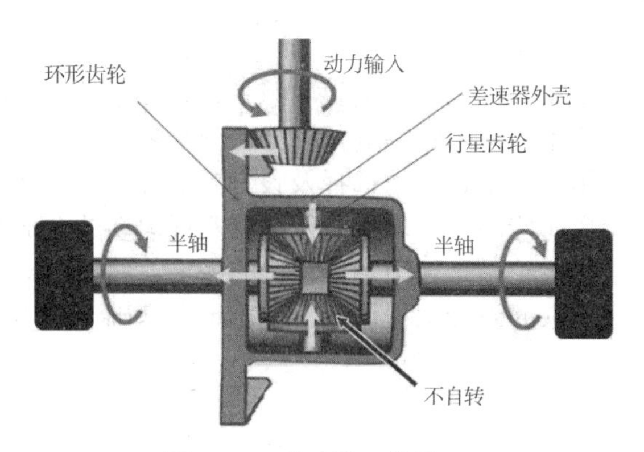

图 7-29　差速器工作原理 1

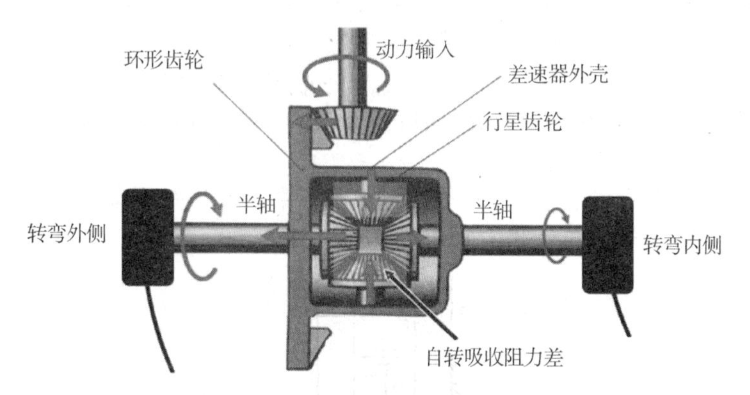

图 7-30　差速器工作原理 2

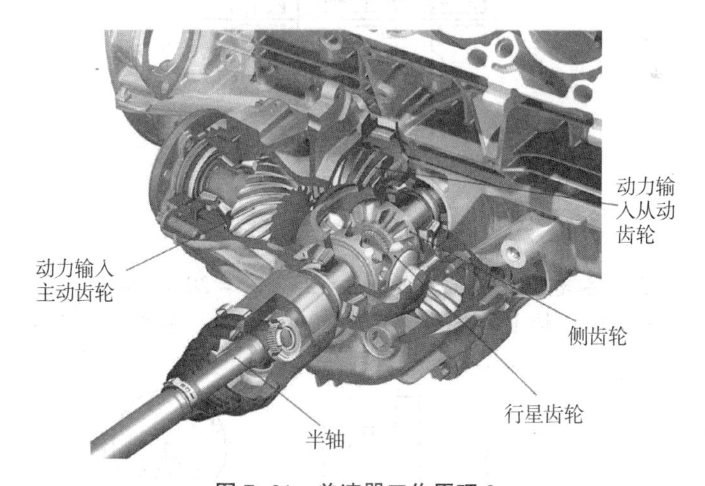

图 7-31　差速器工作原理 3

本章小结

本章首先对轮系进行了分类，主要分为定轴轮系、周转轮系和混合轮系。其中，周转轮系又分为行星轮系和差动轮系。

本章接着对定轴轮系、周转轮系、混合轮系的传动比计算方法进行了介绍，给出了定轴轮系、行星轮系传动比计算的公式。在周转轮系传动比的计算方法中引入了转化轮系的概念，通过求转化轮系的传动比，进而求得周转轮系的传动比。在计算混合轮系的传动比时，要先将混合轮系中的周转轮系和定轴轮系进行划分，分别列出其传动比公式，再联立求解。

本章最后对轮系的作用和行星轮系的选择及设计进行了介绍：轮系可以实现分路传动、获得较大的传动比、实现变速传动、实现换向传动及实现运动的合成和分解；在选择轮系的类型时，首先考虑的因素是该轮系是否满足传动比的需求，然后再对行星轮系中各轮齿数进行计算。本章的内容为接下来的设计课程设计工作奠定了基础。

习 题

7-1　如何划分一个混合轮系的定轴轮系部分和基本周转轮系部分？

7-2　用转化轮系法计算行星轮系效率的理论基础是什么？

7-3　在计算行星轮系的传动比时，式 $i_{mH}=1-i_{mn}^{H}$ 只有在什么情况下才是正确的？

7-4　在行星轮系中采用均载装置的目的是什么？采用均载装置后，会不会影响该轮系的传动比？

7-5　在题 7-5 图所示的电动三爪卡盘传动系统中，设已知各齿轮齿数 $z_1=6$，$z_2=z_{2'}=25$，$z_3=57$，$z_4=56$，试求传动比 i_{14}。

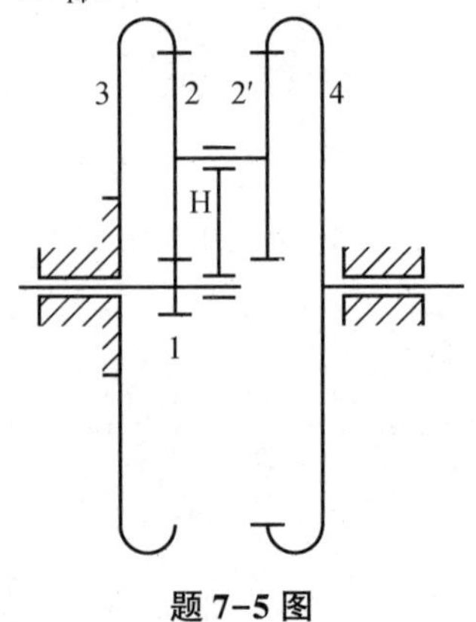

题 7-5 图

7-6　已知齿轮系中各轮齿数为 $z_1=20$、$z_2=25$、$z_{2'}=20$、$z_3=25$、$z_{3'}=60$、$z_{1'}=15$、$z_4=45$、$z_{4'}=30$、$z_5=1$、$z_6=40$，轴 Ⅰ 的转速为 $n_1=1\,000$ r/min，转向如题 7-6 图所示，求蜗轮 6 的转速和转向。

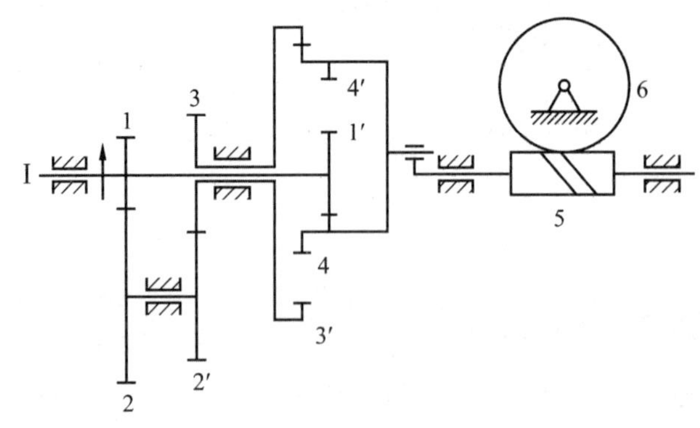

题 7-6 图

第八章
其他常用机构

8.1 引 言

在日常生活和工农业生产中，为了实现规定的运动与力的传递，出现了许多机构，除前面已经介绍过的连杆机构、齿轮机构、凸轮机构外，还有间歇运动机构、摩擦轮传动机构、挠性元件传动机构等。随着技术的进步和实际需要的变化，新的机构还在不断地被创造出来，如机器人机构、组合机构等。本章将简要介绍几种常用的、较成熟的机构的工作原理、特点及用途。

8.2 间歇运动机构

在机械中，常需要某些构件做周期性间歇运动，如机床、自动机械和仪器中的转位分度运动、换向运动、单向运动和输送运动等。常用的间歇运动机构有棘轮机构、槽轮机构、凸轮式间歇运动机构及不完全齿轮机构等。下面简单介绍这几种常用间歇运动机构的工作原理和应用。

8.2.1 棘轮机构

1. 棘轮机构的工作原理

图 8-1 所示为外啮合齿式棘轮机构(单向式)。弹簧 6 用来使止回棘爪 4 和棘轮 3 保持接触。主动摇杆 1 空套在与棘轮固连的从动轴上，并与棘爪 2 用转动副相连。当主动摇杆逆时针方向摆动时，棘爪便插入棘轮的齿槽内，推动棘轮转动一定的角度，此时止回棘爪在棘轮的齿背上滑过。当主动摇杆顺时针摆动时，止回棘爪阻止棘轮顺时针方向转动，棘爪在棘轮的齿背上滑过，棘轮保持静止不动。因此，当原动件做连续往复摆动时，棘轮做单向间歇运动。

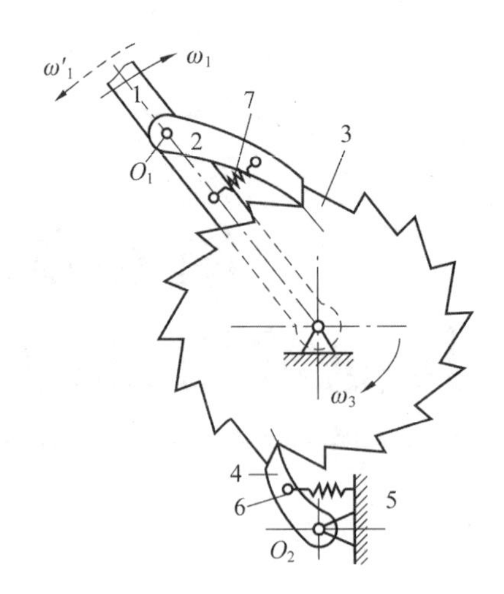

1—主动摇杆；2—棘爪；3—棘轮；4—止回棘爪；5—机架；6、7—弹簧。

图 8-1　外啮合齿式棘轮机构(单向式)

2. 棘轮机构的类型

棘轮机构的类型较多，应用广泛。按照结构特点，可以将棘轮机构分为以下两类。

1)齿式棘轮机构

齿式棘轮机构有外啮合(见图 8-1)和内啮合(见图 8-2)两种形式。外啮合齿式棘轮机构的棘爪安装在棘轮外部，结构简单、容易制造，通过选择合适的驱动机构来实现动停时间比。内啮合齿式棘轮机构的棘爪安装在棘轮内部，结构紧凑，外形尺寸小。当棘轮的直径为无穷大时，变为棘齿条(见图 8-3)，此时，棘轮的单向转动变为棘齿条的单向移动。

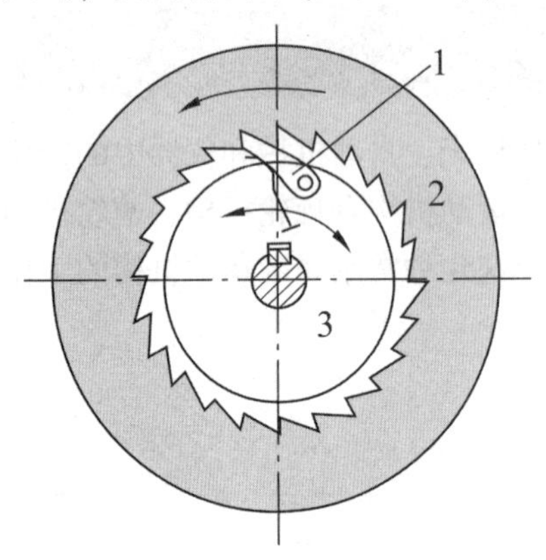

1—主动摇杆；2—棘爪；3—棘轮。

图 8-2　内啮合齿式棘轮机构

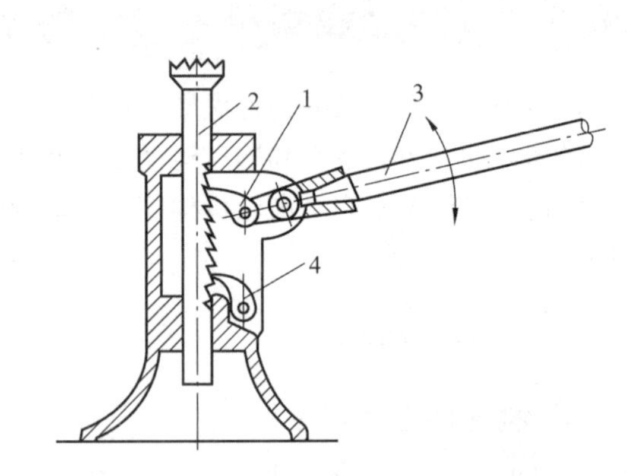

1—主动棘爪；2—棘齿条；3—摆杆；4—止回棘爪。

图 8-3　棘齿条机构

齿式棘轮机构又可分为单向式棘轮机构和双向式棘轮机构。

(1)单向式棘轮机构。它的特点是摇杆向一个方向摆动时，棘轮沿同方向转过某一角度；而摇杆反向摆动时，棘轮静止不动，如图 8-1 所示。

(2)双向式棘轮机构。它的特点是可以改变棘爪的摆动方向，实现棘轮的两个方向的转动，如图 8-4 所示。

2)摩擦式棘轮机构

图 8-5 所示为摩擦式棘轮机构。该棘轮机构依靠摩擦式棘爪 2 和棘轮 3 间摩擦力，将摇杆 1 的往复摆动转换成棘轮的单向间歇转动，止回棘爪 4 用以防止棘轮反转。该机构传动平稳、无噪声；动行程可无级调节。由于靠摩擦传动会出现打滑现象，因此可起到安全保护的作用，但也使得传动精度欠佳，一般用于低速轻载的场合。

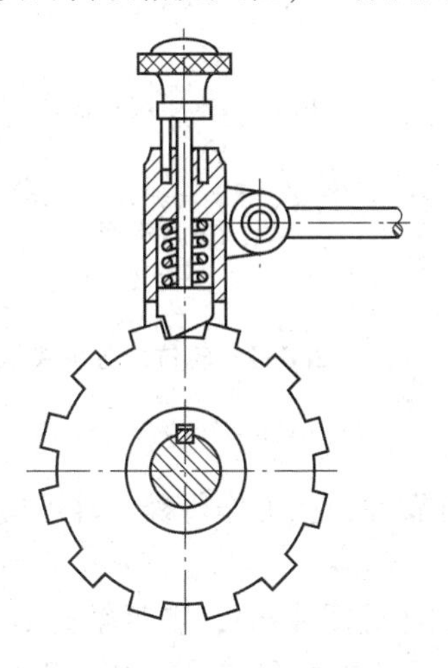

图 8-4　双向式棘轮机构

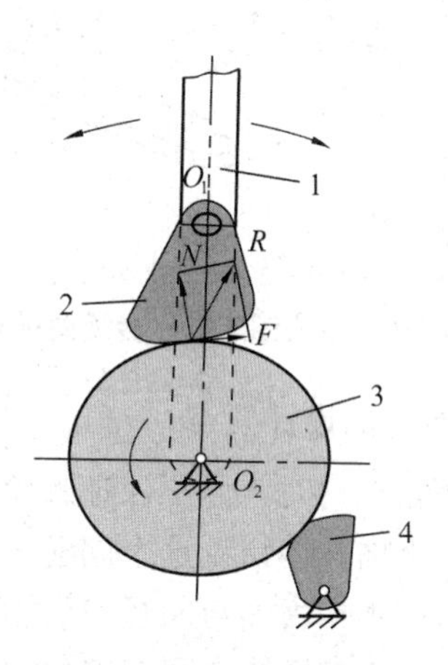

1—摇杆；2—摩擦式棘爪；3—棘轮；4—止回棘爪。

图 8-5　摩擦式棘轮机构

3. 棘轮机构的应用

棘轮机构的优点是结构简单，制造方便，运动角可在工作过程中较大范围内调整等；缺点是棘爪在棘轮齿面滑行时引起噪声、冲击和齿尖磨损，传动精度较差，不宜用于高速传动。棘轮机构所具有的单向步进运动特性，在生产实践中常用于以下几种工作场景。

1)步进运动

为了实现工件台的双向间歇步进运动，由齿轮机构、曲柄摇杆机构和双向式棘轮机构组成了工作台横向进给机构。在图 8-6 所示的牛头刨床工作台横向进给机构中，运动由一对齿轮传到曲柄 1，再经连杆 2 带动摇杆 4 做往复摆动，摇杆上装有棘爪，从而推动棘轮 3 做单向间歇运动。棘轮与螺杆固连，从而又使螺杆(工作台 5)做进给运动。改变曲柄长度，就可改变棘爪的摆角，以调节进给量。

2)转位、分度

图 8-7 所示为利用棘轮机构做转位、分度的一种装置，油缸内的液体推动齿条做直线移动，通过齿轮及铰接在其上的棘爪，推动棘轮并使从动轴做单向步进转动，从而带动工件做转位或分度运动。

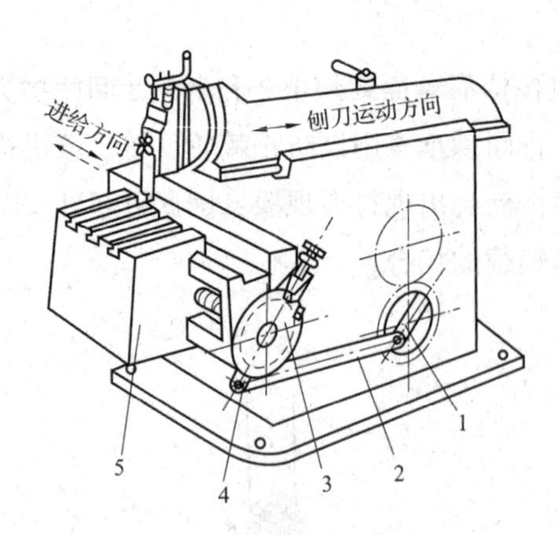

1—曲柄；2—连杆；3—棘轮；4—摇杆；5—工作台。

图 8-6　牛头刨床工作台横向进给机构

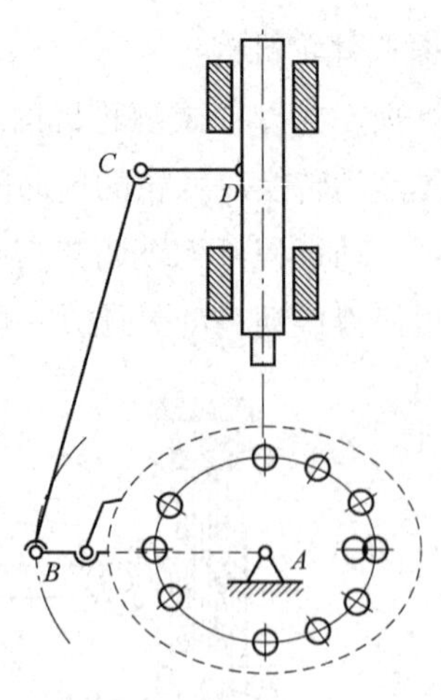

图 8-7　转位、分度装置

4. 棘轮机构的设计要点

在设计棘轮机构时，为了保证棘轮机构工作的可靠性，在工作行程，棘爪应能顺利地滑入棘轮齿底。下面具体讨论这个问题。

设棘轮齿的工作齿面与向径 OA 之间的倾斜角为 α(见图 8-8)；棘爪轴心 O' 和棘轮轴心 O 与棘轮齿顶点 A 的连线之间的夹角为 Σ；若不计棘爪的重力和转动副中的摩擦，则当棘爪由棘轮齿沿工作齿面 AB 滑向齿底时，棘爪将受到棘轮轮齿对其作用的法向压力 F_n 和摩擦力 F_f。为了使棘爪能顺利进入棘轮的齿底，则要求 F_n 和 F_f 的合力 F_R 的作用线应位于 O、O' 之间，即应使

$$\beta < \Sigma \tag{8-1}$$

式中，β 是合力 F_R 与 OA 方向之间的夹角。

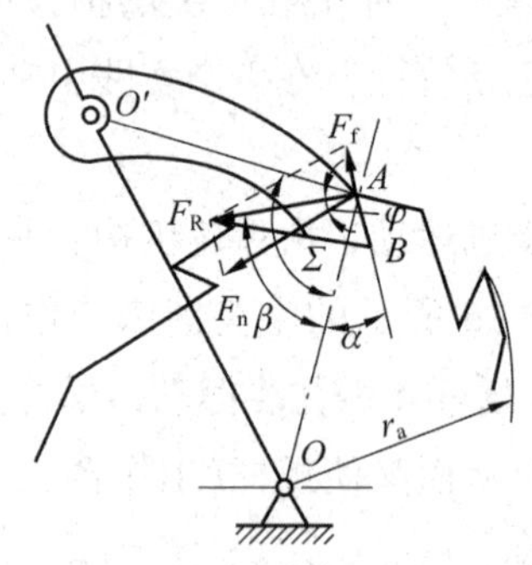

图 8-8　棘轮齿工作齿面倾斜角

又由图 8-1 可知，$\beta = 90° - \alpha + \varphi$ (φ 为摩擦角)。代入式(8-1)后得

$$\alpha > 90° + \varphi - \Sigma \tag{8-2}$$

为了在传递相同的转矩时棘爪受力最小，一般取 $\Sigma = 90°$，此时有

$$\alpha > \varphi \tag{8-3}$$

即棘轮齿的倾斜角 α 应大于摩擦角 φ，当 $f = 0.2$ 时，$\varphi = 11°30'$，故常取 $\alpha = 20°$。

关于棘轮机构的其他参数和几何尺寸计算，可参阅有关技术资料。

8.2.2　槽轮机构

1. 槽轮机构的组成及工作原理

槽轮机构是一种最常用的间歇运动机构，又称为马耳他机构。外槽轮如图 8-9 所示，它是由带有圆柱销 A 的拨盘 1 和开有径向槽的槽轮 2 及其机架组成的。

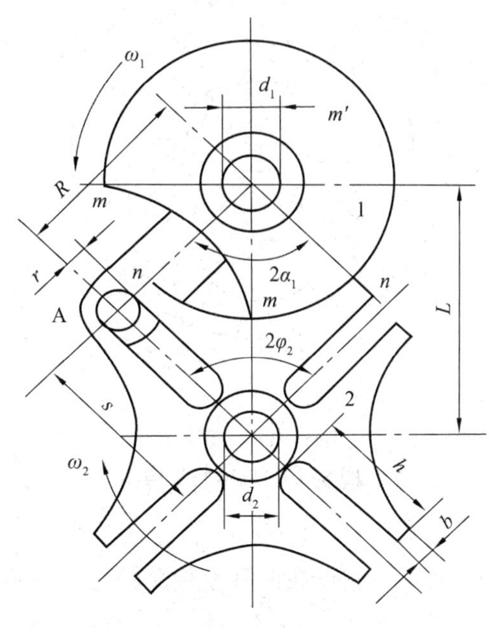

1—拨盘；2—槽轮。

图 8-9　槽轮机构(外槽轮)

当拨盘以等角速度 ω_1 做连续回转时，其上的圆柱销 A 进入槽轮径向槽，带动槽轮做时转时停的间歇运动。

当圆柱销 A 尚未进入槽轮的径向槽时，槽轮的内凹锁止弧 β 被拨盘的外凸圆弧 α 锁住，使得槽轮静止不动。

当圆柱销 A 开始进入槽轮的径向槽时，锁止弧 β 和圆弧 α 脱开，槽轮在圆柱销 A 的驱动下沿与 ω_1 相反的方向转动；当圆柱销 A 开始脱离径向槽时，槽轮的另一内凹锁止弧又被拨盘上的外凸圆弧锁住，致使槽轮又静止不动，直到圆柱销 A 再次进入槽轮的另一径向槽时，槽轮重新被圆柱销 A 驱动，开始重复上述运动循环，从而实现槽轮的单向间歇转动。

2. 槽轮机构的类型

槽轮机构可以分为平面槽轮机构和空间槽轮机构，其中平面槽轮机构又分为外槽轮机构和内槽轮机构。

1)外槽轮机构

外槽轮机构如图 8-9 所示，其主、从动轮转向相反，可应用于电影放映机、加工中心上斗笠式刀库的转位机构等。

2)内槽轮机构

内槽轮机构如图 8-10 所示，其主、从动轮转向相同，具有停歇时间短、运动时间长、传动较平稳、所占空间较小等优点。

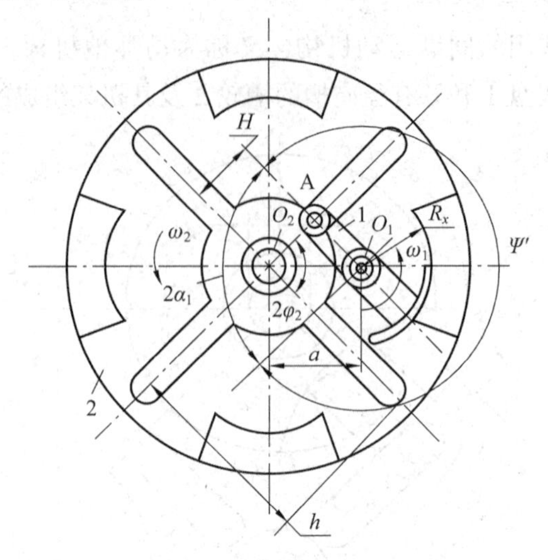

1—拨盘；2—槽轮。

图 8-10　内槽轮机构

3)空间槽轮机构

空间槽轮机构如图 8-11 所示，它可在两垂直相交轴之间做间歇运动，结构比较复杂，设计与制造难度较大。

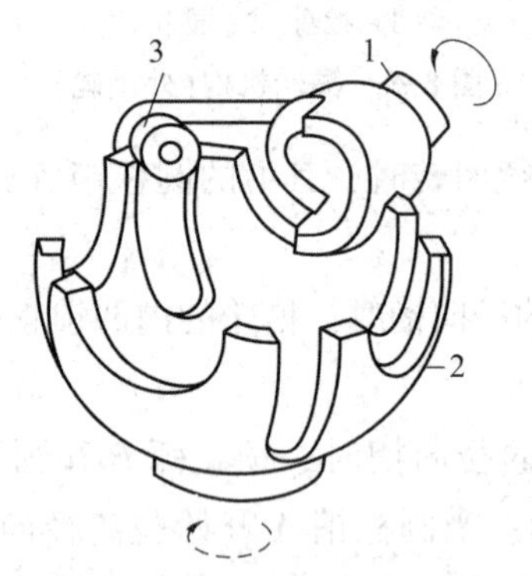

1—拨盘；2—槽轮；3—圆柱销。

图 8-11　空间槽轮机构

3. 槽轮机构的特点和应用

槽轮机构的优点是结构简单，制造容易，工作可靠，能准确控制转角，机械效率高；缺点是动程不可调节，转角不可太小，且槽轮在启动和停止时加速度变化大、有冲击，并随着转速的增加或槽轮槽数的减少而加剧。因此其不适用于高速传动，常用于电影放映机的间歇卷片机构和间歇转位机构，如图 8-12 所示。

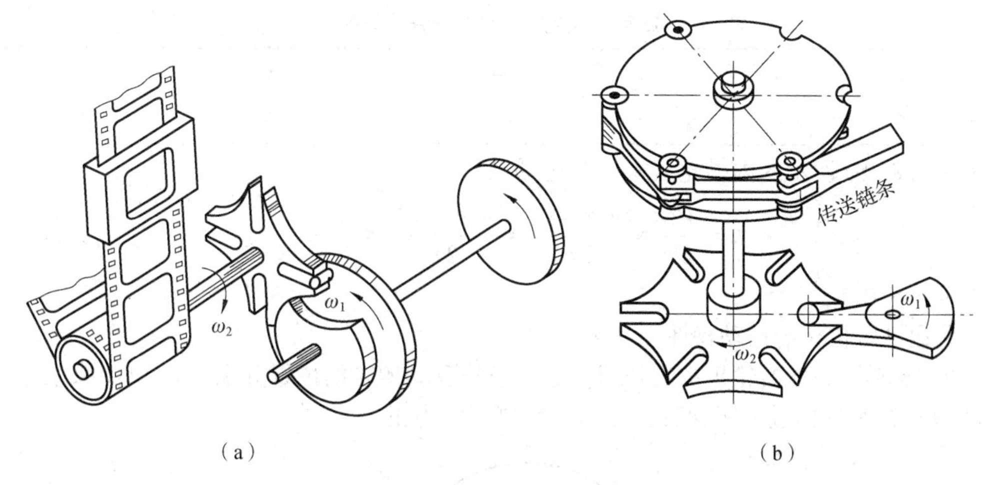

图 8-12　槽轮机构的应用

(a)间歇卷片机构；(b)间歇转位机构

4. 普通槽轮机构的运动系数及运动特性

1)普通槽轮机构的运动系数

在图 8-9 所示的外槽轮机构中，当拨盘 1 回转一周时，槽轮 2 的运动时间 t_d 与拨盘转一周的总时间 t 之比称为槽轮机构的运动系数，用 k 表示，即

$$k=\frac{t_d}{t} \tag{8-4}$$

因为拨盘一般为等速回转，所以时间之比可以用拨盘转角之比来表示。对于图 8-9 所示只有一个圆柱销 A 的外槽轮机构，时间 t_d 与 t 所对应的拨盘转角分别为 $2\alpha_1$ 与 2π。为了避免圆柱销 A 和径向槽发生刚性冲击，圆柱销 A 开始进入或脱出径向槽的瞬时，其线速度方向应沿着径向槽的中心线。由图 8-9 可知，$2\alpha_1=\pi-2\varphi_2$。其中，$2\varphi_2$ 为槽轮槽间角。设槽轮有 z 个均布槽，则 $2\varphi_2=2\pi/z$，将上述关系代入式(8-4)，得外槽轮机构的运动系数为

$$k=\frac{t_d}{t}=\frac{2\alpha_1}{2\pi}=\frac{\pi-2\varphi_2}{2\pi}=\frac{\pi-(2\pi/z)}{2\pi}=\frac{1}{2}-\frac{1}{z} \tag{8-5}$$

因为运动系数 k 应大于零，所以外槽轮的槽数 z 应大于或等于 3。又由式(8-5)可知，其运动系数 k 总小于 0.5，故这种单圆柱销外槽轮机构槽轮的运动时间总小于其静止时间。

如果在拨盘上均匀地分布 n 个圆柱销，则当拨盘转动一周时，槽轮将被拨动 n 次，故运动系数是单圆柱销的 n 倍，即

$$k=n\left(\frac{1}{2}-\frac{1}{z}\right) \tag{8-6}$$

又因 k 值应小于或等于 1，即

$$n\left(\frac{1}{2}-\frac{1}{z}\right)\leqslant 1$$

故

$$n\leqslant\frac{2z}{z-2} \tag{8-7}$$

而由式(8-7)可得槽数与圆柱销数的关系，如表 8-1 所示。

表 8-1　槽数与圆柱销数的关系

槽数 z	3	4	5、6	≥7
圆柱销数 n	1~6	1~4	1~3	1~2

对于图 8-10 所示的内槽轮机构，其运动系数为

$$k = \frac{2\alpha_1}{2\pi} = \frac{\pi + 2\varphi_2}{2\pi} = \frac{\pi + 2\pi/z}{2\pi} = \frac{1}{2} + \frac{1}{z} \tag{8-8}$$

显然 $k > 0.5$。

2)普通槽轮机构的运动特性

图 8-13 所示为外槽轮机构的任意位置。设拨盘和槽轮的位置分别用 α 和 φ 来表示，并规定 α 和 φ 在圆柱销进入区为负，在圆柱销离开区为正。

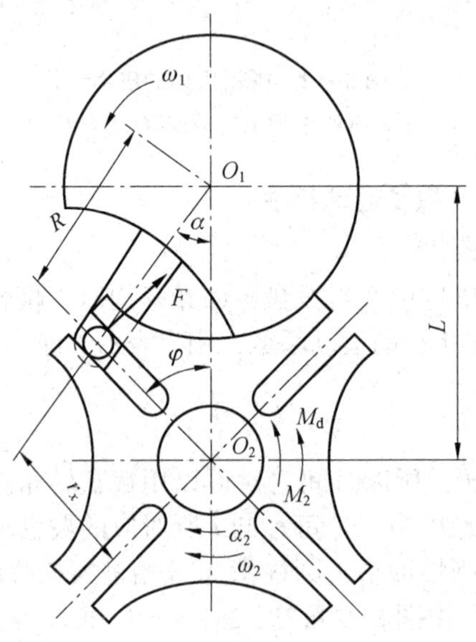

图 8-13　外槽轮机构的任意位置

设圆柱销至槽轮回转轴心的距离为 r_x，在图示位置时，有

$$R\sin\alpha = r_x \sin\varphi$$

$$R\cos\alpha + r_x\cos\varphi = L$$

从上两式中消去 r_x，并令 $R/L=\lambda$，可得

$$\tan\varphi = \frac{\lambda\sin\alpha}{1-\lambda\cos\alpha} \tag{8-9}$$

将式(8-9)对时间 t 求导，并令 $\mathrm{d}\varphi/\mathrm{d}t=\omega_2$，$\mathrm{d}^2\varphi/\mathrm{d}t^2=\alpha_2$，则得

$$\frac{\omega_2}{\omega_1} = \frac{\lambda(\cos\alpha-\lambda)}{1-2\lambda\cos\alpha+\lambda^2} \tag{8-10}$$

$$\frac{\alpha_2}{\omega_1^2} = \frac{\lambda(\lambda^2-1)\sin\alpha}{(1-2\lambda\cos\alpha+\lambda^2)^2} \tag{8-11}$$

由式(8-10)和式(8-11)可知，当拨盘的角速度 ω_1 一定时，槽轮的角速度及角加速度的变化取决于槽轮的槽数 z。图 8-14 给出了槽数为 3、4、6 时外槽轮机构的运动曲线。由图可看出，槽轮运动的角速度和角加速度的最大值随槽数 z 的减小而增大。此外，当圆柱销开

始进入和退出径向槽时，由于角加速度有突变，故在此两瞬时有柔性冲击。而且槽轮的槽数 z 越少，柔性冲击越大。

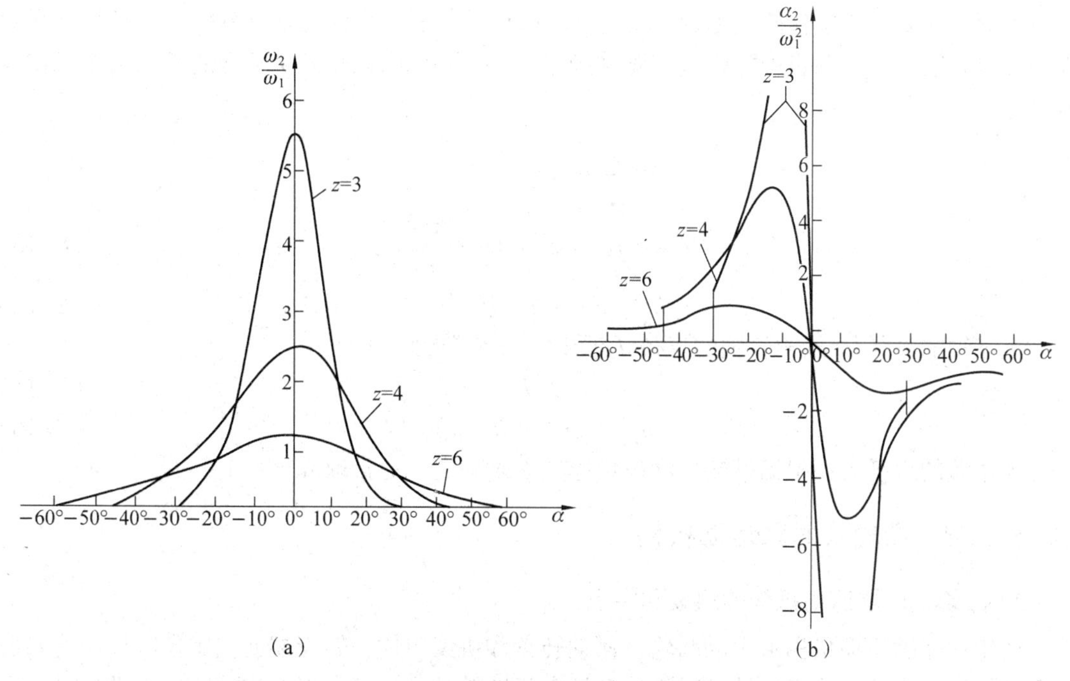

图 8-14　外槽轮机构的运动曲线(槽数为 3、4、6)

(a)角速度变化曲线；(b)角加速度变化曲线

四槽内槽轮机构的运动曲线如图 8-15 所示。由图可见，当圆柱销开始进入和退出径向槽时，该机构和外槽轮机构一样，也有角加速度突变，但当 $|\alpha|\to0$ 时，角加速度数值迅速下降并趋于零。可见，内槽轮机构的动力性能比外槽轮机构好得多。

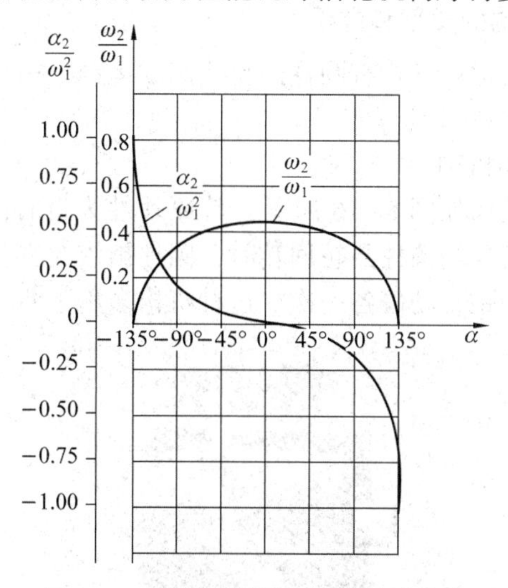

图 8-15　四槽内槽轮机构的运动曲线

5. 槽轮机构的几何尺寸计算

在机械中最常用的是径向槽均匀分布的外槽轮机构。对于这种机构，在设计计算时，首先应根据工作要求确定槽轮的槽数 z 和拨盘的圆柱销数 n；然后按受力情况和实际机械所允许的安装空间尺寸，确定中心距 L 和圆柱销半径 r；最后可按图 8-9 所示的几何关系求出其他尺寸

$$R = L\sin\varphi_2 = L\sin\frac{\pi}{z} \tag{8-12}$$

$$s = L\cos\varphi_2 = L\cos\frac{\pi}{z} \tag{8-13}$$

$$h \geqslant s - (L - R - r) \tag{8-14}$$

拨盘轴的直径 d_1 及槽轮轴的直径 d_2 受以下条件限制

$$d_1 \leqslant 2(L - s) \tag{8-15}$$

$$d_2 < 2(L - R - r) \tag{8-16}$$

锁止弧的半径大小根据槽轮轮叶齿顶厚度 b 来确定，通常取 $b = 3 \sim 10$ mm。

8.2.3 凸轮式间歇运动机构

1. 凸轮式间歇运动机构的组成和特点

凸轮式间歇运动机构由主动凸轮、从动转盘和机架组成，转盘端面上固定有周向均布的若干圆柱销。当凸轮连续地转动时，从动转盘间歇转动，从而实现交错轴间的间歇运动。凸轮式间歇运动机构的优点是只要适当设计出主动凸轮的轮廓，就可使从动转盘的动载荷小，无刚性冲击和柔性冲击，能适应高速运转的要求。同时，它还具有高的定位精度，机构结构紧凑，是当前公认的一种较理想的高速、高精度的分度机构，目前已有专业厂家进行系列化生产。其缺点是对加工精度要求高，对装配、调整要求严格。

2. 凸轮式间歇运动机构的类型和应用

凸轮式间歇运动机构的常用形式有圆柱凸轮式间歇运动机构和蜗杆凸轮式间歇运动机构两种。

1) 圆柱凸轮式间歇运动机构

圆柱凸轮式间歇运动机构如图 8-16 所示，其原动件为带有曲线槽或凸脊的圆柱凸轮，从动件为带有圆柱销的圆盘。当圆柱凸轮回转时，圆柱销依次进入沟槽，圆柱凸轮的形状保证了从动圆盘每转过一个销距，动停各一次。这种机构多用于两交错轴间的分度运动。

图 8-16　圆柱凸轮式间歇运动机构

2)蜗杆凸轮式间歇运动机构

蜗杆凸轮式间歇运动机构如图 8-17 所示。这种间歇运动机构的主动轮为圆弧面蜗杆形的凸轮，其上有一条凸脊，像一个变螺旋角的圆弧蜗杆，从动轮为一具有圆周径向均布圆柱销的圆盘。此种机构也多用于交错轴间的分度运动。对于单头凸轮，圆柱销数一般取≥6，但也不宜过多。这种结构具有良好的动力学性能，可适用于高速精密传动。

图 8-17　蜗杆凸轮式间歇运动机构

凸轮式间歇运动机构的优点是结构简单，运转可靠，不需要专门的定位装置，通过选择合适的运动规律就能减小动载荷，适用于高速运转；其缺点是对加工精度要求高，加工复杂，安装调整困难。

8.2.4　不完全齿轮机构

不完全齿轮机构是由普通齿轮机构演变而来的一种间歇运动机构。该机构的主动轮为不完全齿轮，其上只有一个或几个齿，其余部分为外凸锁止弧，而不是像标准齿轮一样，轮齿布满整个圆周。根据运动时间与停歇时间的要求，在从动轮上有与主动轮相啮合的轮齿和内凹锁止弧，当主动轮连续回转时，从动轮可以得到间歇的单向转动。在图 8-18 所示的外啮合不完全齿轮机构中，当主动轮 1 的轮齿进入啮合时，从动轮 2 开始转动，主动轮的轮齿退出啮合后，由两轮的凸凹锁止弧锁止定位，从动轮可靠停歇，从而实现从动轮的间歇转动。图中从动轮有 6 段轮齿和 6 个内凹圆弧，每段轮齿上有 3 个齿间与主动轮相啮合，当主动轮转一周时，从动轮转动角度为 $2\pi/6$，即 $\pi/3$。

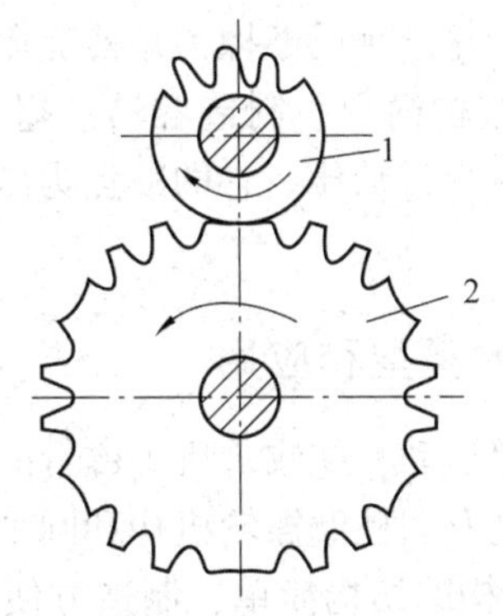

1—主动轮；2—从动轮。

图 8-18　外啮合不完全齿轮机构

不完全齿轮机构有外啮合(见图 8-18)、内啮合(见图 8-19)及齿轮齿条 3 种形式。与其他间歇运动机构相比，其优点是结构简单、制造容易、工作可靠、设计时从动轮的运动时间和静止时间的比例可在较大范围内变化；缺点是有较大冲击，故只适用于低速、轻载场合。

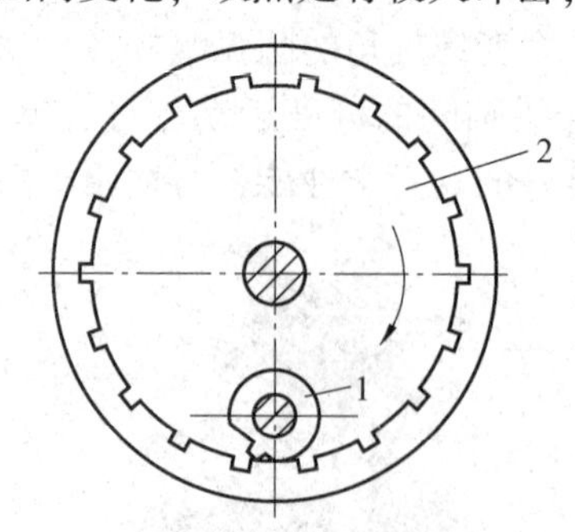

1—主动轮；2—从动轮。

图 8-19　内啮合不完全齿轮机构

另外，在不完全齿轮机构中，为了保证主动轮的首齿能顺利进入啮合状态，而不与从动轮的齿顶相撞，需要将首齿齿顶做适当削减。同时，为了保证从动轮停歇在预定位置，末齿齿顶也需要做适当修正。

不完全齿轮机构经常用于多工位自动机和半自动工作台的间歇转位机构和电表、煤气表等的计数器中。

8.3　摩擦轮传动机构

8.3.1　摩擦轮传动机构的工作原理和特点

摩擦轮传动机构由两个互相压紧的摩擦轮和压紧装置组成，利用主、从动轮接触处的摩擦力来传递运动和动力。两轮之间由于压紧而产生一定的正压力，工作时，主动轮受外力作用而旋转，并依靠两轮间产生的摩擦力带动从动轮一起旋转，从而实现运动和动力的传递。因此，摩擦轮传动是利用两轮直接接触所产生的摩擦力来传递运动和动力的一种机械传动。只要两轮接触产生的摩擦力使主动轮产生的摩擦力矩能克服从动轮上产生的阻力矩，就能保证传动的正常进行。它的优点为结构简单、制造容易；超载时轮间自动打滑，防止零件损坏；工作平稳，噪声小，能无级改变传动比。它的缺点为压紧力大、零件磨损严重；传动比不稳定，承载能力低；效率较低。

8.3.2　摩擦轮传动机构的类型和应用

摩擦轮传动机构主要用于传递运动，如收录机中磁带的前进与倒退就是靠摩擦轮传动实现的。常用摩擦轮传动机构的类型有圆柱摩擦轮机构和圆锥摩擦轮机构。

(1)圆柱摩擦轮机构。这种机构的结构简单，制造方便，压紧力大，分为外接式和内接式，常用于小功率传动，如仪表调节装置等。

(2)圆锥摩擦轮机构。圆锥摩擦轮的两轴相交，设计安装时应保证轴线的相对位置正确，锥顶应重合，常用于大功率摩擦压力机。

8.4 挠性元件传动机构

在工程实际中，依靠中间挠性元件(包括带、链条、绳索等)来传递运动和动力的机构应用得也非常普遍，这些机构包括带传动机构、链传动机构和绳索滑轮传动机构，下面分别予以简要介绍。

8.4.1 带传动机构

带传动机构如图 8-20 所示，它由主动轮、传动带、从动轮组成。当原动件驱动主动轮转动时，传动带依靠摩擦力带动从动轮转动，并传递一定的动力。

图 8-20 带传动机构

带传动具有过载保护、传动平稳、缓冲吸振、结构简单、成本低等优点，在机械中被广泛应用。其缺点是传动比不准确，弹性滑动，打滑，传动带的寿命短；安装时需要张紧，轴与轴承受力较大，不适合高温和有腐蚀介质的场合。

常用的带传动有平带传动、V 带传动、多楔带传动和同步带传动等。

8.4.2 链传动机构

链传动机构如图 8-21 所示，它由主动链轮、链条、从动链轮组成。链轮上有特殊齿形的轮齿，与链条上链节啮合传动运动和动力。

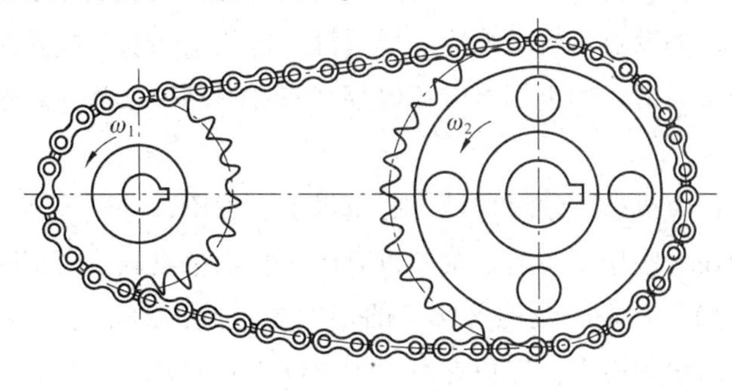

图 8-21 链传动机构

按用途不同，链条可分为传动链、输送链和起重链。输送链和起重链主要用在运输和起重机械中，而在一般机械传动中常用的是传动链。按结构分，链条有套筒链、滚子链和齿形链等。

与带传动相比，链传动无弹性滑动和打滑现象，因而能保持准确的平均传动比，传动效率较高；又因为链条不需要像带那样张得很紧，所以作用于轴上的径向压力较小；在同样使用条件下，链传动结构较为紧凑。同时，链传动能在高温、速度较低、条件恶劣的环境下工作。与齿轮传动相比，链传动的制造与安装精度要求较低，成本低廉；在远距离传动时，其结构比齿轮传动轻便得多。链传动的主要缺点是只能用于平行轴间同向回转的传动；运转时不能保持恒定的瞬时传动比；磨损后易发生跳齿；工作时有噪声；不宜在载荷变化很大和急速反向的传动中应用。

8.4.3 绳索滑轮传动机构

绳索滑轮传动机构如图 8-22 所示，它由绳索、滑轮、卷筒及其驱动装置组成。通常用的绳索是钢丝绳，挠性构件，具有强度高、承载能力大、耐冲击、质量轻等特点。正是由于绳索挠性好，绳索滑轮传动机构具有运行平稳、高速工作时噪声小、构造简单、工作可靠、质量轻等优点，但也存在效率低、机构易晃动、绳索易磨损等不足。

图 8-22 绳索滑轮传动机构

绳索滑轮传动类似于带传动，但又与带传动有一定区别。绳索可以绕鼓轮很多圈，或者绳索的端部固接在鼓轮上，从而避免打滑现象。绳索滑轮传动可以通过复杂路径长距离传递运动和动力，其最突出的缺点是运动响应的滞后性，这是由于长的绳索拉伸刚度较小，易产生拉伸变形，同时绳索与滑轮间也不可避免地存在弹性滑动，这都会影响它传递运动的灵敏性和准确性。

绳索滑轮传动在矿山机械、建筑机械、起重设备、索道、电梯等领域得到广泛应用。近年来，绳索滑轮传动在一些精密传动系统中也有应用，如某星载精密定向机构中的绳索滑轮传动由驱动轴(主动轮)、从动轮及连接两轮的钢丝绳组成，两轮上分别开有钢丝绳导向绳槽。为了提高钢丝绳的承载能力、避免打滑，钢丝绳先在主动轮上缠绕数周后，再以“8”字形交叉缠绕在从动轮上。钢丝绳一端直接固连在从动轮上，另一端通过弹簧连接在从动轮上，弹簧的作用是使钢丝绳张紧。由于钢丝绳短、载荷小，又是几根钢丝绳平行传动，故大幅提高了运动传递的灵敏性和准确性，运动精度甚至优于精密的齿轮传动，而结构却比齿轮系统简单，成本也低。

绳索滑轮传动机构具有结构简单、质量轻、惯性小、负载能力和工作空间大、运动速度高等优点，在大型并联机构中的应用越来越多。我国拟建的大型射电望远镜，20 t 的馈源舱就由绳牵引来跟踪天体的运动，运动的范围达数十米，绳牵引精度不足的问题可由精调装置和软件来弥补。

8.5　机器人机构

机器人是近年发展起来的一种自动化机器，它的特点是可通过编程完成各种预期的作业任务，在构造和性能上兼有人和机器的优点，尤其是体现了人的智能和适应性、机器的准确性和快速性，以及在各种环境中完成作业的能力。因而，机器人在国民经济各个领域中具有广阔的应用前景。

8.5.1　机器人的类型

机器人的类型很多，按其应用领域可分为产业(工业、农业等)机器人、特种机器人、服务机器人，其中工业机器人目前应用最为普遍。图 8-23(a)所示为用于打磨和搬运的工业机械手。机器人也常按其移动性分为固定式机器人和移动式机器人两大类，工业机器人多为固定式机器人，移动式机器人又可分为轮式、履带式和步行式机器人。其中，步行式机器人又分为单足跳跃式机器人、双足机器人、四足机器人、六足机器人和八足机器人。图 8-23(b)所示为四足机器人，图 8-23(c)所示为六足机器人。

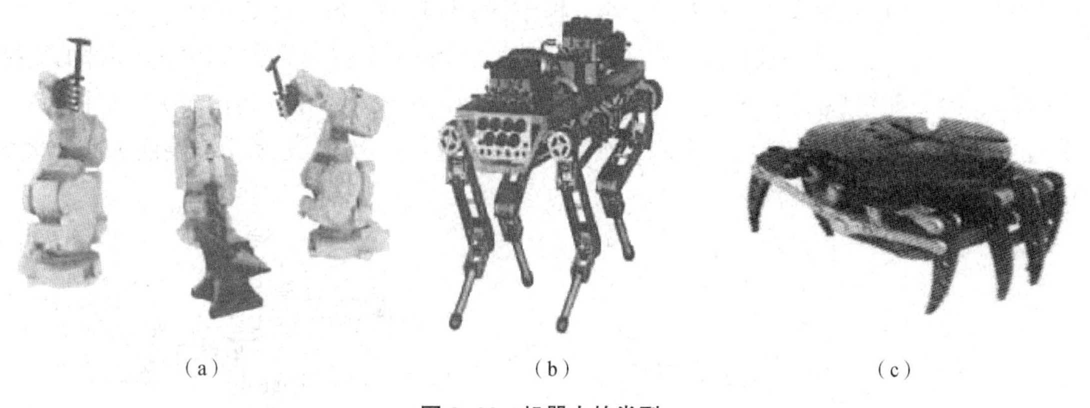

(a)　　(b)　　(c)

图 8-23　机器人的类型

(a)工业机械手；(b)四足机器人；(c)六足步行仿螃蟹机器人

工业机器人主要分为开链结构的串联机器人和闭链结构的并联机器人两类。

1. 串联机器人

串联机器人的典型结构如图 8-24 所示，其由机身、腰部、臂部、腕部及手部等组成。

其臂部(可分为大臂、小臂或肘)、腕部均为杆状构件，其中腕部的杆状构件又称为末杆或末端执行件；而手部一般被视为独立的部件，需要根据不同的工作任务更换不同的手部附加部件。机器人各部件之间用可独立驱动的铰链连接，按人体结构将其称为关节，有多少关节就有多少个自由度，同时也有多少个原动件(驱动源)，故这类机器人又称为关节机器人。

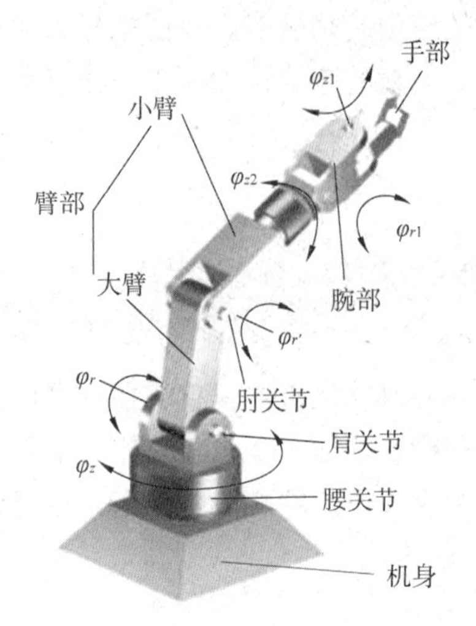

图 8-24　串联机器人的典型结构

图 8-24 所示的机器人具有 6 个关节，前 3 个关节形成的空间机构用于实现腕部任意位置，称为位置机构，后 3 个关节用于实现手部姿态。串联机器人按手臂运动的坐标形式不同，可分以下 4 种类型。

(1) 直角坐标型串联机器人。它具有 3 个移动关节(PPP)，可使手部产生 3 个相互独立的位移(x，y，z)，如图 8-25 所示。其优点是定位精度高，轨迹求解容易，控制简单等；缺点是所占的空间尺寸较大，工作范围较小，操作灵活性较差，运动速度较低。

(2) 圆柱坐标型串联机器人。它具有 2 个移动关节和 1 个转动关节(PPR)，手部的坐标为(x，z，θ)，如图 8-26 所示。其优点是所占的空间尺寸较小，工作范围较大，结构简单，手部可获得较高的速度；缺点是手部外伸离中心轴越远，其切向线位移分辨精度越低。此类机器人通常用于搬运作业。

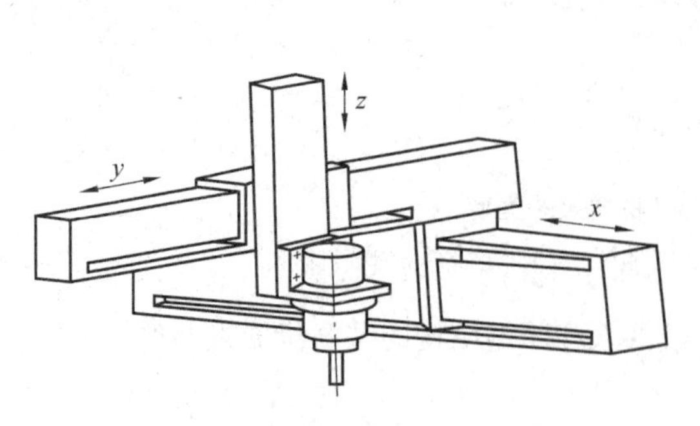

图 8-25　直角坐标型串联机器人

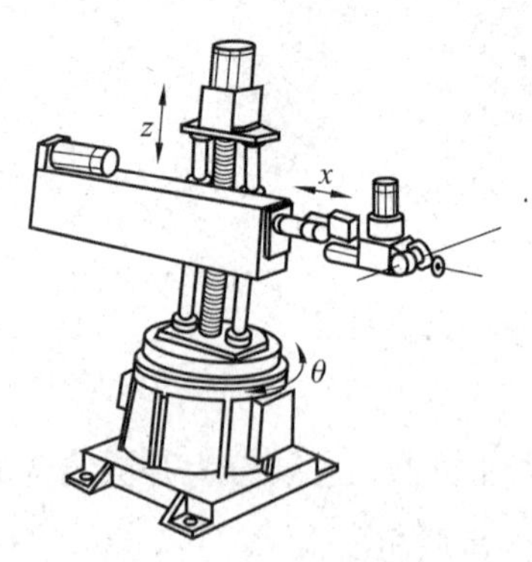

图 8-26　圆柱坐标型串联机器人

(3)球坐标型串联机器人。它具有 2 个转动关节和 1 个移动关节(RRP)，手部的坐标为(θ，φ，y)，如图 8-27 所示。此种机器人的优点是结构紧凑，所占空间尺寸小，但目前应用较少。

(4)关节型串联机器人。它是模拟人的上肢而构成的，有 3 个转动关节(RRR)，可分为竖直关节型和水平关节型(见图 8-28)两种布置形式。其中，竖直关节型串联机器人能绕过机座周围的一些障碍物；而水平关节型串联机器人在水平面上具有较大的柔性，在沿竖直面上具有很大的刚性，对装配工作有利。这种机器人具有结构紧凑、所占空间体积小、工作空间大等特点，是目前应用最多的一种机器人。

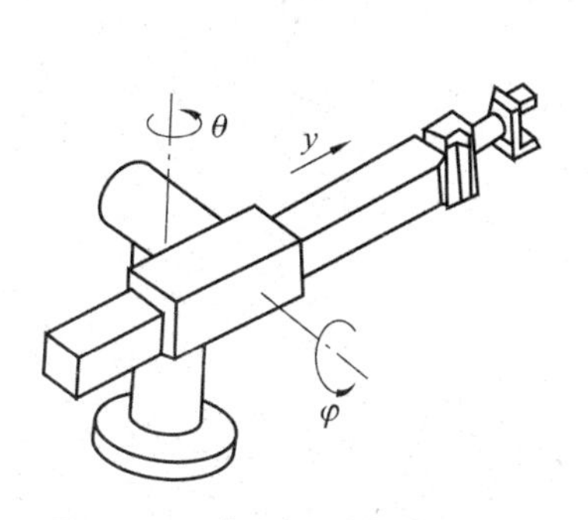

图 8-27　球坐标型串联机器人

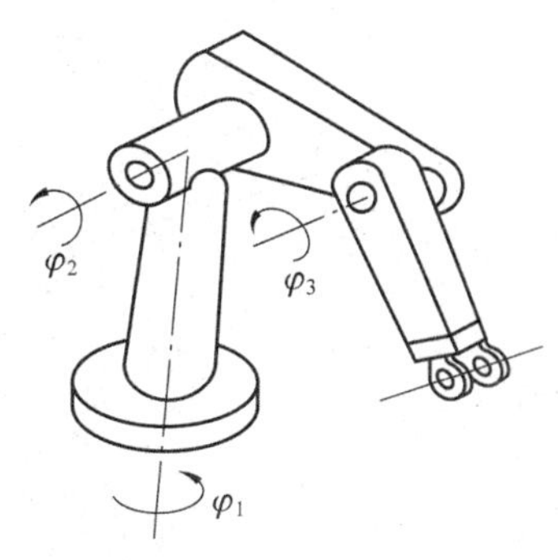

图 8-28　水平关节型串联机器人

2. 并联机器人

并联机器人是指运动平台和基座间至少由两根活动连杆连接，具有两个或两个以上自由度的闭环结构机器人，其典型结构(Stewart 型)如图 8-29 所示。它是由静平台(视为机架)、动平台(为末端执行构件)及 6 条结构完全相同(也可以不同)的支链将上下平台连接起来，形成封闭的结构系统。这 6 条支链是并列的，故称为并联机构。每条支链，若将其独立出来，相当于一个由 3 个可动构件(其中末杆 3 可视为虚拟的动平台)、3 个运动副(2 个球副、1 个移动副)所组成的空间开链结构，其自由度 $F=3\times6-(2\times3+5)-1=6$，其中包含有 1、2 杆共同绕自身轴转动的 1 个局部自由度，故将其减去后实际上为 6 个自由度。根据其运动副特征(球面副 S、转动副 R、移动副 P、万向铰 U 等)命名为 SPS 链，它们的自由度数及类型最终确定了动平台的自由度。动平台的自由度为所有支链自由度的交集，其运动的位姿是 6 条支链共同作用的结果，任何一个支链的运动都将对动平台及其他支链产生影响，称为运动的耦合。因此，并联机器人末端执行件(动平台)的位姿，不是每个驱动运动的“叠加”，而是一种更为复杂的并联耦合，即支链运动方程式的联立求解。一般来说，一条支链有一个驱动副(即主动的独立运动副，该图中为移动副)，故有几条支链，就表明该并联机构有几个驱动副，而图 8-29 中的机器人有 6 个自由度，即有 6 个空间自由度。支链结构是多种多样的，具有同一自由度的支链结构就可以有很多种，因此并联机构结构综合的关键是支链的结构综合，这比串联机构的综合要复杂得多，其类型也十分丰富。

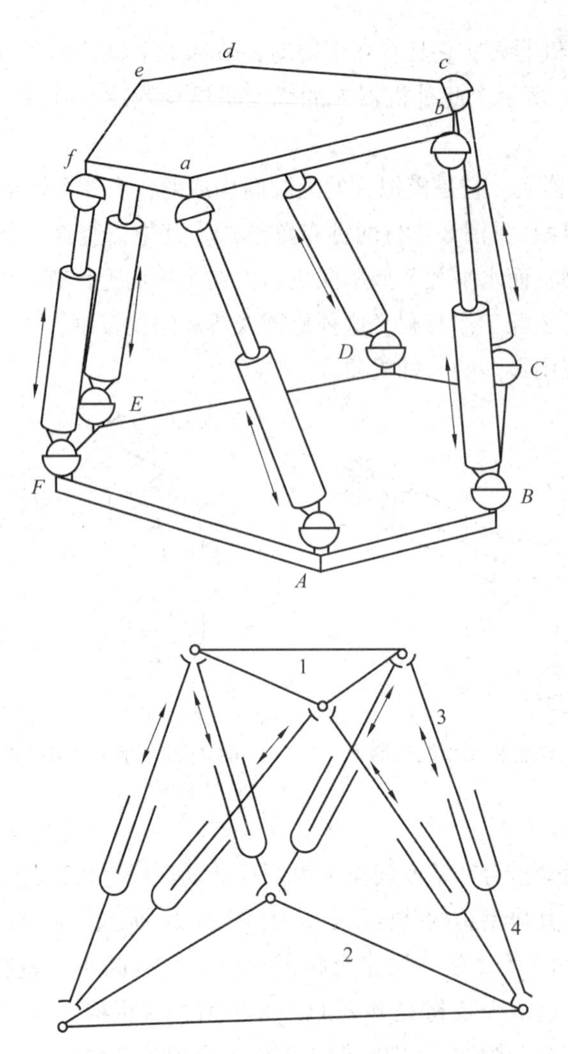

图 8-29　并联机器人的典型结构(Stewart 型)

少于 6 个自由度的并联机器人机构统称为少自由度并联机构，其结构相对简单，驱动、控制容易，而又可以满足大多数工作的要求，因此其应用比 6 自由度并联机器人更广泛。

以上两类机器人机构各有其优缺点，各有其优势应用领域。

串联机器人的优点是工作空间大、各关节独立驱动、灵活性高、避障性能强，给定各主动关节的运动参数后，易于确定末端执行器的位姿(也称运动学的正解)，常用于搬运、装配、焊接、步行和涂装等作业。串联机器人的缺点是由于其结构为悬臂式开链结构，因而其结构刚度及运动强制性(也可称为运动刚度)较差，加之其末端运动误差为各关节误差累积叠加，故其承载能力及工作精度均不高。而且，驱动及传动装置均装于各关节，随杆一起运动，导致质量增大，高速工作时将引起强的惯性力，造成动力性能下降、冲击振动等问题，因而不适用于高速工作的场景。

并联机器人因其封闭的桁架结构形式而具有高的整体刚度及运动的强制性，因此承载能力强。由于动平台载荷分布在各支链杆上，其构件受力变形小，再加上因其并联结构，使得动平台误差不是各支链误差的累积，故其工作精度高。各支链直接驱动，无中间传动系统，且各构件的运动形式简单，在同等载荷下，支链各杆及动平面的质量均较小，故其动力学性能优于串联机器人，可较好地适应高速工作的需要。总之，其主要工作特点就是高刚度、高速、高精度。但由于其封闭链并联形式属于高耦合结构，因此工作空间、灵活性较差，而且其正解十分困难。并联机器人广泛应用于并联机床、高速、高精度、小空间的作业(如医疗、高精度微动机器人、高速插接机械手等)，以及各种复杂运动的模拟平台、操作机等场景。

8.5.2　工业机器人的组成及其工作原理

工业机器人是一种具有自动控制的操作和移动功能，能够完成各种作业的可编程操作机。它有多个自由度，可用来搬运材料、零件和握持工具，以完成各种不同的作业。执行机构是机器人赖以完成各种作业的主体部分。驱动-传动机构由驱动器和传动机构组成，通常与执行机构连成一体。驱动-传动机构有机械式、电气式、液压式、气动式和复合式等，其中液压式操作力最大。常用的驱动器有伺服或步进电动机、液压马达、气缸及液压缸和记忆合金执行器等。控制系统一般由控制计算机和伺服控制器组成。前者发出指令协调各有关驱动器之间的运动，同时还要完成编程、示教再现，以及与其他环境状况(传感器信息)、工艺要求、外部相关设备之间的信息传递和协调工作；后者控制各关节驱动器，使之能按预定运动规律运动。智能系统则由视觉、听觉、触觉等感知系统和分析决策系统组成，它分别由传感器及软件来实现。

工业机器人的机械结构部分称为操作机或机械手，由如下部分组成：机座、连接手臂和机座的部分(腰部)，通常做回转运动；位于操作机最末端、并直接执行工作要求的装置(手部，又称末端执行器)，常见的末端执行器有夹持式吸盘式、电磁式等；大臂和小臂，其与腰部一起确定末端执行器在空间的位置，故称为位置机构或手臂机构；手腕机构，用以确定末端执行器在空间的姿态，故又称为姿态机构。手臂机构和手腕机构是机器人机构学要研究的主要内容。

8.5.3　机器人中的主要机构

机器人中的主要机构为移动机构、精密减速器和执行机构。

1. 移动机构

机器人移动机构通常由驱动装置、传动装置、位置检测装置、传感器、电缆和管路等构成。

按运行轨迹，移动机构可分为固定轨迹式和无固定轨迹式两种。固定轨迹式主要用于工业机器人，而无固定轨迹式按移动机构的特点，又可分为轮式、履带式和步行式等。其中，轮式和履带式与地面连续接触，步行式与地面间断接触。下面主要介绍无固定轨迹式机构。

1)轮式移动机构

轮式移动机构通常有三轮、四轮、六轮之分。它们或有驱动轮和自位轮，或有驱动轮和转向机构(用来转弯)，其适合平地行走，不能跨越过大高度，不能爬楼梯。

因为具有轮式移动机构的机器人(简称轮式机器人)可有效地解决带固定轨迹式移动机

构的机器人工作空间受限制的问题，所以在光或磁自动引导车、智能遥控车、探索机器人和服务机器人等领域获得广泛应用。

根据轮子配置方式不同，轮式机器人还可分为普通轮式机器人和全方位轮式机器人两种。普通轮式机器人属于车轮式机器人，其运动等同于传统陆地上的车辆，其轮式移动机构具有2个自由度，只需要两个驱动。根据驱动轮位置的不同，轮式移动机构有两种不同的设计：第一种设计为两个驱动轮中，一个起动力驱动作用，另一个则起舵轮作用；第二种设计为两同轴轮分别采用两个独立驱动，其余轮变为脚轮。第一种设计存在两种不同的控制方法和结构复杂等缺点，第二种设计转向靠摩擦和惯性力来确定，结构简单。全方位轮式机器人具有3个自由度，能在支持面上朝两个方向移动和绕竖直轴转动，这充分增加了它的机动性。这种机器人在轮毂的外缘上设置有可绕自身轴线转动的滚子，这些滚轮保持一定的角度。全方位轮式机器人的轮式移动机构如图8-30所示。

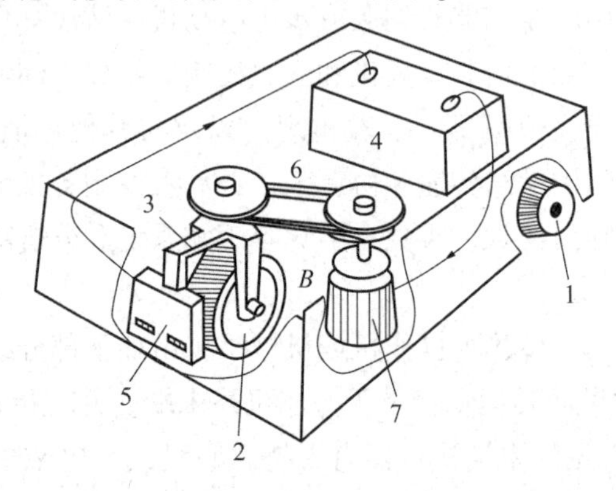

1—驱动轮；2—转向轮；3—转向支架；4—电源；5—传感器；6—转向传动；7—转向伺服电动机。

图8-30 全方位轮式机器人的轮式移动机构

2）履带式移动机构

机器人上较常采用的是履带式移动机构。其优点是可以在凸凹不平的地面上移动，可以跨越障碍物，能爬梯度不太高的台阶；缺点是依靠左、右两个履带的速度差转弯会产生滑动，转弯阻力大，且不能准确地确定回转半径。

3）步行式移动机构

具有步行式移动机构的机器人即步行机器人（也称足式机器人）。目前，足式机器人的研究有从单足跳跃到多足行走的多种机器人。因为足式机器人的支撑域可以为一些孤立点，其身体与地面的相对运动可以完全解耦，即其身体运动可以不受地面不平度的影响，所以足式机器人比轮式机器人和履带式机器人更适合在不规则的地面上行走和在复杂环境下完成作业，因而在探索、军事和服务等各领域具有更广泛的应用前景。

对于足式机器人机构的设计，其运动稳定性是主要问题，需要考虑机器人行走时的静态稳定性和动态稳定性。静态稳定性只考虑在支撑位形下重力的作用，而动态稳定性则需要考虑重力和惯性力的共同作用。一般静态稳定性需要更多的支撑点，也就是比动态稳定性需要更多的腿，因此单足跳跃和两足步行机器人都需要靠动态稳定性来完成运动。两足机器人行走为两足交替着地，为具有静态平衡的能力常做成大脚式，而3足以上的机器人则均有静态平衡的能力，为易于维持动静平衡一般要 4 条腿。当前，足式机器人的研究已向着仿人式机器人的方向发展。

2. 精密减速器

精密减速器是工业机器人的核心零部件，目前最常用的两种减速器为谐波减速器和 RV 减速器。谐波减速器由波发生器、柔轮和刚轮组成，依靠波发生器使柔轮产生可弹性变形，并靠柔轮与刚轮啮合传递运动和动力。RV 减速器由一个行星齿轮减速器的前级和摆线针轮减速器的后级组成，广泛应用于高精度机器人传动。与谐波减速器相比，RV 减速器具有精度高、抗疲劳、强度高、使用寿命长、回差精度稳定等优点。通常，6 自由度的工业机器人中有 6 个精密减速器，其中 4 个为 RV 减速器，2 个为谐波减速器。

3. 执行机构

由许多机械连杆连接而成的机械臂是工业机器人的执行机构。它本质上是一个仿人手臂的空间开式链机构，一端固定在基座上，另一端可自由运动，主要由手爪、手腕、手臂、基座 4 部分组成。

8.6　组合机构

前面各章介绍的连杆机构、凸轮机构、齿轮机构等用于实现相对简单的运动要求，称为基本机构。单一的基本机构不能满足自动机和自动生产线复杂多样的运动要求，因此常将若干个基本机构通过适当方式组合成一个机构组合体。比较常见的组合方式有串联组合、并联组合及混联组合。

若干个子机构顺序连接，前一个基本机构的输出运动是后一个机构的输入运动，这样的组合方式称为机构的串联组合，由此得到的机构称为串联机构。将一个或若干个单自由度机构的输出构件与一个多自由度机构的输入构件相连，这样的机构组成称为机构的并联组合。综合运用串联-并联组合方式可搭建更为复杂的机构系统，此种组合方式称为机构的混联组合。根据实际要求与具体应用条件，利用基本机构形成组合机构以满足实际需要，可以扩大机构的应用范围，是一种创新性设计过程。分析机构组合的形式与方法、机构组合的类型和特点，有利于启发构思，拓展思路，丰富设计技巧与方法。

根据子机构的不同，组合机构可以有各种各样的类型，较常见的有齿轮-连杆组合机构、凸轮-连杆组合机构和齿轮-凸轮组合机构。

8.6.1　齿轮-连杆组合机构

齿轮-连杆组合机构的种类很多，应用也较广泛，它由定传动比的齿轮机构与变传动比的连杆机构组合而成，可以实现很复杂的运动轨迹或运动规律。例如，可以使从动件单向变速转动，也可以使从动件具有瞬时或片刻停歇的单向变速转动，还可以使从动件在向一个方向转动过程中间歇地反向转动一段时间。齿轮-连杆组合机构结构简单，改变齿轮传动比即

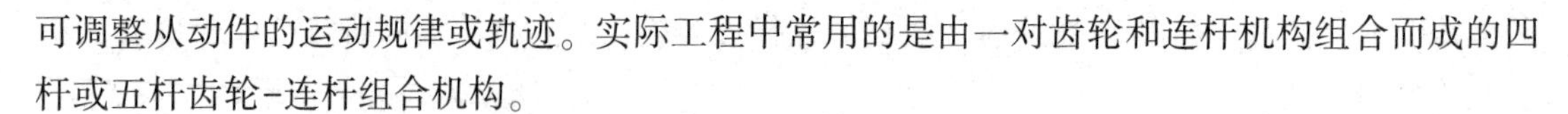

可调整从动件的运动规律或轨迹。实际工程中常用的是由一对齿轮和连杆机构组合而成的四杆或五杆齿轮-连杆组合机构。

1. 实现复杂运动规律的齿轮-连杆组合机构

能够实现给定运动规律的机构形式很多，最简单的是由平面四杆或五杆机构和一对齿轮(内啮合或外啮合)所组成的齿轮-连杆组合机构，原动件和从动件的轴线可以相互平行或重合。

在周转轮系中，行星轮上不同的点可以画出各式各样不同的轨迹曲线，统称为旋轮线，它们取决于周转轮系中齿轮啮合的方式(内啮合或外啮合)及齿轮的齿数比。这些旋轮线中有些段近似于圆弧或直线，巧妙地利用这个特点，就可以设计出各种各样具有停歇的复杂往复移动的齿轮-连杆组合机构。

图 8-31(a)所示为由内啮合行星轮系和曲柄滑块机构组成的齿轮-连杆组合机构，齿数比 $z_0/z_1=3$。机构运动时，行星轮 2 节圆上的点 M 将画出 3 条内摆线，若适当选取连杆 3 的长度 l，使以点 C 为中心、l 为半径的圆弧通过内摆线上的点 M、M' 和 M''，则当原动件 1 由位置 AB 转过 2φ 至位置 AB'时，从动滑块 4 将处于近似停歇状态。当原动件 1 转动一周时，从动滑块将得到行程 $s=4r_2$，且在行程的一个末端有单侧停歇的往复运动。若把从动滑块换成摇杆，则可获得具有单侧停歇的摆动运动，如图 8-31(b)所示。

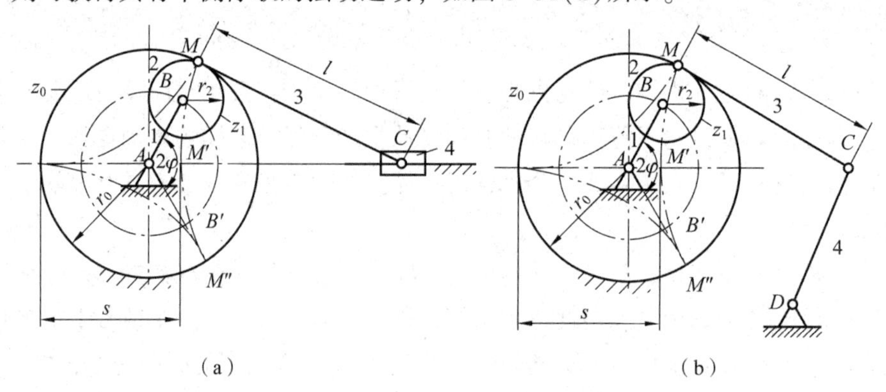

图 8-31　齿轮-连杆组合机构 1

2. 实现给定轨迹的齿轮-连杆组合机构

工程中常要求各种各样的轨迹，有时甚至是很复杂的和特殊形状的轨迹，基本连杆机构很难实现这些轨迹，往往只能用齿轮-连杆组合机构来实现。

用来实现预定轨迹比较典型的齿轮-连杆组合机构如图 8-32(a)所示。图 8-32(a)中，如果齿数比 $i_{12}=1$(1、2 两轮同向转动)，曲柄等长且相位相同，则$\triangle AMB$ 保持不变，点 M 画出的轨迹为一普通的四杆机构的连杆曲线(此时点 M 轨迹为圆)。但在图 8-32(b)中，如使 $i_{12}=-1$ 或其他数值，或改变两曲柄的相对相位角，则可得到更为复杂的轨迹曲线。图 8-32(b)中，$i_{12}=-1$，曲柄等长，当曲柄 1 的位置处于 A_0A，而曲柄 4 分别处于 B_0B_{I}、B_0B_{II} 和 B_0B_{III}时，点 M 有 3 种不同的轨迹曲线 M_{I}-M_{I}、M_{II}-M_{II} 和 M_{III}-M_{III}。若齿轮传动比 $i_{12}=-m/n$(m 和 n 为不可约分的整数)，这时，当曲柄 1 转过 m 转和曲柄 2 反向转过

n 转时，才能使点 M 的运动轨迹完成一个循环，此时点 M 的轨迹非常复杂，如图 8-33 所示。

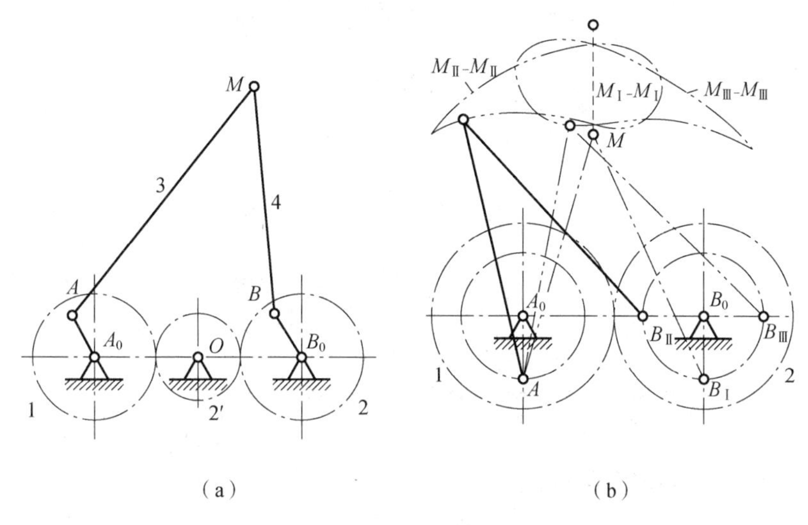

图 8-32　齿轮-连杆组合机构 2

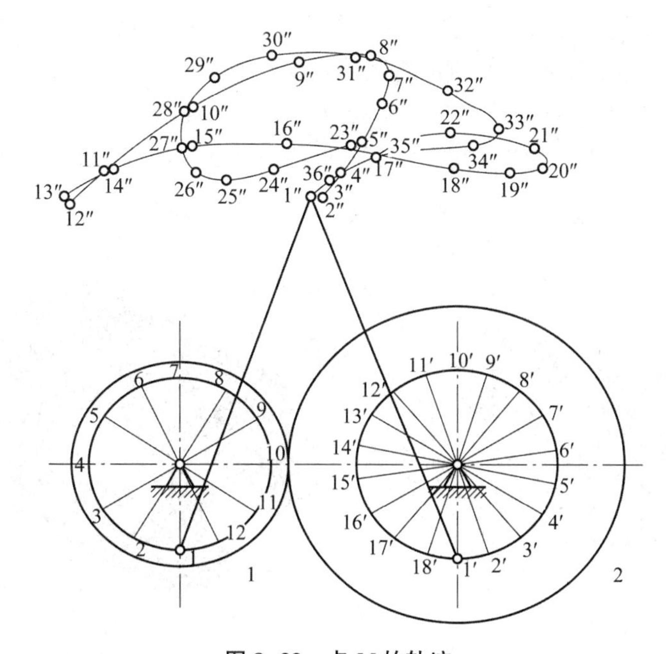

图 8-33　点 M 的轨迹

图 8-34 所示为振摆式轧钢机上采用的齿轮-连杆组合机构。主动轮 1 同时带动齿轮 2 和 3 转动，连杆上的点 F 描绘出图示的轨迹。对此轨迹的要求：轧辊与钢坯开始接触点的咬入角 α 宜小，以减轻送料辊的载荷；直线段 L 宜长，以提高轧钢的质量。

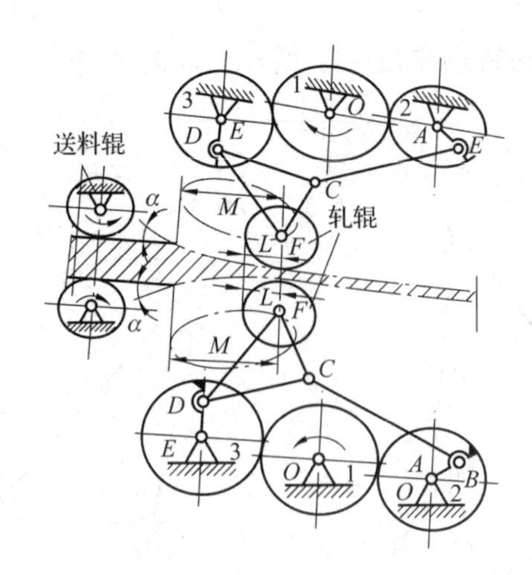

图 8-34　振摆式轧钢机上采用的齿轮-连杆组合机构

8.6.2　凸轮-连杆组合机构

凸轮-连杆组合机构能精确实现给定的运动规律和运动轨迹，因此应用比较广泛。图 8-35(a)所示为一凸轮-连杆直线运动机构，凸轮给定的速度和加速度规律将通过连杆机构传递给滑动台，使滑动台能够按照给定的运动规律运动。

图 8-35(b)所示为一凸轮-连杆工件移动机构，当气缸内活塞做直线运动时，手爪通过滚轮按照凸轮的轨迹运动，同时受到连杆机构的约束，这样能够保证手爪按照预定的水平运动和竖直运动。

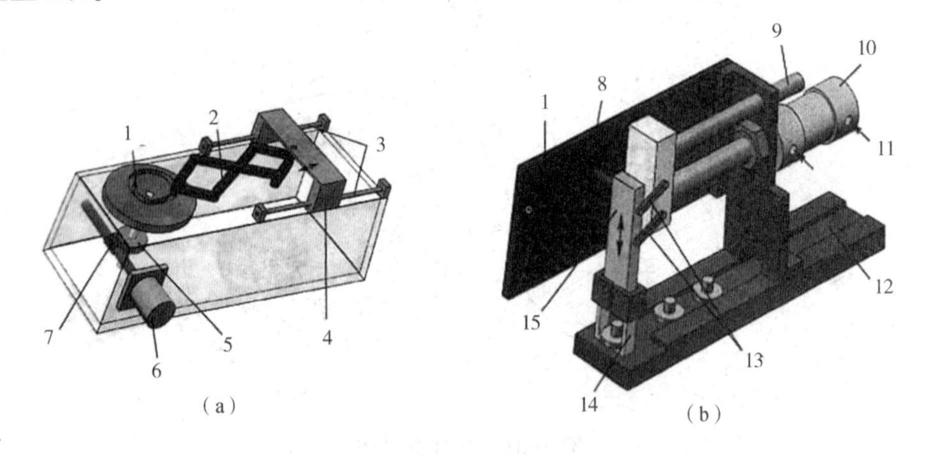

1—槽形凸轮；2—连杆；3—导柱；4—滑动台；5—蜗轮；6—电动机；7—蜗杆；8—滚轮；9—防止转动的杆轴；10—气缸；11—空气；12—料道；13—垂直运动连杆；14—手爪；15—垂直运动件。

图 8-35　凸轮-连杆组合机构

(a)凸轮-连杆直线运动机构；(b)凸轮-连杆工件移动机构

8.6.3　齿轮-凸轮组合机构

齿轮-凸轮组合机构多是由自由度为 2 的差动轮系和自由度为 1 的凸轮机构组合而成。其中，凸轮机构将差动轮系的 2 个自由度约束掉 1 个，从而形成单自由度的机构系统。它能实现任意给定的运动规律的特点，用于实现给定运动规律的整周回转运动，它可使从动件获得变速运动、间歇运动及复杂的运动规律。图 8-36 所示的齿轮-凸轮夹紧组合机构是将活塞杆的直线运动转化为压紧杠杆的摆动，实现对工件的夹紧。

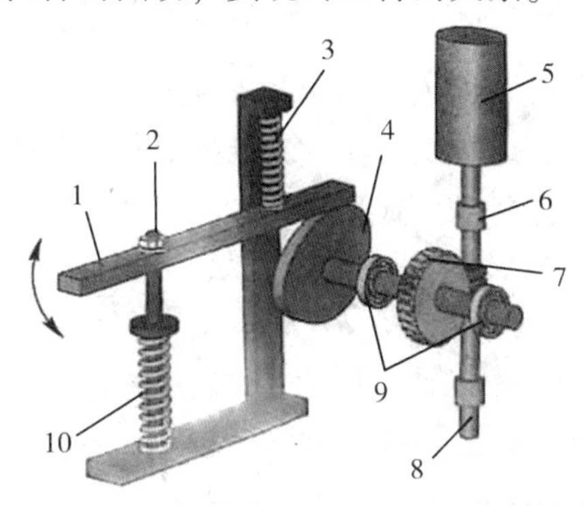

1—压紧杠杆；2—螺母；3、10—弹簧；4—凸轮；5—液压缸；6—轴套；7—齿轮；8—齿条；9—轴承。

图 8-36　齿轮-凸轮夹紧组合机构

在图 8-37 所示的齿轮-凸轮组合机构中，齿轮 1、行星轮 2(扇形齿轮) 和系杆 H 组成简单差动轮系，摆动从动件凸轮机构的凸轮 4 固定不动。当原动件系杆 H 转动时，带动行星轮的轴线做周转运动，由于行星轮上的滚子 3 置于固定凸轮的槽中，凸轮廓线将迫使行星轮相对于系杆 H 转动。这样，从动轮的输出运动就是系杆 H 的运动与行星轮相对于系杆运动的合成。利用该组合机构，可以实现具有任意停歇时间的间歇运动。

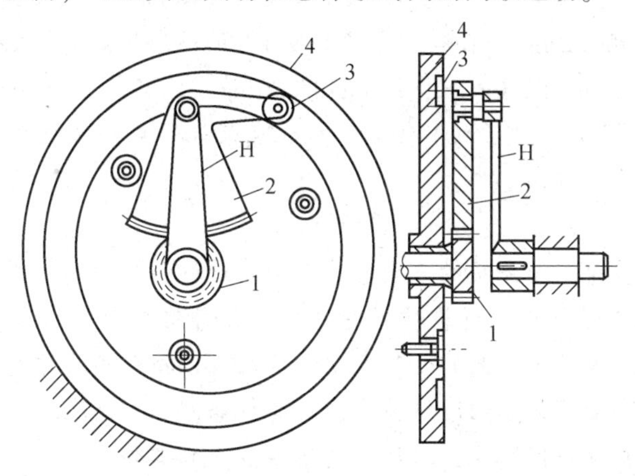

1—齿轮；2—行星轮；3—滚子；4—凸轮。

图 8-37　齿轮-凸轮组合机构

齿轮-凸轮组合机构多利用来使从动件产生多种复杂运动规律的转动。例如，在输入轴等速转动情况下，可使输出轴按一定的规律做周期性的增速、减速、反转和步进运动，也可使从动件实现具有任意停歇时间的间歇运动，还可以实现机械传动校正装置中所要求的特殊的补偿运动等。

知识拓展

机械制造新工艺与新技术

机械制造是工业的主体和灵魂，发展机械工艺的新技术成为各机械制造企业的重中之重。在机械制造中有很多新工艺、新技术不断涌现，如智能制造、虚拟制造、干式加工、高精度加工技术等，这些技术使得制造更高效、更环保、更方便、更精密。

机械制造新技术发展趋势如下。

1. 精密化

精密加工、特种加工、超精密加工技术、微型机械是现代化机械制造技术发展的方向之一。精密和超精密加工技术包括精密和超精密切削加工、磨削加工、研磨加工，特种加工和复合加工(如机械化学研磨、超声磨削和电解抛光等)这3个领域。超精密加工技术已向纳米($1\ \text{nm}=10^{-3}\ \mu\text{m}$)技术发展。纳米技术已在纳米机械学、纳米电子学和纳米材料技术得到了应用。因此，它促进了机械科学、光学科学、测量科学和电子科学的发展。

2. 自动化

自动化技术在20世纪初出现后，经历了由刚性自动化向柔性自动化的发展过程。自动化技术的成功应用不但提高了工业生产率，保证了产品质量，还可以代替人去完成危险场合的工作。对于批量较大的生产自动化，可通过机床自动化改装、应用自动机床、专用组合机床、自动生产线来完成。小批量生产自动化可通过NC(Numerical Control，数字控制)、CAM(Computer-Aided Manufacturing，计算机辅助制造)、FMS(Flexible Manufacturing System，柔性制造系统)、CIM(Computer-Integrated Manufacturing，计算机集成制造)、IMS(Intelligent Manufacturing System，智能制造系统)等来完成。在未来的自动化技术实施过程中，将更加重视人在自动化系统中的作用。

3. 信息化

信息、物质和能量是制造系统的三要素。产品制造过程中的信息投入，已成为决定产品成本的主要因素。制造过程的实质是对制造过程中各种信息资源的采集、输入、加工和处理。最终形成的产品可看作是信息的物质表现，因此可以把信息看作是一种产业，包括在制造之中。为此，一些企业开始利用网络技术、计算机联网、信息高速公路、卫星传递数据等实现异地生产，使生产分散网络化，以适应高柔性生产的需要。

4. 柔性化

随着科学技术的飞速发展和人民生活水平不断提高，产品更新换代的速度不断加快，现代企业必须具备一定的生产柔性来满足市场多变的需要。柔性本来是指制造加工不同零件的自由度，工业生产上借用它来指代生产上的变化因素。生产柔性包括人员柔性和设备柔性：人员柔性是指操作人员能保证加工任务完成数量和时间要求的适应能力，设备柔性是指机床能在短期内适应新零件的加工能力。

5. 集成化

集成的作用是将原来独立运行的多个单元系统集成为一个能协调工作的和功能更强的新系统。集成不是简单的连接，而是经过统一规划设计，分析原单元系统的作用和相互关系，并进行优化重组。

6. 智能化

智能制造技术(Intelligent Manufacturing Technology, IMT)是将人工智能融入制造过程的各个环节，在整个制造过程中贯彻智力活动，使系统以柔性的方式集成起来，通过模拟人类专家的智能活动，取代或延伸制造系统中的部分脑力劳动，在制造过程中系统能自动监测其运行状态，在受到外界干扰或内部激励能自动调整其参数，以达到最佳状态和具备自组织能力。在设计和制造过程中，采用模块化方法，使之具有较大的柔性；对于人，智能制造强调安全性和友好性；对于环境，要求做到无污染、省能源和资源充分回收；对于社会，提倡合理协作与竞争。

7. 清洁化

清洁生产是指将综合预防的环境战略持续应用于生产过程和产品中，以便减少对人类和环境的影响。清洁生产的两个基本目标是资源的综合利用和环境保护。对生产过程而言，清洁生产要求渗透到从原材料投入到产出成品的全过程，包括节约原材料和能源，替代有毒的原材料和短缺资源，二次能源和再生资源的利用，改进工艺及设备，并将一切排放物的数量与毒性削减在离开生产过程之前。对产品而言，清洁生产覆盖构成产品整个生命周期的各个阶段，即从原材料的提取到产品的最终处理，包括产品的设计、生产、包装、运输、流通、销售及报废等。合理利用资源，可以最大限度地减少对人类和环境的不利影响。

本章小结

本章主要介绍了其他常用机构的工作原理、类型、特点、应用及其适用场景，包括间歇运动机构、摩擦轮传动机构、挠性元件传动机构、机器人机构和组合机构。

习　题

8-1　棘轮机构与槽轮机构都是间歇运动机构，它们各有什么特点？

8-2　棘轮机构除常用来实现间歇运动的功能外，还常用来实现什么功能？

8-3　不完全齿轮在进入啮合和退出啮合时，为什么会出现冲击现象？

8-4　举例说明棘轮机构的应用场合。

8-5　摩擦棘轮在工作状态时，棘爪的转动副是否处于自锁状态？

第九章 机械中的摩擦与自锁

9.1 引 言

随着社会的不断发展，机械结构越来越多，绝大部分机构是为了实现某种特定功能而设计的，因此需要对各种运动和能量进行转化。相互接触的机构在运动或有运动趋势的过程中，必然会产生摩擦力。大部分情况下，摩擦力是有害的，是需要避免的，如曲柄滑块机构在运动过程中受到地面的摩擦力是阻碍滑块运动的一个有害的外力。这种有害的摩擦力不仅会造成机构原动力的损耗，降低整个机构的效率，而且会将滑块本身的运动副进行磨损，从而减少机构的使用寿命，给生产带来一些负面影响。但是，也有一部分摩擦力是有益的，如带传动中皮带和皮带轮之间的摩擦力是维持传动必须要有的，如果想要增加传动的功率，需要采用增加接触面积、增大正压力等方式增加两者之间的摩擦力。因此，无论是想通过减少摩擦力来提高机械效率，还是想通过增加摩擦力来提高传动可靠性，都必须了解运动副中的摩擦力。

9.2 运动副中摩擦力的确定

在平面机构中，按照两个运动构件之间的接触面积和接触压力可以分为高副和低副。一对齿轮啮合时接触面积是线或点，压强比较大，是典型的高副运动；曲柄滑块机构接触面积比较大，压强比较小，是典型的低副运动。低副运动中一般只存在滑动摩擦，高副运动中同时存在滚动摩擦和滑动摩擦，但是滑动摩擦要比滚动摩擦的力大很多，因此可以忽略不计。高副运动中的摩擦力的分析和低副中的移动副基本相同，确定运动副中全反力的大小、方向、作用点位置是研究运动副中摩擦力需要完成的主要工作，对于判断整个机构的运动和受力有重要影响，也是进行设计机构时必须考虑的因素。

下面将对曲柄滑块机构进行简单的受力分析，为后面各种运动副中摩擦力的确定奠定基础。

在进行研究时，需要用到以下简单的公理。

(1)摩擦定律。在一般速度范围内，作相对运动的两物体间的摩擦力为 F_f，用公式表示为

$$F_f = fN \tag{9-1}$$

式中，f 为摩擦因数，$f = \tan\varphi = F_f/N$，φ 为摩擦角；N 为两物体间的法向压力。

(2)如果一个物体只受两个力的作用而处于平衡状态，也就是二力构件，这两个力应该二力平衡，大小相等，方向相反。

(3)如果一个物体受 3 个力的作用而处于平衡状态，3 个力必然交汇于一点，满足力的平行四边形法则。

(4)一个处于平衡状态的物体受到的驱动力应该和运动方向相同，摩擦力一般与之相反。也就是二力构件，这两个力应该二力平衡，大小相等，方向相反。

9.2.1　移动副中摩擦力的确定

移动副中的摩擦按照移动的方向和与物体的接触面之间的夹角，可以分为平面摩擦、槽面摩擦、斜面摩擦、螺旋副中的摩擦 4 种。

1. 平面摩擦

滑块在力 F 的作用下在水平面上匀速向右移动，假设其重力为 G，正压力的反力为 F_{N21}，滑块受到的摩擦力为 F_{f21}，如图 9-1 所示，则有

$$F_{f21} = fF_{N21} = fG$$

式中，f 为摩擦因数。

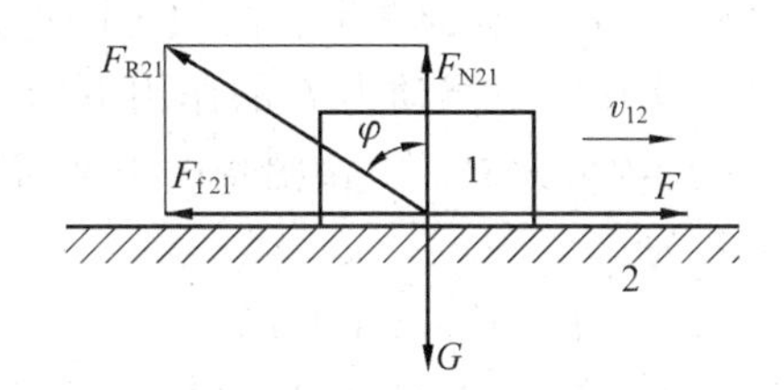

图 9-1　平面移动副的摩擦分析

将滑块所受的正压力 F_{N21} 和摩擦力 F_{f21} 合成为一总约束力 F_{R21}，平面 2 作用给滑块 1 的摩擦力由不考虑摩擦时的正压力 F_{N21} 变为考虑摩擦时的总约束力 F_{R21}，F_{R21} 与 F_{N21} 之间的夹角 φ 称为摩擦角。摩擦角和摩擦因数的关系为

$$\tan\varphi = \frac{F_{f21}}{F_{N21}} = \frac{fF_{N21}}{F_{N21}} = f \tag{9-2}$$

即

$$\varphi = \arctan f$$

总约束力的方向与滑块的运动方向成钝角，其值为 $90° + \varphi$。

2. 槽面摩擦

当外载荷一定时，运动副两元素间的法向约束力的大小与运动副两元素的几何形状有关。如图 9-2 所示的槽面移动副，若两槽面之间的夹角为 2θ，则两接触面的法向约束力在垂直方向的分力等于外载荷 G，即 $2F_{N21}\sin\theta = G$。于是得

$$F = 2F_{f21} = 2fF_{N21} = \frac{G}{\sin\theta}f = \frac{f}{\sin\theta}G$$

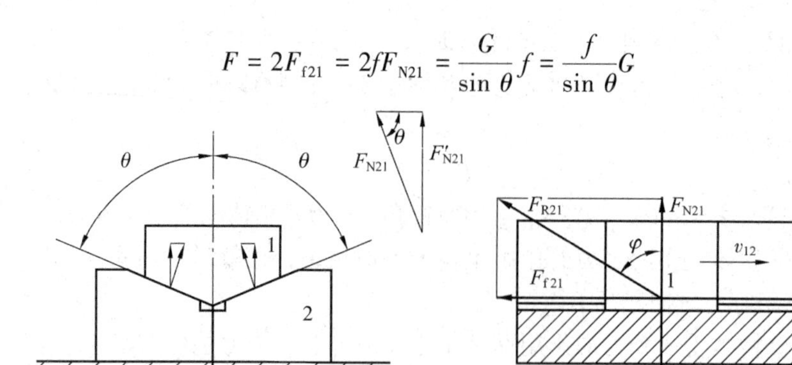

图 9-2　槽面移动副的摩擦分析

令 $\frac{f}{\sin\theta}=f_v$，则上式可写为

$$F = f_v G \tag{9-3}$$

式中，f_v 为楔形滑块的当量摩擦因数。

因 $f_v > f$，所以在同一外载荷作用下，楔形滑块受到的摩擦力总大于平面滑块受到的摩擦力，这种现象称为槽面效应，它适用于需要增加摩擦力的摩擦传动（如 V 带传动）和三角形螺纹的螺旋式传动中。

3. 斜面摩擦

斜面摩擦分上行和下行两种情况。

（1）上行。将滑块 1 置于倾角为 α 的斜面 2 上，滑块 1 的重力为 G，受到的法向约束力为 F_N，如图 9-3(a) 所示，当滑块在水平驱动力 F 的作用下匀速上行时，将其所受的法向约束力 F_N 和摩擦力 F_f 合成为一总约束力 F_{R21}。由滑块的力平衡条件得 $F+G+F_{R21}=0$，画出矢量多边形，可得水平驱动力 F 为

$$F = G\tan(\alpha + \varphi) \tag{9-4}$$

（2）下行。作出总约束力 F'_{R21} 的方向，如图 9-3(b) 所示，根据滑块的力平衡条件，可得维持滑块匀速下滑的水平力 F' 为

$$F' = G\tan(\alpha - \varphi) \tag{9-5}$$

注意：当 $\alpha < \varphi$ 时，F' 为负值，其方向与图示方向相反，F' 成为促使滑块匀速下滑的驱动力。

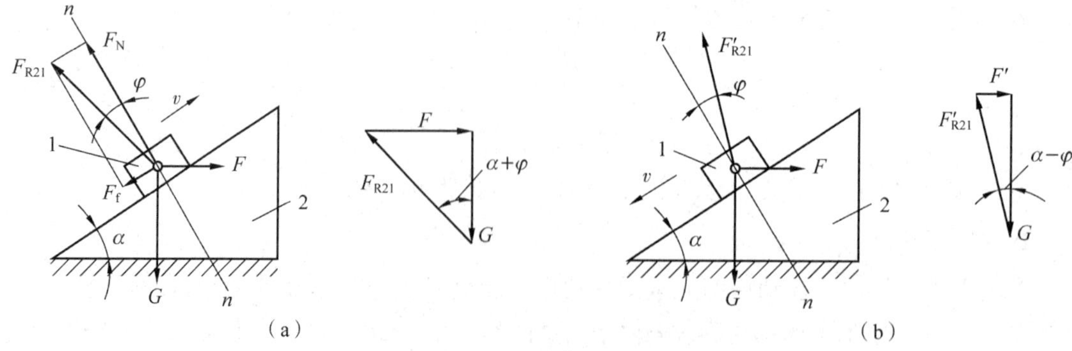

图 9-3　斜面移动副的摩擦分析

4. 螺旋副中的摩擦

(1)矩形螺纹螺旋副。在研究螺旋副中的摩擦时，通常假设螺母和螺杆之间的作用力 G 集中在其中径为 d_2 的螺旋线上，如图 9-4(a)所示。由于螺旋线可以展成平面上的斜直线，因此分析螺旋副中的摩擦时，可以把螺母和螺杆间的相互作用关系简化为滑块沿斜面移动的关系，如图 9-4(b)所示。在螺母上加一力矩 M，使螺母逆着力 G 的方向匀速向上运动，则对螺纹连接而言相当于拧紧螺母，这等效于滑块在水平力 F 的作用下沿斜面匀速向上滑动，则有 $F=G\tan(\alpha+\varphi)$。式中，α 为螺纹在中径 d_2 上的升角；F 相当于拧紧螺母时必须在螺纹中径处施加的圆周力，故拧紧螺母时所需的力矩 M 为

$$M=\frac{Fd_2}{2}=\frac{Gd_2}{2}\tan(\alpha+\varphi) \tag{9-6}$$

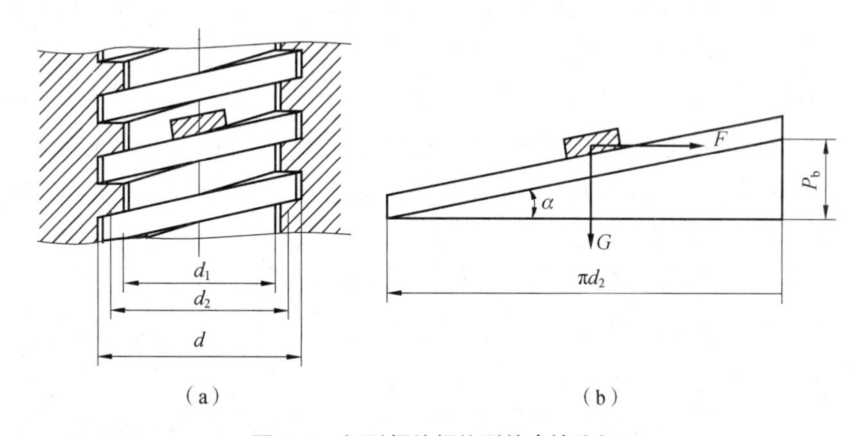

图 9-4　矩形螺纹螺旋副的摩擦分析

同理，等速放松螺母时需要的力矩 M' 为

$$M'=\frac{Gd_2}{2}\tan(\alpha-\varphi) \tag{9-7}$$

(2)三角形螺纹螺旋副。三角形螺纹螺旋副与矩形螺纹螺旋副的区别在于螺纹接触面间的几何形状不同，三角形螺纹为一斜平面，如图 9-5 所示。计算时将槽形面替换为矩形螺纹的斜平面，只需把式(9-6)和式(9-7)中的摩擦角 φ 换成当量摩擦角 φ_v 即可，则拧紧和放松螺母时所需的力矩 M 分别为

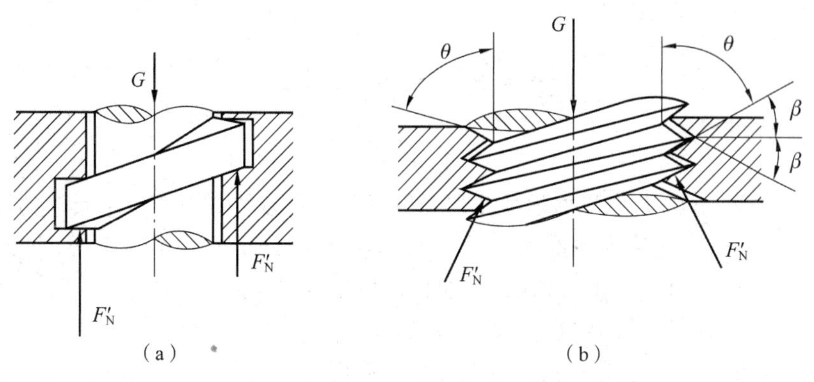

图 9-5　三角形螺纹螺旋副的摩擦分析

$$M=\frac{Fd_2}{2}=\frac{Gd_2}{2}\tan(\alpha+\varphi_v) \tag{9-8}$$

$$M'=\frac{Fd_2}{2}=\frac{Gd_2}{2}\tan(\alpha-\varphi_v) \tag{9-9}$$

式中，$\varphi_v=\arctan f_v$，$f_v=\frac{f}{\sin(90°-\theta)}=\frac{f}{\cos\beta}$。

9.2.2 转动副中摩擦力的确定

轴安装在轴承中的部分称为轴颈，轴颈与轴承组成转动副。根据加在轴颈上的载荷方向不同，可分为径向轴颈和止推轴颈，如图 9-6 所示。径向轴颈上的载荷沿其径向方向分布，其摩擦力称为轴颈摩擦力；止推轴颈上的载荷沿其轴向方向分布，其摩擦力称为轴端摩擦力。下面以由轴和轴承组成的转动副为例分别进行分析。

1. 轴颈摩擦

半径为 r 的轴颈在径向载荷 G 和驱动力矩 M_d 的作用下，在轴承 2 中匀速转动，如图 9-7 所示。此时，轴颈所受的摩擦力 F_{f21} 与正压力 F_{N21} 合成为总约束力 F_{R21}。当轴匀速转动时，由力平衡条件可知

$$G=-F_{R21},\ M_d=-F_{R21}\rho=-M_f \tag{9-10}$$

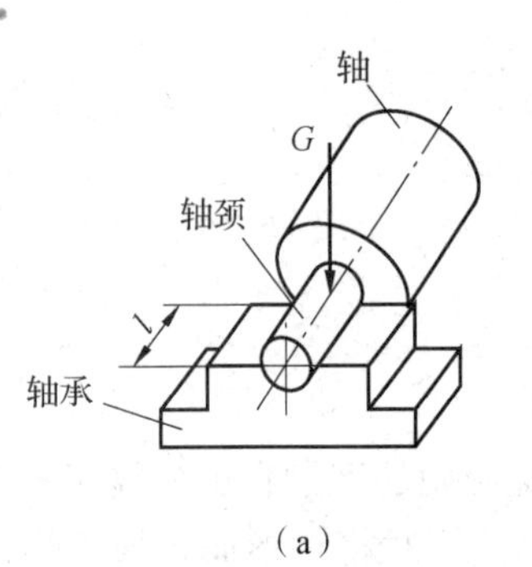

图 9-6　径向轴颈和止推轴颈

(a)径向轴颈；(b)止推轴颈

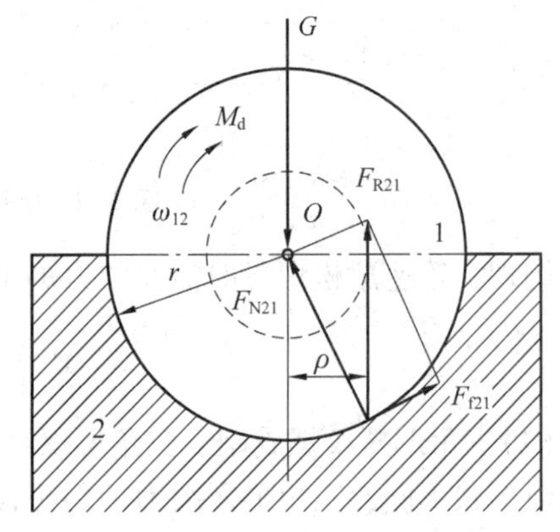

图 9-7　径向轴颈摩擦分析

故摩擦力矩 M_f 为

$$M_f=F_{f21}r=f_vGr=F_{R21}\rho \tag{9-11}$$

由式(9-11)可得

$$\rho=f_vr \tag{9-12}$$

式(9-12)表明，ρ 的大小与轴颈半径和当量摩擦因数有关。对于一个具体的轴颈，ρ 为定值，以 ρ 为半径所作的圆称为摩擦圆，ρ 称为摩擦圆半径；而 f_v 为当量摩擦因数，计算时常取 $f_v=(1\sim1.57)f$。对于轴颈与轴承接触面间没有磨损或磨损极小的非跑合转动副，f_v 取大值；对于经过一段时间运转的跑合转动副，f_v 取小值。

综合上述分析可知，总反力 F_{R21} 始终与摩擦圆相切，它所产生的摩擦力矩的方向总是与轴颈 1 相对于轴承 2 的角速度 ω_{12} 方向相反。

2. 轴端摩擦

轴用以承受轴向载荷的部分称为轴端。轴 1 的轴端和承受轴向载荷的止推轴承 2 构成一转动副，如图 9-8 所示，当轴转动时，轴的端面将产生摩擦力矩 M_f。

设轴向载荷为 G，与轴承 2 相接触的轴端是内径为 $2r$、外径为 $2R$ 的空心端面，则 M_f 的大小计算如下。

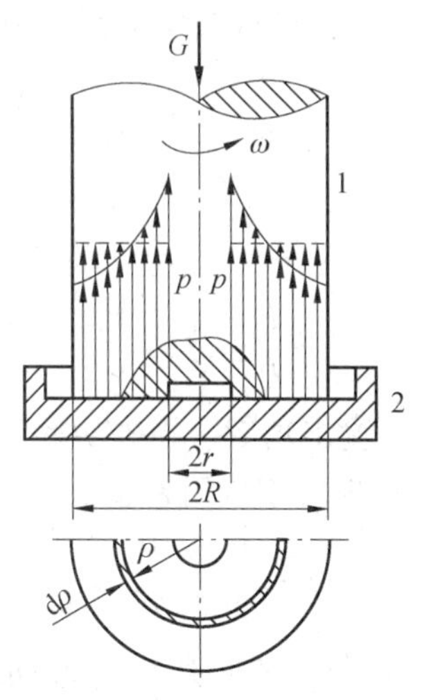

图 9-8　止推轴颈摩擦分析

（1）对于非跑合的止推轴颈，轴端各处的压强 p 相等，即 p = 常数，则有

$$M_f = \frac{2}{3} fG \frac{R^3 - r^3}{R^2 - r^2} \tag{9-13}$$

（2）对于跑合的止推轴颈，轴端各处的压强 p 不相等，离中心远的部分磨损较快，因而压强较小；离中心近的部分磨损较慢，因而压强增大。在正常磨损情况下 p = 常数，则有

$$M_f = \frac{1}{2} fG(R + r) \tag{9-14}$$

根据跑合后轴端各处压强的分布规律 p = 常数可知，轴端中心处的压强非常大，极易压溃，故实际工作中一般采用空心轴端。

9.3　机械效率和自锁

机械在运转过程中会受到摩擦力的作用，它在一般情况下是一种有害阻力，会造成动力的浪费，降低机械效率。为此，需要通过合理设计，改善机械运转性能和提高机械效率。

9.3.1　机械效率

1. 机械效率的概念

机械在运转时，驱动力对机械所做的功，是由外部输入机械的功，称为输入功，用 W_d 表示；机械克服工作阻力所做的功，是机械输出的功，称为输出功，用 W_r 表示；机械还需

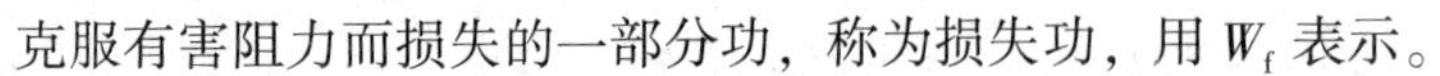

克服有害阻力而损失的一部分功，称为损失功，用 W_f 表示。

在机械稳定运转时，有

$$W_d = W_r + W_f \tag{9-15}$$

由式(9-15)可以看出，对于一定的输入功 W_d，损失功 W_f 越小，则输出功 W_r 就越大，这表示该机器对能量的有效利用程度越高。

因此，可以用机械效率 η 来衡量机器对能量有效利用的程度，它等于 W_r 与 W_d 的比值，即

$$\eta = \frac{W_r}{W_d} = 1 - \frac{W_f}{W_d} \tag{9-16}$$

用功率表示时，有

$$\eta = \frac{P_r}{P_d} = 1 - \frac{P_f}{P_d} \tag{9-17}$$

式中，P_d、P_r、P_f 分别为输入功率、输出功率、损失功率。

机械的损失功与输入功之比称为损失率，用 ξ 表示，即

$$\xi = \frac{W_f}{W_d} = \frac{P_f}{P_d} \tag{9-18}$$

$\eta + \xi = 1$。由于摩擦损失不可避免，故必有 $\xi > 0$，$\eta < 1$。

机器效率是衡量机器工作质量的重要指标之一。

2. 机械效率的计算

为便于进行效率的计算，下面介绍一种实用的效率计算方法。

图 9-9 所示为一机械传动装置示意图，设 F 为驱动力，G 为生产阻力，v_F 和 v_G 分别为 F 和 G 的作用点沿该力作用线方向的分速度，于是根据式(9-18)可得

$$\eta = \frac{P_r}{P_d} = \frac{Gv_G}{Fv_F} \tag{9-19}$$

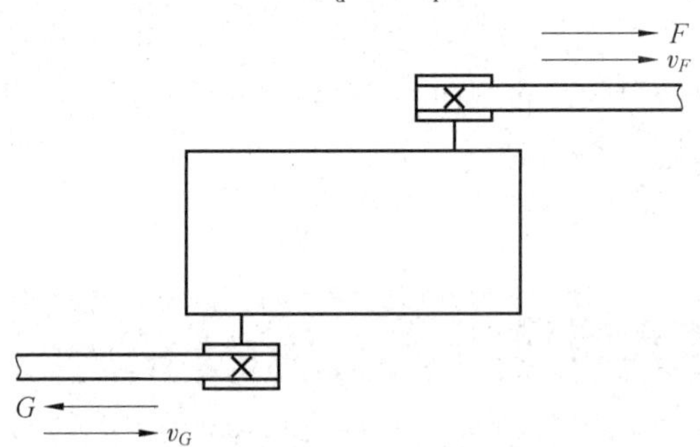

图 9-9　机械传动装置示意图

为了将式(9-19)简化，假设在该机械中不存在摩擦。这时，为克服同样的生产阻力 G，其所需的驱动力 F_0 称为理想驱动力，显然 $F_0 < F$。对于理想机械来说，其效率 η_0 应等于 1，即

$$\eta_0 = \frac{Gv_G}{F_0 v_F} = 1 \tag{9-20}$$

将其代入式(9-19)，得

$$\eta = \frac{F_0 v_F}{F v_F} = \frac{F_0}{F} \tag{9-21}$$

式(9-21)说明，机械效率等于不计摩擦时克服生产阻力所需的理想驱动力 F_0 与克服同样生产阻力(连同克服摩擦力)时该机械实际所需的驱动力 F(F 与 F_0 的作用线相同)之比。同理，机械效率也可以用力矩之比的形式来表达，即

$$\eta = \frac{M_0}{M} \tag{9-22}$$

式中，M_0 和 M 分别为克服同样生产阻力所需的理想驱动力矩和实际驱动力矩。

综合式(9-22)与式(9-21)可得

$$\eta = \frac{\text{理想驱动力}}{\text{实际驱动力}} = \frac{\text{理想驱动力矩}}{\text{实际驱动力矩}} \tag{9-23}$$

应用式(9-23)来计算机构的效率十分简便。简单传动机构和运动副的效率如表 9-1 所示。

表 9-1　简单传动机构和运动副的效率

名称	传动形式	效率值	备注
圆柱齿轮传动	6~7 级精度齿轮传动	0.98~0.99	良好磨合、稀油润滑
	8 级精度齿轮传动	0.96	稀油润滑
	9 级精度齿轮传动	0.97	稀油润滑
	铸造齿、开式齿轮传动	0.94~0.96	干油润滑
	切制齿、开式齿轮传动	0.98~0.99	—
锥齿轮传动	6~7 级精度齿轮传动	0.97~0.98	良好磨合、稀油润滑
	8 级精度齿轮传动	0.90~0.93	稀油润滑
	切制齿、开式齿轮传动	0.92~0.95	干油润滑
	铸造齿、开式齿轮传动	0.88~0.92	—
蜗杆传动	自锁蜗杆	0.40~0.45	润滑良好
	单头蜗杆	0.70~0.75	
	双头蜗杆	0.75~0.82	
	三头和四头蜗杆	0.80~0.92	
	圆弧面蜗杆	0.85~0.95	
带传动	平带传动	0.90~0.98	—
	V 带传动	0.94~0.96	—
	同步带传动	0.98~0.99	—
链传动	套筒滚子链	0.96	—
	无声链	0.97	—
摩擦轮传动	平摩擦轮传动	0.85~0.92	—
	槽摩擦轮传动	0.88~0.90	—

续表

名称	传动形式	效率值	备注
滑动轴承	—	0.94	—
		0.97	—
		0.99	—
滚动轴承	球轴承	0.99	—
	滚子轴承	0.98	—
螺旋传动	滑动螺旋	0.30~0.80	—
	滚动螺旋	0.85~0.95	—

上述机械效率主要是指一个机构或一台机器的效率。对于由许多机构或机器组成的机械系统的机械效率及其计算，可以根据组成系统的各机构或机器的效率计算求得。

因若干机构或机器的连接组合方式一般有串联、并联和混联 3 种，故机械系统的机械效率也有 3 种不同计算方法。

1)串联机械系统

图 9-10 所示为由 k 个机器串联组成的机械系统。设各机器的效率分别为 η_1、η_2、…、η_k，机组的输入功率为 P_d，输出功率为 P_r。这种串联机械系统功率传递的特点是前一机器的输出功率即为后一机器的输入功率，故串联机械系统的机械效率为

$$\eta=\frac{P_r}{P_d}=\frac{P_1}{P_d}\frac{P_2}{P_1}\frac{P_3}{P_2}\cdots\frac{P_k}{P_{k-1}}=\eta_1\eta_2\cdots\eta_k \tag{9-24}$$

即串联机械系统的总效率等于组成该系统的各台机器效率的连乘积。由此可见，只要串联机械系统中任意机器的效率很低，就会导致整个系统的效率极低；且串联的级数越多，系统的效率越低。

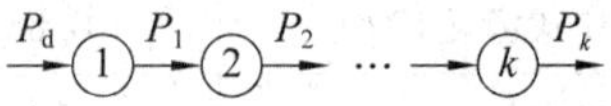

$$\xrightarrow{P_d}①\xrightarrow{P_1}②\xrightarrow{P_2}\cdots\longrightarrow(k)\xrightarrow{P_k}$$

图 9-10　串联机械系统

2)并联机械系统

图 9-11 所示为由 k 个机器并联组成的机械系统。设各机器的效率分别为 η_1、η_2、…、η_k，输入功率分别为 P_1、P_2、…、P_k，则各机器的输出功率分别为 $P_1\eta_1$、$P_2\eta_2$、…、$P_k\eta_k$。这种并联机械系统的特点是系统的输入功率为各台机器的输入功率之和，而其输出功率为各台机器的输出功率之和。于是，并联机械系统的机械效率为

$$\eta=\frac{\sum P_{ri}}{\sum P_{di}}=\frac{P_1\eta_1+P_2\eta_2+\cdots+P_k\eta_k}{P_1+P_2+\cdots+P_k} \tag{9-25}$$

式(9-25)表明，并联机械系统的总效率不仅与各机器的效率有关，也与各机器所传的功率大小有关。设各机器中效率最高者及最低者的效率分别为 η_{max} 及 η_{min}，则系统的总效率主要取决于传递功率最大的机器的效率。若各台机器的输入功率均相等，则其总效率等于各台机器效率的平均值，由此可知，要提高并联机械系统的效率，应着重提高传递功率大的传动路线的效率。

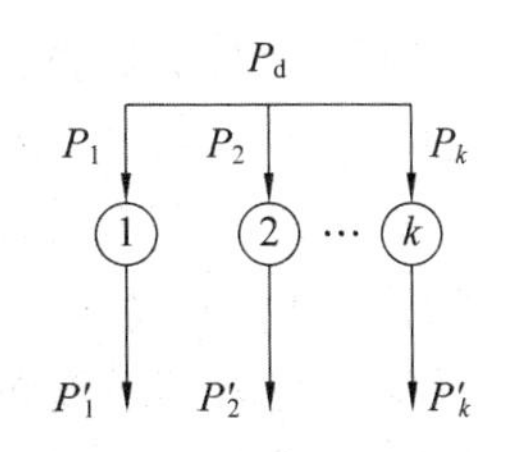

图 9-11 并联机械系统

3) 混联机械系统

图 9-12 所示为兼有串联和并联方式的混联机械系统。为了计算其总效率，可先将输入和输出的路线弄清楚，然后分别计算出总的输入功率 $\sum P_d$ 和总的输出功率 $\sum P_r$，则其总机械效率为 $\eta=\dfrac{\sum P_r}{\sum P_d}$。

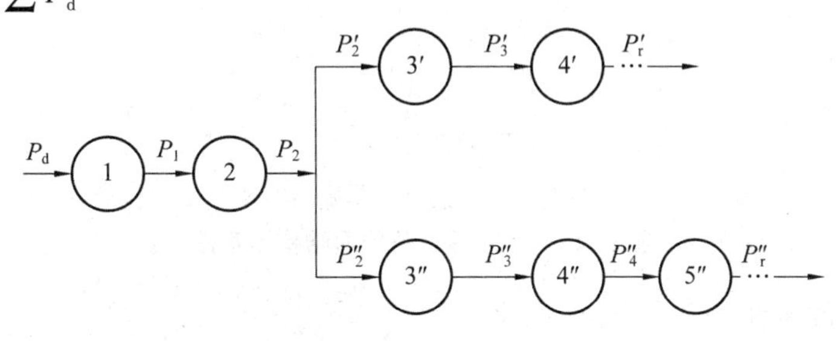

图 9-12 混联机械系统

3. 提高机械效率的途径

由前面的分析可知，机械运转过程中，其效率降低的主要原因为机械中的损耗，而损耗主要是由摩擦引起的。

因此，为了提高机械的效率，就必须采取措施减少机械中的摩擦，一般需要从设计、制造和使用维护这 3 个方面加以考虑。在设计方面，主要采取以下措施。

(1) 尽量简化机械传动系统，采用最简单的机构来满足工作要求，使功率传递通过的运动副的数目尽可能少。

(2) 选择合适的运动副形式。例如，转动副易保证运动副元素的配合精度，效率较高；移动副不易保证配合精度、效率较低，且容易发生自锁或楔紧。

(3) 在满足强度、刚度等要求的情况下，不要盲目增大构件尺寸。例如，轴颈尺寸增大会使该轴颈的摩擦力矩增加，机械易发生自锁。

(4) 设法减少运动副中的摩擦。例如，在传递动力的场合，尽量选用矩形螺纹或牙型角小的锯齿形螺纹；用平面摩擦代替槽面摩擦；采用滚动摩擦代替滑动摩擦；选用适当的润滑剂及润滑装置进行润滑；合理选用运动副元素的材料；等等。

(5) 减少机械中惯性力引起的动载荷，以提高机械效率，特别是在机械设计阶段就应考虑其平衡问题。

9.3.2 机械自锁

1. 机械自锁的概念及意义

在实际机械中，由于摩擦的存在以及驱动力作用方向的问题，有时会出现无论驱动力如何增大，机械都无法运转的现象，这种现象称为机械自锁。

机械自锁现象在机械工程中具有十分重要的意义。在设计机械时，为使机械能够实现预期的运动，必须避免该机械在所需的运动方向上发生自锁。机械工程中利用自锁的例子有很多。例如，图 9-13 所示为手摇螺旋千斤顶结构示意图，当转动手柄 6 将重物 4 举起后，应保证无论重物的重力多大，都不能驱动螺母反转而致使重物自行降落下来。也就是要求该千斤顶在重物 4 的重力作用下，必须具有自锁性。

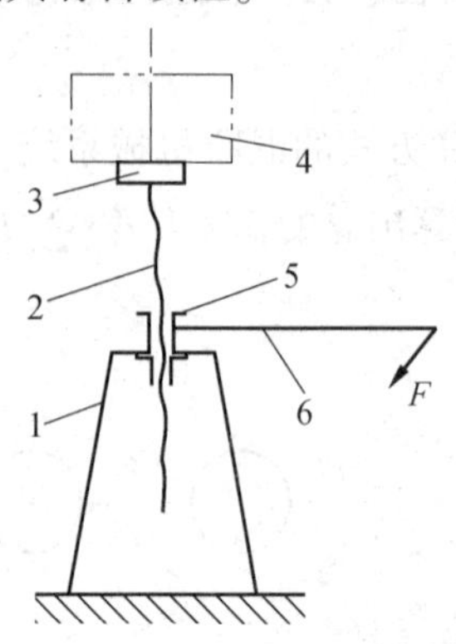

1—机架；2—螺杆；3—托板；4—重物；5—螺母；6—手柄。

图 9-13　手摇螺旋千斤顶结构示意图

2. 机械自锁的条件

机械是否发生自锁，与其驱动力作用线的位置及方向有关。在移动副中，若驱动力作用于摩擦角之外，则不会发生自锁；在转动副中，若驱动力作用于摩擦圆之外，也不会发生自锁。故一个机械是否发生自锁，可以通过分析组成该机械的各环节的自锁情况来判断，只要组成该机械的某一环节或数个环节发生自锁，则该机械必然发生自锁。

1) 移动副自锁的条件

滑块 1 与平台 2 组成移动副，如图 9-14 所示。设 F 为作用在滑块 1 上的驱动力，它与接触面法线 nn 间的夹角为 β(称为传动角)，而摩擦角为 φ。将力 F 分解为沿接触面切向和法向的两个分力 F_t、F_n，$F_t=F\sin\beta=F_n\tan\beta$ 是推动滑块 1 运动的有效分力；而 F_n 只能使滑块 1 压向平台 2，其所能引起的最大摩擦力为 $F_{f,max}=F_n\tan\varphi$。因此，当 $\beta\leqslant\varphi$ 时，有

$$F_t\leqslant F_{f,\ max} \tag{9-26}$$

即在 $\beta\leqslant\varphi$ 的情况下，不管驱动力 F 如何增大(方向维持不变)，驱动力的有效分力 F_t 总小于驱动力 F 本身可能引起的最大摩擦力 $F_{f,max}$，因而总是不能推动滑块 1 运动，这就发生了自锁现象。

因此，在移动副中，如果作用于滑块上的驱动力作用在其摩擦角之内，则发生自锁。这就是移动副发生自锁的条件。

2) 转动副自锁的条件

在图 9-15 所示的转动副中，设作用在轴颈上的外载荷为一单力 F，则当力 F 的作用线在摩擦圆之内时(即 $a\leqslant p$)，因它对轴颈中心的力矩 Fa 始终小于其本身所引起的最大摩擦力矩 $M_1=F_Rp=Fp$，所以无论力 F 如何增大(力臂 a 保持不变)，都不能驱使轴颈转动，即出现了自锁现象。

因此，转动副发生自锁的条件为：作用在轴颈上的驱动力为单力 F 且作用于摩擦圆之

内，即 $a \leqslant \rho$。

判断机械是否发生自锁的方法有两种。一种方法是利用当驱动力任意增大时，生产阻力小于或等于0是否成立来判断机械是否自锁。因为当机械发生自锁时，机械已不能运动，所以这时它所能克服的生产阻力小于或等于0。另一种方法是借助机械效率的计算公式来判断机械是否发生自锁。因为当机械发生自锁时，驱动力所做的功总小于或等于由它所产生的摩擦阻力所做的功，即 $W \leqslant 0$，所以当驱动力任意增大时，若恒有 $W \leqslant 0$，则机械将发生自锁。

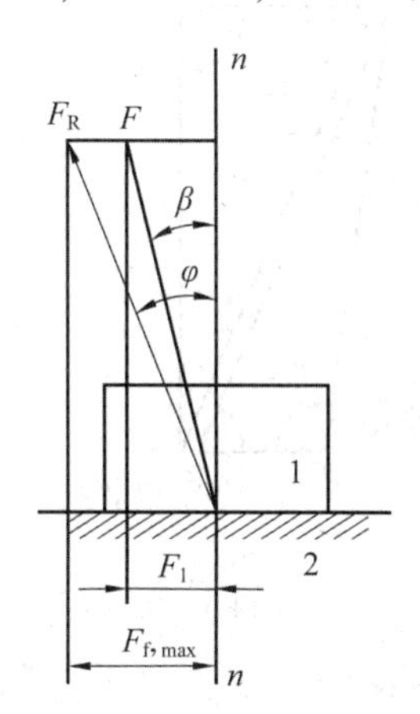

图 9-14　移动副的自锁

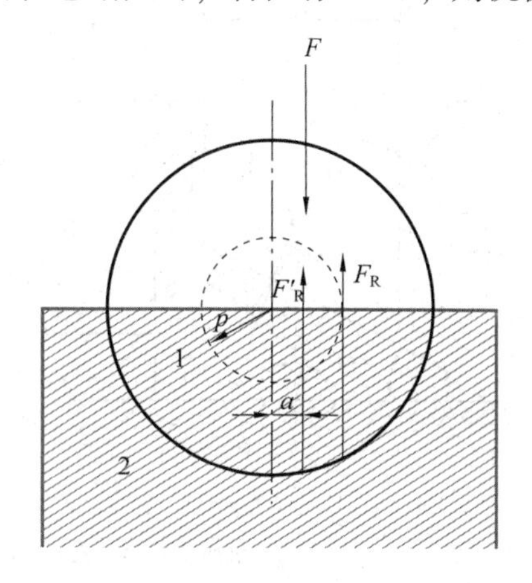

图 9-15　转动副的自锁

下面举例说明确定机械自锁条件的方法。

(1)螺旋千斤顶。如前所述，图 9-13 所示的手摇螺旋千斤顶在重物的重力作用下，应具有自锁性，其自锁条件可按如下步骤求得。

手摇螺旋千斤顶在重物的重力作用下产生运动时的阻抗力矩 M' 可按下式计算[式中参数可参考式(9-7)]

$$M' = \frac{d_2 G\tan(\alpha - \varphi_v)}{2} \tag{9-27}$$

令 $M' \leqslant 0$(驱动力 G 为任意值)，则得

$$\tan(\alpha - \varphi_v) \leqslant 0 \tag{9-28}$$

$$\alpha \leqslant \varphi_v \tag{9-29}$$

式(9-29)即为螺旋千斤顶在重物的重力作用下自锁的条件。

(2)斜面压榨机。在图 9-16(a)所示的斜面压榨机中，如果在滑块 2 上施加一定的力 F，即可产生一压紧力将物体 4 压紧。图中 G 为被压物体对滑块 3 的反作用力。显然，当力 F 撤去后，该机构在力 G 的作用下应该具有自锁性，下面分析其自锁条件。

先求出当 G 为驱动力时，该机械的阻抗力 F。设各接触面的摩擦因数均为 f，再根据各接触面间的相对运动，将两滑块所受的总约束力作出，如图 9-16(a)所示。

然后分别取滑块 2 和滑块 3 作为分离体，列出力平衡方程，并作出图 9-16(b)所示的力多边形，于是由正弦定理可得

$$\left.\begin{aligned} F &= \frac{F_{R32}\sin(\alpha - 2\varphi)}{\cos\varphi} \\ G &= \frac{F_{R23}\cos(\alpha - 2\varphi)}{\cos\varphi} \end{aligned}\right\} \tag{9-30}$$

又因 F_{R32} 与 F_{R23} 大小相等，故可得 $F = G\tan(\alpha - 2\varphi)$，令 $F \leqslant 0$，得

$$\tan(\alpha - 2\varphi) \leqslant 0 \tag{9-31}$$

于是，$\alpha \leqslant 2\varphi$，此即斜面压榨机反行程（$G$ 为驱动力时）的自锁条件。

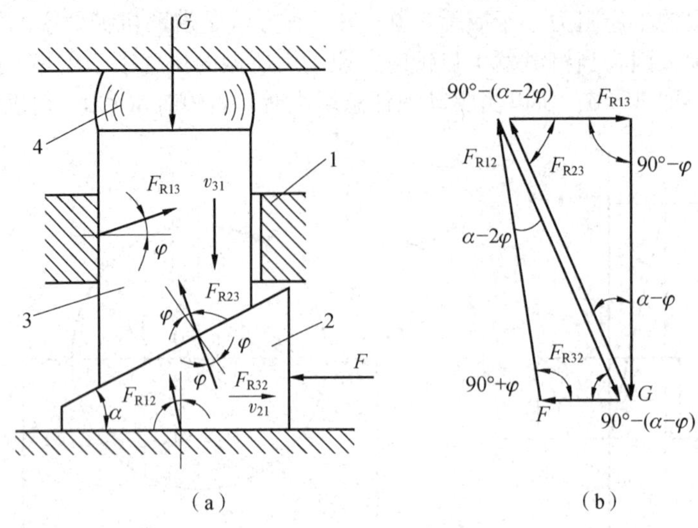

1—机架；2、3—滑块；4—被压物体。

图 9-16　斜面压榨机

9.4　斜面传动和螺旋传动的机械效率

机械中有各种各样的传动形式，其机械效率的计算也不相同。其中，斜面传动和螺旋传动使用得比较普遍，下面对这两种传动的机械效率进行推导。

9.4.1　斜面传动

斜面传动受力示意图如图 9-17 所示，滑块 A 在倾角为 λ 的斜面上做匀速运动，速度为 v_A，推力为 F，重力为 Q。

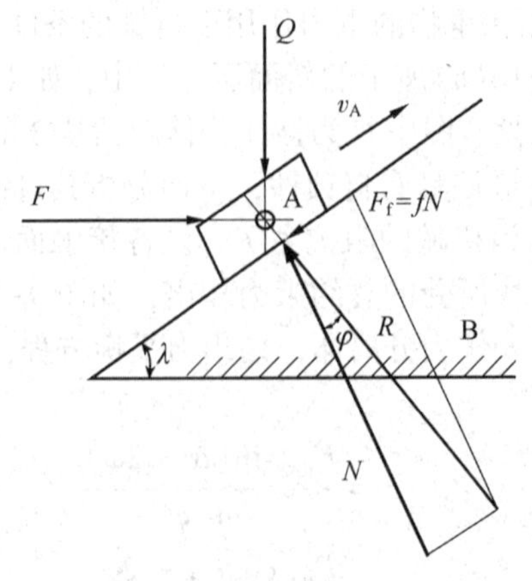

图 9-17　斜面传动受力示意图

当滑块 A 匀速上升时为正行程，此时 F 为驱动力，Q 为生产阻力。滑块 A 主要受到 3 个力，分别是水平推力 F、重力 Q、全反力 R，如图 9-18 所示。

通过力的平衡方程可得

$$\boldsymbol{R}+\boldsymbol{Q}+\boldsymbol{F}=\boldsymbol{0} \tag{9-32}$$

水平推力 F 的大小为

$$F=Q\tan(\lambda+\varphi) \tag{9-33}$$

假设理想情况下斜面的摩擦因数为 0，理想驱动力 F_0 的大小为

$$F_0=Q\tan\lambda \tag{9-34}$$

可以得到斜面正行程时的机械效率为

$$\eta=\frac{F_0}{F}=\frac{\tan\lambda}{\tan(\lambda+\varphi)} \tag{9-35}$$

同理，当滑块 A 匀速下降时为反行程，此时 F' 为生产阻力，Q 为驱动力。滑块主要受到 3 个力，分别是水平推力 F'、重力 Q、全反力 R'，如图 9-19 所示。

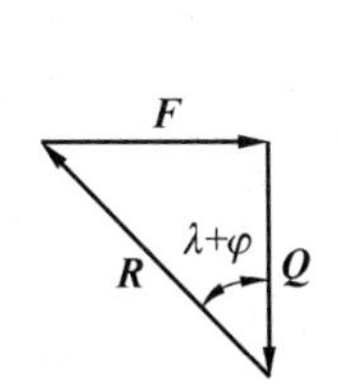

图 9-18　斜面正行程时力的三角形

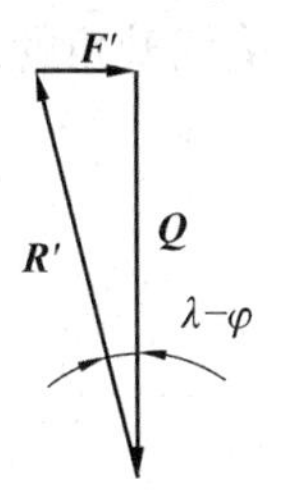

图 9-19　斜面反行程时力的三角形

通过力的平衡方程可得

$$\boldsymbol{R}'+\boldsymbol{Q}+\boldsymbol{F}'=\boldsymbol{0} \tag{9-36}$$

水平推力 F'的大小为

$$F'=Q\tan(\lambda-\varphi) \tag{9-37}$$

假设理想情况下斜面的摩擦因数为 0，理想驱动力 F'_0 的大小为

$$F'_0=Q\tan\lambda \tag{9-38}$$

可以得到斜面反行程时的机械效率为

$$\eta'=\frac{F'}{F'_0}=\frac{\tan(\lambda-\varphi)}{\tan\lambda} \tag{9-39}$$

通过以上对滑块匀速上升和匀速下降过程受力的分析，可以得到以下结论。

(1)同一个斜面，上升和下降时的机械效率虽然都是倾角 λ 的函数，但是两者数值一般是不相同的。

(2)一般情况下，正行程(也就是上升阶段)是不应该有自锁情况的，这时候要求 $\eta=\frac{F_0}{F}=\frac{\tan\lambda}{\tan(\lambda+\varphi)}\geqslant 0$，因此 $\tan(\lambda+\varphi)\geqslant 0$，$\lambda+\varphi<\frac{\pi}{2}$。如果不自锁，则需要 $\lambda<\frac{\pi}{2}-\varphi$；如果自锁，则需要 $\lambda\geqslant\frac{\pi}{2}-\varphi$。

(3)一般情况下，若反行程需要自锁，则需要 $\eta'\leqslant 0$，即 $\lambda\leqslant\varphi$。

9.4.2 螺旋传动

螺纹因为制造方便、使用可靠，目前已经在很多行业得到使用，常见的有矩形螺纹、三角形螺纹等类型。其中，矩形螺纹一般用于机构传动，要求其机械效率要高；三角形螺纹主要用于螺纹连接，要求其连接可靠、自锁性好等。下面就对两种螺纹的类型进行机械效率方面的分析。

正常情况下，螺旋副为空间螺旋副，组成空间螺旋副的两个构件接触表面为空间螺旋面。为了研究方便，进行以下假设。

(1)螺纹牙间的压力均匀分布，其合力是沿着螺旋面的平均直径 d 的圆柱面内部作用的。

(2)忽略不同直径圆柱面上螺旋线升角的差异，并认为均等于平均直径圆柱面上的螺旋升角。

(3)一般情况下，摩擦和接触面的大小无关。

(4)假定螺杆和螺母之间的正压力是作用在平均半径为 r_0 的螺旋线上(见图 9-20)，若忽略各圆柱面上螺旋线升角的差异，当将螺旋的螺纹展开时，有

$$\lambda = \arctan \frac{F}{2\pi r_0} \tag{9-40}$$

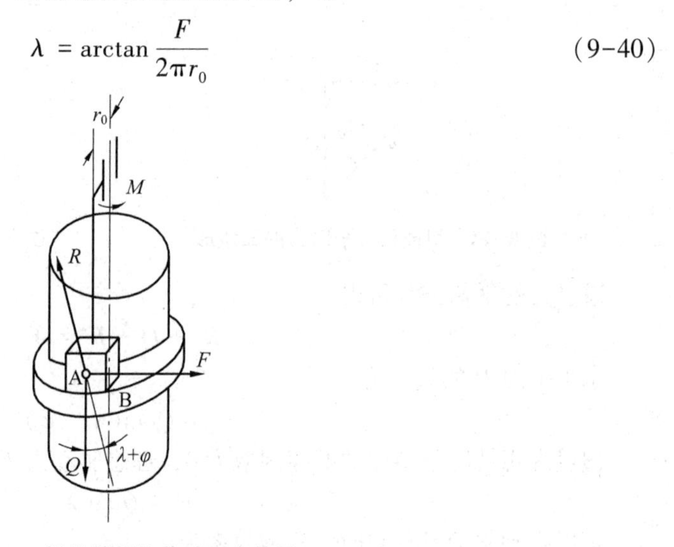

图 9-20 假设的螺旋传动受力简图

1. 矩形螺纹

根据以上 4 个假设，矩形螺纹中螺母 A 沿轴线移动的方向与 Q 的方向相反(拧紧螺母时)，可以将螺旋传动转变为滑块上升(即正行程)时的情形，如图 9-21 所示。

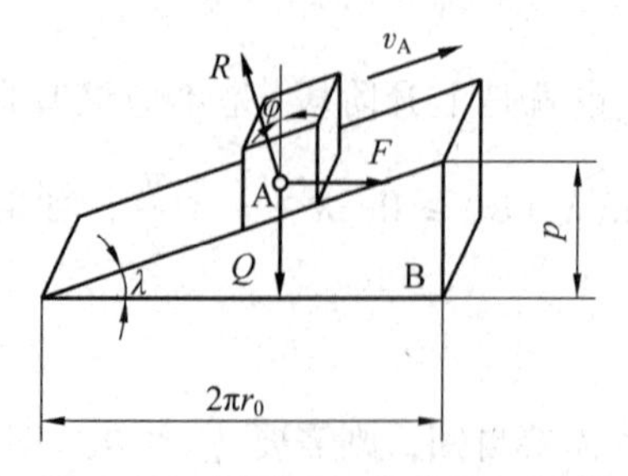

图 9-21 斜面正行程时受力分析

水平推力 F 的大小为

$$F = Q\tan(\lambda + \varphi) \tag{9-41}$$

可以得到斜面正行程时的机械效率为

$$\eta = \frac{\tan \lambda}{\tan(\lambda + \varphi)} \tag{9-42}$$

力矩为

$$M = Fr_0 = Qr_0\tan(\lambda + \varphi) \tag{9-43}$$

相反，当螺母 A 沿轴线移动方向与 Q 相同时(拧松螺母)，可以将螺旋传动转变为滑块匀速下降的情形，如图 9-22 所示。

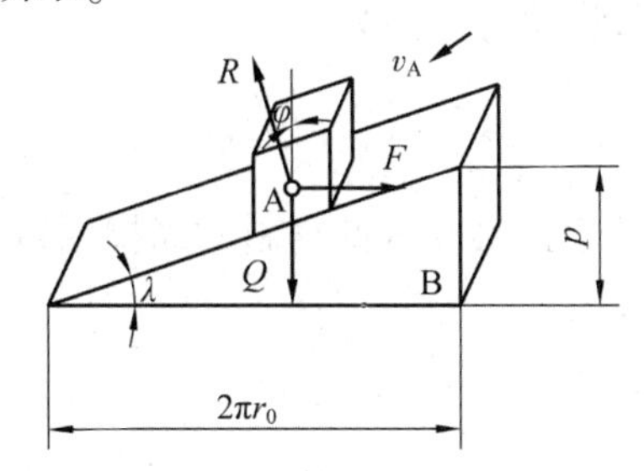

图 9-22　斜面反行程时受力分析

水平推力 F 的大小为

$$F = Q\tan(\lambda - \varphi) \tag{9-44}$$

可以得到斜面反行程时的机械效率为

$$\eta = \frac{\tan(\lambda - \varphi)}{\tan \lambda} \tag{9-45}$$

力矩为

$$M = Fr_0 = Qr_0\tan(\lambda - \varphi) \tag{9-46}$$

同理，可得此时的自锁条件为 $\eta' \leqslant 0$，即 $\lambda \leqslant \varphi$。

2. 三角形螺纹

根据以上 4 个假设，三角形螺纹在进行传动时相当于楔形滑块与楔形槽的作用，如图 9-23 所示。

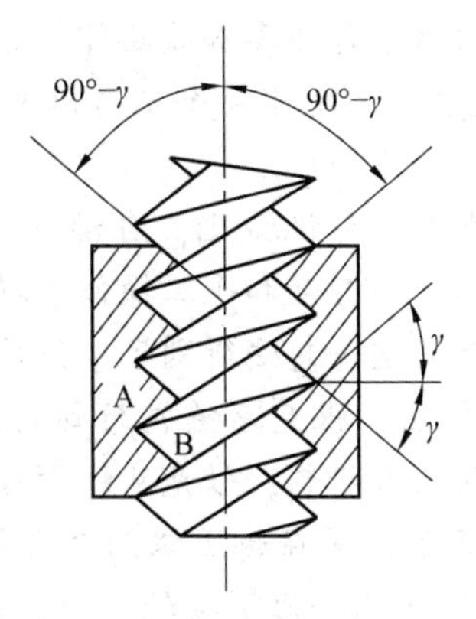

图 9-23　三角形螺纹的受力分析

考虑摩擦角和摩擦因数的关系，并用$f_{\triangle}$代替f，$\varphi_{\triangle}$代替φ，则有

$$\begin{cases} f_{\triangle} = \dfrac{f}{\sin\theta} = \dfrac{f}{\sin(90° - \gamma)} = \dfrac{f}{\cos\gamma} \\ \varphi_{\triangle} = \arctan\left(\dfrac{f}{\cos\gamma}\right) \end{cases} \tag{9-47}$$

式中，$\theta = 90° - \gamma$，γ为三角形螺纹的牙型半角。

套用滑块的机械效率公式，上升时的机械效率和驱动力分别为

$$\eta = \frac{\tan\lambda}{\tan(\lambda + \varphi_{\triangle})},\ F = Q\tan(\lambda + \varphi_{\triangle}) \tag{9-48}$$

同理，下降时的机械效率和驱动力分别为

$$\eta' = \frac{\tan(\lambda - \varphi_{\triangle})}{\tan\lambda},\ F' = Q\tan(\lambda - \varphi_{\triangle}) \tag{9-49}$$

因为当量摩擦因数f_v总是大于接触间的两材料的摩擦因数f，所以三角形螺纹的螺旋传动摩擦大、效率低，容易发生自锁。

知识拓展

电力作业登高“铁鞋”的传奇故事

《我和我的祖国》上映后，获得全国人民的喜爱，其中《前夜》取材于开国大典的升旗仪式。电动旗杆设计安装者林治远为确保升旗仪式万无一失，反复测验并排除一个个问题，最终保障升旗仪式顺利进行。片中爬旗杆用的脚扣又叫登杆“铁鞋”，是淄博的供电工人张克京发明的。

在一些输电线路的检修现场，供电公司的检修人员穿上“铁鞋”，身手敏捷地爬上电线杆开展空中作业。在发明“铁鞋”前，登杆是一件既麻烦又危险的工作。这种既费时又费力局面的改变得益于“铁鞋”的发明。

1957 年，22 岁的张克京被推荐到鲁中供电局淄博供电所工作，成了一名线路工人，当时最让他头疼的是登杆作业。“师傅们爬电杆用的是一种叫‘三角板’的工具，两条绳子系块木板，一步一步挪上去，既危险又费力气，爬一根电杆要二十多分钟。”张克京清晰地记得当年线路工们登杆的艰辛。第一次跟着师傅参加线路作业时看到的情景，让年轻的张克京萌生了改进登杆工具的想法。“我就想，一定要弄个工具出来，让大家登杆不再这么累了，让登杆像走平地一样。”

1960 年，全国掀起了以“机械化、半机械化，自动化、半自动化”为核心的技术革新，国家号召各行各业把工人从笨重的体力劳动和手工操作中解放出来。淄博供电所也成立了创新工作站，鼓励员工创新，张克京的这一想法得到了单位的大力支持。

要实现“登杆就像走平地”的想法，张克京首先想到的是用圆钢，先将圆钢烧红，再用铁锤慢慢砸，弯出弧度。经过不断改进研制，张克京终于打造出了一双爬杆的“铁鞋”。“爬电杆是比较方便了，但缺点是太沉了，穿在脚上像两个大铅块。”对张克京一锤一锤打造出的“铁鞋”，同事试穿后给出了很多意见。为了减轻质量，张克京换成了椭圆形的设计，但是出现了刚上杆“铁鞋”就开裂的现象，这种受力变形的问题存在安全隐患。后来，张克京

把食盐高温加热后熔化成液体，再把钢件放到溶液里，通过这种方法处理后的钢管的硬度和韧性都达到了制作“铁鞋”的要求。改良后的“铁鞋”完全满足了线路工的爬杆需求，承重达到了400 kg。

张克京对“铁鞋”进行过多次设计、改进，“铁鞋”慢慢有了灵活的吸盘，有了能调节伸缩的钢管，脚扣也有了自动松脱功能。爬杆时，工人只需要动一动脚，铁鞋就能自动收紧或松开，“铁鞋”开始大受工人欢迎。

登高作业中使用的脚扣，是一线工人在实际的工作过程中辛勤劳动、不断创新的结晶，不仅可以提高工作效率，还可以保证安全，是大国工匠精神的一种体现。现代大学生的学习条件已经得到非常好的改善，更需要在这种良好的环境中不断创新，追求卓越，在学校学好知识，以便在未来的社会发展中贡献自己的力量。

本章小结

本章主要针对机械中的摩擦进行介绍。摩擦可以分为移动副中的摩擦和转动副中的摩擦，其中移动副中的摩擦又可以分为平面摩擦、槽面摩擦、斜面摩擦、螺旋副中的摩擦等。本章在介绍各种摩擦副的过程中，还对各种摩擦力进行了推导，为进行摩擦力的计算打下基础。

此外，本章还针对机械效率展开讨论，对于串联机械、并联机械、混联机械3种形式下的机械效率的计算公式进行了简要推导。从效率的角度提出机械自锁问题，分析其存在的条件，为设计具有自锁特性的机械奠定了理论基础。

习　题

9-1　在转动副中，无论什么情况，总反力始终与摩擦圆相切，以上论断是否正确？为什么？

9-2　眼镜用的小螺钉(M1×0.25)与其他尺寸螺钉(如M8×1.25)相比，为什么更容易自动松脱？

9-3　针对高铁的高速运行，请问铁轨上“永不松动”的螺栓具体工作原理可能有哪几种？试分析其优缺点。

9-4　自锁机构根本不能运动，这种说法对吗？列举2~3个生活中利用自锁原理的实例。

第十章 机械的运转及其速度波动的调节

10.1 引 言

10.1.1 本章研究的内容及目的

前面在进行机构的运动分析及受力分析时，一般假设原动件做等速运动，但机构原动件的运动规律实际上是由其各构件的质量、转动惯量和作用于其上的驱动力与阻抗力等因素共同决定的。一般情况下，原动件的速度和加速度是随时间变化的，因此为了对机构进行精确的运动分析和力分析，就需要首先确定机构原动件的真实运动规律，这对于高速、高精度、高自动化的机械设计是十分重要的。因此，本章研究的主要问题之一就是在外力作用下机械的真实运动规律。

在一般情况下，机械原动件并非做等速运动，即机械运动有速度波动。这将导致运动副中动压力的增加，引起机械振动，降低机械的寿命、效率和工作质量。因此，应设法将机械运转速度波动的程度限制在许可的范围之内。机械运转速度的波动及其调节的方法，是本章另一个主要研究内容。

10.1.2 机械运转的 3 个阶段

下面介绍机械在其运转过程中各阶段的运动状态，以及作用在机械上的驱动力和阻抗力的情况。

1. 启动阶段

图 10-1 所示为机械原动件的角速度 ω 随时间 t 变化的曲线。在启动阶段，机械原动件的角速度 ω 由零逐渐上升，直至达到正常运转速度为止。在此阶段，因为驱动功 W_d 大于阻抗功 W_r'（$W_r'=W_r+W_f$），所以机械积蓄了动能 E。其功能关系可以表示为

$$W_d=W_r'+E \tag{10-1}$$

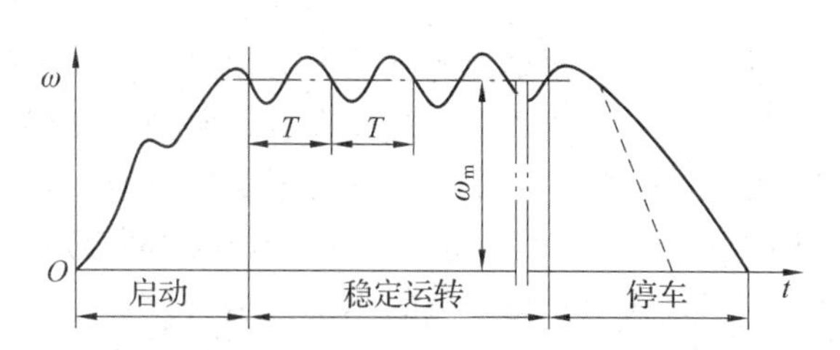

图 10-1　机械原动件的角速度随时间变化的曲线

2. 稳定运转阶段

继启动阶段之后，机械进入稳定运转阶段。在这一阶段中，原动件的平均角速度 ω_m 保持为一常数，而原动件的角速度 ω 通常还会出现周期性波动。就一个周期(机械原动件角速度变化的一个周期称为机械的一个运动循环)而言，机械的总驱动功与总阻抗功是相等的，即

$$W_d = W_r' \tag{10-2}$$

上述这种稳定运转称为周期变速稳定运转，活塞式压缩机等机械的运转情况即属此类。另外一些机械(如鼓风机、风扇等)，其原动件的角速度 ω 在稳定运转过程中恒定不变，即 ω 为一常数，则称之为等速稳定运转。

3. 停车阶段

在机械的停车阶段，驱动功 $W_d = 0$。当阻抗功将机械具有的动能消耗完时，机械便停止运转，其功能关系为

$$E = -W_r' \tag{10-3}$$

在停车阶段，机械上的工作阻力一般也不再作用，为了缩短停车所需的时间，在许多机械上都安装了制动装置。安装制动装置后的停车阶段如图 10-1 中的虚线所示。

启动阶段与停车阶段统称为机械运转的过渡阶段。一些机器对其过渡阶段的工作有特殊要求，如空间飞行器姿态调整要求小推力推进系统响应迅速，发动机的启动、关机等过程要求在几十毫秒内完成，这主要取决于控制系统反应的快慢程度(一般为几毫秒)。另外，一些机器在启动和停车时，为避免产生过大的动应力和振动而影响工作质量或寿命，在控制上采用软启动方式和自然/紧急等多种停车方式，如大型带式运输机(长达数千米甚至数十千米)，在启动时就要控制启动速度、加速度和时间。多数机械是在稳定运转阶段进行工作的，但也有一些机械(如起重机等)的工作过程有相当一部分是在过渡阶段进行的。

10.1.3　作用在机械上的驱动力和生产阻力

在研究上述问题时，必须知道作用在机械上的力及其变化规律。当构件的重力以及运动副中的摩擦力等可以忽略不计时，则作用在机械上的力将只有原动件发出的驱动力和执行构件上所承受的生产阻力，它们随机械的工况和使用的原动件的不同而变化。

各种原动件的作用力(或力矩)与其运动参数(位移、速度)之间的关系称为原动件的机械特性。例如，用重锤作为原动件时，其机械特性为常数[见图 10-2(a)]；用弹簧作为原动件时，其机械特性是位移的线性函数[见图 10-2(b)]；而内燃机的机械特性是位置的函数[见图 10-2(c)]；三相交流异步电动机[见图 10-2(d)]、直流串激电动机[见图 10-2(e)]的机械特性则是角速度的函数。

当用解析法研究机械的运动时，原动件的驱动力必须以解析式表达。为了简化计算，常将原动件的机械特性曲线用简单的代数式来近似地表示。例如，三相交流异步电动机的机械特性曲线[见图 10-2(d)]的 BC 部分是工作段，就常近似地以通过点 N 和点 C 的直线代替。点 N 的转矩 M_N 为电动机的额定转矩，角速度 ω_N 为电动机的额定角速度。点 C 的角速度 ω_0 为同步角速度，转矩为零。该直线上任意一点的驱动力矩 M_d 为

$$M_d = M_N(\omega_0 - \omega)/(\omega_0 - \omega_N) \tag{10-4}$$

式中，M_N、ω_N、ω_0 可由电动机产品目录查出。

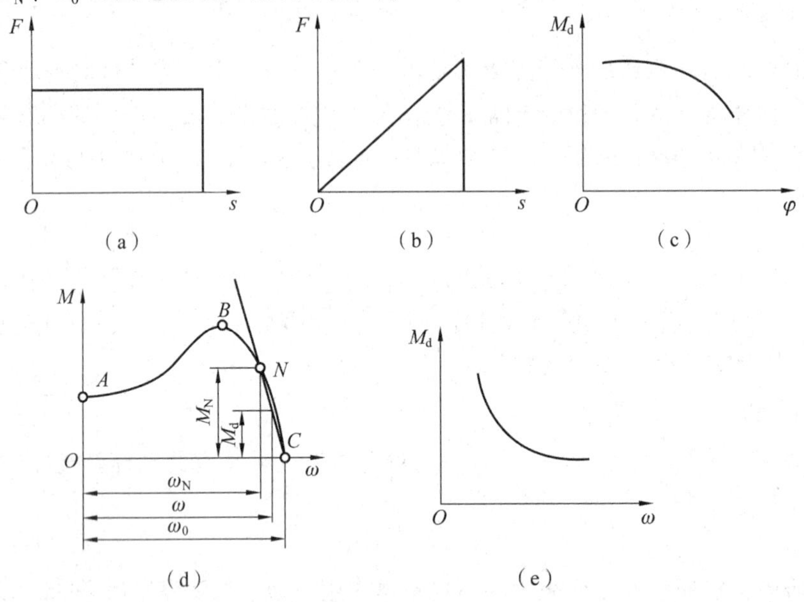

图 10-2　几种原动件的机械特性曲线

(a)重锤驱动；(b)弹簧驱动；(c)内燃机；(d)三相交流异步电动机；(e)直流串激电动机

至于机械执行构件所承受的生产阻力的变化规律，则取决于机械工艺过程的特点，生产阻力可以是常数(起重机、车床等)、执行构件位置的函数(如曲柄压力机、活塞式压缩机等)、执行构件速度的函数(如鼓风机、离心泵等)，或者时间的函数(如揉面机、球磨机等)。

驱动力和生产阻力的确定涉及许多专业知识，已不属于本教材讨论的范围。在本章讨论中，均认为外力是已知的。

10.2　机械的运动方程式

10.2.1　机械运动方程式的一般表达式

研究机械的运转问题时，需要建立作用在机械上的力、构件的质量、转动惯量和其运动参数之间的函数关系，即建立机械的运动方程式。

若机械系统用某一组独立的坐标(参数)就能完全确定系统的运动，则这组坐标称为广义坐标，而完全确定系统运动所需的独立坐标的数目称为系统的自由度。

对于单自由度机械系统，描述它的运动规律只需要一个广义坐标。因此，只需要确定该坐标随时间变化的规律即可。

下面以图 10-3 所示的曲柄滑块机构为例，说明单自由度机械系统的运动方程式的建立方法。

该机构由 3 个活动构件组成。设已知曲柄 1 为原动件，其角速度为 ω_1，质心 S_1 在点 O，其转动惯量为 J_1；连杆 2 的角速度为 ω_2，质量为 m_2，其对质心 S_2 的转动惯量为 J_{S_2}，质心 S_2 的速度为 v_{S_2}；滑块 3 的质量为 m_3，其质心 S_3 在点 B，速度为 v_3，则该机构在 $\mathrm{d}t$ 瞬间的动能增量为

$$\mathrm{d}E=\mathrm{d}\left(\frac{J_1\omega_1^2}{2}+\frac{m_2v_{S_2}^2}{2}+\frac{J_{S_2}\omega_2^2}{2}+\frac{m_3v_3^2}{2}\right)$$

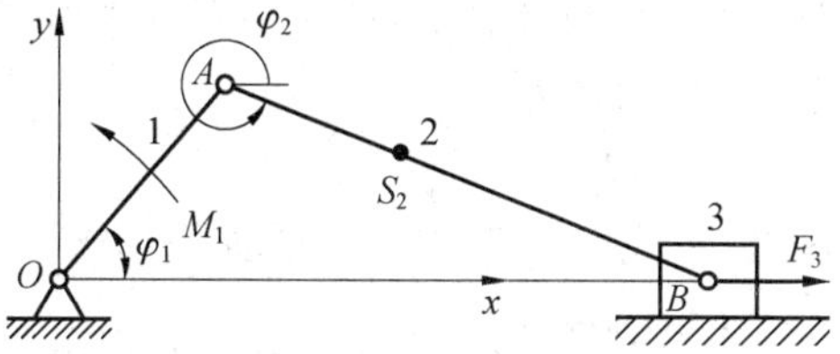

图 10-3　曲柄滑块机构

设在此机构上作用有驱动力矩 M_1 与工作阻力 F_3，在某一瞬间 $\mathrm{d}t$ 所做的功为

$$\mathrm{d}W=(M_1\omega_1-F_3v_3)\mathrm{d}t=P\mathrm{d}t$$

根据动能定理，机械系统在某一瞬间总动能的增量应等于在该瞬间作用于该机械系统的各外力所做的元功之和，于是可得出此曲柄滑块机构的运动方程式为

$$\mathrm{d}\left(\frac{J_1\omega_1^2}{2}+\frac{m_2v_{S_2}^2}{2}+\frac{J_{S_2}\omega_2^2}{2}+\frac{m_3v_3^2}{2}\right)=(M_1\omega_1-F_3v_3)\mathrm{d}t \tag{10-5}$$

同理，如果机械系统由 n 个活动构件组成，作用在构件 i 上的作用力为 F_i，力矩为 M_i，力 F_i 的作用点的速度为 v_i，构件的角速度为 ω_i，则可得出机械运动方程式的一般表达式为

$$\mathrm{d}\left[\sum_{i=1}^{n}\frac{m_iv_{S_i}^2}{2}+\frac{J_{S_i}\omega_i^2}{2}\right]=\left[\sum_{i=1}^{n}(F_iv_i\cos\alpha_i\pm M_i\omega_i)\right]\mathrm{d}t \tag{10-6}$$

式中，α_i 为作用在构件 i 上的外力 F_i 与该力作用点的速度 v_i 间的夹角；而“±”号的选取决定于作用在构件 i 上的力矩 M_i 与该构件的角速度 ω_i 的方向是否相同，相同时取“+”号，反之取“-”号。

在应用式(10-6)时，由于各构件的运动参量均为未知量，不便求解。为了求得简单易解的机械运动方程式，对于单自由度机械系统，可以先将其简化为等效动力学模型，再列出其运动方程式，下面就介绍这种方法。

10.2.2　机械系统的等效动力学模型

仍以图 10-3 所示的曲柄滑块机构为例，该机构为单自由度机械系统，现选曲柄 1 的转角 φ_1 为独立的广义坐标，并将式(10-5)改写为

$$\mathrm{d}\left\{\frac{\omega_1^2}{2}\left[J_1+J_{S_2}\left(\frac{\omega_2}{\omega_1}\right)^2+m_2\left(\frac{v_{S_2}}{\omega_1}\right)^2+m_3\left(\frac{v_3}{\omega_1}\right)^2\right]\right\}=\omega_1\left(M_1-F_3\frac{v_3}{\omega_1}\right)\mathrm{d}t \tag{10-7}$$

又令

$$J_e = J_1 + J_{S_2}\left(\frac{\omega_2}{\omega_1}\right)^2 + m_2\left(\frac{v_{S_2}}{\omega_1}\right)^2 + m_3\left(\frac{v_3}{\omega_1}\right)^2 \tag{10-8}$$

$$M_e = M_1 - F_3\frac{v_3}{\omega_1} \tag{10-9}$$

由式(10－8)可以看出，J_e 具有转动惯量的量纲，故称为等效转动惯量。同时，各速比(ω_2/ω_1、v_{S_2}/ω_1 及 v_3/ω_1)都是广义坐标 φ_1 的函数。因此，等效转动惯量的一般表达式可以写成函数式

$$J_e = J_e(\varphi_1) \tag{10-10}$$

又由式(10-9)可知，M_e 具有力矩的量纲，故称为等效力矩。同理，传动比 v_3/ω_1 也是广义坐标 φ_1 的函数。又因为外力矩 M_1 与外力 F_3 在机械系统中可能是运动参数 φ_1、ω_1 及 t 的函数，所以等效力矩的一般函数表达式为

$$M_e = M_e(\varphi_1,\ \omega_1,\ t) \tag{10-11}$$

根据式(10-8)~式(10-11)，式(10-7)可以写成如下形式

$$\mathrm{d}\left[\frac{J_e(\varphi_1)\omega_1^2}{2}\right] = M_e(\varphi_1,\ \omega_1,\ t)\omega_1\mathrm{d}t \tag{10-12}$$

由上述推导可知，对一个单自由度机械系统运动的研究，可以简化为对该系统中某一个构件(如图 10-3 中的曲柄)运动的研究。但该构件上的转动惯量应等于整个机械系统的等效转动惯量 $J_e(\varphi)$，作用于该构件上的力矩应等于整个机械系统的等效力矩 $M_e(\varphi,\ \omega,\ t)$。这样的假想构件称为等效构件，如图 10-4(a)所示，由此建立的动力学模型称为原机械系统的等效动力学模型。

不难看出，利用等效动力学模型建立的机械运动方程式不仅形式简单，而且求解也将大为简化。

等效构件也可选用移动构件。例如，在图 10-3 中选滑块 3 为等效构件，其广义坐标为滑块的位移 s_3，如图 10-4(b)所示，则式(10-5)可改写为

$$\mathrm{d}\left\{\frac{v_3^2}{2}\left[J_1\left(\frac{\omega_1}{v_3}\right)^2 + m_2\left(\frac{v_{S_2}}{v_3}\right)^2 + J_{S_2}\left(\frac{\omega_2}{v_3}\right)^2 + m_3\right]\right\} = v_3\left(M_1\frac{\omega_1}{v_3} - F_3\right)\mathrm{d}t \tag{10-13}$$

式(10-13)左端方括号内的量具有质量的量纲，以 m_e 表示，即令

$$m_e = J_1\left(\frac{\omega_1}{v_3}\right)^2 + m_2\left(\frac{v_{S_2}}{v_3}\right)^2 + J_{S_2}\left(\frac{\omega_2}{v_3}\right)^2 + m_3 \tag{10-14}$$

而式(10-13)右端括号内的量具有力的量纲，以 F_e 表示，即令

$$F_e = M_1\frac{\omega_1}{v_3} - F_3 \tag{10-15}$$

于是，可得以滑块 3 为等效构件时所建立的运动方程式为

$$\mathrm{d}\left(\frac{m_e(s_3)v_3^2}{2}\right) = F_e(s_3,\ v_3,\ t)v_3\mathrm{d}t \tag{10-16}$$

式中，m_e 称为等效质量；F_e 称为等效力。

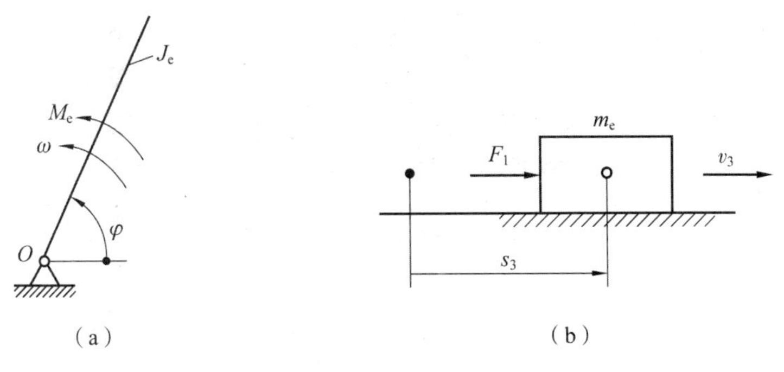

图 10-4　等效构件

综上所述，如果取转动构件为等效构件，则其等效转动惯量的一般计算公式为

$$J_e=\sum_{i=1}^{n}\left[m_i\left(\frac{v_{S_i}}{\omega}\right)^2+J_{S_i}\left(\frac{\omega_i}{\omega}\right)^2\right] \tag{10-17}$$

等效力矩的一般计算公式为

$$M_e=\sum_{i=1}^{n}\left[F_i\cos\alpha_i\left(\frac{v_i}{\omega}\right)\pm M_i\left(\frac{\omega_i}{\omega}\right)\right] \tag{10-18}$$

同理，当取移动构件为等效构件时，其等效质量和等效力的一般计算公式可分别表示为

$$m_e=\sum_{i=1}^{n}\left[m_i\left(\frac{v_{S_i}}{v}\right)^2+J_{S_i}\left(\frac{\omega_i}{v}\right)^2\right] \tag{10-19}$$

$$F_e=\sum_{i=1}^{n}\left[F_i\cos\alpha_i\left(\frac{v_i}{v}\right)\pm M_i\left(\frac{\omega_i}{v}\right)\right] \tag{10-20}$$

从以上公式可以看出，各等效量仅与构件间的速比有关，而与构件的真实速度无关，故可在不知道构件真实运动的情况下求出。

例 10-1　图 10-5 所示为齿轮-连杆机构。设已知齿轮 1 的齿数 $z_1=20$，转动惯量为 J_1，角速度为 ω_1；齿轮 2 的齿数为 $z_2=60$，角速度为 ω_2，它与曲柄 2′的质心在点 B，其对 B 轴的转动惯量为 J_2，曲柄长为 l；滑块 3 和构件 4 的质量分别为 m_3、m_4，速度分别为 v_3、v_4，其质心分别在点 C、D。在齿轮 1 上作用有驱动力矩 M_1，在构件 4 上作用有阻抗力 F_4，现取曲柄为等效构件，试求在图示位置时的 J_e 及 M_e。

解：根据式(10-17)，有

$$J_e=J_1\left(\frac{\omega_1}{\omega_2}\right)^2+J_2+m_3\left(\frac{v_3}{\omega_2}\right)^2+m_4\left(\frac{v_4}{\omega_2}\right)^2$$

而由速度分析[见图 10-5(b)]可知

$$v_3=v_C=\omega_2 l$$
$$v_4=v_C\sin\varphi_2=\omega_2 l\sin\varphi_2$$

故

$$\begin{aligned}J_e&=J_1\left(\frac{z_2}{z_1}\right)^2+J_2+m_3\left(\frac{\omega_2 l}{\omega_2}\right)^2+m_4\left(\frac{\omega_2 l\sin\varphi_2}{\omega_2}\right)^2\\&=9J_1+J_2+m_3l^2+m_4l^2\sin^2\varphi_2\end{aligned}$$

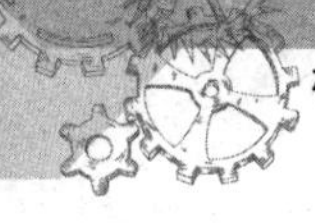

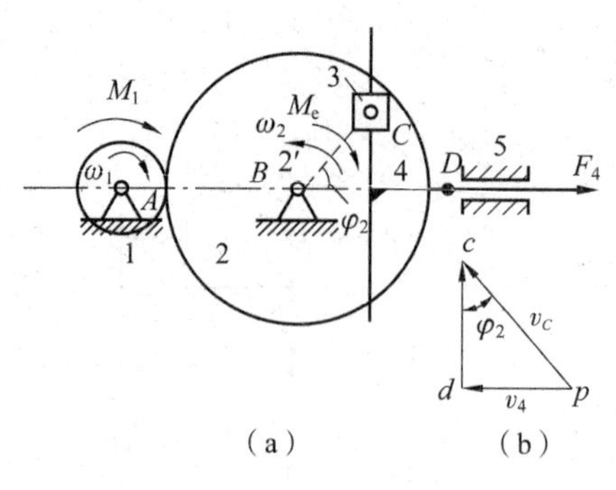

图 10-5　齿轮-连杆机构

根据式(10-18)有

$$M_e = M_1\left(\frac{\omega_1}{\omega_2}\right) + F_4\left(\frac{v_4}{\omega_2}\right)\cos 180°$$

$$= M_1\left(\frac{z_2}{z_1}\right) - F_4\left(\frac{\omega_2 l\sin\varphi_2}{\omega_2}\right) = 3M_1 - F_4 l\sin\varphi_2$$

由上式可见，等效转动惯量是由常量和变量两部分组成的。由于在一般机械中速比为变量的活动构件在其构件的总数中占比例较小，又由于这类构件通常出现在机械系统的低速端，其等效转动惯量较小，因此为了简化计算，常将等效转动惯量中的变量部分以其平均值近似代替，或将其忽略不计。

10.2.3　运动方程式的推演

前面推导的机械运动方程式(10-12)和式(10-16)为能量微分形式的运动方程式。为了便于对某些问题求解，尚需求出用其他形式表达的运动方程式，为此将式(10-12)简写为

$$\mathrm{d}\left(\frac{J_e\omega^2}{2}\right) = M_e\omega\mathrm{d}t = M_e\mathrm{d}\varphi \tag{10-21}$$

再将式(10-21)改写为

$$\frac{\mathrm{d}\left(\frac{J_e\omega^2}{2}\right)}{\mathrm{d}\varphi} = M_e$$

即

$$J_e\frac{\mathrm{d}\left(\frac{\omega^2}{2}\right)}{\mathrm{d}\varphi} + \frac{\omega^2}{2}\frac{\mathrm{d}J_e}{\mathrm{d}\varphi} = M_e \tag{10-22}$$

式中，$\frac{\mathrm{d}\left(\frac{\omega^2}{2}\right)}{\mathrm{d}\varphi} = \frac{\mathrm{d}\left(\frac{\omega^2}{2}\right)}{\mathrm{d}t}\frac{\mathrm{d}t}{\mathrm{d}\varphi} = \omega\frac{\mathrm{d}\omega}{\mathrm{d}t}\frac{1}{\omega} = \frac{\mathrm{d}\omega}{\mathrm{d}t}$。

将其代入式(10-22)中，可得力矩形式的机械运动方程式

$$J_e\frac{\mathrm{d}\omega}{\mathrm{d}t} + \frac{\omega^2}{2}\frac{\mathrm{d}J_e}{\mathrm{d}\varphi} = M_e \tag{10-23}$$

此外，将式(10-21)对 φ 进行积分，还可得到动能形式的机械运动方程式

$$\frac{1}{2}J_e\omega^2 - \frac{1}{2}J_{e0}\omega_0^2 = \int_{\varphi_0}^{\varphi} M_e \mathrm{d}\varphi \tag{10-24}$$

式中，φ_0 为 φ 的初始值，$J_{e0}=J_e(\varphi_0)$，$\omega_0=\omega(\varphi_0)$。当选用移动构件为等效构件时，其运动方程式为

$$m_e\frac{\mathrm{d}v}{\mathrm{d}t}+\frac{v^2}{2}\frac{\mathrm{d}m_e}{\mathrm{d}s}=F_e \tag{10-25}$$

$$\frac{1}{2}m_e v^2 - \frac{1}{2}m_{e0}v_0^2 = \int_{s_0}^{s} F_e \mathrm{d}s \tag{10-26}$$

式中，m_{e0} 为等效质量的初始值；v_0 为等效构件的初始速度；s_0 为位移 s 的初始值。

因为选回转构件为等效构件时，计算各等效参量比较方便，并且求得其真实运动规律后，也便于计算机械中其他构件的运动规律，所以常选用回转构件为等效构件。但当在机构中作用有随速度变化的一个力或力偶时，最好选这个力或力偶所作用的构件为等效构件，以利于方程的求解。

10.2.4 等效转动惯量及其导数的计算方法

等效转动惯量是影响机械系统动态性能的一个重要因素，为了获得机械真实的运动规律，就需准确计算系统的等效转动惯量。由式(10-17)可知，等效转动惯量与构件自身的转动惯量以及各构件与等效构件的速比有关。

对于形状规则的构件，可以用理论方法计算其转动惯量，而对于形状复杂或不规则的构件，其转动惯量可借助试验方法测定。对于具有变速比的机构，其速比往往是机构位置的函数，因此要写出等效转动惯量的表达式可能是极为烦琐的工作。同时，若采用力矩形式的机械运动方程式(10-23)，还需求出等效转动惯量的导数。

但在用数值法求解运动方程式时，不一定需要知道等效转动惯量 J_e 和等效转动惯量的导数 $\frac{\mathrm{d}J_e}{\mathrm{d}\varphi}$ 的表达式，而只需确定在一个循环内若干离散位置上的数值即可。这对于运用计算机进行机构运动分析是容易实现的。在运动分析中，机构任意点的速度、加速度矢量常常是用其 x、y 方向上的两个分量表示的。因此，等效转动惯量表达式可写为

$$J_e=\sum_{j=1}^{n}\left[m_j\frac{v_{S_jx}^2+v_{S_jy}^2}{\omega^2}+J_j\left(\frac{\omega_j}{\omega}\right)^2\right] \tag{10-27}$$

将式(10-27)对 φ 求导可得

$$\frac{\mathrm{d}J_e}{\mathrm{d}\varphi}=\frac{2}{\omega^3}\sum_{j=1}^{n}\left[m_j(v_{S_jx}a_{S_jx}+v_{S_jy}a_{S_jy})+J_j\omega_j\alpha_j\right] \tag{10-28}$$

式中，m_j、ω_j 和 α_j 分别为构件 j 的质量、角速度和角加速度；v_{S_jx}、v_{S_jy} 分别为构件 j 的质心在 x、y 方向上的速度分量；a_{S_jx}、a_{S_jy} 分别为构件 j 的质心在 x、y 方向上的加速度分量。

对机构各位置进行运动分析，可求得各位置的等效转动惯量及其导数。

10.2.5 多自由度机械系统的动力学建模简介

前面讨论的单自由度机械系统的动力学建模，适用于绝大多数的一般机械系统。但现代自动化控制的机械系统，尤其是机器人机械系统，往往是多自由度的机械系统，它需要多个

电动机驱动和协调控制来完成各种工作。因此，对于多自由度机械系统，描述其运动(即完全确定系统的运动)需给定一组独立运动参数，即机械系统的独立广义坐标数目应等于其机构的自由度 F。而在多自由度机械系统的运动方程式建模中，一般不考虑系统中各构件的重力和各运动副中的摩擦力，但为了方便求解，避免求解运动副反力，故系统的运动方程式建模方法通常仍需采用能量法。目前较普遍使用的动力学建模能量法为拉格朗日方程法。由于拉格朗日方程法是理想约束下的机械系统的动力学普遍方程，故下面对该方法做简要介绍。

设有某一自由度为 F 的机械系统，其运动构件数为 n，取此机械系统的各原动件的位移(角位移为 θ，线位移为 s)为该系统的独立广义坐标 $q_j(j=1, 2, \cdots, m)$，其中 m 为系统的广义坐标数，且 $m=F$。此时，机械系统的广义速度则为 $\dot{q}_j$。由理论力学知识可知，该多自由度机械系统的运动方程式可用拉格朗日方程表达为

$$\frac{\mathrm{d}}{\mathrm{d}t}\left(\frac{\partial L}{\partial \dot{q}_j}\right)-\frac{\partial L}{\partial q_j}=Q_j(j=1, 2, \cdots, m) \tag{10-29}$$

式中，L 为拉格朗日函数，其等于该机械系统的动能 E 与势能 U 之差，即 $L=E-U$；而 Q_j 为对应于该系统广义坐标 q_j 的广义力。

采用拉格朗日方程法建立多自由度机械系统的运动方程式的一般步骤如下：首先应确定该系统的广义坐标 $q_j(j=1, 2, \cdots, m)$，并分析系统各运动构件的角位移 θ_i（第 i 个构件的角位移，$i=1, 2, \cdots, m$)、角速度 ω_i、质心 S_i 的坐标 x_{S_i} 和 y_{S_i}，以及速度 v_{S_i} 的分量 $\dot{x}_{S_i}$ 和 $\dot{y}_{S_i}$，给出它们关于独立广义坐标 q_i 的表达式；然后按机械系统已知的各构件的质量 m_i、转动惯量 J_i 和所求得的质心速度 v_{S_i}、角速度 ω_i，列出该系统的动能 E、势能 U 及广义力 Q_j 的表达式；最后代入式(10-29)，即可得该多自由度机械系统的运动方程式。不过，这是一组关于独立广义坐标 q_j 的 m 阶非线性微分方程组，此类方程难以利用解析法得到显式解，一般需采用数值法近似求解。下面以一个仅有二自由度的机械系统为例，说明多自由度机械系统的运动方程式建立的方法。

10.3 机械运动方程式的求解

由于等效力矩(或等效力)可能是位置、速度或时间的函数，而且它可以用函数、数值表格或曲线等形式给出，因此求解运动方程式的方法也不尽相同。下面就几种常见的情况，对解析法和数值法加以简要介绍。

10.3.1 等效转动惯量和等效力矩均为位置的函数

用内燃机驱动活塞式压缩机的机械系统就属于这种情况。此时，内燃机给出的驱动力矩 M_d 和压缩机所受到的阻抗力矩 M_r 都可视为位置的函数，故等效力矩 M_e 也是位置的函数，即 $M_\mathrm{e}=M_\mathrm{e}(\varphi)$。在此情况下，如果等效力矩的函数形式 $M_\mathrm{e}=M_\mathrm{e}(\varphi)$ 可以积分，且其边界条件已知，即当 $t=t_0$ 时，$\varphi=\varphi_0$、$\omega=\omega_0$、$J_\mathrm{e}=J_{\mathrm{e}0}$，则由式(10-24)可得

$$\frac{1}{2}J_\mathrm{e}(\varphi)\omega^2(\varphi)=\frac{1}{2}J_{\mathrm{e}0}\omega_0^2+\int_{\varphi_0}^{\varphi}M_\mathrm{e}(\varphi)\mathrm{d}\varphi$$

从而可求得

$$\omega=\sqrt{\frac{J_{e0}}{J_e(\varphi)}\omega_0^2+\frac{2}{J_e(\varphi)}\int_{\varphi_0}^{\varphi}M_e(\varphi)\mathrm{d}\varphi} \tag{10-30}$$

等效构件的角加速度 α 为

$$\alpha=\frac{\mathrm{d}\omega}{\mathrm{d}t}=\frac{\mathrm{d}\omega}{\mathrm{d}\varphi}\frac{\mathrm{d}\varphi}{\mathrm{d}t}=\frac{\mathrm{d}\omega}{\mathrm{d}\varphi}\omega \tag{10-31}$$

有时，为了进行初步估算，可以近似假设等效力矩 M_e 为一常数，等效转动惯量 J_e 也为一常数。在这种情况下，式(10-23)可简化为

$$J_e\frac{\mathrm{d}\omega}{\mathrm{d}t}=M_e$$

即

$$\alpha=\frac{\mathrm{d}\omega}{\mathrm{d}t}=\frac{M_e}{J_e} \tag{10-32}$$

将式(10-32)积分可得

$$\omega=\omega_0+\alpha t \tag{10-33}$$

若 $M_e(\varphi)$ 是以线图或表格形式给出的，则只能用数值积分法求解。

10.3.2　等效转动惯量是常数，等效力矩是速度的函数

由电动机驱动的鼓风机、搅拌机等的机械系统就属于这种情况。对于这类机械，应用式(10-23)来求解是比较方便的。由于

$$M_e(\omega)=M_{ed}(\omega)-M_{er}(\omega)=\frac{J_e\mathrm{d}\omega}{\mathrm{d}t}$$

将式中的变量分离后，得

$$\mathrm{d}t=J_e\frac{\mathrm{d}\omega}{M_e(\omega)}$$

积分可得

$$t=t_0+J_e\int_{\omega_0}^{\omega}\frac{\mathrm{d}\omega}{M_e(\omega)} \tag{10-34}$$

解出 $\omega=\omega(t)$ 后，即可求得角加速度 $\alpha=\frac{\mathrm{d}\omega}{\mathrm{d}t}$。欲求 $\varphi=\varphi(t)$ 时，可利用以下关系式

$$\varphi=\varphi_0+\int_{t_0}^{t}\omega(t)\mathrm{d}t \tag{10-35}$$

例 10-2　设某机械的原动件为直流并激电动机，其机械特性曲线可以近似用直线表示[见图 10-6(a)]，当取电动机轴为等效构件时，等效驱动力矩为

$$M_{ed}=M_0-b\omega$$

式中，M_0 为启动转矩；b 为一常数。又设该机械的等效阻力矩 M_{er} 和等效转动惯量 J_e 均为常数，试求该机械能运动规律。

解： 该机械工作时等速稳定运转，此时电动机轴的角速度 ω_s[见图 10-6(a)]是容易求得的。此时

$$M_{ed}=M_0-b\omega_s=M_{er}$$

于是得

$$\omega_s=\frac{M_0-M_{er}}{b}$$

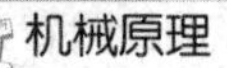

对于这类机械，确定运动规律的主要目的是探讨它的启动过程。由上式可知

$$b=\frac{M_0-M_{er}}{\omega_s}$$

于是，等效力矩 M_e 可写为

$$M_e=M_{ed}-M_{er}=M_0-(M_0-M_{er})\frac{\omega}{\omega_s}-M_{er}$$

$$=(M_0-M_{er})\left(1-\frac{\omega}{\omega_s}\right)$$

代入式(10-34)得

$$t=\frac{J_e}{M_0-M_{er}}\int_0^{\infty}\frac{\mathrm{d}\omega}{1-\frac{\omega}{\omega_s}}=\frac{-J_e\omega_s}{M_0-M_{er}}\int_0^{\omega}\frac{\mathrm{d}\left(1-\frac{\omega}{\omega_s}\right)}{1-\frac{\omega}{\omega_s}}$$

$$=\frac{-J_e\omega_s}{M_0-M_{er}}\ln\left(1-\frac{\omega}{\omega_s}\right)$$

将上式改写为

$$\ln\left(1-\frac{\omega}{\omega_s}\right)=\frac{-(M_0-M_{er})t}{J_e\omega_s}$$

可解得

$$\omega=\omega_s\left\{1-\exp\left[\frac{-(M_0-M_{er})t}{J_e\omega_s}\right]\right\}$$

由上式可知，当 $t\to\infty$ 时，$\omega=\omega_s$，即机械由启动到稳定运转（$\omega=\omega_s$）是一个无限趋近的过程，如图 10-6(b)所示。为了估算这类机械启动时间的长短，通常给定比值 $\frac{\omega}{\omega_s}=0.95$，当 $\frac{\omega}{\omega_s}$ 达到该数值时，就认为机械已进入稳定运转阶段，并据此计算机械的启动时间 t_s，即

$$t_s\approx\frac{3J_e\omega_s}{M_0-M_{er}}$$

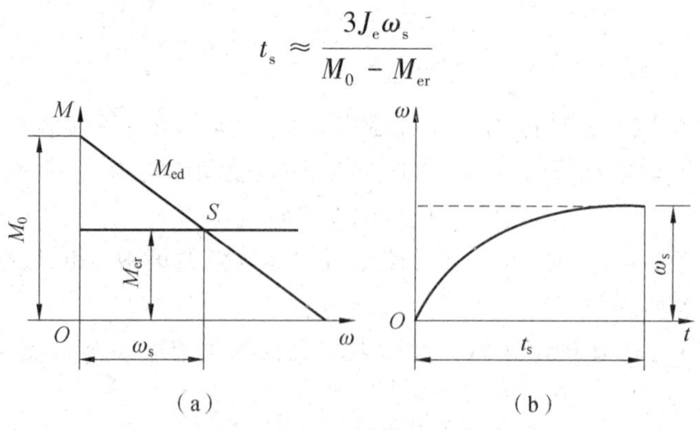

图 10-6 某机械的启动过程

可求得启动过程电动机轴的角加速度为

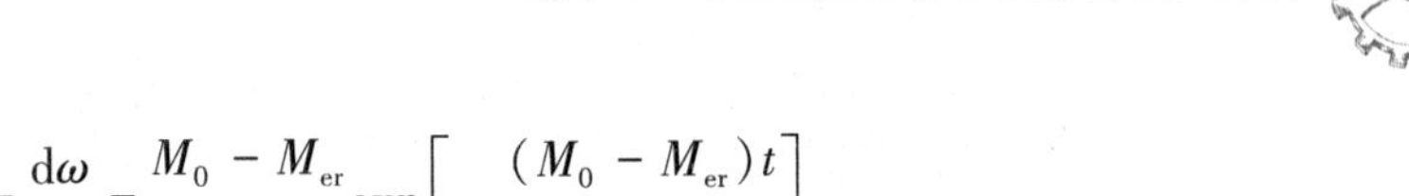

$$\alpha = \frac{d\omega}{dt} = \frac{M_0 - M_{er}}{J_e}\exp\left[-\frac{(M_0 - M_{er})t}{J_e\omega_s}\right]$$

10.3.3　等效转动惯量是位置的函数，等效力矩是位置和速度的函数

用电动机驱动的刨床、冲床等的机械系统属于这种情况。其中含有速比不等于常数的机构，故其等效转动惯量是变量。

这类机械的运动方程式根据式(10-12)可列为

$$d\left[\frac{J_e(\varphi)\omega^2}{2}\right] = M_e(\varphi, \omega)d\varphi$$

这是一个非线性微分方程，若变量 ω、φ 无法分离，则不能用解析法求解，而只能采用数值法求解。下面介绍一种简单的数值法——差分法。为此，将上式改写为

$$d\left[\frac{J_e(\varphi)\omega^2}{2}\right] + J_e(\varphi)\omega d\omega = M_e(\varphi, \omega)d\varphi \tag{10-36}$$

将转角 φ 等分为 n 个微小的转角 $\Delta\varphi = \varphi_{i+1} - \varphi_i$ ($i=0, 1, 2, \cdots, n$)，如图 10-7 所示，当 $\varphi = \varphi_i$ 时，等效转动惯量 $J_e(\varphi)$ 的微分 dJ_{ei} 可以用增量 $\Delta J_{ei} = J_{e\varphi(i+1)} - J_{e\varphi i}$ 来近似地代替，并简写成 $\Delta J_i = J_{i+1} - J_i$。同样，当 $\varphi = \varphi_i$ 时，角速度 $\omega(\varphi)$ 的微分 $d\omega_i$ 可以用增量 $\Delta\omega_i = \omega_{\varphi(i+1)} - \omega_{\varphi i}$ 来近似地代替，并简写为 $\Delta\omega_i = \omega_{i+1} - \omega_i$。于是，当 $\varphi = \varphi_i$ 时，式(10-36)可写为

$$\frac{(J_{i+1} - J_i)\omega_i^2}{2} + J_i\omega_i(\omega_{i+1} - \omega_i) = M_e(\varphi_i, \omega_i)\Delta\varphi$$

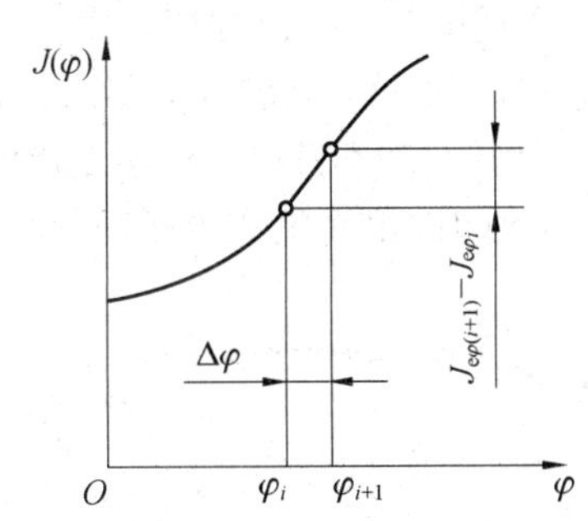

图 10-7　差分法

解出 ω_{i+1} 得

$$\omega_{i+1} = \frac{M_e(\varphi_i, \omega_i)\Delta\varphi}{J_i\omega_i} + \frac{3J_i - J_{i+1}}{2J_i}\omega_i \tag{10-37}$$

式(10-37)可用计算机方便地求解。

例 10-3　设有一台由电动机驱动的牛头刨床，当取主轴为等效构件时，其等效力矩 $M_e = 5\,500 - 1\,000\omega - M_{er}$(N·m)，其等效转动惯量 J_e 与等效阻抗力矩 M_{er} 的值列于表 10-1 中，试分析该机械在转时的运动情况。

解： 由所给数据可知，该机械的周期角 $\varphi_T = 360°$。现自序号 $i = 0$ 开始，按式(10-37)进行迭代计算。

由于对应 φ_0 的 ω_0 为未知量，通常可按照机械的平均角速度来试选初始角速度。设当 $i_0 = 0$ 时，$t_0 = 0$，$\varphi = \varphi_0 = 0$，$\omega = \omega' = 5$ rad/s，又取步长 $\Delta\varphi = 15° = 0.261\,8$ rad，则当 $i_1 = 1$

时，由式(10-36)及表10-1可知

$$\omega_1'=\frac{(5\ 500-1\ 000\times 5-789)\times 0.261\ 8}{34.0\times 5}\text{rad/s}+\frac{3\times 34.0-33.9}{2\times 34.0}\times 5\text{ rad/s}\approx 4.56\text{ rad/s}$$

而当 $i_2=2$ 时，由 ω_1' 的计算结果可求出

$$\omega_2'=\frac{(5\ 500-1\ 000\times 4.56-812)\times 0.261\ 8}{33.9\times 4.56}\text{rad/s}+\frac{3\times 33.9-33.6}{2\times 33.9}\times 4.56\text{ rad/s}\approx 4.80\text{ rad/s}$$

同理，可求得当 i 为3，4，5，… 时的 ω_3'，ω_4'，ω_5'，… 其结果列于表10-1中。

表10-1　例10-3计算结果

i	$\varphi/(°)$	$J_e(\varphi)/(\text{kg}\cdot\text{m}^2)$	$M_{er}(\varphi)/(\text{N}\cdot\text{m})$	$\omega'/(\text{rad}\cdot\text{s}^{-1})$	$\omega''/(\text{rad}\cdot\text{s}^{-1})$
0	0	34.0	789	5.00	4.81
1	15	33.9	812	4.56	4.66
2	30	33.6	825	4.80	4.73
3	45	33.1	797	4.64	4.67
⋮	⋮	⋮	⋮	⋮	⋮
21	315	33.1	803	4.39	4.39
22	330	33.6	818	4.91	4.91
23	345	33.9	802	4.52	4.52
24	360	34.0	789	4.81	4.81

由表10-1中数据可以看出，根据试取的角速度初始值 ω_0 进行计算，主轴回转一周后 ω_{24}' 并不等于 ω_0，这说明机械尚未进入周期性稳定运转。只要以 ω_{24}' 作为 ω_0 的新的初始值再继续计算下去，数周后机械即可进入稳定运转。在本例中，在第二周时，因 $\omega_{24}'=\omega_{24}''=4.81$ rad/s，即已进入稳定运转阶段。这时，等效构件角速度的变化规律如图10-8所示。

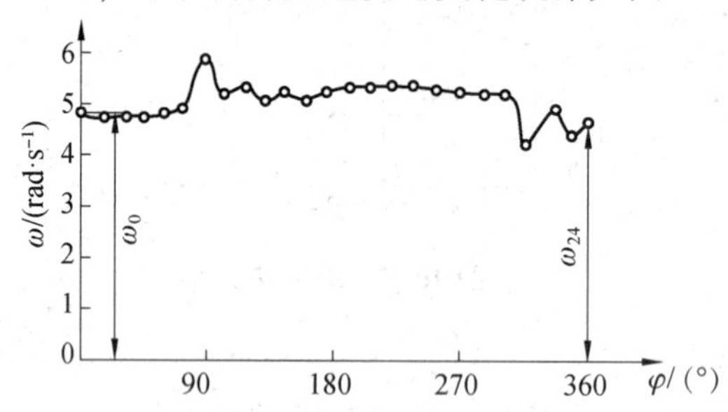

图10-8　等效构件角速度的变化规律

在上述单自由度机械系统中只有一个原动件，因此可以用一个等效构件来代表原机械系统的运动。但是，这种方法在多自由度机械系统中不再适用。

对于自由度数目为 N 的机械系统，可利用拉格朗日方程研究其真实运动规律，其表达式为

$$\frac{\mathrm{d}}{\mathrm{d}t}\left(\frac{\partial E}{\partial \dot{q}_i}\right)-\frac{\partial E}{\partial q_i}+\frac{\partial U}{\partial q_i}=F_{ei}(i=1,2,\cdots,N) \tag{10-38}$$

式中，E、U 分别为系统的动能、势能；q_i 为系统的广义坐标；$\dot{q}_i$ 为系统的广义速度；F_{ei} 为与 q_i 相对应的广义力；N 为系统的广义坐标数。

利用拉格朗日方程进行机械系统的动力学分析，首先应确定系统的广义坐标，然后列出

系统的动能、势能及广义力的表达式，代入式(10-38)即可获得系统的动力学方程。由此获得的动力学方程一般为非线性微分方程，需用数值法近似求解。

10.4　稳定运转状态下机械的周期性速度波动及其调节

10.4.1　产生周期性速度波动的原因

作用在机械上的等效驱动力矩和等效阻抗力矩即使在稳定运转状态下，往往也是等效构件转角 φ 的周期性函数，如图 10-9(a)所示。设在某一时段内其所做的驱动功和阻抗功为

$$W_{\mathrm{d}}(\varphi)=\int_{\varphi_a}^{\varphi}M_{\mathrm{ed}}(\varphi)\,\mathrm{d}\varphi \tag{10-39}$$

$$W_{\mathrm{r}}(\varphi)=\int_{\varphi_a}^{\varphi}M_{\mathrm{er}}(\varphi)\,\mathrm{d}\varphi \tag{10-40}$$

则机械动能的增量为

$$\begin{aligned}\Delta E&=W_{\mathrm{d}}(\varphi)-W_{\mathrm{r}}(\varphi)=\int_{\varphi_a}^{\varphi}[M_{\mathrm{ed}}(\varphi)-M_{\mathrm{er}}(\varphi)]\,\mathrm{d}\varphi\\&=\frac{J_{\mathrm{e}}(\varphi)\omega^2(\varphi)}{2}-\frac{J_{\mathrm{e}a}\omega_a^2}{2}\end{aligned} \tag{10-41}$$

其机械动能 $E(\varphi)$ 的变化曲线如图 10-9(b)所示，该运动周期的能量指示图如图 10-9(c)所示。

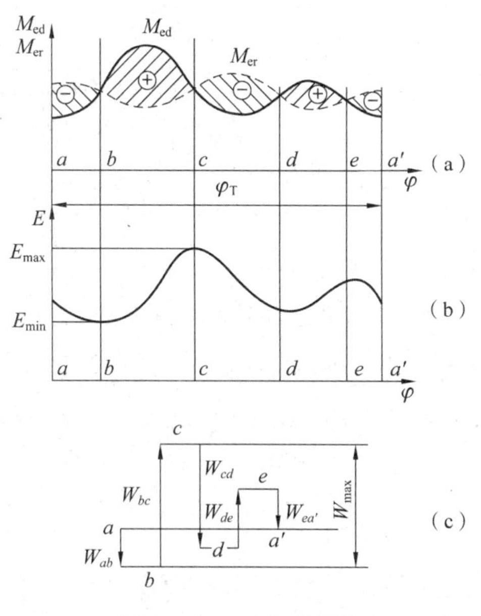

图 10-9　一个运动周期

分析图 10-9(a)中 bc 段曲线的变化可以看出，由于力矩 $M_{\mathrm{ed}}>M_{\mathrm{er}}$，因此机械的驱动功大于阻抗功，多余出来的功在图中以“+”号标识，称为盈功。在这一阶段，等效构件的角速度由于动能的增加而上升。反之，在 cd 段，由于 $M_{\mathrm{ed}}<M_{\mathrm{er}}$，因此驱动功小于阻抗功，不足

的功在图中以“-”号标识，称为亏功。在这一阶段，等效构件的角速度由于动能减少而下降。如果在等效力矩 M_e 和等效转动惯量 J_e 变化的公共周期内，即图中对应于等效构件转角由 φ_a 到 $\varphi_{a'}$ 的一段，驱动功等于阻抗功，机械动能的增量等于零，即

$$\int_{\varphi_a}^{\varphi_{a'}}(M_{ed}-M_{er})\mathrm{d}\varphi=\frac{J_{ea}\omega_{a'}^2}{2}-\frac{J_{ea}\omega_a^2}{2}=0 \tag{10-42}$$

于是，经过等效力矩与等效转动惯量变化的一个公共周期，机械的动能、等效构件的角速度都将恢复到原来的数值。可见，等效构件的角速度在稳定运转过程中将呈现周期性的波动。

10.4.2 周期性速度波动的调节

如前所述，机械运转的速度波动对机械的工作是不利的，它不仅影响机械的工作质量，也会影响机械的效率和寿命，因此必须设法加以控制和调节，将其限制在许可的范围之内。

1. 平均角速度 ω_m 和速度不均匀系数 δ

为了对机械稳定运转过程中出现的周期性速度波动进行分析，下面介绍衡量速度波动程度的几个参数。

图 10-10 所示为一个周期内等效构件角速度的变化曲线，其平均角速度 ω_m 在工程实际中常用算术平均值来表示，即

$$\omega_m=\frac{\omega_{max}+\omega_{min}}{2} \tag{10-43}$$

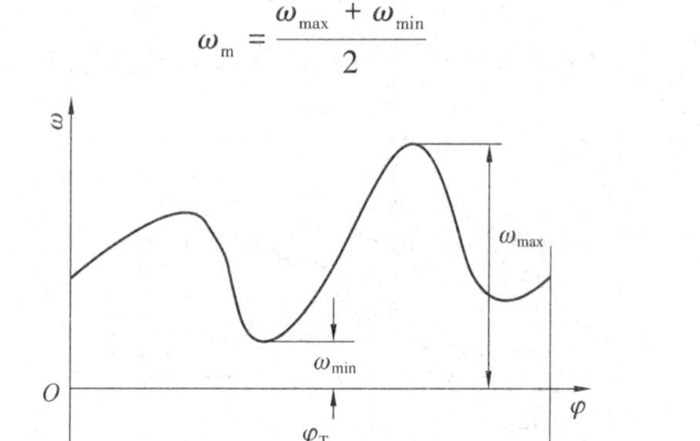

图 10-10 一个周期内等效构件角速度的变化曲线

机械速度波动的程度不仅与速度变化的幅度 $\omega_{max}-\omega_{min}$ 有关，也与平均角速度 ω_m 的大小有关。综合考虑这两方面的因素，用速度不均匀系数 δ 来表示机械速度波动的程度，其定义为角速度波动的幅度 $\omega_{max}-\omega_{min}$ 与平均角速度 ω_m 之比，即

$$\delta=\frac{\omega_{max}-\omega_{min}}{\omega_m} \tag{10-44}$$

不同类型的机械，对速度不均匀系数 δ 大小的要求是不同的。表 10-2 中列出了常用机械速度不均匀系数的许用值 [δ]，供设计时参考。

表 10-2 常用机械速度不均匀系数的许用值[δ]

机械的名称	[δ]	机械的名称	[δ]
碎石机	1/5~1/20	水泵、鼓风机	1/30~1/50

续表

机械的名称	$[\delta]$	机械的名称	$[\delta]$
冲床、剪床	1/7~1/10	造纸机、织布机	1/40~1/50
轧压机	1/10~1/25	纺纱机	1/60~1/100
汽车、拖拉机	1/20~1/60	直流发电机	1/100~1/200
金属切削机床	1/30~1/40	交流发电机	1/200~1/300

设计时，机械的速度不均匀系数不得超过许用值，即

$$\delta \leqslant [\delta] \tag{10-45}$$

必要时，可在机械中安装一个具有很大转动惯量的回转构件——飞轮，以调节机械的周期性速度波动。

2. 飞轮的简易设计方法

(1)飞轮调速的基本原理。由图10-9(b)可见，在点 b 处，机械出现能量最小值 $E_{\min}$，而在点 c 处，出现能量最大值 $E_{\max}$。故在 φ_b 与 φ_c 之间将出现最大盈亏功 $\Delta W_{\max}$，即驱动功与阻抗功之差的最大值

$$\Delta W_{\max} = E_{\max} - E_{\min} = \int_{\varphi_b}^{\varphi_c} [M_{ed}(\varphi) - M_{er}(\varphi)] d\varphi \tag{10-46}$$

如果忽略等效转动惯量中的变量部分，即设 J_e =常数，则当 $\varphi = \varphi_b$ 时，$\omega = \omega_{\min}$，当 $\varphi = \varphi_c$ 时，$\omega = \omega_{\max}$。由式(10-46)得

$$\Delta W_{\max} = E_{\max} - E_{\min} = J_e \frac{\omega_{\max}^2 - \omega_{\min}^2}{2} = J_e \omega_m^2 \delta$$

对于机械系统原来所具有的等效转动惯量 J_e 来说，等效构件的速度不均匀系数将为

$$\delta = \frac{\Delta W_{\max}}{J_e \omega_m^2}$$

当 δ 不满足条件式(10-45)时，可在机械上添加一个飞轮。设在等效构件上添加的飞轮的转动惯量为 J_F，则有

$$\delta = \frac{\Delta W_{\max}}{(J_e + J_F)\omega_m^2} \tag{10-47}$$

可见，只要 J_F 足够大，就可达到调节机械周期性速度波动的目的。

(2)飞轮转动惯量的近似计算。由式(10-45)和式(10-47)可导出飞轮的等效转动惯量 J_F 的计算公式为

$$J_F \geqslant \frac{\Delta W_{\max}}{\omega_m^2 [\delta]} - J_e \tag{10-48}$$

如果 $J_e \ll J_F$，则 J_e 可以忽略不计，于是式(10-48)可近似写为

$$J_F \geqslant \frac{\Delta W_{\max}}{\omega_m^2 [\delta]} \tag{10-49}$$

如果式(10-48)中的平均角速度 ω_m 用平均转速 n(单位：r/min)代换，则有

$$J_F \geqslant \frac{900 \Delta W_{\max}}{\pi^2 n^2 [\delta]} \tag{10-50}$$

上述飞轮转动惯量是按飞轮安装在等效构件上计算的，若飞轮没有安装在等效构件上，则还需做等效换算。

为计算飞轮的转动惯量，关键是要求出最大盈亏功 $\Delta W_{\max}$。对一些较简单的情况，最大盈亏功可直接由 M_e-φ 图看出。对于较复杂的情况，则可借助能量指示图来确定。现以图10-9为例加以说明。取点 a 作为起点，按比例用铅垂向量线段依次表示相应位置 M_{ed} 与 M_{er} 之间所包围的面积 W_{ab}、W_{bc}、W_{cd}、W_{de} 和 $W_{ea'}$，盈功向上画，亏功向下画，如图10-9(c)所示。由于在一个循环的起止位置处的动能相等，所以能量指示图的首尾应在同一水平线上，即形成封闭的台阶形折线。由图中可以明显看出，点 b 处动能最小，点 c 处动能最大，而图中折线的最高点和最低点的距离 $W_{\max}$ 就代表了最大盈亏功 $\Delta W_{\max}$ 的大小。

分析式(10-49)，可知以下几点。

①当 $\Delta W_{\max}$ 与 ω_m 一定时，若 $[\delta]$ 下降，则 J_F 增加。因此，过分追求机械运转速度的均匀性，将会使飞轮过于笨重。

②由于 J_F 不可能为无穷大，若 $\Delta W_{\max} \neq 0$，则 $[\delta]$ 不可能为零，即安装飞轮后机械的速度仍有波动，只是幅度有所减小而已。

③当 $\Delta W_{\max}$ 与 $[\delta]$ 一定时，J_F 与 ω_m 的平方值成反比，故为减小 J_F，最好将飞轮安装在机械的高速轴上。当然，在实际设计中，还必须考虑安装飞轮轴的刚性和结构上的可能性等因素。

应当指出，飞轮之所以能调速，是因为它的储能作用。由于飞轮具有很大的转动惯量，故其转速只要略有变化，就可储存或释放较大的能量。当机械出现盈功时，飞轮可将多余的能量吸收储存起来；当机械出现亏功时，飞轮又可将能量释放出来，以弥补能量之不足，从而使机械速度波动的幅度下降。

因此，可以说飞轮实质上是一个能量储存器，它可以用动能的形式对能量进行储存或释放。惯性玩具小汽车就利用了飞轮的这种功能。一些机械(如锻压机械)在一个工作周期中工作时间很短，而峰值载荷很大，在这类机械上安装飞轮，不但可以调速，还可以利用飞轮在机械非工作时间所储存的能量来帮助克服其尖峰载荷，从而可以选用较小功率的原动件来拖动，进而达到减少投资及降低能耗的目的。随着高强度纤维材料(用以制造飞轮)、低损耗磁悬浮轴承和电力电子学(控制飞轮运动)三方面技术的发展，飞轮储能技术正因其能量转换效率高、充放能快捷、不受地理环境限制、不污染环境、储能密度大等优点而备受关注。目前，飞轮储能技术在电力调峰，风力、太阳能、潮汐等发电系统的不间断供电，以及其他一些现代化机电设备中都有广泛的应用前景。

(3)飞轮尺寸的确定。求得飞轮的转动惯量以后，就可以确定其尺寸。最佳设计是以最少的材料来获得最大的转动惯量 J_F，即应把质量集中在轮缘上，故飞轮常做成图10-11所示的结构。与轮缘相比，轮辐及轮毂的转动惯量较小，可略去不计。设 G_A 为轮缘的重力，D_1、D_2 和 D 分别为轮缘的外径、内径与平均直径，则轮缘的转动惯量近似为

$$J_F \approx J_A = \frac{G_A(D_1^2 + D_2^2)}{8g} \approx \frac{G_A D^2}{4g}$$

或

$$G_A D^2 = 4gJ_F \tag{10-51}$$

式中，$G_A D^2$ 为飞轮矩，其单位为 $N \cdot m^2$。

由式(10-51)可知，当选定飞轮的平均直径 D 后，即可求出飞轮轮缘的重力 G_A。

至于平均直径 D 的选择，应适当选大一些，但又不宜过大，以免轮缘因离心力过大而破裂。

设轮缘的宽度为 b，材料单位体积的重力为 γ(单位为 $N \cdot m^{-3}$)，则

$$G_A = \pi DHb\gamma$$

于是

$$Hb = \frac{G_A}{(\pi D\gamma)} \tag{10-52}$$

式中，D、H 及 b 的单位为 m。当飞轮的材料及 H/b 的比值选定后，即可求得轮缘的横剖面尺寸 H 和 b。

飞轮转子的转动惯量与转子的形状和质量有密切的关系，而飞轮的最高转速受到飞轮转子材料强度的限制，对于高速储能飞轮，可以通过对飞轮的形状进行优化设计，最大限度地发挥材料的使用效能。还应指出，在机械中，起飞轮作用的不一定是专门设计安装的飞轮，也可能是具有较大转动惯量的齿轮、皮带轮，或其他形状的回转构件。

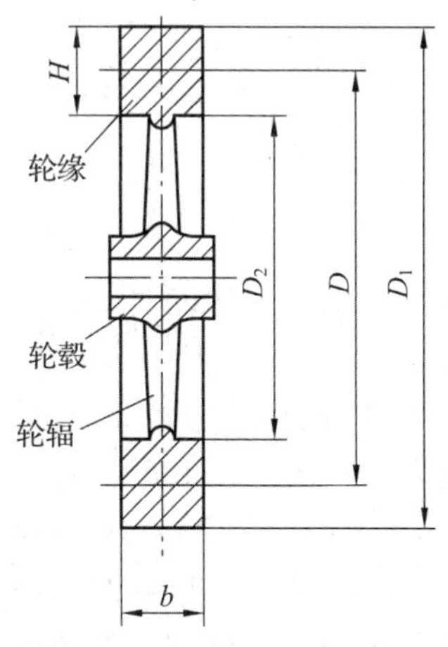

图 10-11　飞轮结构

下面举一个计算飞轮转动惯量的例子。

例 10-4　在图 10-12(a)所示的齿轮传动机构中，已知 $z_1 = 20$，$z_2 = 40$，齿轮 1 为主动轮，在齿轮 1 上施加力矩 M_1 = 常数，作用在齿轮 2 上的阻抗力矩 M_2 的变化曲线如图 10-12(b)所示；两齿轮对其回转轴线的转动惯量分别为 $J_1 = 0.01\ kg \cdot m^2$，$J_2 = 0.08\ kg \cdot m^2$。齿轮 1 的平均角速度为 $\omega_1 = \omega_m = 100$ rad/s。已知速度不均匀系数 $\delta = 1/50$。

(1)画出以构件 1 为等效构件时的 $M_{er} - \varphi_1$ 图。

(2)求 M_1 的值。

(3)求飞轮装在轴Ⅰ上的转动惯量 J_F。若飞轮装在轴Ⅱ上，其转动惯量 J'_F 又为多少？

(4)求 ω_{max}、ω_{min} 及其出现的位置。

解：(1)求以构件 1 为等效构件时的等效阻抗力矩。由题意得

$$M_{er} = M_2 \frac{\omega_2}{\omega_1} = M_2 \frac{z_1}{z_2} = \frac{M_2}{2}$$

因 $\varphi_1 = 2\varphi_2$，故 $M_{er} - \varphi_1$ 图如图 10-12(c)所示。

(2)求驱动力矩 M_1。因齿轮 1 转两转为一个周期，故

$$M_{ed} \times 4\pi = [100\pi + 40 \times (1.5\pi - \pi) + 70 \times (2\pi - 1.5\pi) + 20 \times (3.5\pi - 2\pi) + 110 \times (4\pi - 3.5\pi)]\ N \cdot m = 240\pi\ N \cdot m$$

可得 $M_1 = M_{ed} = \dfrac{240\pi}{4\pi}\ N \cdot m = 60\ N \cdot m$

(3)求 J_F。因 J_F 与 ω_m^2 成反比，为减小飞轮的尺寸和质量，飞轮一般装在高速轴(即轴Ⅰ)上较好。

以齿轮 1 为等效构件时的等效转动惯量为

$$J_e = J_1 + J_2\left(\frac{\omega_2}{\omega_1}\right)^2 = J_1 + J_2\left(\frac{z_1}{z_2}\right)^2 = 0.03\ \mathrm{kg\cdot m^2}$$

为了确定最大盈、亏功，先要算出图 10-12(c)中各块盈、亏功的大小：$s_1 = -40\pi\ \mathrm{N\cdot m}$，$s_2 = 10\pi\ \mathrm{N\cdot m}$，$s_3 = -5\pi\ \mathrm{N\cdot m}$，$s_4 = 60\pi\ \mathrm{N\cdot m}$，$s_5 = -25\pi\ \mathrm{N\cdot m}$；并作出能量指示图，如图 10-12(d)所示。由该图不难看出，在点 a、d 之间有最大能量变化，即

$$\Delta W_{\max} = |s_2 + s_3 + s_4| = |10\pi - 5\pi + 60\pi|\ \mathrm{N\cdot m} = 65\pi\ \mathrm{N\cdot m}$$

飞轮的转动惯量为

$$J_F = \frac{\Delta W_{\max}}{\omega_1^2\delta} - J_e = \left(\frac{65\pi}{100^2\times(1/50)} - 0.03\right)\mathrm{kg\cdot m^2} = 0.991\ \mathrm{kg\cdot m^2}$$

根据 $\frac{1}{2}J_F\omega_1^2 = \frac{1}{2}J_F'\omega_2^2$ 得

$$J_F' = J_F\frac{\omega_1^2}{\omega_2^2} = J_F\frac{z_2^2}{z_1^2} = 0.991\times\left(\frac{40}{20}\right)^2\ \mathrm{kg\cdot m^2} = 3.964\ \mathrm{kg\cdot m^2}$$

由此可以看出，J_F' 是 J_F 的 4 倍，因此在结构允许的条件下，飞轮装在轴Ⅰ上较好。

(4)求 $\omega_{\max}$、$\omega_{\min}$。因 $\omega_m = (\omega_{\max} + \omega_{\min})/2$，$\delta = (\omega_{\max} - \omega_{\min})/\omega_m$，故

$$\omega_{\max} = \omega_m(1 + \delta/2) = 101\ \mathrm{rad/s}$$

$$\omega_{\min} = \omega_m(1 - \delta/2) = 99\ \mathrm{rad/s}$$

由图 10-12(d)不难看出，在点 a ($\varphi_1 = \pi$) 时，系统的能量最低，故此时出现 $\omega_{\min}$；在点 d ($\varphi_1 = 7\pi/2$) 时，系统的能量最高，故此时出现 $\omega_{\max}$。

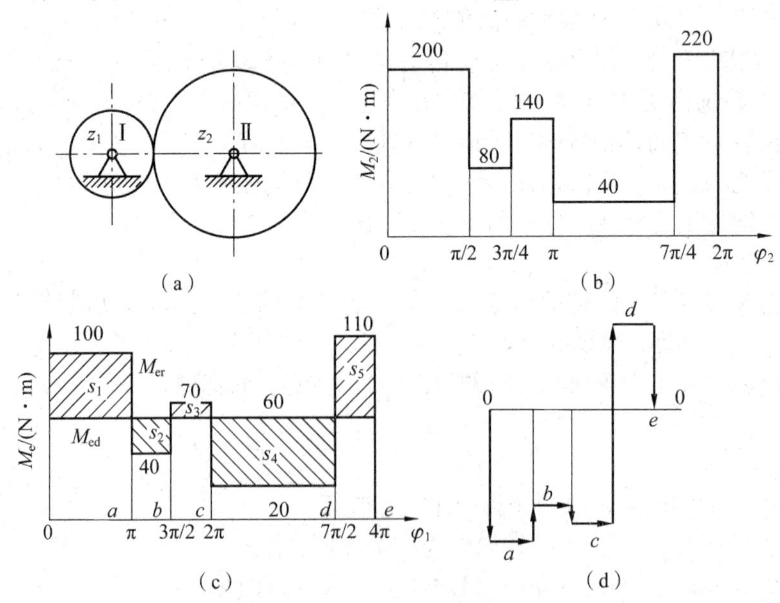

图 10-12 飞轮转动惯量的计算

10.5　机械的非周期性速度波动及其调节

如果机械在运转过程中，等效力矩 $M_e = M_{ed} - M_{er}$ 的变化是非周期性的，机械运转的速度将出现非周期性的波动，从而破坏机械的稳定运转。若长时间内 $M_{ed} > M_{er}$，则机械将越转越快，甚至可能会出现“飞车”现象，从而使机械遭到破坏；反之，若 $M_{er} > M_{ed}$，则机械将越转越慢，最后导致停车。为了避免上述情况的发生，必须对非周期性的速度波动进行调节，使机械重新恢复稳定运转。为此，就需要设法使等效驱动力矩与等效阻力矩彼此相互适应。

对选用电动机作为原动件的机械，电动机本身就可使其等效驱动力矩和等效阻力矩自动协调一致。当 $M_{ed} < M_{er}$，电动机速度下降时，电动机所产生的驱动力矩将自动增大；反之，当 $M_{ed} > M_{er}$，电动机转速上升时，其所产生的驱动力矩将自动减小，以使 M_{ed} 与 M_{er} 自动重新达到平衡，电动机的这种性能称为自调性。

若机械的原动件为蒸汽机、汽轮机或内燃机等时，就必须安装一种专门的调节装置——调速器来调节机械出现的非周期性速度波动。调速器的种类很多，按执行机构分类，主要有机械式、气动液压式、电液和电子式等。

图 10-13 所示为燃气涡轮发动机中采用的离心式调速器的工作原理。图中，支架 1 与发动机轴相连，离心球 2 铰接在支架 1 上，并通过连杆 3 与活塞 4 相连。在稳定运转状态下，由油箱供给的燃油一部分通过增压泵 6 增压后输送到发动机，另一部分多余的油则经过油路 a、调节油缸 5、油路 b 回到油泵进口处。当外界条件变化引起阻力矩减小时，发动机的转速 ω 将增高，离心球将因离心力的增大而向外摆动，通过连杆推动活塞向右移动，使被活塞部分封闭的回油孔间隙增大，因此回油量增大，输送给发动机的油量减小，故发动机的驱动力矩相应地有所下降，机械又重新归于稳定运转。反之，如果工作阻力增加，则做相反运动，供给发动机的油量增加，从而使发动机又恢复稳定运转。

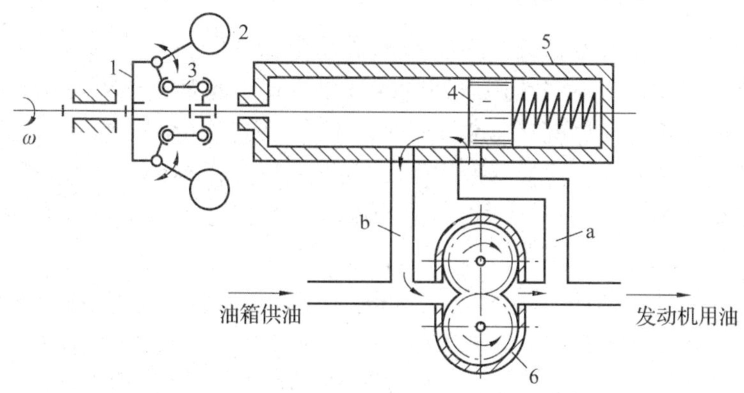

1—支架；2—离心球；3—连杆；4—活塞；5—调节油缸；6—增压泵；a、b—油路。

图 10-13　离心式调速器的工作原理

不同的调速器或调速系统有不同的形式和工作原理，而且各有优缺点和适用场合：液压调速器具有良好的稳定性和较高的静态调节精度，但结构工艺复杂，成本高。例如，大功率柴油机多用液压调速器。电子调速器具有很高的静态和动态调节精度，易实现多功能、远距离和自动化控制及多机组同步并联运行。电子调节系统由各类传感器把采集到的各种信号转换成电信号输入计算机，经计算机处理后发出指令，由执行机构完成控制任务。例如，在航空电源车、自动化电站、低噪声电站、高精度的柴油发电机组和大功率船用柴油机等中就采用了电子调速器。图 10-14 所示为应用在柴油发电机组上的某电子调速系统结构框图，与机械调速器相比，电子调速系统的转速波动率、瞬时调速率和稳定时间均有较大的改善。

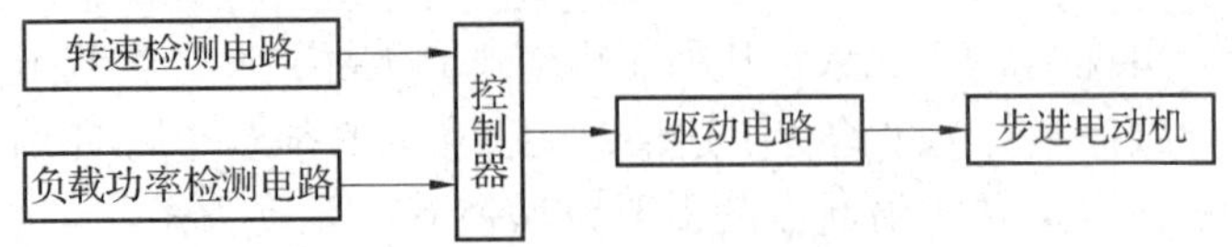

图 10-14　某电子调速系统结构框图

近年来，不少小型水电站的水轮机调速器所采用的机械或电气液压调速器已逐步被微机或可编程控制调速器所取代，从而提高了水电站供电的安全可靠性和经济效益。

*10.6　考虑构件弹性时的机械运转简介

前面在研究机械的受力分析、机械的运转等机械动力学问题时，认为机械中各构件均是不会变形的刚体。对于中低速机械来说，这种假定一般与实际情况吻合。但现代机械日益向速度高、尺寸小、质量轻、承载能力大、精密化的方向发展。在这种情况下，机械在运动过程中，其各构件除受外载荷外，还将受很大的惯性力，兼之构件的截面尺寸减小，刚度减弱，因而构件可能会产生过大的变形，易发生振动。尤其是在发生共振时，将会使机械的实际运动情况和理想运动情况有相当大的差别。这不但会降低机械工作时的准确性，甚至会引起各执行构件间运动配合的失调，使机械不能正常工作。例如，某高速印刷机由于设计不良，在进入高速运行后，整个机械因运动失调而无法成印。在这种情况下，研究机械的动力学时就必须考虑构件的弹性。

考虑构件的弹性，主要是研究其对机械的运动精度、振动和动载荷三方面的影响。例如，由于受条件的限制，宇宙飞船用以回收或释放人造卫星的机械臂是由一些细长杆组成的。因宇宙空间的微重力，故就其强度方面而言不成问题，但若抓放卫星的速度较快，就会引起较大的加速度和惯性力，这就不是该机械臂的细长杆所能承受的。若再引起杆的强烈振动，后果就更不堪设想了。因而，宇宙飞船的机械手在抓放人造卫星时的动作都是极其缓慢的。

考虑构件弹性时的机械动力学分析，一般要先把实际机械简化为相应的动力学模型，然后列出其运动方程式求解。在建立动力学模型时，根据求解问题精度的需要，一般要做一些假定，可省略一些次要因素。例如，在进行动力学分析时，一般只考虑变形大的构件的弹性变形，而把变形小的构件当作刚体来处理。下面以机械中考虑轴的扭转变形时传动系统的动力学为例进行说明。

图 10-15(a)所示为齿轮传动系统，在建立其动力学模型时，做了如下简化处理：忽略了轴的横向振动、支承和齿轮传动的弹性，以及传动系统的阻尼，而只考虑轴的扭转变形。

于是，可以将该传动系统简化为由无质量的弹簧和具有集中质量的圆盘所组成的动力学模型，如图 10-15(b)所示。

作用在动力学模型上的各等效力矩可按前述等效前后功率不变的等效原则来确定，即 $M_{e1}=M_1$，$M_{e3}=M_3/i_{\text{I II}}$。

各圆盘所具有的等效转动惯量可利用前述的等效转动惯量的概念(等效前后动能不变)来获得。现将整个系统等效到轴Ⅰ上，那么 $J_{e1}=J_1$，$J_{e2}=J_2+J_2'/i_{\text{I II}}^2$，$J_{e3}=J_3/i_{\text{I II}}^2$。

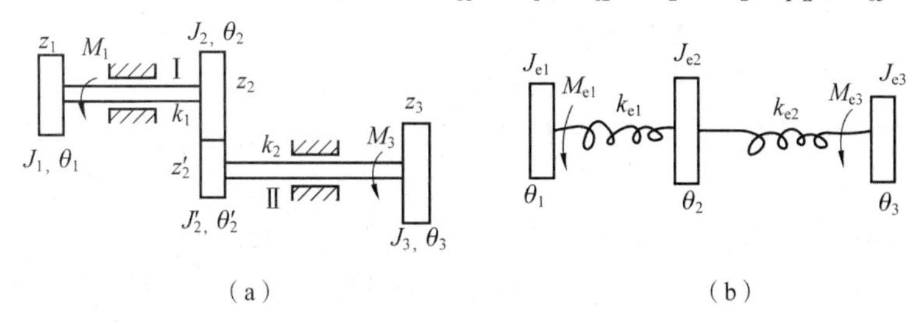

图 10-15　齿轮传动系统及其动力学模型

各弹簧的等效刚度系数可利用等效前后各弹性件势能不变原理来确定。故在图 10-15(b)中，$k_{e1}=k_1$，$k_{e2}=k_2/i_{\text{I II}}^2$，因为轴Ⅱ等效前后的势能为 $k_2(\theta_3'-\theta_2')^2/2=k_{e2}(\theta_3-\theta_2)^2/2=k_{e2}(\theta_3'-\theta_2')^2 i_{\text{I II}}^2/2$。

图 10-15(b)所示的动力学模型中有 3 个运动的圆盘，具有 3 个自由度，其中一个自由度为整体运动自由度，其余两个为弹性自由度(或相对自由度)。

动力学模型建立后，其运动方程式的建立方法有许多种，下面采用动态静力学方法，根据力的平衡条件，对图 10-15(b)中的每一个圆盘建立一个方程

$$\begin{cases}J_{e1}\ddot{\theta}_1=M_{e1}-k_{e1}(\theta_1-\theta_2)\\ J_{e2}\ddot{\theta}_2=k_{e1}(\theta_1-\theta_2)-k_{e2}(\theta_2-\theta_3)\\ J_{e3}\ddot{\theta}_3=M_{e3}+k_{e2}(\theta_2-\theta_3)\end{cases}$$

这就是该系统的运动方程式，它给出了如下三方面因素之间的关系。

(1)系统特性参数：即系统的自由度、等效转动惯量、等效刚度系数等。

(2)外加激励因素：如等效力矩的大小和性质等。

(3)系统响应因素：如系统的各阶自振频率，各圆盘的位移、振幅、振型等。

运动方程式的求解就是已知其中两者求第三者，可以分为如下三种情况。

(1)已知系统特性参数和激励因素，求响应因素。这是最常遇到的振动分析，如分析的结果发现有过大的振动或接近共振，就应改进设计，或采用减振、隔振、吸振等措施，以控制振动。求得了系统的振幅和振型，就可进一步计算系统中的动载荷和动应力。

(2)已知系统特性参数和响应因素，反求激励因素。这是系统振动环境的预测问题，要使系统的响应不超过预先限定的值，就必须为系统的工作创造一个良好的环境条件。例如，一些精密的机器和仪器，必须在与外界隔绝的条件下才能很好地工作。

(3)已知激励因素和响应因素，求系统特性参数。这是系统识别问题，实际的振动问题是综合的复杂问题，要将实际问题抽象成为动力学模型，就涉及系统识别问题。例如，在系统设计中，常会遇到振动设计问题。所谓振动设计，就是在一定的激励条件下，如何设计系

统特性参数，即如何恰当地选择系统的结构参数，使系统的响应符合指定的条件，如能避开共振或不发生振动等。有时也会希望系统产生较大的指定响应，如振动上料机、振动运输机、振动筛分机、振动压实机等就是如此。

机械的振动是机械或构件在其平衡位置附近往复运动的现象。造成机械振动的原因是多方面的，主要有以下几个。

(1)机械运转的不平衡力形成扰动力，造成机械运转的振动，这种振动有明显的规律性，其频率通常等于机械的转速或其倍数。

(2)作用在机械上的外载荷的不稳定引起机械的振动。

(3)高副机械中的高副形状误差(如齿廓误差、凸轮轮廓误差)引起的振动，通常为高频振动。

(4)其他，如锻压设备引起的冲击振动、运输工具的颠簸摇摆等。

当设备有强烈振动时，将会影响到设备的工作精度、寿命和强度，并会产生影响工人身心健康的噪声。这时需采取相应措施，以控制、减小设备的振动和噪声，常用的方法如下。

(1)减小扰动。提高机械的制造质量，改善机械内部的平衡性和作用在机械上的外载荷的波动幅度。

(2)防止共振。通过改变机械设备的固有频率、扰动频率，改变机械设备的阻尼等，以减小机械设备对振动的响应。

(3)采用隔振、吸振、减振装置。

隔振的作用是隔离并减小振动的传递，通常有以下两种形式：一是主动隔振，即当设备本身有强烈的冲击振动时(如锻压设备)，为防止其冲击振动通过地基传出，影响周围其他设备的正常工作，需用隔离器把设备与地基隔离开来，此为主动隔振(或动力隔振)；二是被动隔振(或防护隔振)，即当基础或仪器设备等的支承结构是振动源时，如装于车、船、飞行器等上的电子设备或精密仪表等，为防止支承振动对仪表设备等工作的干扰而采取的隔振措施。一般工程上所指的隔振多指被动隔振，如图 10-16 所示。隔振后可使设备上响应振动的振幅减小，隔振的效果可用绝对振动传递率 T 来表示

$$T = X/U \tag{10-53}$$

式中，X 为设备的谐振振幅；U 为振源的谐振振幅。

动态振动吸振的基本工作原理是在一个振动设备上附加一个吸收器系统，以抵消原振动，如图 10-17 所示。

调节吸振系统的谐振频率 f_a 与设备隔振系统谐振频率 f_n，当二者满足如下关系时，可收到良好的吸振效果

$$f_a/f_n = \sqrt{M/(m + M)} \tag{10-54}$$

式中，m 为吸振器质量；M 为设备的质量。

动态振动吸振一般只有在激励振动只包含一个主要频率分量或由很窄的频率组成的情况下才能收到良好的效果。对于宽频带随机激励的多自由度系统，用动态振动吸振来控制其振动将是十分困难和复杂的，这时采用结构阻尼减振则是有效的控制手段。

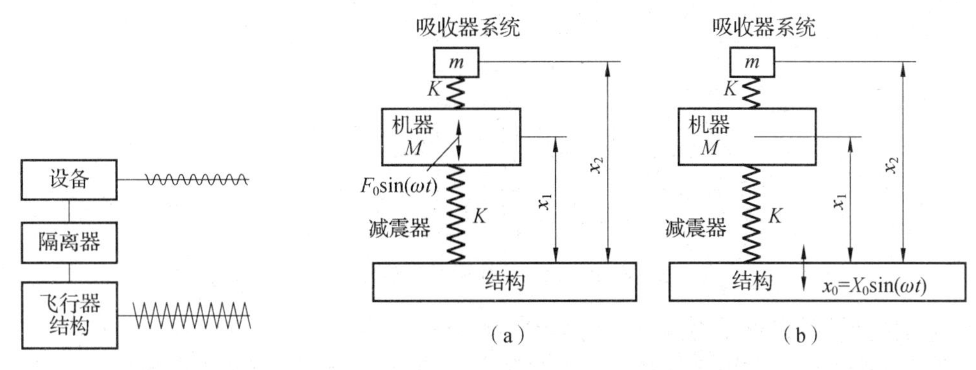

图 10-16　被动隔振

图 10-17　动态振动吸振的基本工作原理

结构阻尼减振是用大阻尼黏弹材料和设备上的零部件材料共同组成的高能耗散结构来减小设备的谐振振幅，结构阻尼有自由阻尼层结构[见图 10-18(a)]、约束阻尼层结构[见图 10-18(b)]、多层阻尼结构[见图 10-18(c)]等。图 10-19 所示是阻尼层减振的齿轮，图 10-20 所示是阻尼层减振的锯片。经阻尼层结构处理后的锯片有良好的减振降噪效果，如图 10-21 所示。在现代车辆、舰艇、各种飞行器和人造卫星中，结构阻尼减振的应用十分普遍，图 10-22 所示的流体阻尼隔振器也是隔振的重要元件。

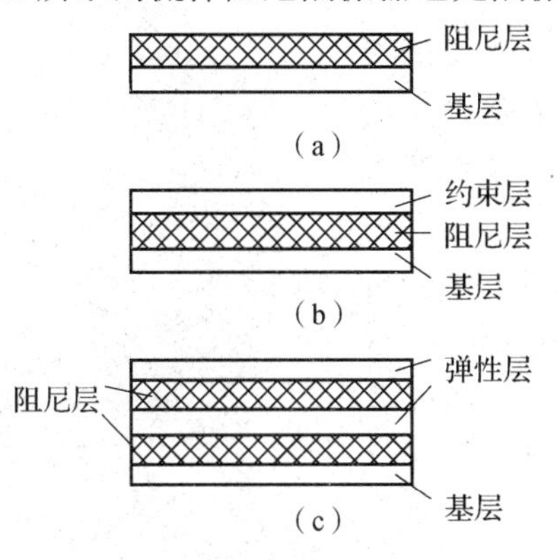

图 10-18　结构阻尼减振

(a)自由阻尼层结构；(b)约束阻尼层结构；(c)多层阻尼结构

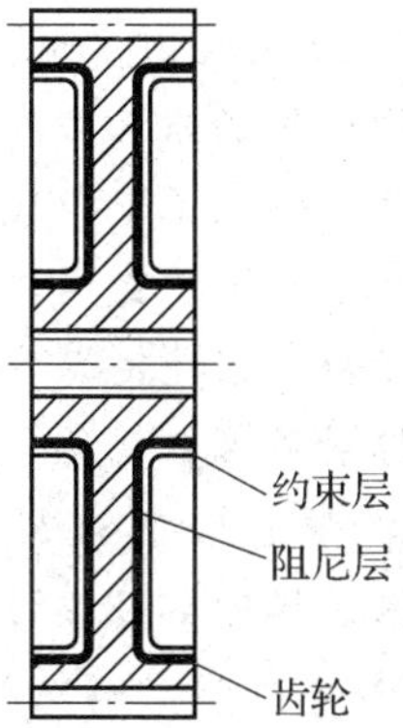

图 10-19　阻尼层减振的齿轮

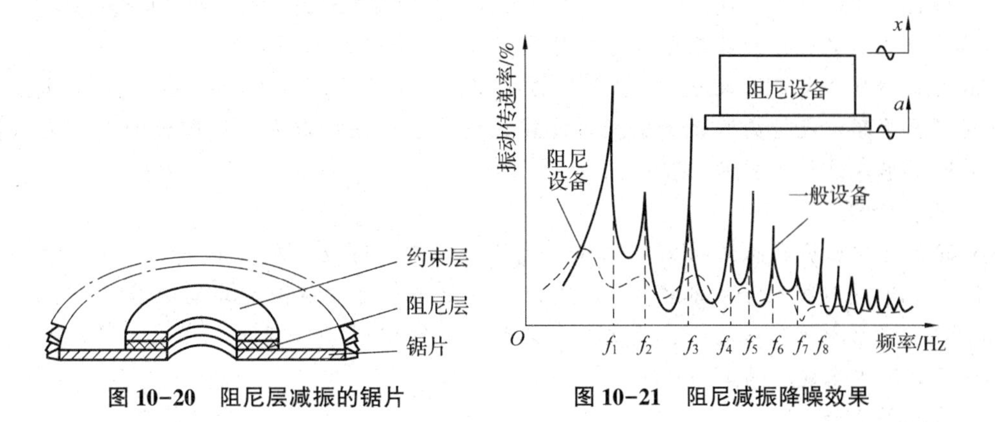

图 10-20　阻尼层减振的锯片

图 10-21　阻尼减振降噪效果

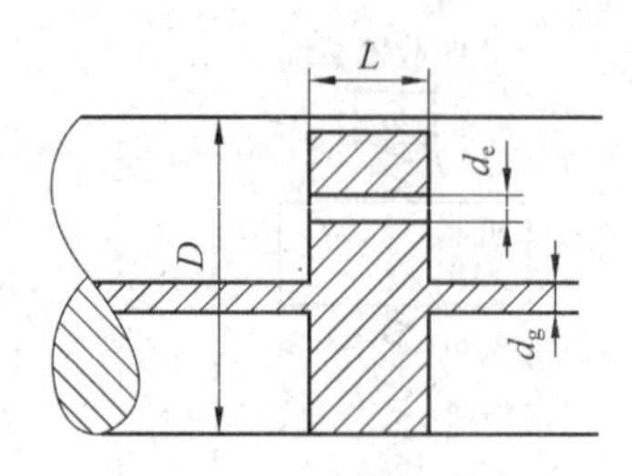

图 10-22　流体阻尼隔振器

考虑构件弹性的机械动力学是当前学术界普遍重视的研究课题，随着机械向速度高、质量轻、承载能力大的方向发展，这个问题的研究显得越来越重要，本章只是对这个问题做了简单介绍，更深入的研究读者可参考有关的专题资料和文献。

水车的发展

水车是一种古老的提水灌溉工具，是古代中国劳动人民充分利用水力发展出来的一种运转机械。根据文献记载，水车大约出现在东汉时期。水车作为我国农耕文化的重要组成部分，体现了中华民族的创造力，见证了农业文明的发展，为水利研究史提供了资料。水车的发明为人民安居乐业、社会和谐稳定奠定了基础。水车也叫天车，由一根车轴支撑着多根木辐条，呈放射状向四周展开。每根辐条的顶端都带着一个刮板和水斗。刮板刮水，水斗装水。河水冲来，借着水势的运动惯性缓缓转动着辐条，一个个水斗装满了河水，被逐级提升上去。将要到达顶点时，水斗又自然倾斜，将水注入渡槽，流到农田里。图 10-23 所示为古代水车模型。

图 10-23　古代水车模型

我国自古就是以农立国，与农业相关的科学技术取得了卓越的成就。水利作为农业中不可或缺的一环，各个时期的政府都动员了大量的人力、物力和财力去营建。但是，这些修建的渠道大都分布在各大农业区，至于高地或是离灌溉渠道及水源较远之地就无法顾及了。我国劳动人民运用其智慧，发明了水车这种能引水灌溉的农具。

1. 第一阶段

水车第一次出现在正式的文字记载中大约是在东汉时期。东汉末年，汉灵帝命毕岚造“翻车”，已有轮轴槽板等基本装置，也有记载称是三国时期魏国的马钧制造了“翻车”。无论“翻车”究竟首创于何人之手，总之从东汉到三国时期，“翻车”正式产生，因此这一阶段可以视为我国水车发展的第一阶段。

2. 第二阶段

到了唐宋时期，水车在轮轴应用方面有很大的进步。为了能利用水力，人们制作出了

“筒车”，配合水池和连筒，可以使低水高送，不仅功效更大，同时节约了宝贵的人力。南宋张孝祥在《湖湘以竹车激水粳稻如云书此能仁院壁》诗中大赞其曰：“转此大法轮，救汝旱岁苦。”可见当时水车对农事帮助之大。这一阶段是我国水车发展的第二阶段。

3. 第三阶段

到了元明时期，轮轴的发展更加进步。一架水车有多至3组齿轮，且有“水转翻车”“牛转翻车”“驴转翻车”等，可以依风土地势交互为用，使翻车的利用率更高。至此，利用水力和兽力驱动，使人力终于从翻车脚踏板上解放出来。同时，也因转轴、竖轮、卧轮等的发展，使原先只用水力驱动的“筒车”，即使在水量不丰沛的地方，也能利用兽力驱动。另外，还出现了“高转筒车”，在地势较陡峻的地方，也能实现低水高送。这一阶段既是我国水车发展的第三阶段，也是高峰阶段。

水车在中国农业发展史中有极其重要的地位。它使耕地地形所受的制约大为减轻，实现丘陵地和山坡地的开发。它不仅可用于提水灌溉，而且在低处积水时也可用于排水，因此深受农民喜爱。图10-24所示为现代水车。

图10-24　现代水车

本章小结

本章主要介绍了机械的运动方程式、机械运动方程式的求解、稳定运转状态下机械的周期性速度波动及其调节、机械的非周期性速度波动及其调节等。本章的重难点主要包括：

(1) 等效质量、等效转动惯量、等效力、等效力矩的概念及其计算方法；

(2) 机械运动产生速度波动的原因及其调节方法。

通过本章的学习，有助于读者了解机器运动和外力的定量关系，以及机器运动速度波动的原因、特点、危害等，能够帮助读者掌握机器运动速度波动的调节方法。

习 题

10-1　等效转动惯量和等效力矩各自的等效条件是什么？

10-2　在什么情况下机械才会有周期性速度波动？速度波动有何危害？应如何调节？

10-3　飞轮为什么可以调速？能否利用飞轮来调节非周期性速度波动？为什么？

10-4　题 10-4 图(a)所示为一种交流电动机驱动的磁带录音机，其杯状飞轮直径是题 10-4 图(b)所示一般便携录音机中飞轮的两倍。请问设计如此大的飞轮的目的是什么？

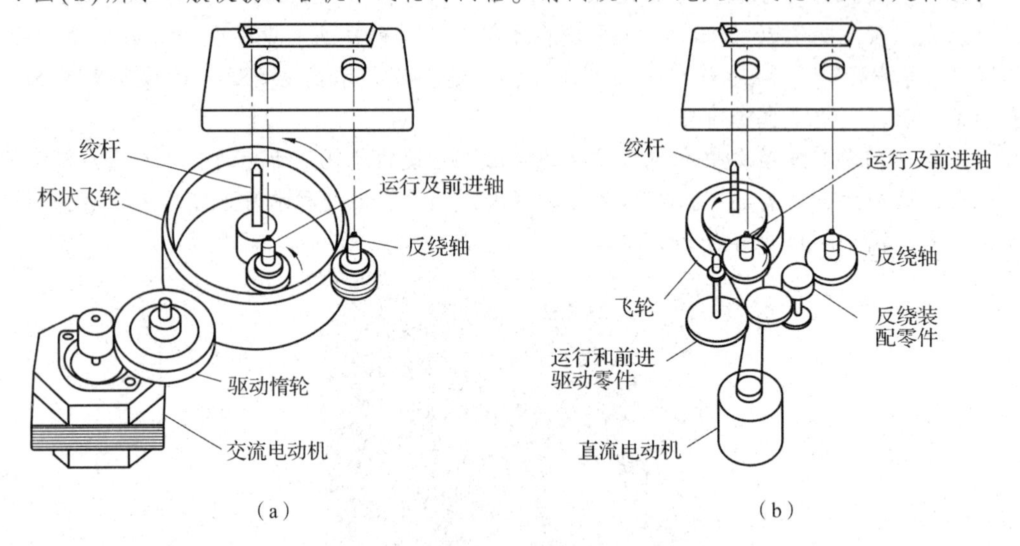

题 10-4 图

10-5　由式 $J_F = \Delta W_{max}/(\omega_m^2[\delta])$ 能总结出哪些重要结论？试做出较全面的分析。

10-6　造成机械振动的原因主要有哪些？常采用什么措施加以控制？

10-7　题 10-7 图所示为一机床工作台的传动系统。设已知各齿轮的齿数，齿轮 3 的分度圆半径 r，各齿轮的转动惯量 J_1、J_2、J_3，齿轮 1 直接装在电动机轴上，故 J_1 中包含了电动机转子的转动惯量；工作台和被加工零件的重力之和为 G。当取齿轮 1 为等效构件时，试求该机械系统的等效转动惯量 J($\omega_1/\omega_2 = z_2/z_1$)。

10-8　题 10-8 图所示为 DC 伺服电动机驱动的立铣数控工作台，已知工作台及工件的质量为 $m = 355$ kg，滚珠丝杠的导程 $l = 6$ mm，转动惯量 $J_3 = 1.2\times10^{-3}\ \text{kg}\cdot\text{m}^2$，齿轮 1、2 的转动惯量分别为 $J_1 = 732\times10^{-6}\ \text{kg}\cdot\text{m}^2$，$J_2 = 768\times10^{-6}\ \text{kg}\cdot\text{m}^2$。在选择伺服电动机时，伺服电动机允许的负载转动惯量必须大于折算到电动机轴上的负载等效转动惯量，试求图示系统折算到电动机轴上的等效转动惯量。

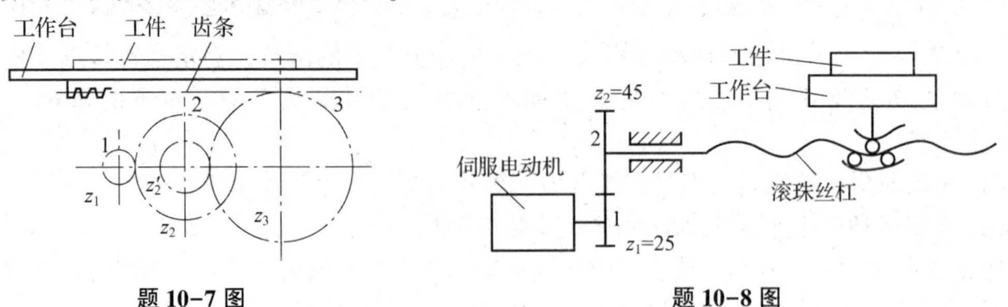

题 10-7 图　　　　题 10-8 图

10-9　已知某机械稳定运转时主轴的角速度 $\omega_s = 100$ rad/s，机械的等效转动惯量 $J_e = 0.5$ kg·m²，制动器的最大制动力矩 $M_r = 20$ N·m（制动器与机械主轴直接相连，并取主轴为等效构件）。要求制动时间不超过 3 s，试检验该制动器是否能满足工作要求。

10-10　设有一由电动机驱动的机械系统，以主轴为等效构件时，作用于其上的等效驱动力矩 $M_{ed} = 10\ 000 - 100\omega$ N·m，等效阻抗力矩 $M_{er} = 8\ 000$ N·m，等效转动惯量 $J_e = 8$ kg·m²，主轴的初始角速度 $\omega_0 = 100$ rad/s。试确定运转过程中角速度 ω 与角加速度 α 随时间的变化关系。

10-11　在题 10-11 图所示的刨床机构中，已知空程和工作行程中消耗于克服阻抗力的恒功率分别为 $P_1 = 367.7$ W 和 $P_2 = 3\ 677$ W，曲柄的平均转速 $n = 100$ r/min，空程曲柄的转角为 $\varphi_1 = 120°$。当机构的速度不均匀系数 $\delta = 0.05$ 时，试确定电动机所需的平均功率，并分别计算在以下两种情况中的飞轮转动惯量 J_F（略去各构件的质量和转动惯量）：

(1) 飞轮装在曲柄轴上；

(2) 飞轮装在电动机轴上，电动机的额定转速 $n_N = 1\ 440$ r/min。电动机通过减速器驱动曲柄，为简化计算，减速器的转动惯量忽略不计。

10-12　某内燃机的曲柄输出力矩 M 随曲柄转角 φ 的变化曲线如题 10-12 图所示，其运动周期 $\varphi_T = \pi$，曲柄的平均转速 $n_m = 620$ r/min。当用该内燃机驱动一阻抗力为常数的机械时，如果要求其速度不均匀系数 $\delta = 0.01$。试求：

(1) 曲轴最大转速 n_{max} 和相应的曲柄转角位置 φ_{max}；

(2) 装在曲轴上的飞轮转动惯量 J（不计其余构件的转动惯量）。

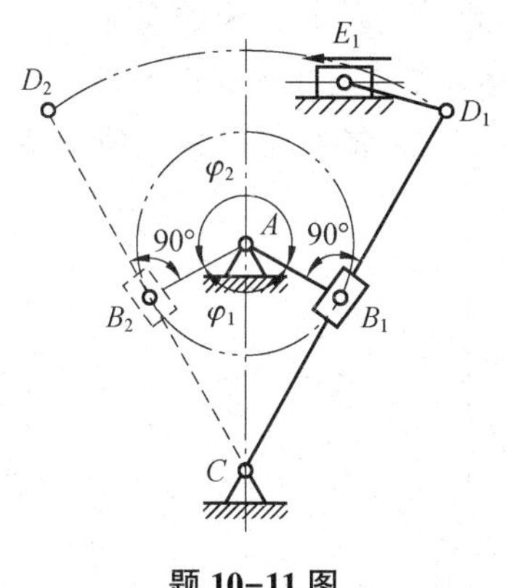

题 10-11 图

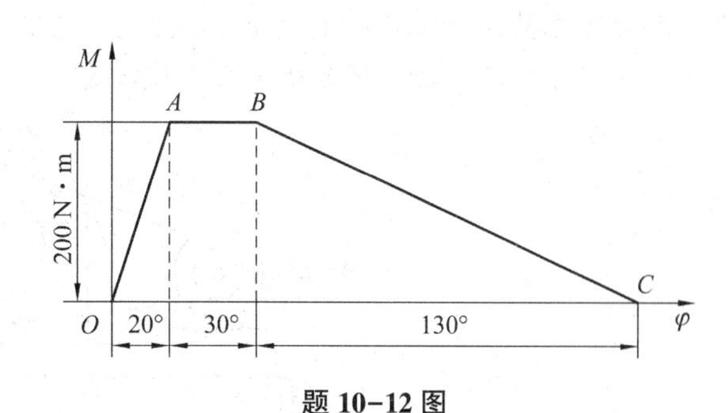

题 10-12 图

10-13　某冲压设备用于克服阻抗力的近似功率变化如题 10-13 图所示。图中，克服尖峰载荷所需功率 P_{r1} 为 200 kW，运行时间 t_1 为 0.4 s。在机械中安装飞轮后，用 37 kW 的电动机就可以满足工作要求。已知该机械所允许的速度不均匀系数为 0.14，飞轮的平均转速为 300 r /min，忽略其他构件的转动惯量，那么此机器所加的飞轮的转动惯量是多少？

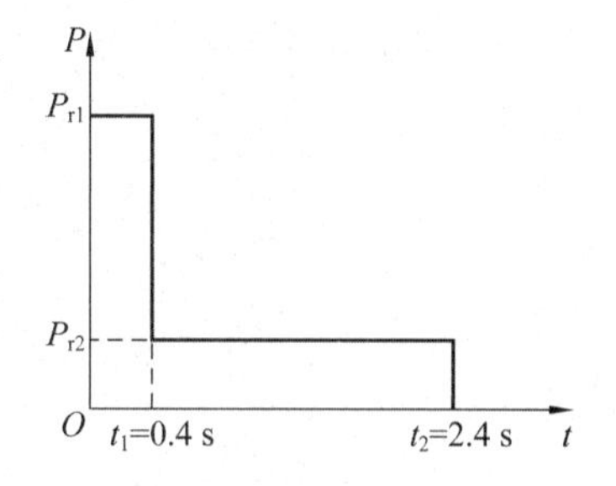

题 10-13 图

10-14　题 10-14 图所示为两同轴线的轴 1 和轴 2 以摩擦离合器相连。轴 1 和飞轮的总质量为 100 kg，回转半径 $\rho_2 = 625$ mm。在离合器接合前，轴 1 的转速 $n_1 = 100$ r/min，而轴 2 以 $n_2 = 20$ r/min 的转速与轴 1 同向转动。在离合器接合后 3 s，两轴即达到相同的速度。设在离合器接合过程中，无外加驱动力矩和阻抗力矩。试求：

(1)两轴接合后的公共角速度；

(2)在离合器结合过程中，离合器所传递的转矩的大小。

10–15　题10–15图所示为一转盘驱动装置。1为电动机，额定功率为 $P_N = 0.55\ kW$，额定转速为 $n_N = 1\ 390\ r/min$，转动惯量 $J_1 = 0.018\ kg \cdot m^2$；2为减速器，其减速比 $i_2 = 35$；3、4为传动齿轮，$z_3 = 20$，$z_4 = 52$；减速器和齿轮传动折算到电动机轴上的等效转动惯量 $J_{2e} = 0.015\ kg \cdot m^2$；5为转盘，其转动惯量 $J_5 = 144\ kg \cdot m^2$，作用在转盘上的阻力矩为 $M_{r5} = 80\ N \cdot m$；传动装置及电动机折算到电动机轴上的阻力矩为 $M_{r1} = 0.3\ N \cdot m$。该装置欲采用点动(每次通电时间约0.15 s)做步进调整，问每次点动转盘约转过多少度?

提示：电动机额定转矩 $M_N = 9\ 550\ P_N / n_N$；电动机的启动转矩 $M_d \approx 2M_N$，并近似当作常数。

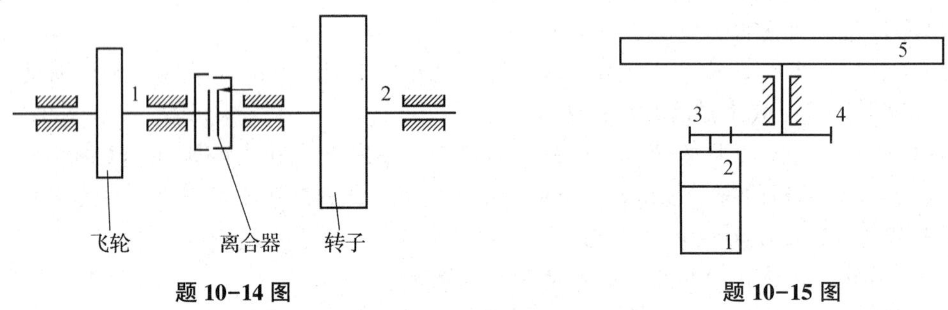

题10–14图　　　　题10–15图

10–16　题10–16图所示为小型移动式空气压缩机。它由电动机通过带传动带动活塞式空压机将空气压缩并泵入储气罐中备用。该设备若中途停机，当储气罐中有较高气压时，若想重新启动压缩机，一般启动不起来(会出现跳闸或烧保险丝)，这时需把储气罐中的压缩空气放掉一部分才能启动。试分析出现上述现象的原因。

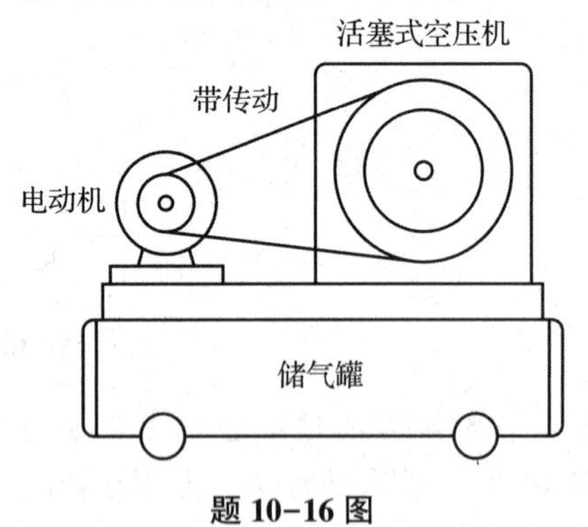

题10–16图

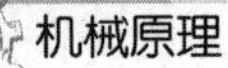

第十一章 机械平衡

11.1 引 言

机械运转过程中，各个构件会产生惯性力。不平衡的惯性力在运动副中会引起附加动压力，从而增加运动副的磨损，增大构件的内应力，最终影响构件的实际使用寿命、可靠性，并降低机械整体效率。同时，周期性的惯性力随机械运转传到机构的机架上，从而使机械及其基础产生强迫振动。假如这种频率就在机械系统本身的固有频率上下波动，则会引起整个机构强烈的共振，导致构件损坏等恶性后果。

随着各种机械的运转速度越来越快，对机械的各种要求也越来越高，机械的平衡问题在设计高速、重型及精密机械时具有特别重要的意义。机械平衡的目的是设法平衡构件的不平衡惯性力，以消除或尽量减小惯性力的不良影响，改善机械整体的工作性能，提高其工作效率，延长使用寿命，为社会的发展提供更可靠的产品。但也应指出，有一些特殊的机械是专门利用构件不平衡的惯性力进行工作的，如打夯机、振实机和惯性筛等。对这些机械而言，则应该主要研究如何更好地利用不平衡惯性力的问题。

11.2 机械平衡的分类及方法

在机械中，由于各构件的结构及运动形式不同，其所产生的惯性力和其对应的平衡方法也不完全相同。根据研究对象机械的不同，平衡问题可分为转子的平衡和机构的平衡两类。

11.2.1 转子的平衡

绕固定轴回转的构件称为转子。例如，汽轮机、发动机等机器都以转子作为其工作的主体。要消除或平衡这类构件的不平衡惯性力，一般可利用在该构件上增加或去除一部分配重的方法来实现。这类转子按照其工作转速和挠曲变形的不同，又分为刚性转子和挠性转子两种。

1. 刚性转子的平衡

取一根钢制转轴置于试验台上并使其转动，在转轴的转速接近某一数值时，通过测量仪

可以观察到轴会产生强烈的振动，同时有相当大的挠曲变形，转子越细长，产生强烈振动和出现较大挠曲变形时的转速相对越低。轴在第一次出现强烈振动时的转速称为轴的一阶临界转速。在一般机械中，转子的刚性都比较好，其共振转速较高，转子的工作转速一般低于(0.6~0.75) n_{c1}(n_{c1} 为转子的一阶临界转速)。在此情况下，转子产生的弹性变形小，故称为刚性转子，其平衡按理论力学中的力系平衡来进行。如果只要求其惯性力平衡，则称为转子的静平衡；如果同时要求其惯性力和惯性力矩平衡，则称为转子的动平衡。本章主要讨论刚性转子的平衡。

2. 挠性转子的平衡

转子会因共振而产生强烈的振动，并出现较大的挠曲变形。这类转子的平衡除要减轻由惯性力引起的动载荷和振动外，还要减轻或消除转子的挠曲变形，其平衡原理是基于弹性梁的横向振动理论。例如，航空涡轮发动机、汽轮机、发电机等中的大型转子，其质量和跨度很大，而径向尺寸却较小，其共振转速较低，而工作转速 n 往往很高[$n \geqslant (0.6 \sim 0.75)n_{c1}$]，故在工作过程中将会产生较大的弯曲变形，从而使其惯性力显著增大。这个问题比较复杂，本章不作为讨论重点。

11.2.2 机构的平衡

当机构中含有做往复运动或一般平面运动的构件时，其所产生的惯性力、惯性力矩无法在构件内部平衡，必须对整个机构的平衡进行系统研究。机构中各构件所产生的惯性力、惯性力矩可以合成为一个作用在机架上的总惯性力和一个总惯性力矩。设法平衡或部分平衡总惯性力和总惯性力矩，消除或降低最终传到机械基础上的不平衡惯性力，这个过程称为机构的平衡。

11.3 刚性转子的平衡计算

为了使转子达到平衡，在转子的设计阶段，尤其是在对高速转子及精密转子进行设计时，必须对其进行平衡计算，以检查其惯性力和惯性力矩是否平衡。若不平衡，则需要在结构上采取措施消除不平衡惯性力的影响，这一过程称为转子的平衡计算。平衡计算按照平衡的内容可以分为静平衡和动平衡两种。

11.3.1 静平衡的计算

转子的径向尺寸 D 与轴向尺寸 b 的比称为径宽比。对于径宽比较大($D/b \geqslant 5$)的刚性转子，如齿轮、盘形凸轮及叶轮等，其轴向尺寸较小，因此可近似认为其质量分布在同一回转平面内。若转子的质心偏离回转轴线，转子转动时偏心质量便会产生离心惯性力，从而在运动副中引起附加动压力。由于偏心质量在转子静态时即可表现出来，因此称为静不平衡。

为了消除刚性转子的静不平衡现象，可以在转子上增加或除去一部分质量，使其质心与回转轴心重合，使转子达到静平衡，此过程称为刚性转子的静平衡。

静平衡计算如图 11-1 所示，一盘状转子具有偏心质量 m_1 和 m_2，各自的回转半径为 r_1 和 r_2，方向如图所示，转子的角速度为 ω，各偏心质量产生的离心惯性力为

$$\boldsymbol{F}_i = m_i \omega^2 \boldsymbol{r}_i \tag{11-1}$$

式中，$\boldsymbol{r}_i$ 表示第 i 个偏心质量的矢径。

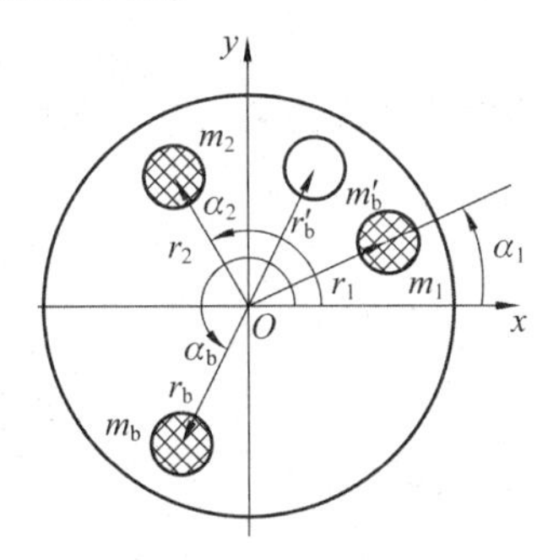

图 11-1　静平衡计算

为平衡这些离心惯性力，在转子上加一平衡质量 m_b，使其产生的离心惯性力 $\boldsymbol{F}_b$ 与各偏心质量的离心惯性力 $\boldsymbol{F}_i$ 相互平衡，即

$$\sum \boldsymbol{F} = \sum \boldsymbol{F}_i + \boldsymbol{F}_b = 0 \tag{11-2}$$

设平衡质量 m_b 的矢径为 $\boldsymbol{r}_b$，则式(11-2)可化为

$$m_1\boldsymbol{r}_1 + m_2\boldsymbol{r}_2 + m_b\boldsymbol{r}_b = 0 \tag{11-3}$$

式中，$m_b\boldsymbol{r}_b$ 称为平衡质径积，为矢量。

下面计算平衡质径积 $m_b\boldsymbol{r}_b$ 的大小和范围。由 $\sum F_x = 0$，$\sum F_y = 0$ 得

$$(m_b r_b)_x = -\sum m_i r_i \cos \alpha_i \tag{11-4}$$

$$(m_b r_b)_y = -\sum m_i r_i \sin \alpha_i \tag{11-5}$$

式中，α_i 是第 i 个偏心质量 m_i 的矢径 $\boldsymbol{r}_i$ 与 x 轴间的夹角(从 x 轴沿逆时针方向计量)，则平衡质径积大小为

$$m_b r_b = \left[(m_b r_b)_x^2 + (m_b r_b)_y^2\right]^{\frac{1}{2}} \tag{11-6}$$

根据转子结构选定 $\boldsymbol{r}_b$（一般适当选大一些)后，即可定出平衡质量 m_b，而其相位角 α_b 为

$$\alpha_b = \arctan\left[\frac{(m_b r_b)_y}{(m_b r_b)_x}\right] \tag{11-7}$$

显然，可以在 $\boldsymbol{r}_b$ 的反方向 $\boldsymbol{r}'_b$ 处除去一部分质量 m'_b 来使转子得到平衡，只要保证 $m_b r_b = m'_b r'_b$ 即可。

根据以上分析，可以得到以下结论。

(1)因为忽略了回转体厚度的影响，故回转体离心惯性力为一平面汇交力系。

(2)静平衡的条件为：分布于转子上的各个偏心质量的离心惯性力的矢量和为零(质径积的矢量和为零)。

(3)对于静不平衡的转子，无论它有多少个平衡质量，都只需在同一平衡面内增加或除去一个平衡质量就可以获得平衡——单面平衡。

11.3.2　动平衡的计算

对于径宽比较小($D/b<5$)的刚性转子[如内燃机曲轴(见图 11-2)、电动机转子和机床主轴]，其偏心质量往往分布在若干个不同的回转平面内。在这种情况下，即使转子的质心在回转轴线上，由于各偏心质量所产生的离心惯性力不在同一回转平面内，将形成惯性力偶，因

此仍然是不平衡的。而且该力偶的作用方位是随转子的回转而变化的，故也会引起机械设备的振动。这种不平衡现象只有在转子运转时才能显示出来，故称其为动不平衡。动不平衡转子如图 11-3 所示，要求其各偏心质量产生的惯性力和惯性力偶矩同时达到平衡。

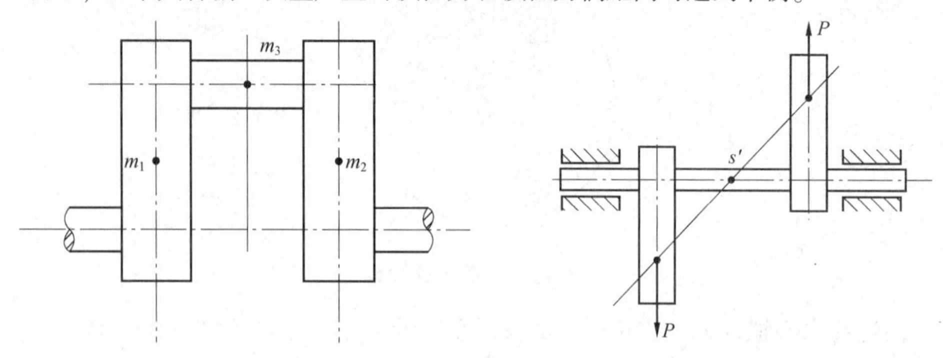

图 11-2　内燃机曲轴　　　　图 11-3　动不平衡转子

动不平衡转子的平衡如图 11-4(a)所示，设已知偏心质量 m_1、m_2 和 m_3 分别位于回转平面 1、2 和 3 内，它们的回转半径分别为 r_1、r_2 和 r_3，方向如图所示。当此转子以角速度 ω 回转时，它们产生的惯性力 P_1、P_2 及 P_3 将形成一空间力系，故转子动平衡的条件是各偏心质量(包括平衡质量)产生的惯性力的矢量和为零，这些惯性力所构成的力矩矢量和也为零，即

$$\sum \boldsymbol{P} = 0,\quad \sum \boldsymbol{M} = 0 \tag{11-8}$$

由理论力学可知，可将力 P 分解成两个分力，如图 11-4(b)所示。为了使转子获得动平衡，首先选定两个回转平面Ⅰ及Ⅱ作为平衡基面，再将各离心惯性力按上述方法分别分解到平衡基面上，这样就把空间力系的平衡问题转化为两个平面汇交力系的平衡问题了。只要

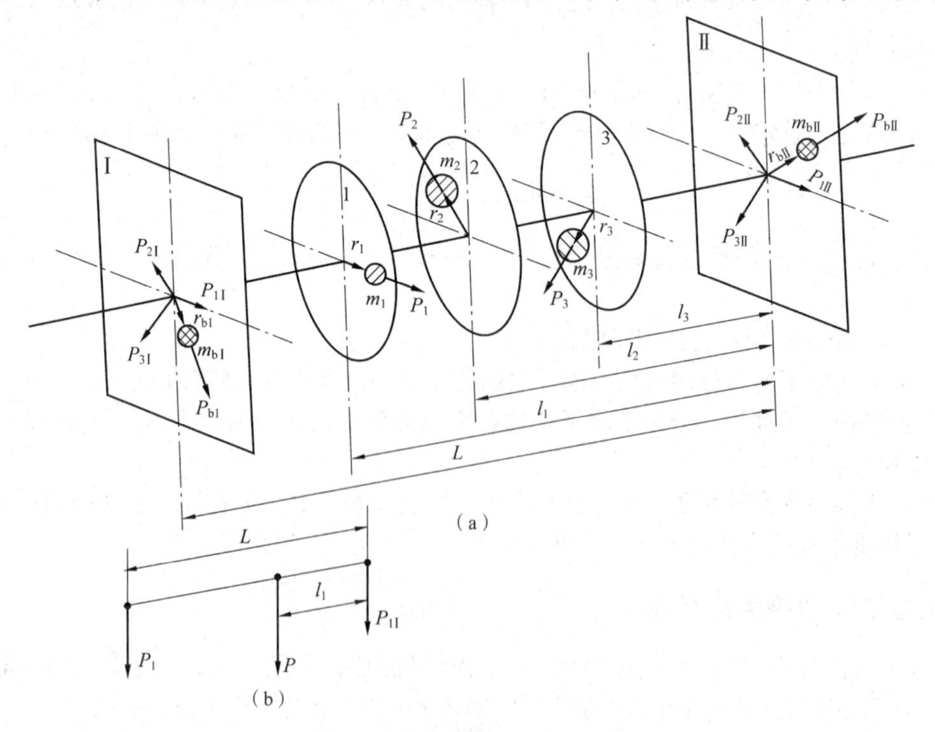

图 11-4　动不平衡转子的平衡

在两个平衡基面内适当地各加一平衡质量，使两平衡基面内的惯性力之和分别为零，这个转子便可达到动平衡。

由以上分析可得出以下结论。

(1)动平衡的条件为：当转子转动时，转子分布在不同平面内的各个质量所产生的空间离心惯性力系的合力和合力矩均为零。

(2)对于动不平衡的刚性转子，无论它有多少个偏心质量，以及分布在多少个回转平面内，都只需在选定的两个平衡基面内增加或除去一个适当的平衡质量，就可以使转子获得动平衡——双面平衡。

(3)动平衡同时满足静平衡的条件，经过动平衡的转子一定静平衡；反之，经过静平衡的转子不一定动平衡。

11.4　刚性转子的平衡试验

经过上述平衡设计的刚性转子在理论上是完全平衡的，但是由于存在制造和装配误差、材质不均匀等，因此实际生产出来的转子还存在动不平衡，这种不平衡需要用试验的方法对其进一步平衡。平衡试验是用试验的方法来确定出转子不平衡量的大小和方位，然后利用增加或除去平衡质量的方法予以平衡。

11.4.1　静平衡试验

除要求良好静平衡的转子应进行静平衡试验外，对于某些要求动平衡的转子，为了避免其初始不平衡量大，旋转时会发生过大振动，从而引发意外事故或使动平衡设备受到损害，故在进行动平衡前也需要先进行静平衡试验。

对转子进行静平衡试验的目的是使转子的质心落在其回转中心上，为此可采用图 11-5 所示的装置把转子支承在两水平放置的摩擦很小的导轨上。当转子存在偏心质量时，就会在支承上转动直至质心处于最低位置时为止，这时可在质心相反的方向上加上校正平衡质量，再重新使转子转动，反复增减平衡质量，直至转子在支承上呈随遇平衡状态，说明转子已达到静平衡。

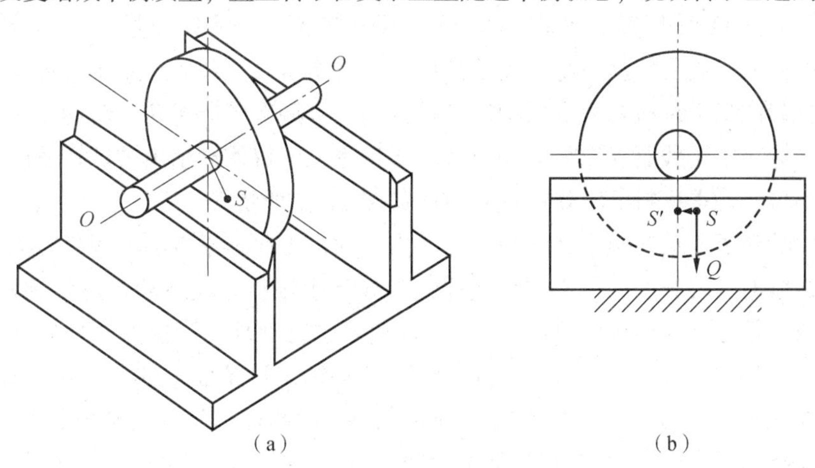

图 11-5　静平衡试验装置示意图

上述静平衡试验设备结构简单，操作容易，也能达到一定的平衡精度，但需经过多次反复试验，故工作效率较低。因此，对于批量转子的平衡，需要能迅速地测出转子不平衡质径积大小和方位的平衡设备。图 11-6(a)所示为一种满足此要求的平衡机。它类似于一个可朝任何方向倾斜的单摆，当将不平衡的转子安装到该平衡机的台架上后，该摆架将产生倾斜，如图 11-6(b)所示。其倾斜方向显示出了不平衡质径积的方位，倾斜的摆角则给出了不平衡质径积的大小。

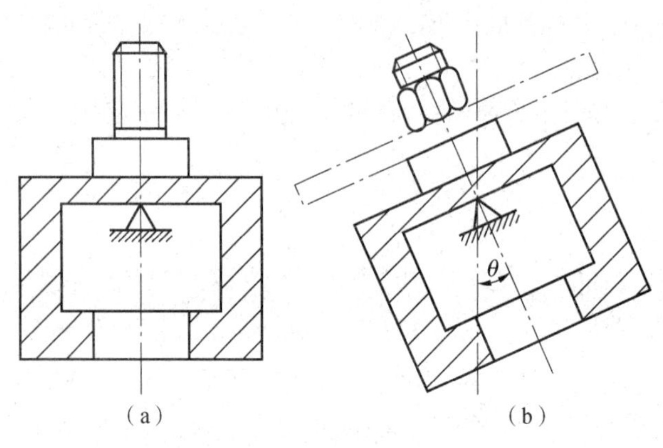

图 11-6　平衡机示意图

对于某些大中型的低速回转构件(如大型水轮机的转轮)，往往也需要做静平衡试验。但由于这类构件往往重达数十吨，有时甚至上百吨，因而难以找到相应的巨型静平衡机。目前一般采用的办法是利用液压支承装置将其支撑起来，通过压力传感器测出各支撑点的压力，再根据各压力传感器所受的压力，借助计算机辅助系统计算出该构件的不平衡量的大小和方位。

11.4.2　动平衡试验

转子的动平衡试验一般需在专用的动平衡机——转子动平衡机上进行。各种动平衡机有不同的形式，构造及工作原理也不尽相同，如通用平衡机、专用平衡机(包括陀螺平衡机、曲轴平衡机等)，但其作用都是测定需加于两个平衡基面中的平衡质量的大小及方位，并进行校正。动平衡机主要由驱动系统、支承系统、测量指示系统和校正系统等部分组成。当前工业上使用较多的动平衡机是根据振动原理设计的，测振传感器将转子转动所引起的振动转换成电信号，通过电子线路加以处理和放大，最后用电子仪器显示出被试转子的不平衡质径积的大小和方位。动平衡机的工作原理示意图如图 11-7 所示。

将被试验的转子 4 放在两个弹性支撑上，由电动机 1 通过带传动 2 和双万向联轴器 3 驱动其转动。试验时，转子上的偏心质量使弹性支撑产生振动。此振动通过传感器 5、6 转变为电信号，两电信号同时传到解算电路 7，它对信号进行处理，以消除两平衡基面之间的相互影响。信号再经选频放大器 8 放大，并由仪表 9 显示出该基面上的不平衡质径积的大小。放大后的信号又经过整形放大器 10 转变为脉冲信号，并将此信号送到鉴相器 11 的一端。鉴相器的另一端接收来自光电头 12 和整形放大器 13 的基准信号，它的相位与转子上的标记 14 对应。鉴相器两端信号的相位差由相位表 15 读出。可以标记 14 为基准，确定出偏心质量的相位，再用选择开关对另一平衡基面进行平衡。

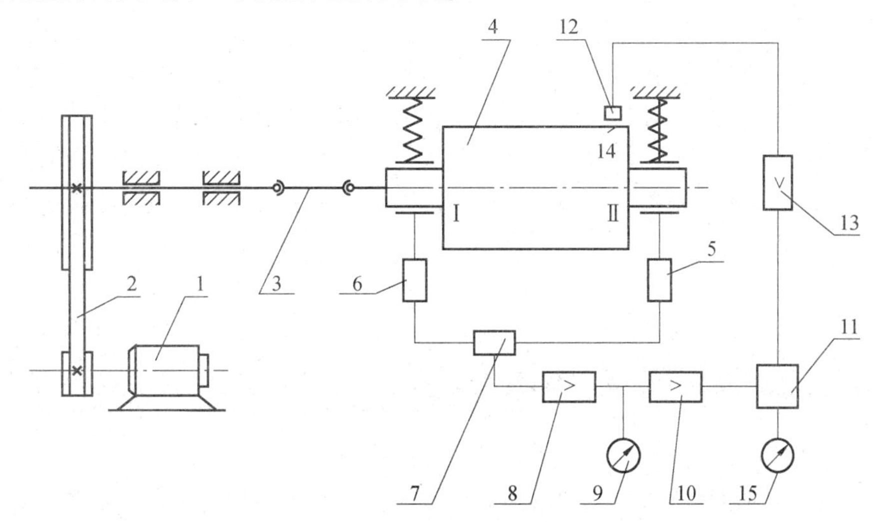

1—电动机；2—带传动；3—双万向联轴器；4—转子；5、6—传感器；7—解算电路；8—选频放大器；9—仪表；10、13—整形放大器；11—鉴相器；12—光电头；14—标记；15—相位表。

图 11-7 动平衡机的工作原理示意图

随着汽车行驶速度的不断提高，人们对乘坐舒适性的要求也日益提高。汽车出厂前和销售后，需要定期对车轮进行动平衡调整。图 11-8 所示为对车轮进行动平衡调整的轮胎动平衡机。将需要平衡的车轮整体(包括轮胎和轮毂)安装在主轴上，主轴正对应变梁。轮胎固定好后，电动机通过皮带拖动轮胎旋转，到达预定转速后脱开电动机，轮胎自由旋转，这时水平传感器和垂直传感器同时输出信号给计算机，计算机即可计算出两平衡基面上所需的平衡质径积的大小和方位，并通过图形在仪表板上直观显示。操作者按照提示，在轮毂两侧的边缘粘贴合金制成的特定质量的平衡块，保证汽车车轮在高速的行驶过程中获得比较好的动平衡特性，确保汽车行驶的稳定性和舒适性。轮胎动平衡机由于价格便宜，操作简便，已经在修车行业广泛应用。

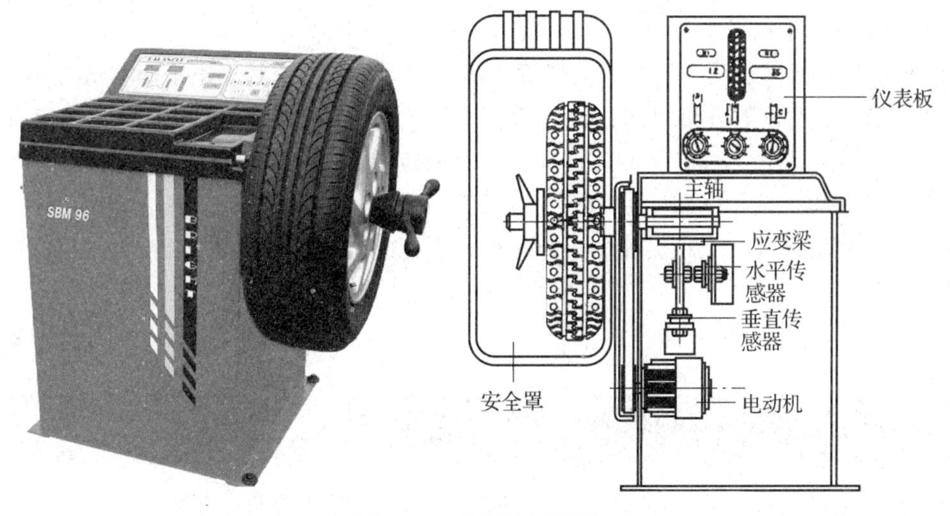

图 11-8 轮胎动平衡机

11.4.3 现场平衡

对于一些尺寸非常大或转速很高的转子，一般无法在专用动平衡机上进行动平衡调整。即使可以达到平衡，但由于装运、蠕变、温度或电磁场等的影响，仍会发生微小变形，从而造成不平衡。在这种情况下，一般进行现场平衡。现场平衡就是通过直接测量机器中转子支架的振动，来确定其不平衡量的大小及方位，进而确定应增加或减去的平衡质量的大小及方位，使转子达到平衡。

11.5 挠性转子的动平衡简介

随着机械、电力工业的发展，高速转子的应用越来越广泛。当转子的工作转速超过第一临界转速时，由离心惯性力所引起的弯曲变形增加到不可忽略的程度，且其变形量随转速变化，这类转子称为挠性转子。

对于单圆盘挠性转子，设不平衡质量为 m，偏距为 e，圆盘位于轴中央。当转子以角速度 ω_0 转动时，在离心惯性力 F_0 的作用下，圆盘处的动挠度为 y_0。在两端的两个平衡平面上相同的向径处各加一个相同的平衡质量，使 $F = F_1 + F_2 = 2F_0$，即

$$m(y_0 + e)\omega_0^2 = 2m_1 r\omega_0^2 \tag{11-9}$$

式中，m_1 为平衡平面 1 内的偏心质量；r 为回转半径。上式只有在角速度为 ω_0 时成立。

由以上分析可知，挠性转子动平衡的特点如下。

(1) 由于存在随角速度变化的动挠度 y_0，因此在一个角速度平衡好的转子，不能保证在其他角速度下仍处于平衡状态。

(2) 消除或减小转子的支承动反力并不一定能减小转子的弯曲变形程度，而明显的动挠度对转子具有不利影响。因此，对于挠性转子，不仅要平衡其离心惯性力，减少或消除支承动反力，还要尽量消除其挠度。

挠性转子的动平衡要解决以下两个问题。

(1) 根据转子运转过程中测得的动挠度或对支承的动压力，找出不平衡量的分布规律。

(2) 根据不平衡量的分布规律，确定所需平衡质量的大小、相位和沿轴向的安放位置，以消除或减少支承动压力和转子的动挠度，并保证转子在一定转速范围内平稳运转。

要同时解决以上两个问题，使用刚性转子双面平衡法是不行的，应根据转子弹性变形的规律采用多平衡面，并在几种转速下进行平衡。因此，挠性转子的动平衡也叫多面平衡或振型平衡。

11.6 平面机构的平衡

绕定轴转动的构件(转子)所产生的惯性力可设法在构件自身上平衡，但对于机构中做往复运动或平面复合运动的构件，其惯性力不可能在构件自身上平衡，必须研究整个机构的

平衡。具有往复运动构件的机构在工程中经常使用，如汽车发动机、活塞式压缩机、振动剪床等。这些机构的速度都比较高，或者惯性都比较大，其平衡问题常常成为影响产品质量的关键问题。

机构运动时，各构件所产生的惯性力可合成为一个通过机构质心的总惯性力和一个总惯性力矩，它们由机架承受。为了消除机架上的动压力，就必须设法平衡总惯性力和总惯性力矩。一般情况下，机构平衡的条件是作用于机构质心的总惯性力 F_I 和总惯性力矩 M_I 分别为零，即 $F_I=0$，$M_I=0$。不过，在实际的平衡问题中，总惯性力矩对机架的影响应当与外加的驱动力矩和阻抗力矩一并研究。但驱动力矩和阻抗力矩与机械的工作性质有关，平衡惯性力矩大部分没有意义，因此在机构平衡研究中一般只关注总惯性力的平衡问题。

设机构的总质量为 m，质心 S 的加速度为 a_S，可得机构的总惯性力 $F_I=-ma_S$。因为质量 m 不可能为零，所以要使总惯性力 F_I 为零，必须使加速度 a_S 为零，即应使机构的质心不动。根据这个推论，对机构进行惯性力平衡时，可用增加平衡质量等方法，使机构的质心静止位置不变。但在实际工程中，有时候完全平衡惯性力很困难，因此一般进行部分平衡。

11.6.1　完全平衡

对于有些机构，可通过在构件上附加平衡质量的方法实现总惯性力的完全平衡。常用的确定平衡质量的方法有质量代换法和对称机构平衡法等。

1. 质量代换法

质量代换法的思路是将构件的质量以若干集中质量代换，并使其产生的动力学效应与原构件的动力学效应相同。构件的惯性力和惯性力矩如图 11-9 所示，设构件的质量为 m，对其质心 S 的转动惯量为 J_S，则其惯性力 F_I 的 x、y 方向分量及其惯性力矩分别为

$$\begin{cases}F_x=-m\ddot{x}_S\\F_y=-m\ddot{y}_S\\M_I=-J_S\alpha\end{cases}\tag{11-10}$$

式中，$\ddot{x}_S$ 和 $\ddot{y}_S$ 分别为质心 S 的 x、y 方向加速度分量；α 为构件的角加速度。

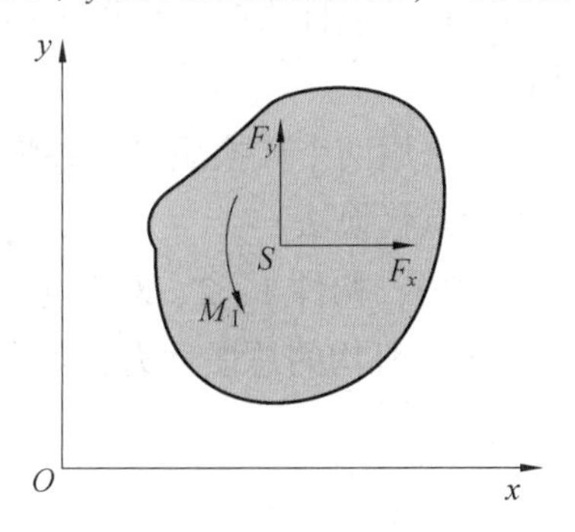

图 11-9　构件的惯性力和惯性力矩

假设以 n 个集中质量 m_1，m_2，…，m_n 代换原构件的质量 m，要求代换前后动力学效应相同，则应使各代换质量的惯性力的合力等于原构件的惯性力，且各代换质量对构件质心的

惯性力矩之和等于原构件对质心的惯性力矩。因此，代换应满足以下 3 个条件。

(1)各代换质量之和与原构件的质量相等，即

$$\sum_{i=1}^{n} m_i = m \tag{11-11}$$

(2)各代换质量的总质心与原构件的质心重合，即

$$\begin{cases} \sum_{i=1}^{n} m_i x_i = m x_S \\ \sum_{i=1}^{n} m_i y_i = m y_S \end{cases} \tag{11-12}$$

式中，x_S、y_S 分别为构件质心 S 的 x、y 方向坐标；x_i、y_i 分别为第 i 个代换质量的 x、y 方向坐标。

(3)各代换质量对质心的转动惯量之和与原构件对质心的转动惯量相等，即

$$\sum_{i=1}^{n} m_i[(x_i - x_S)^2 + (y_i - y_S)^2] = J_S \tag{11-13}$$

对时间求导两次，可得

$$\begin{cases} -\sum_{i=1}^{n} m_i \ddot{x}_i = - m\ddot{x}_S \\ -\sum_{i=1}^{n} m_i \ddot{y}_i = m\ddot{y}_S \end{cases} \tag{11-14}$$

该式左端为各代换质量对构件质心的惯性力矩之和，右端为原构件的惯性力矩。显然，只有满足此条件，代换前后惯性力矩才能相等。

满足上述 3 个条件时，各代换质量所产生的总惯性力、总惯性力矩分别与原构件的惯性力、惯性力矩相等，这种代换称为质量动代换。若只满足前两个条件，则各代换质量所产生的总惯性力与原构件的惯性力相等，而惯性力矩不等，这种代换称为质量静代换。

注意：质量动代换后，各代换质量的动能之和与原构件的动能相等，而质量静代换后，两者的动能并不相等。当仅需平衡机构的惯性力时，可以采用质量静代换。若需同时平衡机构惯性力矩，则需采用质量动代换。

为了方便计算，工程实际中通常采用两个代换质量，并将代换点选在运动参数容易确定的点上，如构件的转动副中心，即两点代换法。

在图 11-10 所示的铰链四杆机构中，构件 1、2、3 的质量分别为 m_1、m_2、m_3，其质心分别位于点 S_1、S_2、S_3。为了完全平衡机构的总惯性力，可先将构件 2 的质量 m_2 代换为 B、C 两点处的集中质量，即

$$\begin{cases} m_B = \dfrac{l_{CS_2}}{l_{BC}} m_2 \\ m_C = \dfrac{l_{BS_2}}{l_{BC}} m_2 \end{cases} \tag{11-15}$$

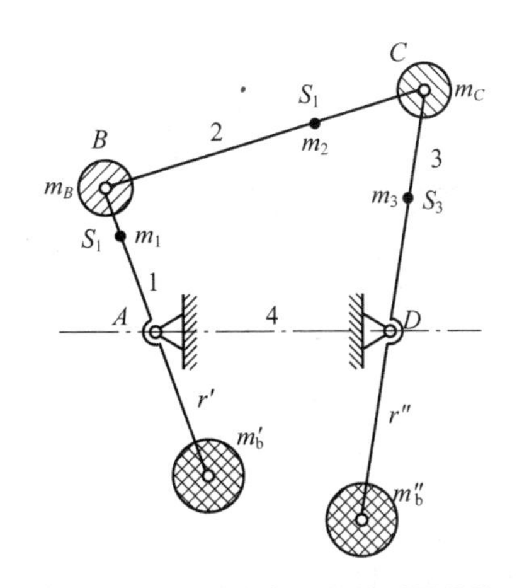

图 11-10　铰链四杆机构的质量代换

在构件 1 的延长线上加一个平衡质量 m_b'，并使 m_b'、m_1 和 m_B 的质心位于点 A。如果 m_b' 的中心至点 A 的距离为 r'，则 m_b' 的大小可由下式确定

$$m_b' = \frac{m_B l_{AB} + m_1 l_{AS_1}}{r'} \tag{11-16}$$

同理，在构件 3 的延长线上加一个平衡质量 m_b''，并使 m_b''、m_3 和 m_C 的质心位于点 D，则平衡质量 m_b'' 为

$$m_b'' = \frac{m_C l_{CD} + m_3 l_{DS_3}}{r''} \tag{11-17}$$

式中，r'' 为 m_b'' 的中心至点 D 的距离。

由此，包括平衡质量 m_b''、m_b' 在内的整个机构的总质量为

$$m = m_A + m_D \tag{11-18}$$

式中，$m_A = m_1 + m_B + m_b'$，$m_D = m_3 + m_C + m_b''$。

由此，机构的总质量 m 相当于集中在 A、D 两个固定点处，机构的总质心 S 应位于直线 AD(即机架)上，并有

$$\frac{l_{AS}}{l_{DS}} = \frac{m_D}{m_A} \tag{11-19}$$

那么，当机构运动时，总质心 S 静止不动，即 $a_S = 0$，该机构的总惯性力得到了完全平衡。

质量动代换需要同时平衡机构的惯性力和惯性力矩，由式(11-11)~式(11-13)可得到其平衡条件。

2. 对称机构平衡法

在图 11-11 所示的机构中，因为左、右两部分相对点 A 完全对称，所以可使惯性力在点 A 的动压力得到完全平衡。由此可见，利用对称机构可得到很好的平衡效果，但会使机构更复杂。

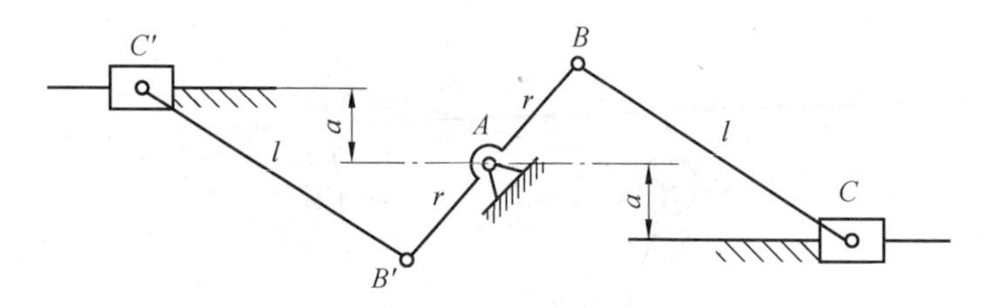

图 11-11　利用对称机构平衡惯性力

11.6.2　部分平衡

1. 利用平衡质量部分平衡

对图 11-12 所示的曲柄滑块机构进行部分平衡，可先将连杆的质量 m_2 用集中在点 B 的质量 m_{2B} 和集中在点 C 的质量 m_{2C} 代换，将曲柄 1 的质量 m_1 用集中在点 B 的质量 m_{1B} 和集中在点 A 的质量 m_{1A} 代换。因为点 A 固定不动，所以集中在质量 m_{1A} 上的惯性力为零。可见，机构的总惯性力仅有两部分：集中在点 B 的质量（$m_B = m_{1B} + m_{2B}$）所产生的离心惯性力 F_B 和集中在点 C 的质量（$m_C = m_3 + m_{2C}$）所产生的往复惯性力 F_C。为了完全平衡 F_B，只需在曲柄的延长线上加一平衡质量 m'_b，并满足关系 $m'_b r = m_B l_{AB}$ 即可。

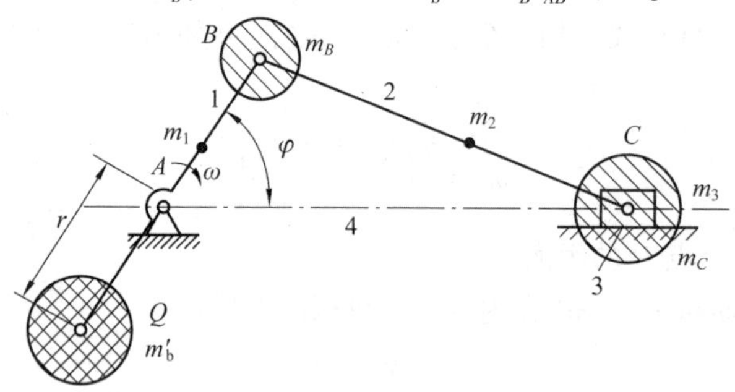

图 11-12　利用平衡质量部分平衡曲柄滑块机构

往复惯性力 F_C 的大小随曲柄转角 φ 变化，其平衡很重要，但不像平衡离心惯性力 F_B 那么简单。对机构进行运动分析，可得到点 C 的加速度方程式，将其用级数展开，并取前两项，得

$$a_C = -\omega^2 l_{AB}\left(\cos\varphi + \frac{l_{AB}}{l_{BC}}\cos 2\varphi\right) \tag{11-20}$$

因而集中质量所产生的往复惯性力为

$$F_C = -m_C a_C = m_C \omega^2 l_{AB}\cos\varphi + m_C\frac{l_{AB}}{l_{BC}}\cos 2\varphi \tag{11-21}$$

上式舍去了更高阶的惯性力，保留的两项分别称为一阶惯性力和二阶惯性力。由于二阶惯性力比一阶惯性力小很多，因而通常只考虑一阶惯性力，即

$$F_C = -m_C a_C = m_C \omega^2 l_{AB}\cos\varphi \tag{11-22}$$

同理，为了平衡往复惯性力 F_C，可在曲柄的延长线上再加上一个平衡质量 m''_b，且满足 $m''_b r = m_C l_{AB}$。平衡质量所产生的离心惯性力 F'' 可以分解为一个水平分力 F''_H 和一个垂直分力 F''_V，即

$$\begin{cases} F''_{\mathrm{H}} = -\ m''_{\mathrm{b}}\omega^2 r\cos\ \varphi \\ F''_{\mathrm{V}} = -\ m''_{\mathrm{b}}\omega^2 r\sin\ \varphi \end{cases} \tag{11-23}$$

由于 $m''_{\mathrm{b}}r = m_C l_{AB}$，因此只要 $F''_{\mathrm{H}} = -F_C$，即可将往复惯性力 F_C 平衡。但此时又出现一个垂直的不平衡力 F''_{V}。如果取 $F''_{\mathrm{H}} = -(1/3 \sim 1/2)F_C$，那么既可以减少往复惯性力 F_C 的不良影响，又可以使垂直方向上产生的新的不平衡惯性力 F''_{V} 不致太大，对机械的工作更有利。

对于四缸、六缸、八缸发动机来说，若各活塞和连杆的质量取得一致，在各缸适当排列下，往复质量之间即可自动达到力与力矩的完全平衡。为此，对同一台发动机，应选用相同质量的活塞，各连杆的质量、质心位置也应保持一致。故在一些高质量发动机的生产中，采用了全自动连杆质量调整机、全自动活塞质量分选机等先进设备。

2. 利用平衡机构部分平衡

在图 11-13 所示的机构中，当曲柄 AB 转动时，滑块 C 和 C' 的加速度方向相反，因此它们的惯性力方向相反，可以相互抵消一部分，从而达到部分平衡。

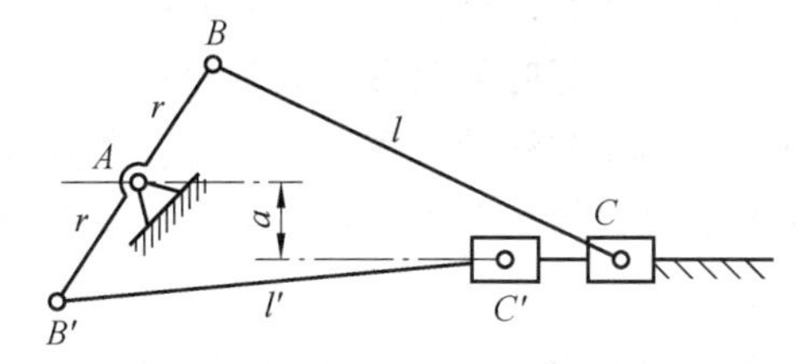

图 11-13　利用平衡机构部分平衡

3. 利用弹簧部分平衡

在机构中设置附加弹簧，可以改善机构的某些力学特性问题。与利用平衡质量的方法相比，此方法具有结构简化、减少全机质量，安装调试方便等优点。

通过合理选择弹簧的刚度系数和安装位置，可以使连杆 BC 的惯性力得到部分平衡，如图 11-14 所示。

机械的平衡往往既有转子不平衡，又有机构不平衡，设计中应统一考虑，通过优化获得最优设计。要获得高品质的平衡效果，只在最后做机械平衡的检测与校正是不够的，必须在机械的设计、生产全过程中都关注平衡问题。

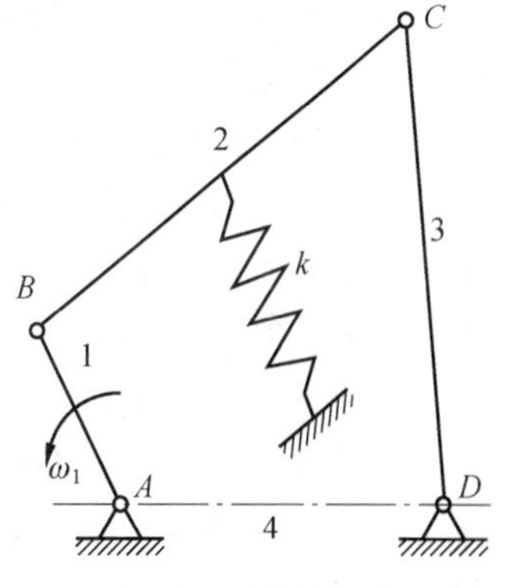

图 11-14　利用弹簧部分平衡

解决航空发动机难题的“大国工匠”洪家光

中华文明源远流长，无数科技和发明走在世界前列。例如，墨子利用杠杆和滑轮发明了“连发弩炮”“转移机”等防御车辆，比西方的阿基米德发明同类装置早了整整 200 年。中国航天之父钱学森推动了中国核弹的研制，使 20 年才能完成的项目加速完成。这样的人还有很多，无论在哪个时代，中国都人才辈出。国家的繁荣昌盛离不开这些为国争光的人。

洪家光就是一位顶尖的“大国工匠”，他一手解决了当时中国航天事业的难题——航空发动机的精度问题。洪家光凭借“大国工匠”顽强不屈的精神，克服了这个世界级的难关。

洪家光1979年出生于东北。虽然家境贫寒，但他从小勤奋好学，学习成绩一直名列前茅。高考后，由于家庭经济条件的限制，他没有选择继续读大学，而是选择了上技校，希望尽快开始工作，减少家里的负担。

他做事一丝不苟，兢兢业业，即使是在技校就读，也没有因此颓废。当时，技校的学生大多是毕业后成为在车间组装零件的工人。因此，大部分学生都在学校里“混日子”。洪家光和别人不一样，在别人玩得开心的时候，他依然认真完成学业，坚持学习，遇到不懂的问题及时向老师请教。下课后，他经常到图书馆废寝忘食地学习，增长专业知识和技术水平。

凭着好手艺，洪家光毕业后被分配到中国航天科技集团工作。起初，洪家光非常兴奋，认为工作环境会很好。但事与愿违，车间的工作环境不好，机器噪声很大，而且到处都充斥着机油味。

虽然心里有些失落，但洪家光很快就打起了精神，他觉得这里是学习知识的好地方。工作期间，他兢兢业业，认真完成工作后，他会在空闲时间观看其他同事进行机器操作。车间里有很多经验丰富的工匠，洪家光一有时间就会在旁边学习。很快，洪家光就能熟练地操作车间里的各种机器。在车间里，他经常帮助同事解决问题，大大提高了车间的工作效率。

后来，上级看中他吃苦耐劳的精神和精湛的技术水平，委派给他一个重任——改进航空发动机的叶片。

众所周知，发动机在机器中占据核心地位。如果发动机不完善，整个机器就有可能报废。因此，对当时寿命普遍不长的航空发动机进行改进是一项十分重要的任务。

洪家光需要改进发动机叶片中的“金刚石滚轮”，使它们之间的误差不超过0.003 mm。当时，在全国范围内也很难找到能胜任这项工作的人，可见这项工作的艰巨性。尽管如此，洪家光并不害怕，他开始夜以继日地研究和改进这个项目。他虽然失败了无数次，但从未放弃。

最终，经过无数个日夜的研究，洪家光终于突破了当时航空发动机的难关，制造出了误差不超过0.003 mm的航空发动机，他也凭借这一成果获得了2017年的国家科学技术进步奖。从此，39岁的洪家光成为当之无愧的“大国工匠”。此后，他又陆续攻克了多项技术难关，取得了一系列成绩。

随着我国国际地位和经济水平的不断提高，建设“高、精、尖”领域需要更多的科技人才。在航天事业建设中，洪家光用扎实的理论知识和顽强的拼搏精神，克服了重重困难和障碍。像他这样优秀的人才，很多企业不惜重金聘请，但他不为所动，继续在自己的岗位上为国家的事业贡献力量。

洪家光一开始只是一个普通的技校学生，后来也只是一个普通的车间工人，但正是因为不屈不挠、精益求精的精神，他才一直坚持到现在，成为“大国工匠”，取得了巨大的成就。因此，我们应该看到，辉煌背后是坚持不懈的努力。

本章小结

本章主要讲解了高速、精密机械的平衡问题，为了增加机械的寿命，提高其惯性力的影响，需要对机械进行平衡处理。机械平衡主要研究的是转子的平衡和机械的平衡，其中的刚性转子平衡问题是本章研究的重点。挠性转子和机械的平衡因为比较复杂，本章没有进行深入阐述。通过采用平衡计算和平衡试验的方法，对刚性转子进行平衡调整，可以达到相关设计目标。平面机构的平衡可以采用附加平衡质量法、对称机构平衡法和附加弹簧等方法进行处理。

习题

11-1　什么是静平衡？什么是动平衡？静平衡、动平衡各自至少需要几个平衡平面？力学条件各是什么？

11-2　动平衡的构件一定是静平衡的，反之亦然，这种说法对吗？为什么？在题 11-2 图所示的两根曲轴中，设各曲拐的偏心质径积均相等，且各曲拐均在同一轴平面上，试说明两者各处于何种平衡状态。

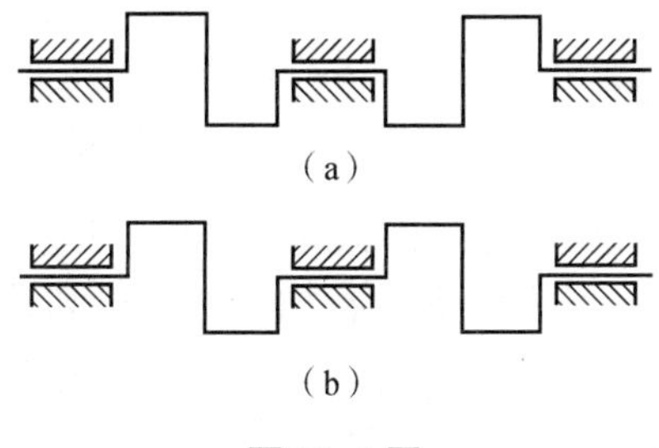

题 11-2 图

11-3　既然动平衡的构件一定是静平衡的，为什么一些制造精度不高的构件在做动平衡之前需要先做静平衡？

第十二章 机械系统的方案设计

12.1 引 言

机械设计是根据使用要求对机械的工作原理、结构、运动方式、力和能量的传递方式、各个零件的材料和形状尺寸、润滑方法等进行构思、分析和计算，并将其转化为具体的描述，以作为制造依据的工作过程。

机械设计是机械工程的重要组成部分，是机械生产的第一步，是决定机械性能最主要的因素。机械设计的目标：在各种限定的条件(如材料、加工能力、理论知识和计算手段等)下，设计出最好的机械，做出最优的设计。进行优化设计需要综合考虑许多要求，一般包括最好工作性能、最低制造成本、最小尺寸和质量、最大可靠性、最低消耗和最少环境污染。这些要求经常是相互矛盾的，而且它们之间的相对重要性也会因机械种类和用途的不同而不同。设计者的任务是根据具体情况，权衡轻重，统筹兼顾，使设计的机械有最优的技术和经济效果。过去，设计的优化主要依靠设计者的知识、经验和远见来实现。随着机械工程基础理论和价值工程、系统分析等新学科的发展，制造和使用的技术经济数据资料的积累，以及计算机的推广应用，优化设计已逐渐舍弃主观判断而依靠科学计算来完成。

一般说来，机械传动系统方案设计的主要内容和步骤如下：

(1)根据机械预期完成的生产任务，确定机械系统的基本参数；

(2)确定各执行构件和原动件的运动形式和运动参数；

(3)合理选择机构类型，拟订机械的组合方案；

(4)画出协调这些机构运动先后顺序的运动循环图；

(5)对所选的方案进行运动学、动力学综合，确定相应的机构尺寸，完成系统运动简图的设计。

机械传动系统方案设计是进行结构与强度设计、工艺设计的基本依据。方案设计的合理性直接关系到机械的工作性能和质量，关系到结构的繁简和技术的先进性，也关系到经济的合理性及使用的安全可靠性等。因此，机械传动系统方案设计是机械设计十分重要的环节。

本章主要讨论机械工作原理的拟订、执行构件的运动设计和原动机的选择、机构的选型和变异、机构的组合等方面的内容。通过本章的学习，读者可以掌握机械传动系统方案的拟订及机构选型等方面的基本知识。

12.2　机械工作原理的拟订

根据机械产品所要实现的某种功能，拟订与实现该功能有关的工作原理，是设计出新颖、巧妙、高效的机械系统的关键。

工作原理设计的任务，就是根据机械预期实现的功能要求，构思出所有可能的工作原理，加以分析比较，并根据使用要求或者工艺要求，从中选择出既能很好地满足功能要求、工艺动作又简单的工作原理。

要实现同一种功能要求，可以采用不同的工作原理。例如，螺纹加工可以采用车削加工、铣削加工、搓丝加工等工作原理。由此可考虑图 12-1 所示的 5 种工作原理，图 12-1(a)所示为车削加工，图12-1(b)所示为铣削加工，图 12-1(c)、(d)、(e)所示为利用滚压进行搓丝加工。设计者应根据使用条件，从螺纹加工的强度、数量、成本等方面选择合适的工作原理。

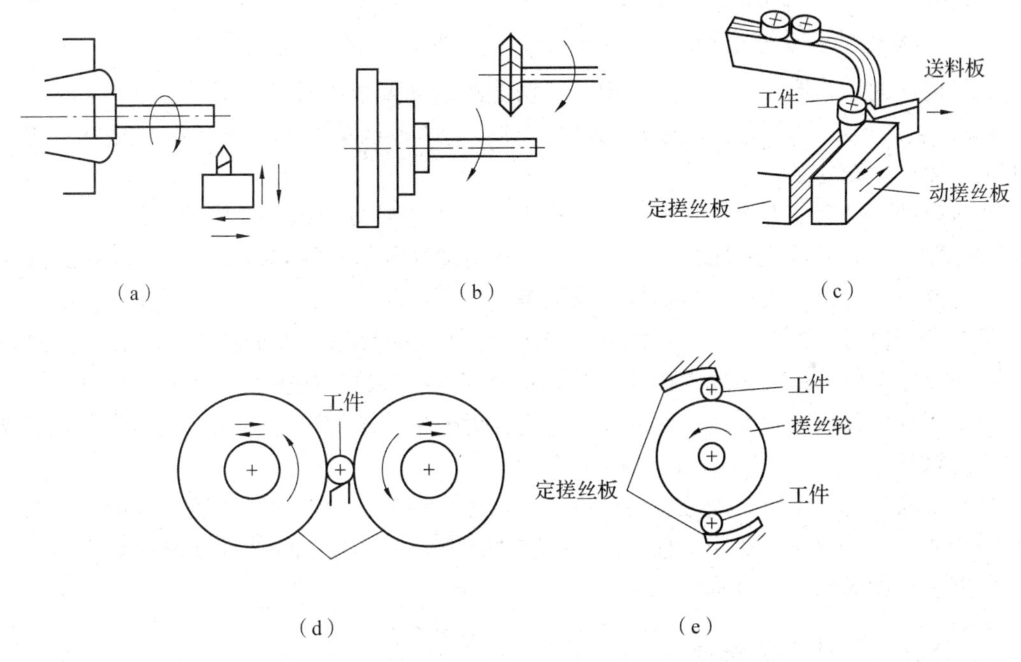

图 12-1　螺纹加工工作原理

(a)车削加工；(b)铣削加工；(c)、(d)、(e)利用滚压进行搓丝加工

即使采用同一种工作原理，也可以拟订几种不同的工艺动作及运动方案。例如，在滚齿机上用滚刀切制齿轮和在插齿机上用插刀切制齿轮虽都属于范成加工工作原理，但由于所用的刀具不同，因此两者的机械运动方案也不一样。

在拟订工作原理时，思路要开阔，不要局限于某一领域，要拓展到机、电、光、气、液等相关领域，要利用发散思维，考虑可完成功能要求的各种可能性，用最简单的方法实现功能要求。

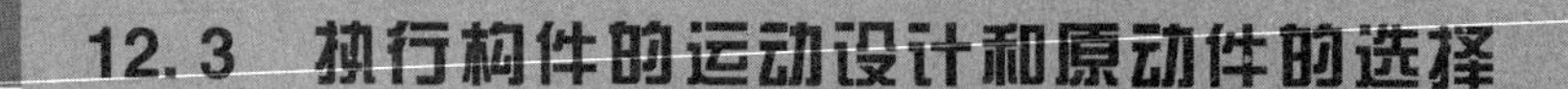

12.3 执行构件的运动设计和原动件的选择

根据拟订的工作原理和工艺动作过程，确定执行构件的数目、运动形式、运动参数及运动协调关系，并选择恰当的原动件的类型和运动参数与之匹配，这是机械系统方案设计的重要一环。

12.3.1 执行构件的运动设计

1. 执行构件的数目

执行构件的数目取决于机械分功能(或分动作)的数目，但构件数目和分功能(或分动作)数目不一定相等，要针对机械的工艺过程及结构复杂性等进行具体分析。例如，在立式钻床中，可采用两个执行构件(钻头和工作台)分别实现钻削和进给功能，也可采用一个执行构件(钻头)同时实现钻削和进给功能。

2. 执行构件的运动形式和运动参数

执行构件的运动形式取决于要实现的分功能的运动要求。常见的运动形式有回转(或摆动)运动、直线运动、曲线运动及复合运动 4 种。前两种运动形式是最基本的简单运动，后两种则是简单运动的复合。

回转运动可分为如下 3 种：连续回转运动，其运动参数为每分钟转数；间歇回转运动，其运动参数为每分钟转位的次数、转角的大小和运动系数等；往复摆动，其运动参数为每分钟摆动的次数、摆角的大小和行程速比系数等。

直线运动也可分为如下 3 种：往复直线运动，其运动参数为每分钟的行程数、行程的大小和行程速比系数等；带停歇的往复直线运动，其运动参数为在机械的一个工作循环中的停歇次数、停歇位置、停歇时间、行程和工作速度等；带停歇的单向直线运动，其运动参数为每次的进给量等。

当执行构件的运动形式确定后，还要确定其运动参数，如连续回转运动的转速、往复摆动的摆角大小及行程速度变化系数等。执行构件运动形式和参数的选择涉及较复杂的专业知识，本书不再做更深入的讨论。

12.3.2 原动件的选择

原动件的运动形式主要是回转运动和往复直线运动。当采用电动机、液压马达和气动马达等作为原动件时，原动件做回转运动；当采用往复式油缸或气缸等作为原动件时，原动件做往复直线运动。

原动件选择是否恰当，对整个机械的性能、机械传动系统的组成及其繁简程度有直接影响。因此，在同样的执行构件运动形式下，采用不同的原动件形式，要求选用不同的执行构件。表 12-1 列出了常用原动件的运动形式，表 12-2 列出了采用不同原动件实现某一执行构件运动形式可使用的机构形式。

表 12-1　常用原动件的运动形式

运动形式	原动件类型	性能与特点
连续回转运动	电动机 内燃机	结构简单、维修方便、单机容量大、机动灵活、价格便宜，但初始成本高
往复直线移动	直线电动机 活塞式液压缸或气缸	结构简单且紧凑、维修方便、调速容易、速度低，但运转费用较高
往复摆动	双向电动机 摆动式液压缸或气缸	结构简单且紧凑、维修方便、调速容易、速度低，但运转费用较高

表 12-2　采用不同原动件实现某一执行构件运动形式可使用的机构形式

原动件类型	执行构件运动形式	可采用的执行机构的形式
电动机	连续回转运动	双曲柄机构、齿轮机构、转动导杆机构、万向联轴器等
电动机	往复摆动	曲柄摇杆机构、摆动导杆机构、摆动从动件凸轮机构等
电动机	往复直线移动	曲柄滑块机构、直动从动件凸轮机构、齿轮齿条机构等
电动机	单向间歇回转运动	槽轮机构、曲柄摇杆机构与棘轮机构的组合、不完全齿轮机构等
摆动式液压缸或气缸	单向间歇回转运动	棘轮机构、曲柄摇杆机构与槽轮机构的组合、曲柄摇杆机构与不完全齿轮机构的组合等
摆动式液压缸或气缸	往复摆动	平行四边形机构、曲柄摇杆机构、双摇杆机构、双曲柄机构等

12.4　机构的选型和变异

12.4.1　机构的选型

所谓机构的选型，是指利用发散思维的方法，将前人创造的各种机构按照运动特性或可实现的功能进行分类，然后根据原理方案确定的运动规律进行搜索、比较和选择，最终选出合适的机构形式。

1. 传递连续回转运动的机构

常用的传递连续回转运动的机构有以下 3 类。

(1)摩擦传动机构：包括带传动、摩擦轮传动[见图 12-2(a)]等。其优点是结构简单、传动平稳、易于实现无级变速[图 12-2(b)、(c)所示就是两种形式的摩擦无级变速器]、有过载保护作用；缺点是传动比不准确、传递功率小、传动效率较低等。

(2)啮合传动机构：包括齿轮传动、蜗杆传动、链传动及同步带传动等。链传动通常用在传递距离较远、对传动精度要求不高且工作条件恶劣的地方。同步带传动兼有带传动能缓冲减振和齿轮传动比准确的优点，且传动轻巧，故其在中小功率装置中的应用日益增多。

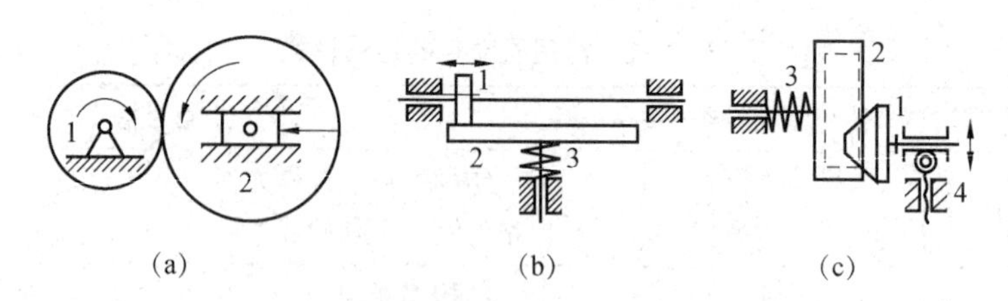

图 12-2　摩擦传动机构

(a)摩擦轮传动；(b)摩擦无级变速器 1；(c)摩擦无级变速器 2

(3)连杆机构：包括双曲柄机构和平行四边形机构等，多用于有特殊需要的地方；此外，还有万向铰链机构等。

2. 实现单向间歇回转运动的机构

常用的实现单向间歇回转运动的机构有槽轮机构、棘轮机构、不完全齿轮机构、凸轮式间歇机构及齿轮-连杆组合机构等。

(1)槽轮机构的槽轮每次转过的角度与槽轮的槽数有关，要改变其转角的大小，必须更换槽轮，所以槽轮机构多用于转角为固定值的转位运动。

(2)棘轮机构主要用于要求每次的转角较小或转角大小需要调节的低速场合。

(3)不完全齿轮机构的转角设计时可在较大范围内选择，且可大于 360°，故常用于大转角而速度不高的场合。

(4)凸轮式间歇机构运动平稳，分度、定位准确，但制造困难，故多用于速度较高或定位精度要求较高的转位装置中。

(5)齿轮-连杆组合机构主要用于有特殊需要的输送机械中。

3. 实现往复移动和往复摆动的机构

常见的将回转运动变为往复移动或往复摆动的机构有连杆机构、凸轮机构、螺旋机构、齿轮齿条机构及组合机构等。此外，往复移动和往复摆动也常用液压缸或气缸来实现。

(1)连杆机构中用来实现往复移动的主要是曲柄滑块机构、正弦机构、正切机构、六连杆机构等。连杆机构是低副机构，制造容易，承载能力大，但难以准确地实现任意指定的运动规律，故多用于无严格运动规律要求的场合。

(2)凸轮机构可以实现复杂的运动规律，也便于实现各执行构件间的运动协调配合，但因其为高副机构，因此多用在受力不大的场合。

(3)螺旋机构可获得大的减速比和较高的运动精度，常用作低速进给和精密微调机构。

(4)齿轮齿条机构适用于移动速度较高的场合，但是因为精密齿条制造困难，传动精度及平稳性不及螺旋机构，所以不宜用于精确传动及平稳性要求高的场合。

(5)组合机构是将上述两种或多种机构组合使用。

就上述几种机构的行程大小来说，凸轮机构推杆的行程一般较小，否则会使凸轮机构的压力角过大或尺寸庞大；连杆机构可以得到较大的行程，但也不能太大，否则连杆机构的尺寸会过于庞大；齿轮齿条机构或螺旋机构则可以满足较大行程的要求。

4. 再现轨迹的机构

常用的再现轨迹的机构有平面连杆机构、齿轮-连杆组合机构、凸轮-连杆组合机构和联动凸轮机构等。用平面四杆机构来再现所预期的轨迹，虽然机构的结构简单、制造方便，但只能近似地实现预期轨迹。用平面多杆机构或齿轮-连杆机构来实现预期轨迹时，因待定的尺寸参数较多，故精度较平面四杆机构高，但设计和制造较难。用凸轮-连杆组合机构或联动凸轮机构可准确地实现预期轨迹，且设计较方便，但凸轮制造较难，故成本较高。

12.4.2　机构的变异

当所选机构不能全面满足对机械提出的运动和动力要求时，或想要改善所选机构的性能或结构时，可以通过改变机构中某些构件的结构形状或运动尺寸、更换机架或原动件、增加辅助构件等方法来实现，这称为机构的变异。机构的变异有很多种，下面介绍几种较常见的机构的变异。

1. 改变构件的结构形状

在摆动导杆机构中，若在原直线导槽上设置一段圆弧槽，其圆弧半径与曲柄长度相等，则导杆在左极位时将产生较长时间的停歇，即变为单侧停歇的导杆机构，如图 12-3 所示。当然，这时导杆正、反行程的运动规律均有所改变。

巧妙地设计构件的结构，可使一个构件起到多方面的作用，从而简化机器的结构，改善机器的性能。图 12-4 所示为一热钢锭转运机，为了承接由加热炉送出的热钢锭并将其转运到轧钢机的升降台上，连杆的结构就做了特别的设计，以保证在承接、转运、倾倒热钢锭过程中的安全可靠性。

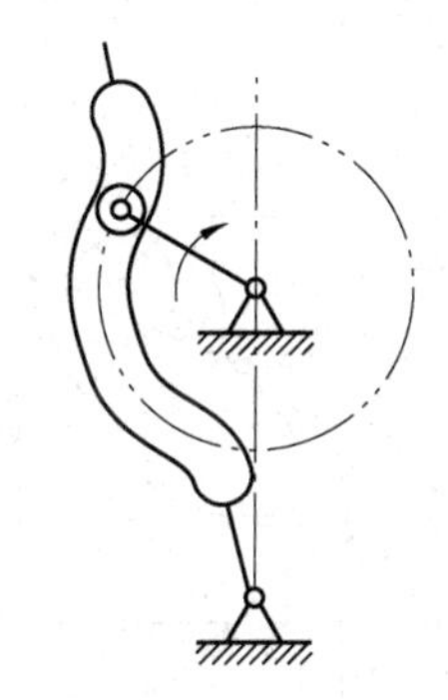

图 12-3　单侧停歇的导杆机构

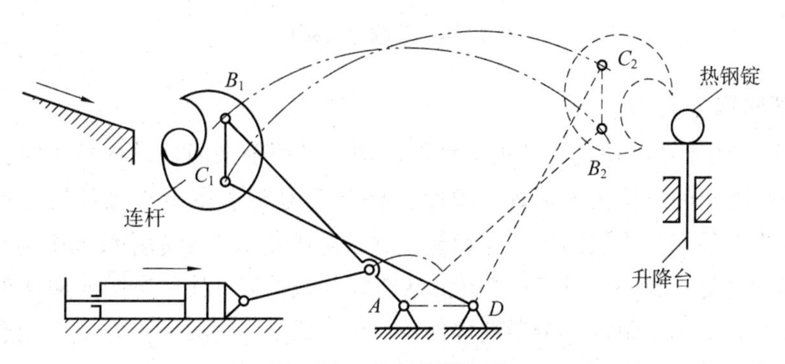

图 12-4　热钢锭转运机

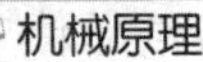

2. 改变构件的运动尺寸

例如，在棘轮机构中，若棘轮的直径变为无穷大，就变为做直线运动的棘条机构。

3. 选不同的构件为机架

这种变异方法又称为机构的倒置。例如，将图 12-5(a)所示的一普通的摆动推杆盘形凸轮机构的凸轮作为机架，而将原来的机架变为原动件[见图 12-5(b)]，然后将各构件的运动尺寸做适当调整，就变异为另一种机构了。

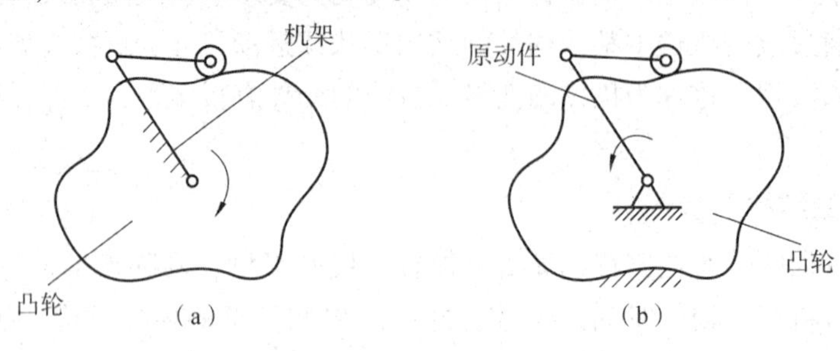

图 12-5　凸轮机构的倒置

4. 选不同的构件为原动件

在一般的机械中，常取连架杆作为原动件，但在图 12-6 所示的风扇摇头机构中，却取连杆为原动件。这样做可以巧妙地将风扇转子的回转运动转化为连架杆的摆动，从而使传动链大为简化。

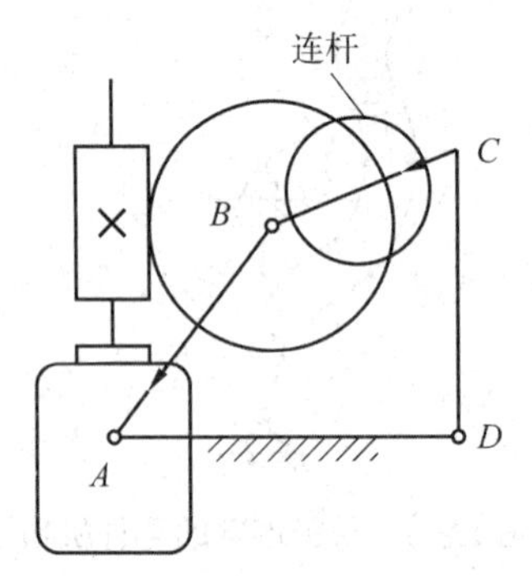

图 12-6　风扇摇头机构

5. 增加辅助构件

图 12-7 所示为手动插秧机的分秧、插秧机构。当用手来回摇动摇杆 1 时，连杆 5 上的滚子 7 将沿着机架上的凸轮槽 2 运动，迫使连杆上点 M 沿着图示点画线轨迹运动。装于点 M 处的插秧爪先在秧箱 4 中取出一小撮秧苗，并带着秧苗沿着铅垂路线向下运动，将秧苗插于泥土中，然后沿另一条路线返回(以免将已插好的秧苗带出)。为保证插秧爪运行的正反路线不同，在凸轮机构中附加一个辅助构件——活动舌 3。当滚子沿左侧凸轮廓线向下运动时，压开活动舌左端而向下运动，当滚子离开活动舌后，活动舌在弹簧 6 的作用下恢复原位，使滚子向上运动时只能沿右侧凸轮廓线返回。在通过活动舌的右端时，又将其压开而向上运动，待其通过以后，活动舌在弹簧的作用下又恢复原位，使滚子只能继续向左下方运

动，从而实现所预期的运动。在图 12-7 所示的机构中，还采用了以不同构件作为机架的机构变异法，即将摆动推杆盘形凸轮机构中的凸轮变成机架的机构倒置。

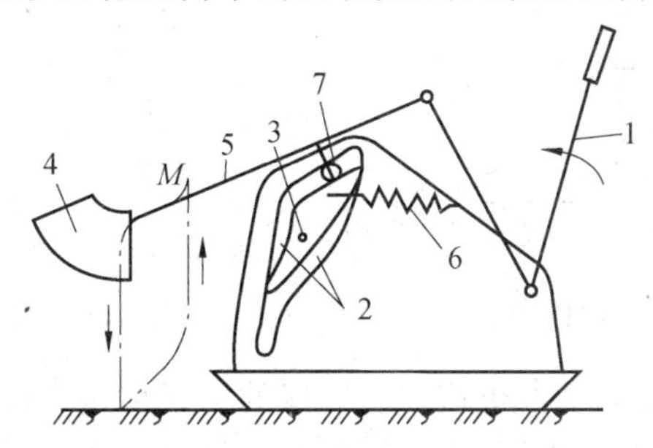

1—摇杆；2—凸轮槽；3—活动舌；4—秧箱；5—连杆；6—弹簧；7—滚子。

图 12-7　手动插秧机的分秧、插秧机构

12.5　机构的组合

工程实际中，常常会出现采用几种基本机构不能满足工作要求的情况。例如，要求实现大的传动比；要求实现大的行程而机构尺寸又受到一定的限制；要求低副机构实现长时间的停歇；要求实现某些特殊的运动规律、动力学特性，以及特定的轨迹和刚体位置等。有时，还会遇到对空间布置、尺寸、质量、传动距离及运动平面等诸多条件的要求。这就要求设计者能根据实际需要，在基本机构的基础上创造新的机构，一种常用的有效方法就是机构的组合。

机构的组合，就是将两种或两种以上的基本机构按一定的方式连接，通过结构上的组合达到运动的组合，扩大或改变原基本机构的性能，重新形成一种新的机构。组合后的机构可称为组合机构或多构件机构。它可以是同一类机构的组合(如平面多杆机构、轮系等)，也可以是不同种类机构的组合(如凸轮-连杆组合机构、齿轮-连杆组合机构、凸轮-齿轮组合机构等)。下面简要介绍机构组合的方式和基本原理，并举几个机构组合的例子。

(1)由两个或两个以上基本机构串联而成的组合机构。在这种组合机构中，前一种基本机构的从动件输出就是后一种基本机构原动件的输入。凸轮-连杆组合机构如图 12-8 所示，构件 1、2、5 组成凸轮机构，而后一种基本机构为连杆机构，由构件 2、3、4 组成；构件 2 是凸轮机构的从动件，也是连杆机构的原动件。

采用基本机构的串联，机构比较容易构造，但往往不能克服原基本机构所固有的局限性，尤其是当串联的基本机构比较多时，构件的数目增多，会失掉应用的价值。

关于这种组合机构的分析和综合，基本是利用前面各章节有关基本机构的分析和综合的方法一个一个地解决，一般不会遇到太大的困难。

(2)由一个基本的机构或两个串联的机构去封闭一个具有 2 个自由度的基本机构所组成的组合机构。图 12-9 所示为一齿轮-连杆组合机构，就是由具有 1 个自由度的四杆机构(由构件 1、2、3、4 组成)去封闭一个差动轮系机构(由构件 2、3、4、5 组成)。

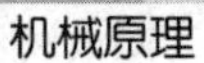

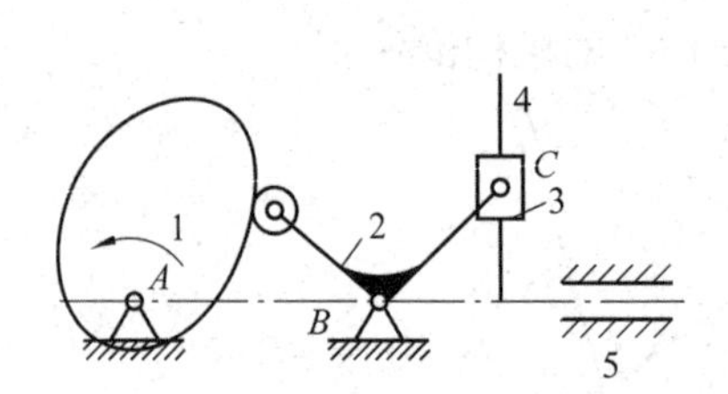

图 12-8　凸轮-连杆组合机构

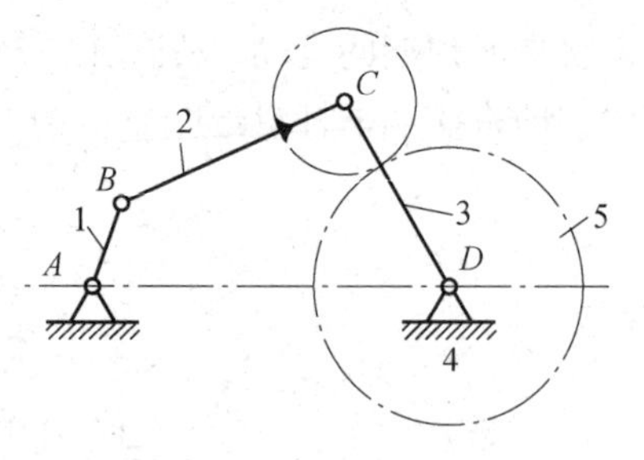

图 12-9　齿轮-连杆组合机构

(3)由具有 2 个单自由度的基本机构并联而成的组合机构。图 12-10 所示为一联动凸轮机构，在自动机和自动机床中，为了实现在平面上的任意轨迹，经常采用联动凸轮机构。A、B 是两个单自由度的凸轮机构，其从动件用十字导杆机构并联起来。它不像串联组合机构那样“首”“尾”相连，而是将它们的“尾”连接，得到了一种新的组合，从而适应生产上对运动的需要。设计这种机构时，一般根据工程上所需的轨迹方程分别算出轨迹上某一点的坐标，然后按照前面章节所讲的方法设计凸轮的轮廓曲线。

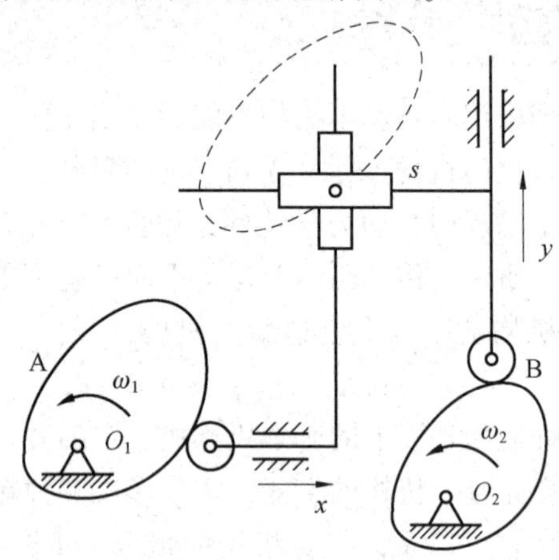

图 12-10　联动凸轮机构

12.6　机械系统方案的拟订

机械系统方案的拟订是在已确定了机械所要完成的总功能之后需要进行的工作，包括下列内容：确定机械的工作原理及工艺动作，选定机械执行构件的数量及其运动参数，选择与之匹配的原动件类型及运动参数，设计机械传动系统把前两者联系起来，使各执行构件能在原动件的驱动下实现预期的工艺动作，完成总功能。完成同样的总功能可以有多种方法，即可拟订出许多机械系统方案，必须通过分析评比，从中选出最佳方案并加以实施。

12.6.1　拟订机械系统方案的方法

机械系统方案的拟订是一个从无到有的创造性设计过程，涉及设计方法学的问题。掌握一定的设计方法，可以加快设计进程，有利于获得最佳的设计方案。目前，各国学者都在从

事设计方法学的研究，提出了一百多种创新设计方法，下面介绍其中两种常用的方法。

1. 模仿创造法(类比法)

这种方法的基本思路是首先经过对设计任务的认真分析，找出完成任务的核心技术(关键技术)；然后寻找具有类似技术的设备装置，分析利用原装置来完成现设计任务时有哪些有利条件、哪些不利条件，缺少哪些条件；保留原装置的有利条件，消除其不利条件，增设缺少的条件，将原装置加以改造，使之能满足现设计的需要。为了更好地完成设计，一般应多选几种原型机，吸收它们各自的优点，加以综合利用。这样既可以缩短设计周期，又可以切实提高设计质量。这种设计方法在有资料或实物可参考的情况下经常采用。

日本本田公司就是在解剖分析了世界各国生产的一百多种优良摩托车的基础上，吸收各种摩托车的优点，加以综合利用和改进创新，终于设计出了自己的名牌车，同时也避免了专利侵权纠纷。

2. 功能分解组合法

这种方法的基本思路是首先对设计任务进行深入分析，将机械要实现的总功能分解为若干个分功能；再将各分功能细分为若干个元功能，为每一个元功能选择几种合适的功能载体(机构)；最后将各元功能的功能载体加以适当的组合和变异，就可构成机械系统的一个运动方案。因为一个元功能往往存在多个可用的功能载体，所以用这个方法经过适当排列组合可获得很多的机械系统方案。

12.6.2　机械传动系统方案拟订的一般原则

机械的执行构件和原动件的选择问题前面已介绍过，下面介绍机械传动系统方案的拟订问题。

系统的机械功能、工作原理和使用场合等不同，对传动系统的要求也不同。在拟订机械传动系统方案时，应遵循下列一般原则。

1. 采用尽可能简短的运动链

采用尽可能简短的运动链，有利于降低机械的质量和制造成本，也有利于提高机械效率和减小积累误差。为了使运动链简短，在机械的几个运动链之间没有严格速比要求的情况下，可考虑每一个运动链各选一个原动件来驱动，并注意原动件类型和运动参数的选择，以简化传动链。

2. 优先选用基本机构

由于基本机构结构简单、设计方便、技术成熟，故在满足功能要求的条件下，应优先选用基本机构。若基本机构不能满足或不能很好地满足机械的运动或动力要求时，可适当地对其进行变异或组合。

3. 应使机械有较高的机械效率

机械的效率取决于组成机械的各个机构的效率。因此，当机械中包含效率较低的机构时，就会使机械的总效率降低。但要注意，机械中各运动链所传递的功率往往相差很大，在设计时应着重考虑使传递功率最大的主运动链具有较高的机械效率，对于传递功率很小的辅助运动链，其机械效率的高低则可放在次要地位，而着眼于其他方面的要求(如简化机构、减小外廓尺寸等)。

4. 合理安排不同类型传动机构的顺序

一般说来，在机构的排列顺序上有如下一些规律：首先，在可能的条件下，转变运动形式的机构(如凸轮机构、连杆机构、螺旋机构等)通常总是安排在运动链的末端，与执行构件靠近；其次，带传动等摩擦传动一般安排在转速较高的运动链的起始端，以减小其传递的转矩，从而减小其外廓尺寸。这样安排，也有利于启动平稳和过载保护，而且原动件的布置也较方便。

5. 合理分配传动比

运动链的总传动比应合理地分配给各级传动机构，具体分配时应注意以下几点。

(1)每一级传动的传动比应在常用的范围内选取。如果一级传动的传动比过大，对机构的性能和尺寸都是不利的。例如，当齿轮传动的传动比大于 8 时，一般应设计成两级传动；在一些特殊情况下，当传动比在 30 以上时，常设计成两级以上传动。但是，对于带传动来说，一般不采用多级传动。几种传动机构常用的单级减速比范围如表 12-3 所示。

表 12-3　几种传动机构常用的单级减速比范围

传动机构种类	平带	V 带	同步带	摩擦轮	齿轮	蜗杆	链
单级减速比	≤5	≤8~15	10	≤7~10	≤4~8	≤80	≤6~10

上表所列数据仅是在普通情况下所推荐的，并非一个不可逾越的刚性界线。只要设计者有充足的理由，而在技术上既可行又经济，是完全可以打破的。例如，图 12-11 所示为烘干机的带传动，其一级同步带传动的传动比就达到 40；又如，某飞机吹风试验的风洞中用以改变飞机俯仰姿态的一级蜗杆传动的传动比达到 1 000。在必要时，敢于突破常规情况下所设定的框架也是一种创新。

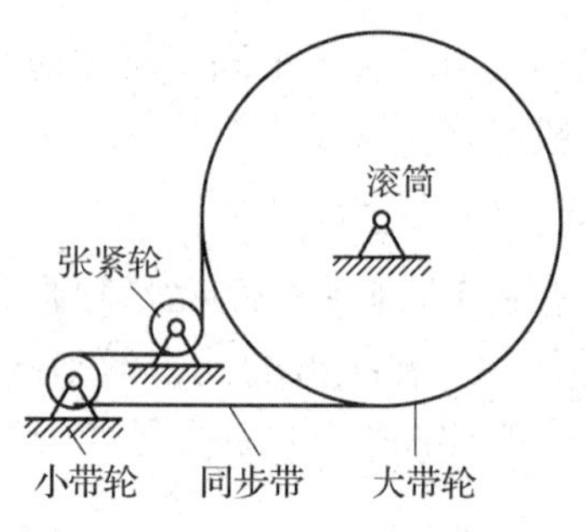

图 12-11　烘干机的带传动

(2)当运动链为减速传动时(因电动机的速度一般较执行构件的速度高，故通常都是减速传动)，一般情况下，按照“前小后大”的原则分配传动比，这样有利于减小机械的尺寸。在精密传动的工作母机中，为了提高工作母机的工作精度，常在其传动链的最后一级传动中采用大传动比的传动(如蜗杆传动、螺旋传动等)。因为传动链中前面各级传动的传动误差反映到机器的最终工作精度上时都要除以最后一级传动的传动比，所以这些误差就被大大降低了。

6. 保证机械的安全运转

设计机械传动系统时，必须十分注意机械的安全运转问题，防止发生损坏机械或伤害人身的可能性。例如，起重机械的起吊部分必须防止在荷重的作用下自动倒转，为此在传动链中应设置具有自锁能力的机构或装设制动器。又如，为防止机械因过载而损坏，可采用具有过载打滑现象的摩擦传动或装置安全联轴器等。

12.7　现代机械系统发展情况简介

随着科学技术的飞速发展，尤其是微电子技术、信息技术和传感技术等的发展，及其与机械技术的渗透和融合，使机械产品也上升了一个新台阶，获得了新的活力，创造了众多的机电一体化产品，如自动照相机、电子绣花机、复印机、自动售货机、机械手、无人驾驶飞机等。

机电结合可使机械系统简化，性能更完善。例如，微型计算机控制的精密插齿机的传动零部件数减少了30%，而性能更好，工作适应性(柔性)更强。又如，数控机床、加工中心等的被加工工件改变时，只需要更换程序即可，而不用像传统自动机那样需要更换凸轮，重新调整机床。机电结合可获得更高的精度，如采用闭环控制，可获得亚微米甚至纳米级精度的零件。

但机电结合对机械系统的要求也更高，如为了适应伺服电动机、步进电动机等的需要，要求机械系统的质量更小、摩擦阻力更小、没有侧隙等。因此，需要采用滚珠丝杠、滚动导轨、柔性铰链等，否则机械系统的响应就会跟不上伺服系统的变化，从而导致失步，或出现爬行现象等。

加强智能化机电设计和快速响应，是机械系统的主要功能。通过智能化的运用，可以处理在生产过程中发生的突发事件，还可减少生产时间，临时修改设计内容。在系统收到计算机的指令后，智能系统便可快速控制机器中的各种元件，传达信息内容，进而提升机械系统的稳定性，从而提高各元件的寿命与效率。因此，作为一个庞大的、零件众多的机械系统，为了保证其稳定性，应减少机械振动的频率与零件、器械之间的摩擦次数，应确认零件的尺寸，向小型化与轻量化的方向发展。

机械系统的性能分析包括动态与静态特征分析，需要应用数学模型与公式表达，进而反映出机械系统的相关性能。设计系统中，因各部件的运动参数、关系与结构确定了零件的精度与材料等特点，而选择其他部件等工作都由机械系统来决定，这些性能决定了机械产品的功能质量参数，功能质量参数优，表示机械产品的性能较好，使用寿命长，灵敏度高，零件较耐磨，可以长期运行。传统机械系统中，动力元件是重要的组成部分，机械系统的机电元件由计算机控制，为传动部件提供源源不断的动力。随着计算机技术的不断发展，机电一体化的机械系统零件逐渐智能化、自动化，减少了人力投入，为企业带来了更好的效益。其中，机电系统中的导体为驱动元件，驱动元件将计算机传达的指令转化为机电一体化的运用语言，进而引导机电一体化的工作。驱动元件主要由变速器与速度转化器组成，具有精度高、体积小、质量轻、效率高等特点，是一种稳定、高效的传输元件。

在实际的机械设计过程中，要根据机电结合的具体内容将控制电动机引入系统中，在引入的同时，应保证控制电动机具有无级调速功能，并将速度调为较大范围，减少其他零件的应用数量，进而降低磨损，避免在制造过程中出现误差，减少传动设计流程，使机电一体化的运行更为简单。此外，控制电动机应用过程中，传动方式要以并联为主，由执行、传动、控制等多种机构构成系统，控制机械系统的运行环节，发挥计算机的作用。在传动设计中，要应用线性或无间隙传动方式，加强机械系统的稳定性。

未来，智能化、集成化的传感系统将得到更广泛的应用，机电一体化将以高性能、高处理速度为智能控制方案创造有利条件，进一步推动机电产品的智能化发展。在智能化的机电产品中，柔性制造系统具有一定的代表性。柔性制造系统指将各种设备由一个传输系统联系起来，由传输装置将工件送到各加工设备，对工件进行准确、迅速的加工。柔性制造系统使机电一体化具有自动化能力，使其工作效率得到显著提升。

高铁螺母

高铁作为现代交通工具，以其高速、安全、舒适的特点，越来越受到人们的青睐。高铁螺母作为维护高铁轨道安全的关键部件，也扮演着至关重要的角色。

高铁螺母主要用于高铁轨道的紧固和连接，以保证高铁列车的安全和舒适。其作用主要表现在以下几个方面。

(1)紧固高铁轨道：高铁螺母可以用来紧固高铁轨道的各个部件，保证轨道的稳定性和安全性。

(2)连接高铁线路：通过使用高铁螺母，可以将高铁线路的各个部分连接起来，确保列车的顺畅行驶。

(3)维护高铁轨道：高铁螺母可以用于维护高铁轨道的部件，如扣件、道钉等，以保证轨道的正常使用。

高铁螺母作为一种特殊的螺母，具有以下几个方面的特点。

(1)高铁螺母一般采用高强度材料制作，如不锈钢、合金钢等，以保证其强度和使用寿命。

(2)高铁螺母的形状一般比较特殊，与普通螺母有所不同。例如，高铁螺母的螺纹通常比较深，这样可以更好地固定轨道部件。

(3)高铁螺母的大小根据其使用的位置和用途而异。一般来说，高铁螺母的直径和长度都比普通螺母要大，以满足紧固和连接的需要。

高铁螺母的作用主要是通过螺纹连接来实现的。具体来说，当高铁螺母旋紧时，螺纹之间的摩擦力会阻碍螺纹之间的相对运动，从而实现对轨道部件的紧固和连接。同时，由于高铁螺母的材料和结构设计具有较高的强度和防松性能，可以保证其在使用过程中的稳定性和耐久性。

现在，我国的高铁技术越来越成熟，高铁列车时速超过 250 km/h，在高速行驶过程中难免会碾压到小石子之类，对轮毂的震动比较大。而高铁的轮盘是由车轮和中间的制动轮组成的，制动盘又是用螺栓连接在辐板上。因此连接这部分的螺栓非常重要，一旦松动，后果不堪设想。在这个基础上，螺母又是保证螺栓牢固不松动的关键所在，因此这个小螺母是非常重要的零件。

2014 年，美国的《大众科学》发表了一篇文章，表示中国高铁使用的所有螺母，全都来自日本哈德洛克工业株式会社。只有这家企业生产的螺母才能满足中国高铁的需要。该公司设计的 u 型螺母由内外两个螺母组成，并且这两个螺母的圆心是不同的。下面那个偏移中心点的螺母，正是起到了“楔子”的作用。通过两个圆心不同的螺母相互摩擦，来起到紧固的作用。日本的这家企业还对外宣称，这款螺母就算公布了图纸也是无法复制的，因为这是依靠多年的经验制作而成的。需要了解不同的材质之后，才知道用多少偏心量。

其实，中国高铁只有部分车型曾经使用过该日本公司生产的螺母，该产品也并非不可替代，我国自主研发的“自紧式防松螺母”就是防止被“卡脖子”的有力武器。这款螺母采用的是螺母和垫圈的组合设计，同时又使用了特殊材料，使螺母的拧紧部分产生外翘体，让螺栓在拧入螺母后依旧保持着自紧力，从而产生了螺母回转后反而越转越紧的神奇效果。

高铁螺母广泛应用于高铁轨道的维护和建设中，包括轨道的紧固、连接和维修等场景。高铁螺母的强度高、防松性能好、使用寿命长，可以保证高铁轨道的安全性和稳定性。同时，其特殊的设计还可以提高工作效率和施工质量。但是，高铁螺母的价格相对较高，而且需要专门的工具进行安装和拆卸。此外，如果使用不当或质量不好，可能会导致螺纹损坏或松动，影响其使用效果和安全性。

以某高铁线路为例，由于线路建设时间较长，部分轨道部件出现了松动和损坏的情况。为了保障列车的安全行驶，需要对这些轨道部件进行紧固和更换。在施工过程中，技术人员采用了高铁螺母进行紧固和连接，有效地提高了轨道的稳定性和安全性。但是，在使用过程中，发现部分高铁螺母出现了松动和脱落的情况，给列车的安全行驶带来了潜在的隐患。经过分析发现，出现这种情况主要是由于安装过程中技术不当和使用时间长。为了避免类似情况的发生，需要在安装和使用过程中加强技术指导和监督，确保高铁螺母的使用效果和安全性。

本章小结

本章介绍了机械传动系统方案设计的主要内容和步骤，对机械传动系统方案设计中所涉及的一些主要问题进行了介绍，主要讨论机械传动系统方案的拟订、机构的选型与变异、机构的组合等方面的内容。通过本章的学习，读者应掌握机械传动系统方案拟订及机构选型的基本知识；掌握常见机构的组合方式及类型，了解机构选型的评价体系，逐步地树立工程设计的观点，为后续专业课程的学习打下基础。

习 题

12-1 为什么要对机械进行功能分析？这对机械系统设计有何指导意义？

12-2 机械总体方案设计主要包括哪些内容？其设计原则是什么？

12-3 原动件的常用类型有哪些？它们各有什么特点？在设计时如何选用？

12-4 试选择一种机器，分析其结构组成、执行机构运动规律及机器的工艺过程，并画出机构系统运动简图。

参考文献

[1]江帆，董克权，庞小兵. 机械原理[M]. 北京：高等教育出版社，2020.
[2]徐楠，王秀叶，郭春洁. 机械原理 3D 版[M]. 北京：机械工业出版社，2021.
[3]孙桓，陈作模，葛文杰. 机械原理[M]. 北京：高等教育出版社，2022.